高职机械类
精品教材

机械设计基础

JIXIE SHEJI JICHU

主　　编　张信群　吕庆洲
副主编　许光彬　王　艳
编写人员（以姓氏笔画为序）
王　宣　王　艳
王　磊　吕庆洲
许光彬　张信群

中国科学技术大学出版社

内 容 简 介

“机械设计基础”是高等职业院校机械类、机电类相关专业一门重要的专业基础课程，主要讲授常用机构和零部件的工作原理、特点、适用范围、选型以及有关的基础理论和典型机构、传动、零件的设计计算方法，是相关专业学生在将来的工作中必备的基本知识和基本技能。

本书分13个项目讲述了“机械设计基础”课程中的主要内容，每个项目都有任务目标、任务描述；在讲述中注重实用性；在例题、思考练习题设置方面注重联系工程实际；收录了较多与机械设计有关的图表、标准以及实用图例。全书结构合理，内容详尽，实用性强，适合作为高职高专及成人高校机械类、机电类专业教材使用，亦可供工厂技术管理人员参阅。

图书在版编目(CIP)数据

机械设计基础/张信群，吕庆洲主编. —合肥：中国科学技术大学出版社，2013.2(2018.8重印)

ISBN 978-7-312-03140-3

Ⅰ.机… Ⅱ.①张…②吕… Ⅲ.机械设计—高等职业教育—教材 Ⅳ.TH122

中国版本图书馆CIP数据核字(2013)第013629号

出版 中国科学技术大学出版社
安徽省合肥市金寨路96号，230026
http://press.ustc.edu.cn
https://zgkxjsdxcbs.tmall.com
印刷 合肥华苑印刷包装有限公司
发行 中国科学技术大学出版社
经销 全国新华书店
开本 787 mm×1092 mm 1/16
印张 21.25
字数 550千
版次 2013年2月第1版
印次 2018年8月第2次印刷
定价 44.00元

前　言

“机械设计基础”是高等职业院校机械类、机电类相关专业一门重要的专业基础课程，主要讲授常用机构和零部件的工作原理、特点、适用范围、选型以及有关的基础理论和典型机构、传动、零件的设计计算方法，是相关专业学生在将来的工作中必备的基本知识和基本技能。

全书共分13个项目，主要内容包括机械设计基础概论、平面机构结构分析、平面连杆机构、凸轮机构、其他常用机构、螺纹联接与螺旋传动、带传动、链传动、齿轮传动、空间齿轮传动、轮系、圆轴与轴毂联接、轴承，并附有必要的技术标准摘录。

本书主要有以下特点：

(1) 采用项目式编写体例，每个项目都有任务目标、任务描述，旨在使学生明确学习目的，把握知识点，做到有的放矢。

(2) 注重应用性，突出常用机构和机械传动的特点、应用及工作能力分析，突出零部件的失效形式、设计准则、结构设计和强度计算。

(3) 在例题、思考练习题方面，注重联系工程实际，以利于培养学生的工程实践能力。

(4) 收编了较多与机械设计有关的图表、标准以及实用图例，为学生从事机械设计工作提供了便利。

本书由滁州职业技术学院张信群教授、淮南联合大学吕庆洲副教授任主编，阜阳职业技术学院许光彬、滁州职业技术学院王艳任副主编，淮南联合大学王磊、阜阳职业技术学院王宣参加编写。其中，项目1、5、11由张信群编写，项目2、3、4由吕庆洲编写，项目6由王磊编写，项目7、9由许光彬编写，项目8、10由王宣编写，项目12、13由王艳编写。

本书可作为高职高专及成人高校机械类、机电类相关专业的教材，亦可供工厂技术管理人员参阅。

本书在编写过程中，得到许多兄弟院校领导和老师的大力支持，在此谨表示诚挚的感谢。

由于编者水平有限，书中难免存在缺点和错误，敬请专家和广大读者批评指正。

编　者

目　录

项目 1　机械设计基础概论

随着机械化生产规模的日益扩大,机械工业或其他工业部门的工程技术人员会经常接触到各种类型的通用和专用机械,要求他们应当对机械具备一定的基础知识。“机械设计基础”课程主要研究机械中的常用机构和通用零件的工作原理、结构特点、基本设计理论和计算方法。

任务 1　认 识 机 器

任务目标

- 通过了解单缸四冲程内燃机的工作过程掌握机器的特征;
- 掌握机器和机构的区别;
- 掌握构件和零件的区别。

任务描述

观察、使用单缸四冲程内燃机,了解机器的工作原理并掌握机器的组成特征。

知识与技能

一、机器的工作原理

首先我们通过如图 1-1 所示的单缸四冲程内燃机来了解机器的工作原理。单缸四冲程内燃机由齿轮 1 和 2、凸轮 3、排气阀 4、进气阀 5、汽缸体 6、活塞 7、连杆 8、曲轴 9 组成。当热能转化的机械能推动活塞做直线往复运动时,经连杆使曲轴做连续转动。凸轮和气门驱动组件是用来开启和关闭进气阀和排气阀的。在曲轴和凸轮轴之间两个齿轮的齿数比为 1∶2,使曲轴转两周时,进气阀、排气阀各启闭一次。这样就把活塞的运动转变为曲轴的转动,将燃气的热能转换为曲轴转动的机械能。

二、机构与机器

1. 机构

机构是多个具有确定相对运动构件的组合体,它在机器中起到改变运动规律或形式、改变速度大小和方向的作用,能实现各种预期的机械运动。在上述单缸四冲程内燃机中,汽缸、活塞、连杆、曲轴组成了曲柄滑块机构,凸轮、机架以及气门驱动组件组成凸轮机构,齿轮和机架组成齿轮机构。

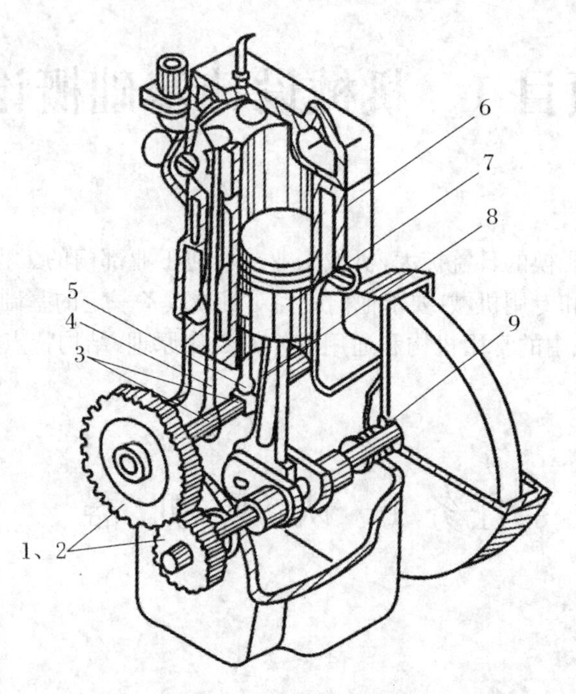

1、2—齿轮；3—凸轮；4—排气阀；5—进气阀；6—汽缸体；7—活塞；8—连杆；9—曲轴

图 1-1　单缸四冲程内燃机

2．机器

机器是由一个或几个机构组成的，各种机器尽管有着不同的构造、形式和用途，然而都具有下列三个共同特征：

(1) 机器是人为的多种实体的组合。

(2) 各部分之间具有确定的相对运动。

(3) 能完成有效的机械作功或实现能量的转换。

3．机构与机器的区别

从功能上讲，机器能完成有用的机械作功或实现能量形式的转换，而机构主要用于传递和转换运动，即机构仅具备机器的前两个特征。如果单从运动观点来看，机器和机构并无区别。

三、构件和零件

组成机构的各个相对运动部分称为构件。构件是运动的单元体，可以是单一的整体，如图 1-1 中所示的凸轮、齿轮、活塞等；也可以是多个零件组成的刚性结构，如图 1-2 中所示的内燃机连杆构件，由连杆体 1、螺栓 2、螺母 3、开口销 4、连杆盖 5、轴瓦 6 和轴套 7 刚性联接在一起组成，组成构件的各元件之间没有相对运动，而是形成一个整体，与其他构件之间有相对运动。组成构件的元件即为零件。

零件是制造的单元体，机器是由若干零件组装而成的，零件是构成机器的基本要素。机器中的零件分为两类：一类是通用零件——在各类机器中普遍使用的零件，如螺钉、螺栓、螺母、轴、齿轮、轴承、弹簧等；另一类是专用零件——只在特定的机器中使用的零件，如内燃机的曲轴、连杆、活塞，汽轮机的叶片，起重机的吊钩等。

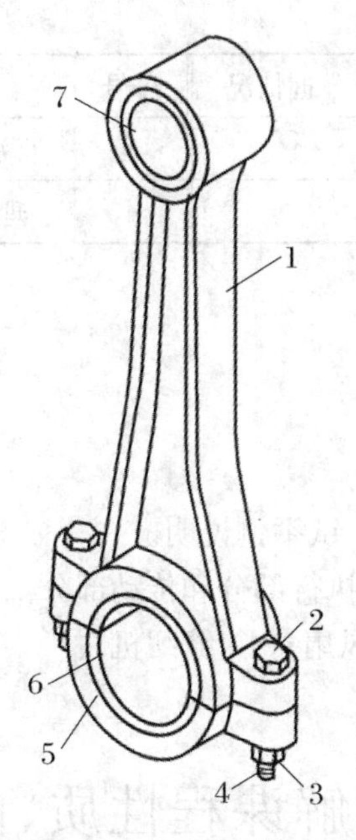

1—连杆体；2—螺栓；3—螺母；4—开口销；5—连杆盖；6—轴瓦；7—轴套

图1-2　内燃机连杆

四、机械的组成

机械是工程中对机器与机构的统称。

一个现代的机械系统一般主要包括以下四个部分：

(1) 动力部分。是机械的动力来源。其作用是把其他形式的能量转变为机械能，以驱动机械运动，并对外(或对内)作功，如电动机、内燃机等。

(2) 执行部分。是直接完成机械预定功能的部分，也就是工作部分。如机床的主轴和刀架、起重机的吊钩、挖掘机的挖斗机构等。

(3) 传动部分。是将运动和动力传递给执行部分的中间环节。它可以改变运动速度，转换运动形式，以满足工作部分的各种需求，如减速器将高速转动转换为低速转动，螺旋机构将旋转运动转换成直线运动，等等。

(4) 控制部分。是用来控制机械的其他部分，使操作者能随时实现或停止各项功能。如机器的起动、运动速度和方向的改变、机器的停止和监测等，通常包括机械和电子控制系统等。

并不是所有的机械系统都具有上述四个部分，有的只有动力部分和执行部分，如水泵、砂轮机等；而有些复杂的机械系统，除具有上述四个部分外，还有润滑、照明装置等。

任务实施

- 操作使用单缸四冲程内燃机，掌握机器的特征；
- 熟悉单缸四冲程内燃机的工作过程；
- 观察并指出单缸四冲程内燃机的组成部分。

任务评价

序号	能力点	掌握情况	序号	能力点	掌握情况
1	操作能力		3	辨别构件和零件能力	
2	理解机器特征		4	理解机械组成部分	

思考与练习

1. 机械通常由哪几部分组成?
2. 机械、机构和机器有何异同?
3. 什么是构件? 什么是零件? 试举例说明。
4. 指出下列机器的动力部分、执行部分和传动部分:
(1) 汽车;(2) 自行车;(3) 电风扇;(4) 缝纫机。

任务 2　了解课程性质、内容、任务

任务目标

- 了解“机械设计基础”课程的性质和内容;
- 明确“机械设计基础”课程的任务。

知识与技能

一、“机械设计基础”课程的性质和内容

本课程是一门理论性和实践性都很强的专业技术基础课,是后续专业课程学习的重要基础,是机械类和近机类专业的主干基础课程。本课程研究的对象为机械中的常用机构及一般工作条件下和常用参数范围内的通用零部件。主要研究这些对象的工作原理、结构特点、基本设计理论、设计计算方法和选用及维护方法。目的是通过对本课程的学习,解决常用机构及通用零部件的分析和设计问题。

二、“机械设计基础”课程的任务

本课程的主要任务是:
(1) 为后续课程中机械部分的学习打好基础。
(2) 了解机器传动原理、使用、维护、事故分析等方面的基础知识。
(3) 掌握常用机构、通用零件的工作原理、特点、选用及设计计算。
(4) 培养学生利用手册设计简单机器的能力。
(5) 了解机械设计的最新发展状况及现代设计方法在机械设计中的应用。

任务评价

序号	能力点	掌握情况	序号	能力点	掌握情况
1	了解“机械设计基础”课程的性质和内容		2	明确“机械设计基础”课程的任务	

思考与练习

1. “机械设计基础”课程的任务是什么？
2. 谈谈学习“机械设计基础”课程的计划和设想。

任务3　了解机械设计的要求、方法和程序

任务目标

- 了解机械设计的基本要求；
- 了解机械零件的设计准则；
- 了解机械设计的一般程序。

知识与技能

一、机械设计的基本要求

机械设计是机械产品开发研制的一个重要环节，虽然不同的机械其功能和外形都不相同，但是它们的基本设计要求大体相同。机械设计时，应满足的基本要求可以归纳为以下几个方面：

(1) 功能性要求。设计的机械应在规定条件下、规定的寿命期限内，有效地实现预期的全部工作职能。如机器工作部分的运动形式、速度、运动精度和平稳性、需要传递的功率，以及某些使用上的要求(如高温、防潮等)。

(2) 安全性要求。保证机器正常工作而不发生断裂、过度变形、过度磨损、丧失稳定性，确保设备安全；设置完善可靠的防护装置，确保人身安全；还要对周围环境和人不致造成污染和危害。

(3) 经济性要求。在市场经济环境下，经济性要求必须贯穿于机械设计全过程，应当合理选用原材料，确定适当的精度要求，缩短设计和制造的周期。

(4) 结构工艺性要求。指在一定的生产条件下，采用合理的结构，以便于制造、装配和维护，并尽可能采用标准零部件。

(5) 其他方面的要求。如机器的外形应美观，便于操作和维修。有些机械由于工作环境不同，还可能对其设计提出某些特殊要求，如食品卫生条件、耐腐蚀、高精度等要求。

二、机械零件的设计准则

机械零件的常见失效形式有断裂、塑性变形过大、弹性变形过大、表面磨损过大、疲劳点蚀、表面压溃、表面胶合、振动过大等。

零件产生失效的形式取决于零件的材料、受载情况、结构特点和工作条件。例如，轴可能发生疲劳断裂，可能发生过大的弹性变形，也可能发生共振等。对于一般载荷稳定的转轴，疲劳断裂是其主要的失效形式；对于精密主轴，过大的弹性变形是其主要的失效形式；对于高速转动的轴，发生共振、失去稳定性是其主要的失效形式。

设计机械零件时，保证零件在规定期限内不产生失效所依据的原则，称为设计准则。主要有强度准则、刚度准则、寿命准则、振动稳定性准则和可靠性准则。其中强度准则是设计机械零件首先要满足的一个基本要求。为保证零件工作时有足够的强度，设计计算时应使其危险截面或工作表面的工作应力 σ 或 τ 不超过零件的许用应力 $[\sigma]$ 或 $[\tau]$，即

$$\sigma \leqslant [\sigma]$$
$$\tau \leqslant [\tau]$$

三、机械设计的一般程序

机械设计是一项复杂而细致的工作，必须有一套科学的工作程序。机械设计的过程一般按照以下程序进行：

1．明确设计任务

设计任务通常是根据生产需要或经市场调查发现某种机器有较大需求时提出的，并最终形成任务书。详细的任务书应包括机器的用途、主要性能参数范围、环境条件及有关特殊要求、生产量、承制单位、预期的总成本范围以及完成日期等。

接到任务书后，应组织有关人员就设计任务书提出的各项要求进行全面分析和调查研究，深刻地理解设计任务的技术要求、重点难点、需攻关的方向、完成任务的主要途径和关键的技术实验等。

2．总体设计

机械系统总体设计是指根据机器要求进行功能性设计研究。总体设计包括确定工作部分的运动和阻力，选择原动机的种类和功率，选择传动系统，机械系统的运动和动力计算，确定各级传动比和各轴的转速、转矩及功率。总体设计时还要确定机器各个部分之间的运动关系、动力关系以及各机构主要零件在机器中的大体位置。通常要做出几个方案加以分析、比较，通过优化求解得出最佳方案。

3．技术设计

技术设计的具体任务是根据总体设计的要求，考虑并确定各个零件、部件的相对位置及联接方法，主要零件的具体形状、关键尺寸、材料、制造、安装、配合等一系列问题，并进行必要的计算、类比和选择，有时还要做强度、刚度、可靠性校核。

技术设计阶段要完成总装配图、部件装配图，编制设计说明书。

4．样机试制

样机试制阶段是通过样机制造、样机试验检查机械系统的功能及整机、零部件的强度、刚度、运转精度、振动稳定性、噪声等方面的性能，随时检查及修正设计图样，以更好地满足设计要求。

5. 批量正式生产

批量正式生产阶段是根据样机试验、使用、测试、鉴定中所暴露出的问题，进一步修正设计，以保证完成系统功能，同时验证各工艺的正确性，以提高生产率、降低成本、提高经济效益。

机械设计的一般过程如图1-3所示。

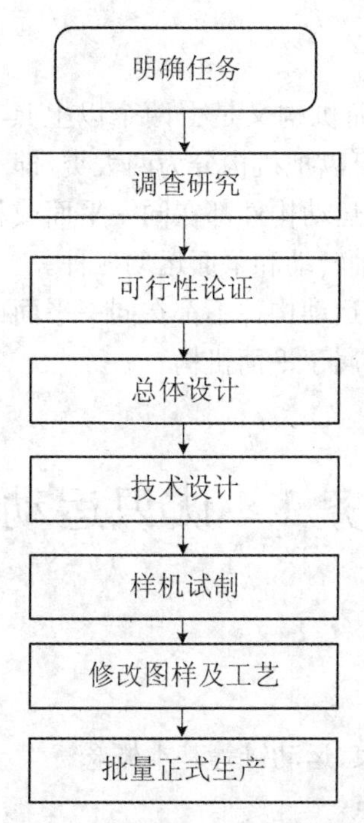

图1-3　机械设计的一般过程

任务评价

序号	能力点	掌握情况	序号	能力点	掌握情况
1	了解机械设计基本要求		3	了解机械设计一般程序	
2	了解机械零件设计准则				

思考与练习

1. 机械设计的基本要求是什么？
2. 机械零件的设计准则是什么？
3. 机械设计的一般程序是什么？
4. 对照普通车床CA6140，讨论该机床是如何达到机械设计基本要求的。

项目 2 平面机构结构分析

机械是由若干机构组成的,而机构又是由两个以上具有确定相对运动的构件组成的。按照机构中各构件的运动范围,可以把机构分为两大类,即平面机构和空间机构。

平面机构是指组成机构的各运动构件都在同一平面或相互平行的平面内运动。构件的相对运动形式包括直线移动、定轴转动和平面运动三种。

空间机构是指组成机构的各运动构件不都在同一平面或相互平行的平面内运动。

目前工程上常见的机构大多属于平面机构。

任务 1 认识运动副

任务目标

- 理解运动副、自由度、约束、运动链等基本概念;
- 熟悉运动副的类型和特点。

任务描述

通过观察常用机构或常用机构的模型,理解运动副、自由度、约束、运动链等基本概念,熟悉运动副的类型和特点。

知识与技能

一、运动副

1. 构件及其自由度和约束

构件的运动是指构件的位置、速度和加速度等参数的变化。如图 2-1 所示,在 xOy 坐标系中,构件 S 有三个独立运动的可能性,即沿 x 轴、y 轴方向移动和绕其上任意一点 A 转动。我们把构件可能出现的独立运动的数目称为自由度。一个做平面运动的自由构件有三个自由度。

当一个构件与其他构件相互联接时,某些独立运动将受到限制,这种对构件独立运动所加的限制称为约束。约束增多,构件的自由度将减少。约束的数目与构件的联接形式有关,构件每增加一个约束,便失去一个自由度。

2. 运动副的概念

使两个或两个以上的构件直接接触并能产生一定的相对运动的联接,称为运动副。如轴与轴承、活塞与气缸、车轮与钢轨以及一对齿轮啮合形成的联接，都构成了运动副。

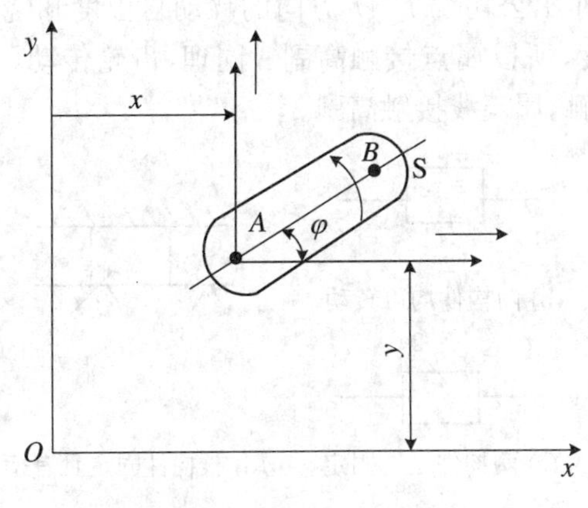

图 2-1　构件的自由度

二、运动副的分类

两构件之间的接触形式，包括点接触、线接触和面接触三种情况。按照接触形式，通常把运动副分为低副和高副两大类。

1. 低副

两构件之间通过面与面接触所组成的运动副，因其在承受载荷时，接触部分的压强比点或线相接触的情况要低得多，所以称为低副。低副根据所保留的运动副构件之间的相对运动的种类，又可以分为转动副和移动副两类。

(1) 转动副

如果两个构件组成运动副后，保留的相对运动为转动，就称为转动副，又称为铰链联接。如图 2-2 所示，构件 1 和构件 2 通过铰链销轴联接，在平面内只能做相对转动，构成转动副。构件 1 和 2 可以固定其一，也可以均不固定。

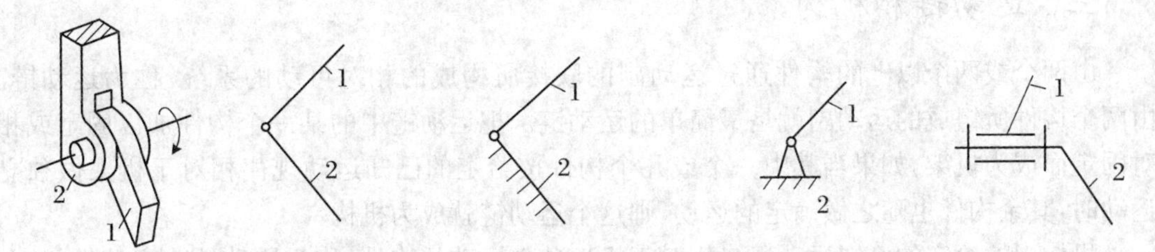

(a) 实物图　(b) 两构件均可转动　(c) 两构件之一固定　(d) 一构件固定且较短　(e) 铰链的侧视图

图 2-2　转动副及其表示符号

(2) 移动副

如果两个构件组成运动副后，保留的相对运动为移动，就称为移动副。如图 2-3 所示，构件 1 通过构件 2 的方槽联接，两者只能保持相对移动，构成移动副。构件 1 和 2 可以固定其一，也可以均不固定。

2. 高副

两构件之间通过点或线(实际构件是具有厚度的)接触所组成的运动副，因其在承受载荷时接触部分的压强较高，所以称为高副。如图 2-4 所示为平面凸轮机构，凸轮 1 和从动件

2 所组成的运动副属点接触，是高副。从动件 2 相对于凸轮 1 沿公法线 $n-n$ 方向的移动自由度受到了限制，但保留了沿公切线 $t-t$ 方向的移动自由度和绕过瞬时接触点 A 且与纸面垂直的轴的转动自由度，所以属点接触高副。同理，齿轮传动（如图 2-5 所示）也属于高副，不过齿廓接触是线接触，属于线接触高副。

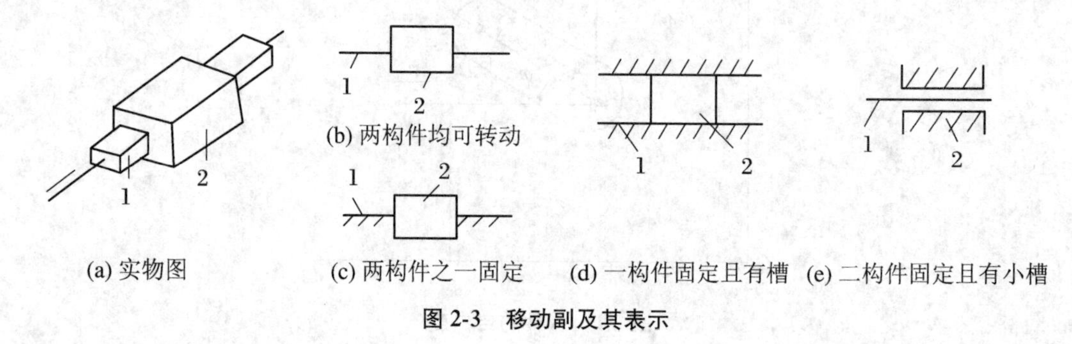

(a) 实物图　(c) 两构件之一固定　(d) 一构件固定且有槽　(e) 二构件固定且有小槽

图 2-3　移动副及其表示

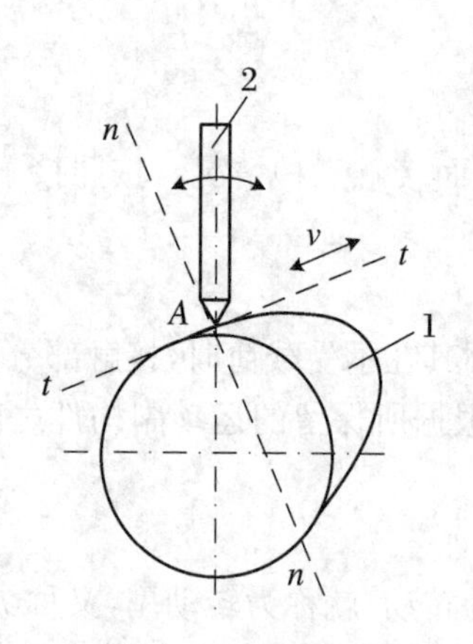

图 2-4　点接触高副

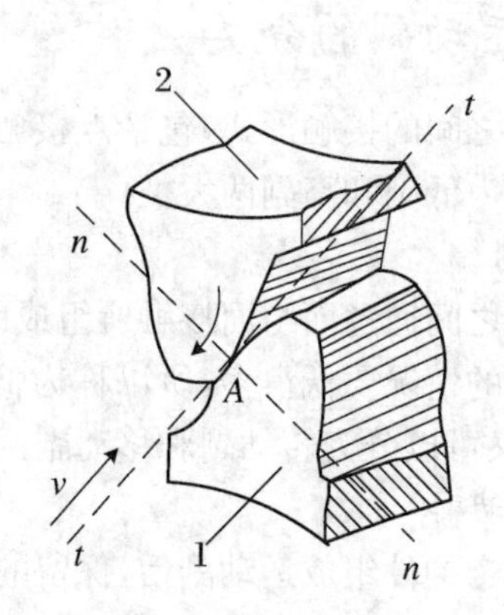

图 2-5　线接触高副

三、运动链和机构

由两个或两个以上的构件通过运动副的联接所构成的相对可动的系统，称为运动链。由两个构件所组成的运动副就是最简单的运动链。把运动链中的某一个构件加以固定或相对固定而成为机架，如果当其中一个或几个构件按给定的已知运动规律相对于机架做独立运动时，其余构件也随之做确定的运动，则这个运动链就成为机构。

机构中按给定的已知运动规律相对于机架独立运动的构件，称为原动件或主动件；其余的运动构件，称为从动件。显然，机构是由机架、原动件和从动件组成的，从动件的运动规律取决于原动件的运动规律、机构的结构以及构件的尺寸。

如果运动链的各构件构成首尾封闭的系统，则称为闭式运动链，或简称为闭链，如图 2-6(a)、(b)所示。如果运动链的各构件没有构成首尾封闭的系统，则称为开式运动链，或简称为开链，如图 2-6(c)所示。在各种机构中，一般多采用闭链，开链多用于机械手或机器人的传动中。

任务实施

观察常用机构或机构模型，分析各种机构中构件联接的运动副类型，并说明各类运动副的特点。

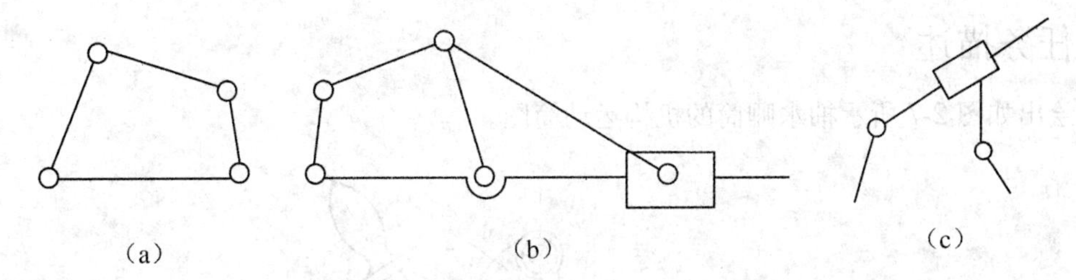

图 2-6　运动链

任务评价

序号	能力点、知识点	评价	序号	能力点、知识点	评价
1	观察能力		3	运动副区辨能力	
2	分析构件的联接		4	分析机构工作特点	

思考与练习

1. 何为构件的自由度？一个构件如果无任何限制，有几个自由度？

2. 为什么机构失去的自由度与它受到的约束数相等？

3. 从机构结构观点来看，任何机构都是由________、________、________三部分组成的。

4. 构件的自由度是指________________________________。

5. 两构件之间以线接触所组成的平面运动副，称为________副，它产生________个约束，而保留________个自由度。

6. 机构中的运动副是指________________________________。

7. 机构具有确定的相对运动的条件是原动件数________机构的自由度。

8. 在平面机构中如果引入一个高副将引入________个约束，而引入一个低副将引入________个约束，构件数、约束数与机构自由度的关系是________________。

9. 两构件构成运动副后，仍需保证能产生一定的相对运动，所以在平面机构中，每个运动副引入的约束至多为______，至少为______。

10. 在平面机构中，具有两个约束的运动副是______副，具有一个约束的运动副是______副。

任务2　绘制平面机构运动简图

任务目标

- 了解绘制机构简图的意义和作用；

- 掌握绘制机构简图的基本步骤和方法。

任务描述

绘出如图 2-7 所示抽水唧筒的机构运动简图。

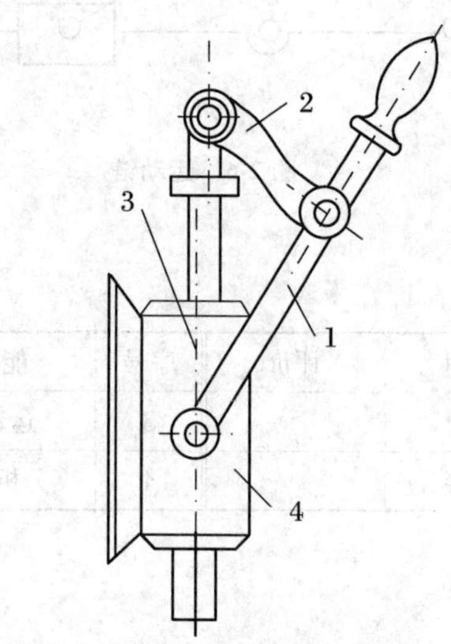

1—手柄；2—杆件；3—活塞杆；4—抽水筒

图 2-7 抽水唧筒

知识与技能

机器是由各种机构组成的，因此在对已有机械进行运动分析，或者在设计新机械的运动方案时，都需要用一种简明的图形来表明各机构的运动传递情况。由于机构中各从动件的运动规律是由原动件的运动规律、机构中各运动副的类型和各运动副之间的相对位置来决定的，而与运动副的具体结构、构件的外形和构件的具体组成等无关，所以在绘制上述的简图时，仅需要按适当的比例尺定出各运动副的相对位置，用规定的符号表示出各构件和运动副，而无需表示那些与运动无关的构件的外形和运动副的具体结构等。这种表示机构运动传递情况的简化图形，称为机构运动简图。机构中决定各运动副之间相对位置的尺寸，称为运动尺寸。

一、构件与运动副的表示方法

1. 构件表示法

杆、轴类构件，一般用直线表示，如图 2-8(a)所示；固定构件，用带阴影线的图形表示，如图 2-8(b)所示；同一构件，用焊接符号、连续的线段或带阴影的框图表示，如图 2-8(c)所示。

2. 运动副表示法

转动副用圆圈（正视图）或轴线（侧视图）等曲面接触表示，如图 2-9(a)所示；移动副用槽或间隙等平面接触表示，如图 2-9(b)所示；高副要画出接触处的点或线要素，以表示高副的种类，如图 2-9(c)所示。

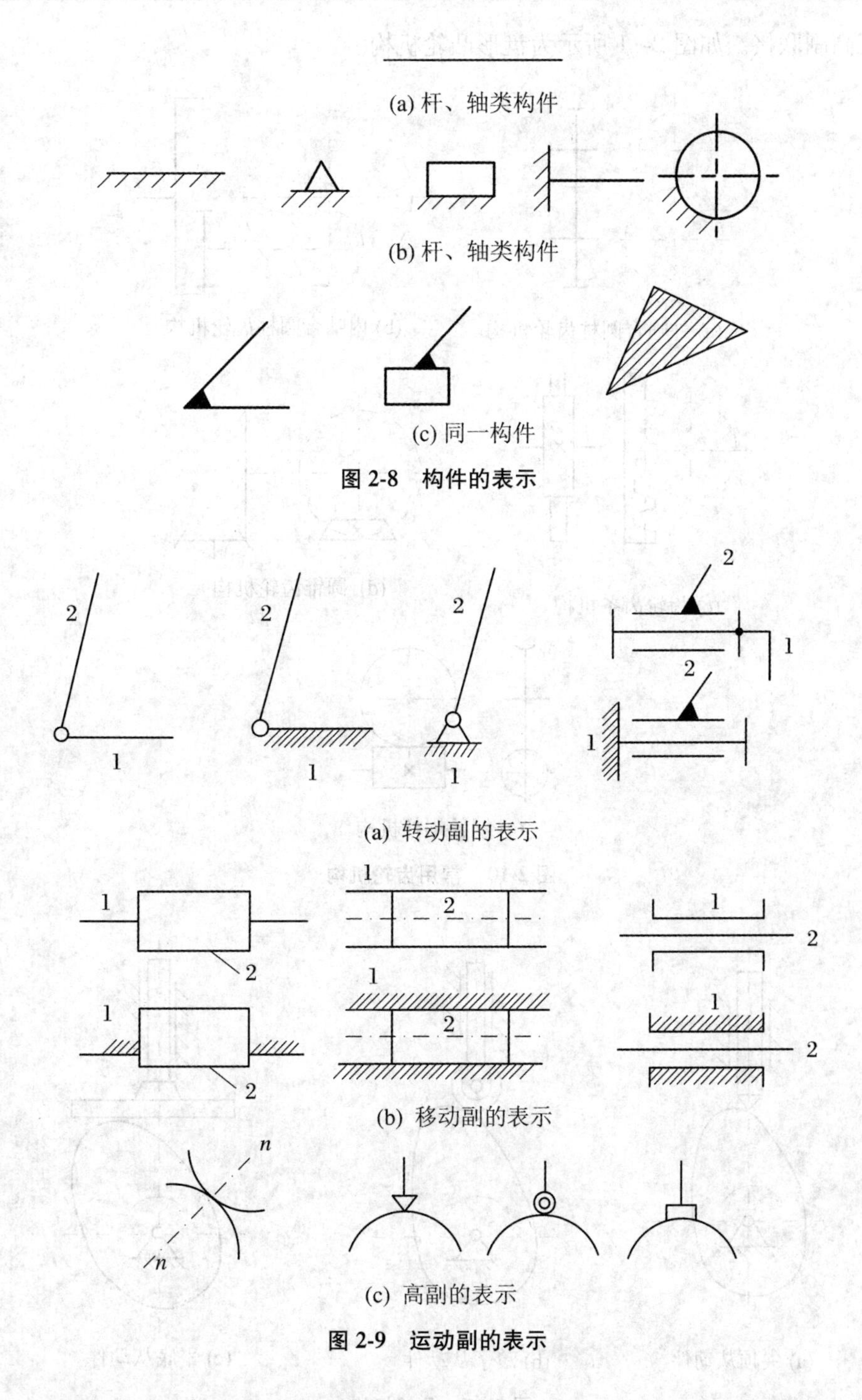

图 2-8　构件的表示

图 2-9　运动副的表示

二、两种常用高副机构的表示法

1．齿轮机构

齿轮机构的主要构件是齿轮，常用点画线圆表示齿轮的节圆，用点接触表示其高副联接。如图 2-10 所示为各种不同位置轴线的齿轮机构(图中未画出其中的轴承)。

2．凸轮机构

凸轮机构的主要构件是具有特定轮廓曲线的凸轮，常用粗实线画出其轮廓曲线，用点接触表示其高副联接。如图 2-11 所示为盘形凸轮机构。

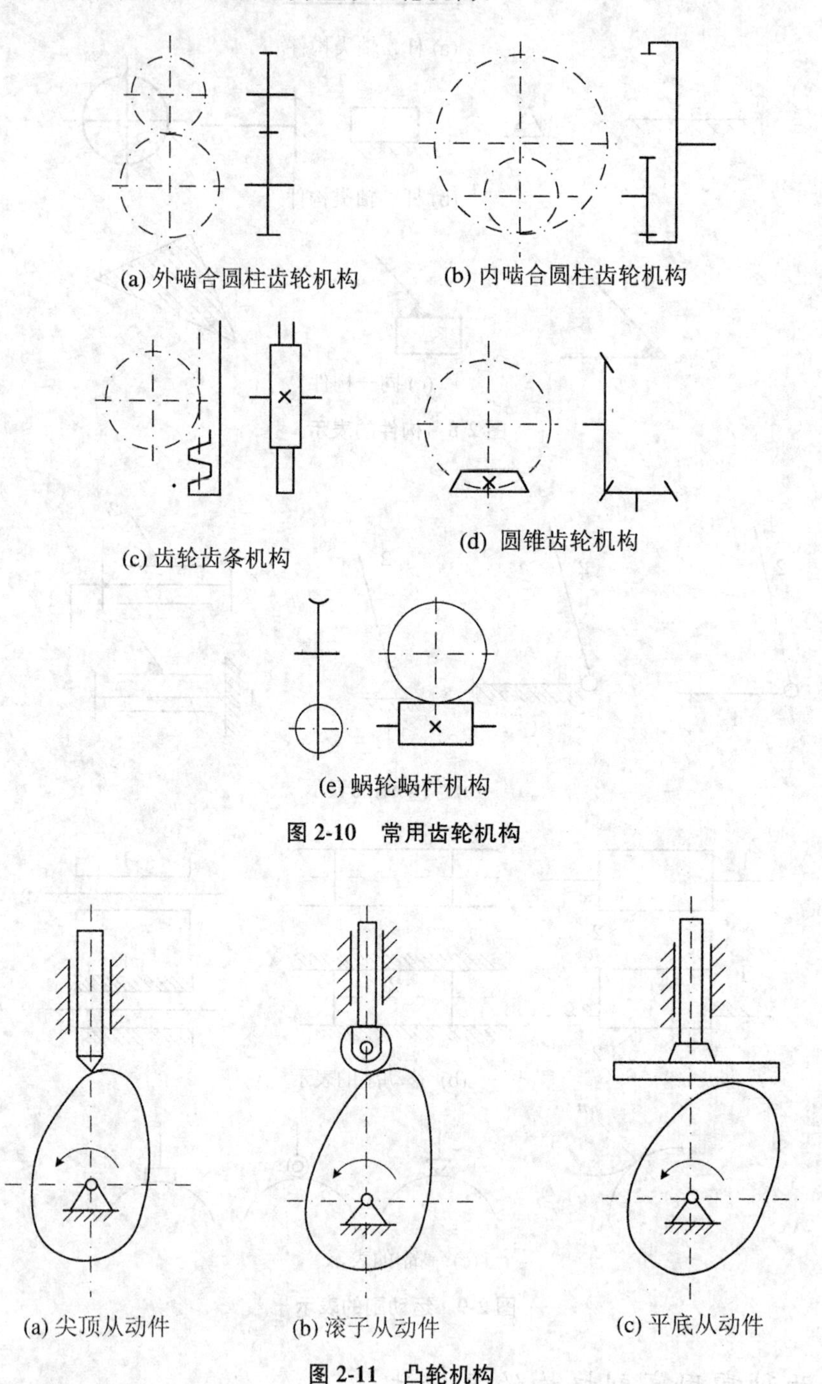

(a) 外啮合圆柱齿轮机构　(b) 内啮合圆柱齿轮机构

(c) 齿轮齿条机构　(d) 圆锥齿轮机构

(e) 蜗轮蜗杆机构

图 2-10　常用齿轮机构

(a) 尖顶从动件　(b) 滚子从动件　(c) 平底从动件

图 2-11　凸轮机构

三、绘制机构运动简图步骤

绘制机构运动简图的步骤如下：

(1) 确定机构的组成。

认真研究机构的结构及其动作原理，分清固定件(机架)，明确主动件和从动件。

（2）确定构件和运动副的类型和数目。

循着机构运动传递的路线，认清各构件间相对运动的性质，确定构件和运动副的种类和数目。

（3）选择视图平面，确定运动副相对位置。

通常选择与各构件运动平面平行的平面作为绘制机构运动简图的投影面，本着将运动关系表达清楚的原则，把原动件定在某一位置，作为绘图的起点，然后在机架上选择适当的基准，逐一测定各运动副的定位尺寸，确定各运动副之间的相对位置。

（4）取定比例尺，绘制机构运动简图。

根据图纸的幅面及构件的实际长度，选择适当的比例尺 μ_L，从原动件开始，按照运动传递的顺序和有关的运动尺寸，依次画出各运动副和构件的符号，并给构件编号，给运动副标注字母，最后在原动件上标出表示其运动种类的箭头，所得到的图形就是机构运动简图。所谓比例尺，是指构件的实际长度和构件的图示长度的比值，即

$$\mu_L = \frac{\text{构件的实际长度}}{\text{构件的图示长度}}$$

任务实施

- 绘出如图 2-7 所示的抽水唧筒的机构运动简图（参见图 2-12）。

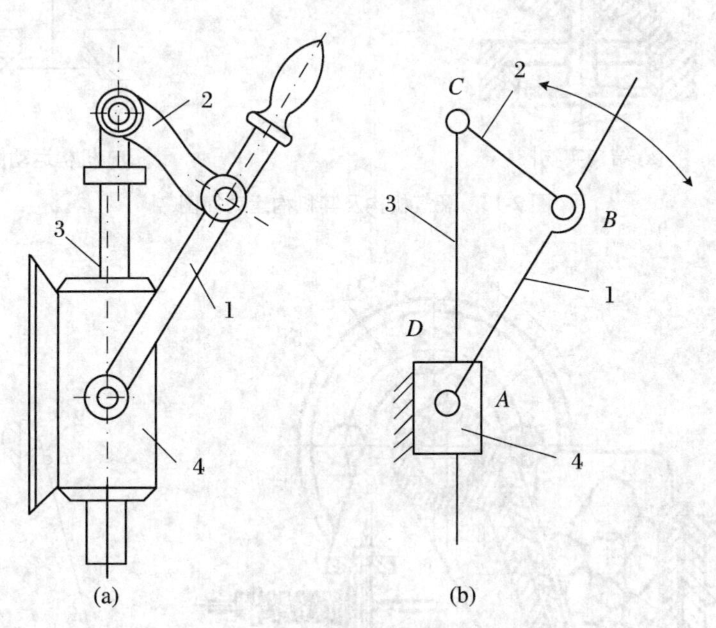

图 2-12　抽水唧筒的机构运动简图

解　（1）确定机构的组成。

抽水唧筒由手柄 1、杆件 2、活塞（图中未画出）及活塞杆 3、抽水筒 4 共 4 个构件组成，其中抽水筒 4 是固定件，手柄 1 是原动件，其余构件是从动件。

（2）确定构件和运动副的类型和数目。

手柄 1 绕抽水筒 4 上 A 点转动，二者在 A 点形成转动副；手柄 1 和杆件 2 在 B 点、杆件 2 和活塞杆 3 在 C 点分别形成转动副；活塞杆 3 与抽水筒 4 之间在 D 处形成移动副。

（3）选择视图平面，确定运动副相对位置。

选择如图 2-12 所示平面为机构运动简图的投影面，取定 A 处转动副作为绘图的起点，测定运动副的定位尺寸，确定各运动副之间的相对位置。

(4) 取定比例尺，绘制机构运动简图。

根据图纸的幅面及构件的实际长度，选择适当的比例尺 μ_L，从原动件 1 开始，依次画出构件 2、3、4 和运动副 A、B、C、D，标注出原动件运动形式箭头，所得到的图形就是抽水唧筒机构的运动简图，如图 2-12(b)所示。

· 阅读如图 2-13 所示发动机配气机构的结构实物图和机构运动简图的对照图、如图 2-14所示颚式破碎机的结构实物图和机构运动简图的对照图，从中进一步理解机构运动简图的作用和意义。

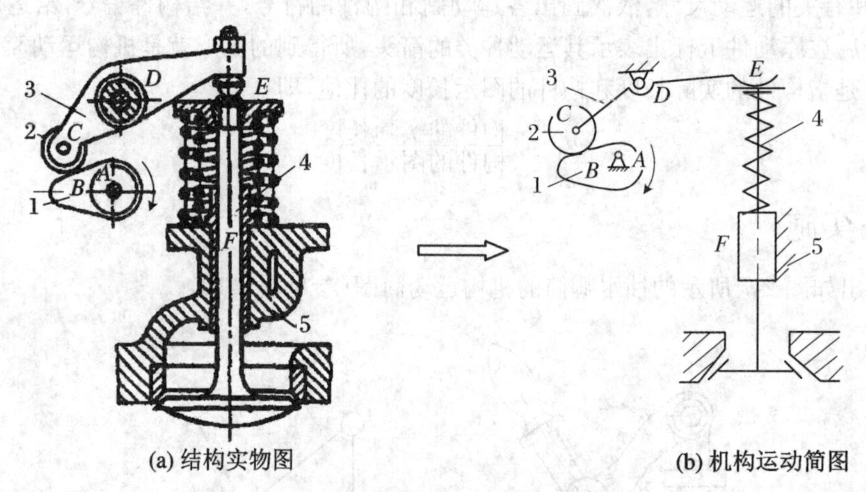

图 2-13 配气机构及其机构运动简图

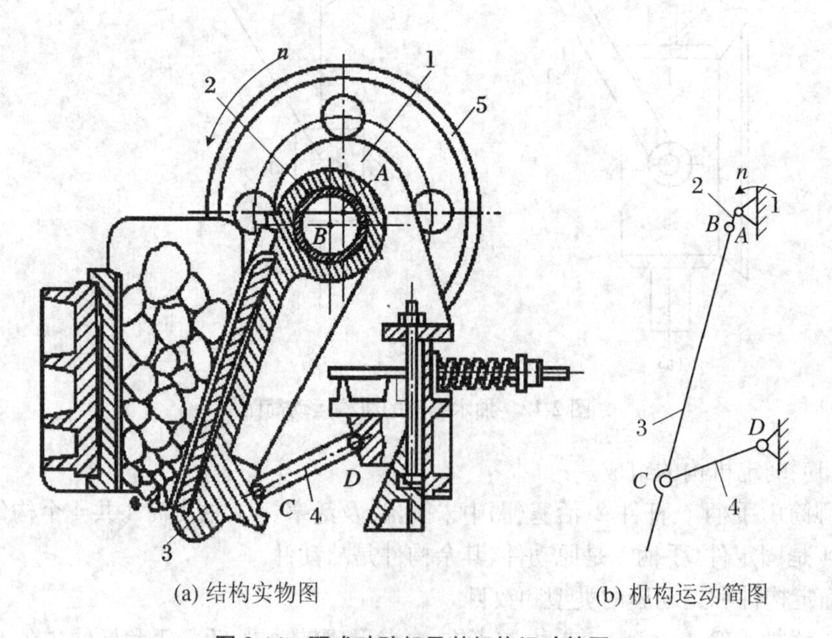

图 2-14 颚式破碎机及其机构运动简图

任务评价

序号	能力点、知识点	评价	序号	能力点、知识点	评价
1	绘图能力		3	运动分析能力	
2	结构分析能力		4	机构运动简图绘制效果	

思考与练习

1. 机构运动简图有什么作用？如何绘制机构运动简图？
2. 绘制折叠伞、汽车开门机构、自卸车的机构运动简图。
3. 试绘制如图 2-15 所示各机构的机构运动简图。

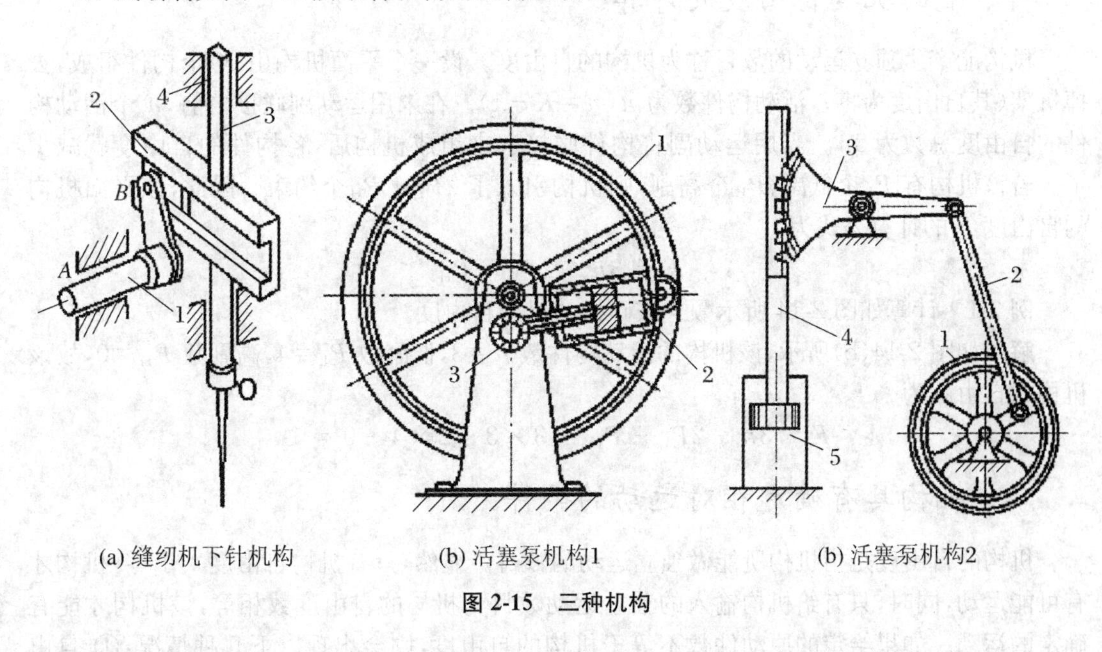

图 2-15　三种机构

任务 3　计算平面机构的自由度

任务目标

- 理解自由度、约束、复合铰链、局部自由度、虚约束等概念；
- 熟练掌握机构自由度的计算；
- 能够判断机构是否具有确定的运动。

任务描述

计算如图 2-16 所示大筛机构的自由度。

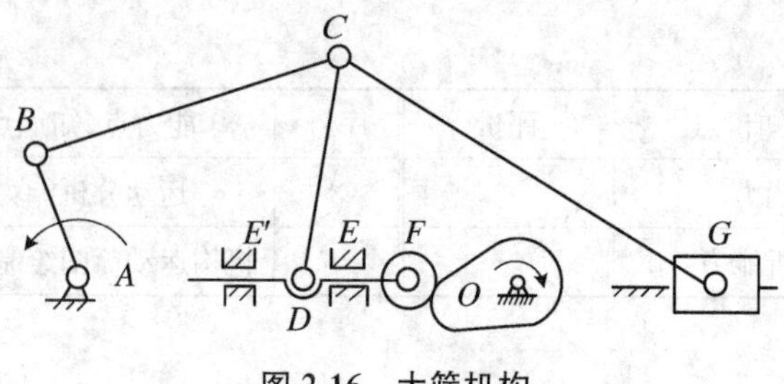

图 2-16 大筛机构

知识与技能

一、平面机构自由度的计算

机构能产生独立运动的数目称为机构的自由度。设一个平面机构由 K 个构件组成,去掉机架(其自由度为零),活动构件数为 $n(n=K-1)$。在未用运动副联接之前,n 个活动构件的自由度总数为 $3n$。当用运动副将构件联接起来组成机构后,各构件的自由度就减少了。若该机构有 P_L个低副、P_H个高副,则机构引入了 $2P_L+P_H$个约束。因此,该平面机构的自由度 F 的计算公式为

$$F = 3n - 2P_L - P_H$$

例 2-1 计算如图 2-14 所示颚式破碎机的机构自由度。

解 如图 2-14(b)所示,该机构的活动构件数 $n=3$,低副数 $P_L=4$,高副数 $P_H=0$,故该机构的自由度为

$$F = 3n - 2P_L - P_H = 3\times3 - 2\times4 - 0 = 1$$

二、机构具有确定相对运动的条件

机构的自由度是指机构所能做独立运动的数目。显然,只有机构自由度大于零,机构才有可能运动,同时,只有给机构输入的独立运动数目与机构的自由度数相等,该机构才能有确定的运动。如果给定的原动件数不等于机构的自由度,则会出现以下几种情况:① 自由度 $F\leqslant0$,表示机构不能运动。此时如果没有原动件,则机构变成了桁架;如果有原动件,机构可能被拉断。② $F>0$,但 F 不等于原动件数。此时若 $F>$原动件数,机构的运动不确定;若 $F<$原动件数,机构不能产生运动。由此可以得出机构具有确定运动的条件是:$F>0$ 且 $F=$原动件数。

如图 2-17 所示为三构件组合链,其自由度 $F=0$,它不是机构,而是固定不动的桁架。如图 2-18 所示为五构件机构,其自由度 $F=2$,当原动件数为 1 时,此机构不具有确定的运动;当原动件数为 2 时,此机构才具有确定的运动。

三、计算平面机构自由度时应注意的事项

1. 复合铰链

两个以上的构件在同一处以转动副相联接,就构成了所谓的复合铰链。如图 2-19 所示,A 处的转动副就是三个构件构成的复合铰链。在左视图上可以看出,构件 1 分别与构件 2 和构件 3 组成了两个转动副,但两转动副共轴线,在主视图上两转动副就重影在了一处,这

就是所谓的三个构件在同一处以转动副相联接。在分析运动副时，该处要算两个转动副。

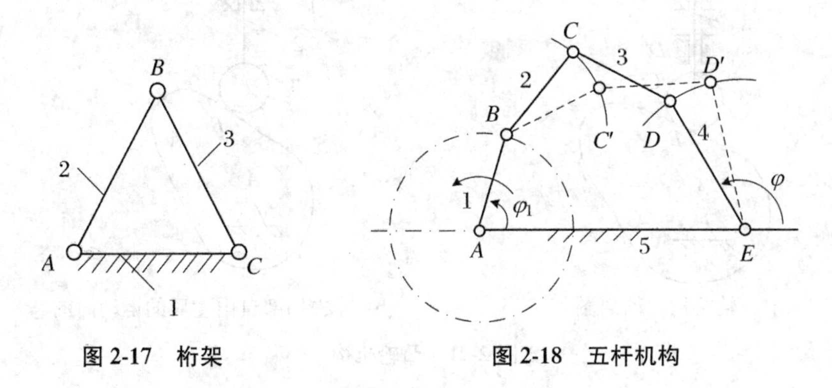

图 2-17　桁架　　　　图 2-18　五杆机构

对于复合铰链，可以认为是以一个构件为基础，其余的构件分别与它组成转动副。因此，由 m 个构件构成的复合铰链，共有 $(m-1)$ 个转动副。

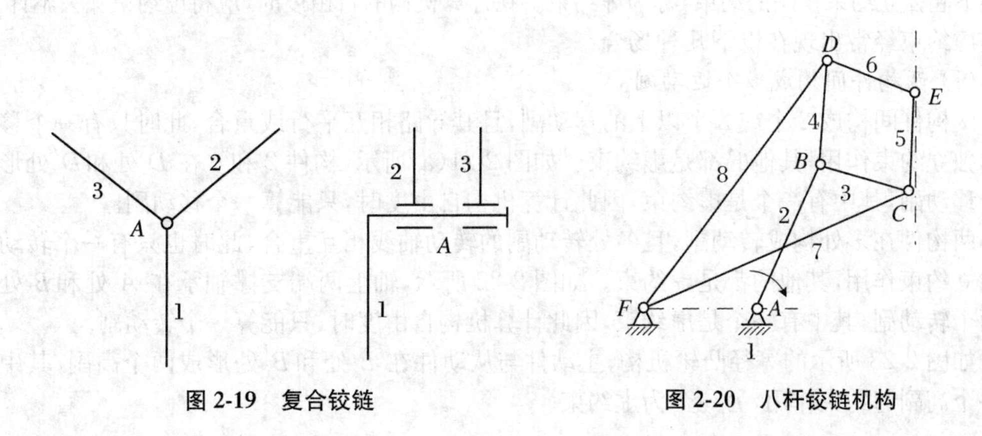

图 2-19　复合铰链　　　　图 2-20　八杆铰链机构

例 2-2　试计算如图 2-20 所示八杆铰链机构的自由度，并确定机构是否有确定运动。

解　活动构件数 $n=7$，转动副有 6 个，其中 B、C、D、F 处的转动副都是复合铰链，共有低副数 $P_L=10$，因此机构的自由度 F 为

$$F = 3n - 2P_L - P_H = 3\times7 - 2\times10 - 0 = 1$$

由于机构只有一个原动件，F = 原动件数，所以机构具有确定的运动。

2. 局部自由度

在机构中，某些构件的运动不影响输出构件的运动，这个构件产生运动的自由度称为局部自由度。在计算机构的自由度时，应将局部自由度除去不计。如图 2-21(a)所示的凸轮机构中，凸轮 1 为主动件，从动件 2 做上下移动，其运动规律取决于滚子 3 转动中心点 C 的运动规律，而与滚子 3 的转动无关。因此，滚子 3 绕轴 C 的转动自由度是局部自由度，在计算机构的自由度时，应将其除去不计，可假想把 C 处的转动副刚化，从而使滚子 3 和从动件 2 刚化成为一个构件，如图 2-21(b)所示。计算该机构的自由度时，应取活动构件数 $n=2$，低副数 $P_L=2$，高副数 $P_H=1$，则机构的自由度为 $F=3n-2P_L-P_H=3\times2-2\times2-1=1$。

虽然凸轮机构中的滚子从动件的局部自由度不影响整个机构的运动规律，但可以改善凸轮与从动件的接触状况，减小它们之间的摩擦，提高使用寿命。所以，在实际机构中常常会出现局部自由度。

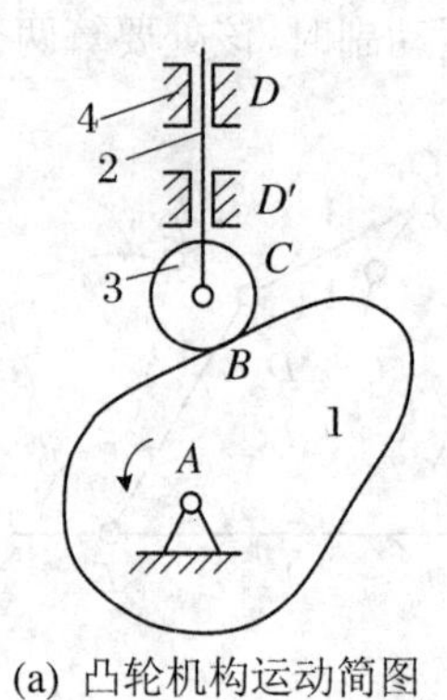

(a) 凸轮机构运动简图

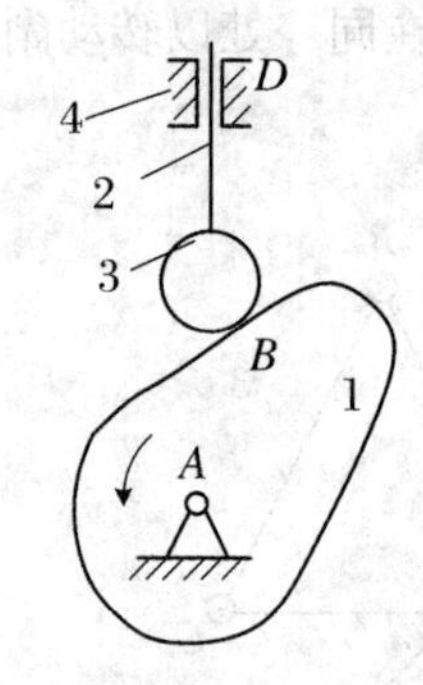

(b) 除去局部自由度后的运动简图

图 2-21 凸轮机构

3. 虚约束

在机构中，常常会存在一些运动副，它们所引入的约束对机构运动起着重复约束的作用，这类不起独立约束作用的约束，称为虚约束。在计算机构的自由度时，应将虚约束除去不计。

虚约束经常出现在以下几种场合：

（1）两构件间构成多个运动副

两构件间构成 2 个或 2 个以上的移动副，且其导路相互平行或重合，此时只有一个移动副起独立约束作用，其他的都是虚约束。如图 2-21(a)所示，构件 2 和 4 在 D 处和 D' 处形成两个移动副，其中有一个是虚约束，因此计算机构自由度时，只能算一个移动副。

两构件在多处构成转动副，且各处转动副的转动轴线相互重合，此时也只有一个转动副起独立约束作用，其他的都是虚约束。如图 2-22 所示，轴上两端支撑轴承在 A 处和 B 处形成两个转动副，其中有一个是虚约束，因此计算机构自由度时，只能算一个转动副。

如图 2-23 所示的等径凸轮机构，主动件与从动件在 B 处和 B' 处形成两个高副，其中只有一个高副起约束作用，另一个为虚约束。

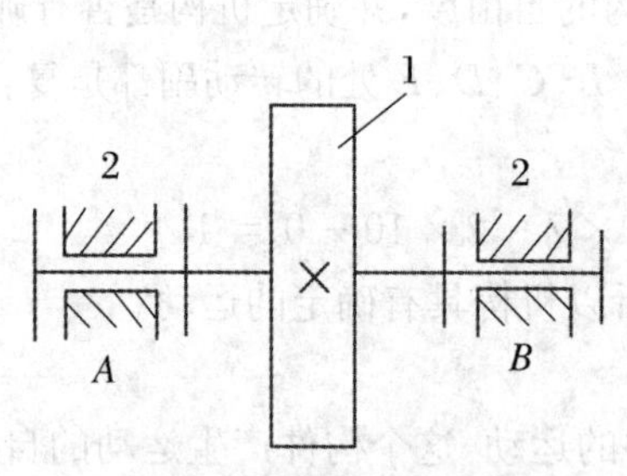

图 2-22 转动副虚约束

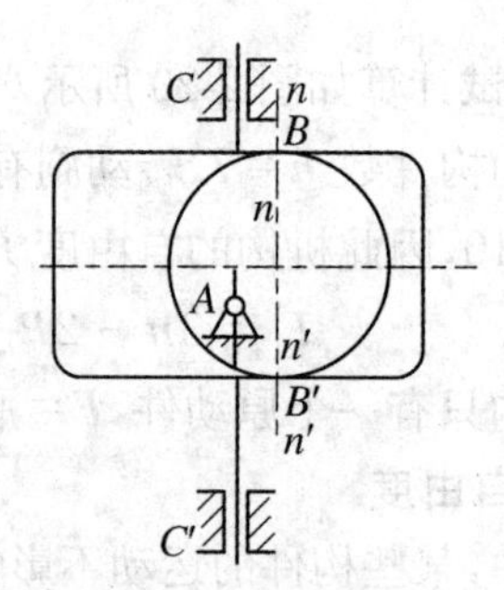

图 2-23 高副虚约束

（2）两构件上某两点间的距离在运动过程中始终保持不变

如图 2-24 所示，在机构运动的过程中，构件 2 上的 E 点和构件 4 上的 F 点之间距离始终不变（$AE /\!/ DF$），所以当将 E、F 两点用构件 5 联接时，机构的自由度 $F=-1$，但机构仍能有确定的运动，因此此联接产生了虚约束，在计算机构自由度时，应将构件 5 去除。

（3）加上联接件前后，被联接件上联接点的运动轨迹重合

如图 2-25 所示为一椭圆仪机构，图中$\angle CAD=90^\circ$，$AB=BC=BD$。在此机构的运动过程中，连杆 2 上的 C 点在滑块 3 加上前和滑块 3 加上后，其运动轨迹都是沿 AC 直线方向，保持重合，所以连杆 2 与滑块 3 在 C 点构成铰链后带入的约束也必为虚约束，计算机构自由

度时，应将滑块去除。

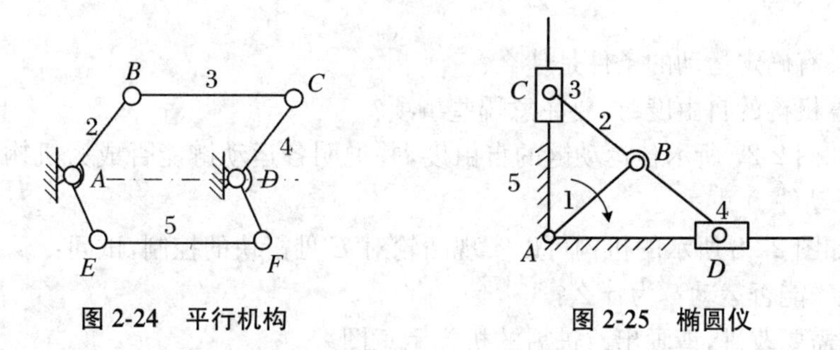

图 2-24　平行机构　　　　图 2-25　椭圆仪

(4) 机构中对运动不起作用的对称部分

如图 2-26 所示行星轮系，为了受力均衡而采用三个行星轮对称布置，实际上只需一个行星轮便能满足运动要求。在这里，每添加一个行星轮(包括 2 个高副和 1 个低副)便引入一个虚约束。

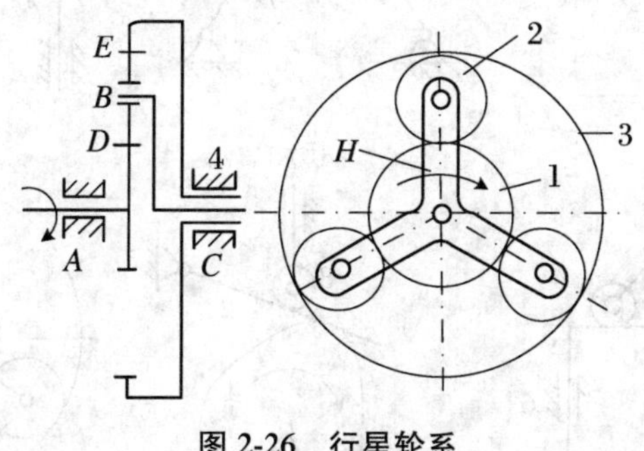

图 2-26　行星轮系

综上所述，虚约束的作用是提高构件的刚性，改善构件受力状况，使机构具有稳定的运动，因此在结构设计中被广泛使用。虚约束的存在对制造和安装精度要求较高，当不能满足几何条件时，则引入的虚约束就是真约束，"机构"将不能运动。因此，选用虚约束应慎重。

任务实施

试计算如图 2-16 所示大筛机构的自由度。

解　图中滚子具有局部自由度；E 和 E' 处为两构件组成的导路平行的移动副，其中之一为虚约束；C 处为复合铰链。在计算自由度时，将滚子与杆件看成是联接在一起的整体，即消除局部自由度，再去掉 E 处或 E' 处移动副中的任一个作为虚约束，于是有：活动构件数 $n=7$，低副数 $P_L=9$，高副数 $P_H=1$，机构的自由度为

$$F = 3n - 2P_L - P_H = 3\times7 - 2\times9 - 1 = 2$$

因为自由度 $F=2$，图中标注的原动件数也为 2，所以该机构具有确定的运动。

任务评价

序号	能力点、知识点	评价	序号	能力点、知识点	评价
1	理解机构运动简图能力		3	自由度计算能力	
2	结构分析能力		4	运动特性判断和分析能力	

思考与练习

1. 机构具有确定运动的条件是什么？

2. 在计算机构的自由度时，要注意哪些事项？

3. 计算如图 2-27 所示各运动链的自由度，并说明各运动链能否成为机构。（图中带箭头的构件为原动件。）

4. 假设如图 2-28 所示的机构可以实现凸轮对 E 处滑块的控制，试问：

(1) 该机构能否运动？为什么？

(2) 如果需要改进，请画出改进后的机构示意图。

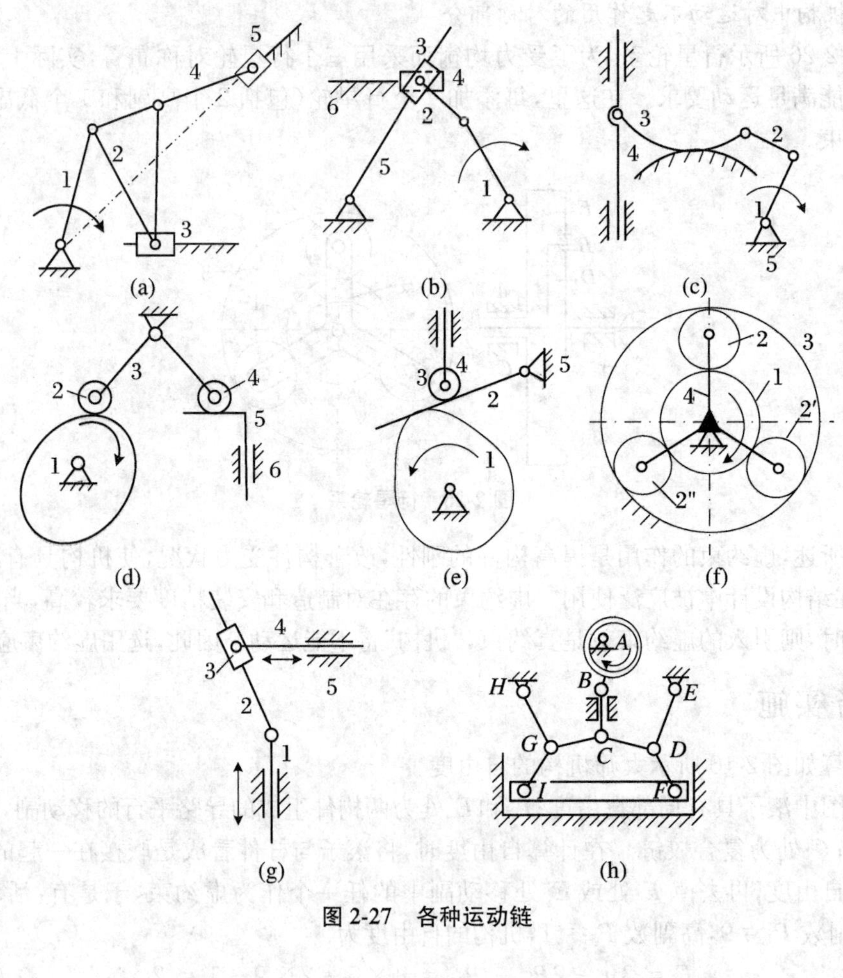

图 2-27　各种运动链

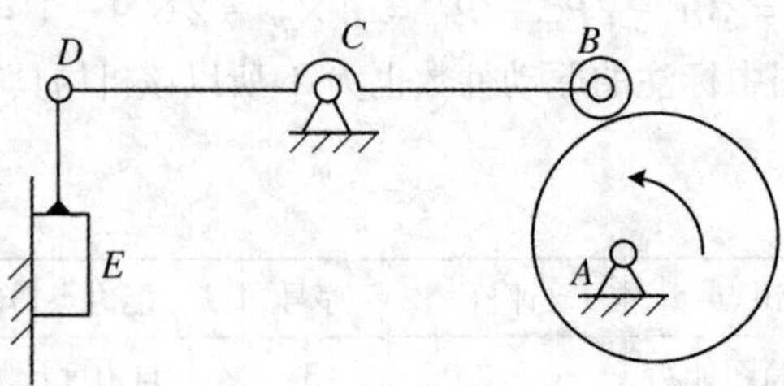

图 2-28　机构

项目 3　平面连杆机构

若干刚性构件用低副全部联接起来所组成的机构称为连杆机构。连杆机构中的各构件均在同一平面或相互平行的平面内运动，称为平面连杆机构；连杆机构中的各构件不都在一个平面或相互平行的平面内运动，称为空间连杆机构。平面连杆机构在各种机器和仪表中应用更广泛。

任务 1　了解平面四杆机构的基本形式及其演化机构

平面连杆机构中，最常见的是由四个构件组成的四杆机构，平面四杆机构又以铰链四杆机构为基本形式。

子任务 1　了解铰链四杆机构的类型、特点和应用

任务目标

- 掌握铰链四杆机构的基本类型和特性；
- 了解铰链机构的特点和应用。

任务描述

观察工程和生活中常见的铰链四杆机构实物或模型，分析说明其基本类型和工作特性。

知识与技能

一、铰链四杆机构的基本类型

在平面四杆机构中，如果所有的低副都是转动副，这种四杆机构称为铰链四杆机构。它是平面四杆机构最基本的形式，其他形式的四杆机构都可看作是在它的基础上演化而成的。

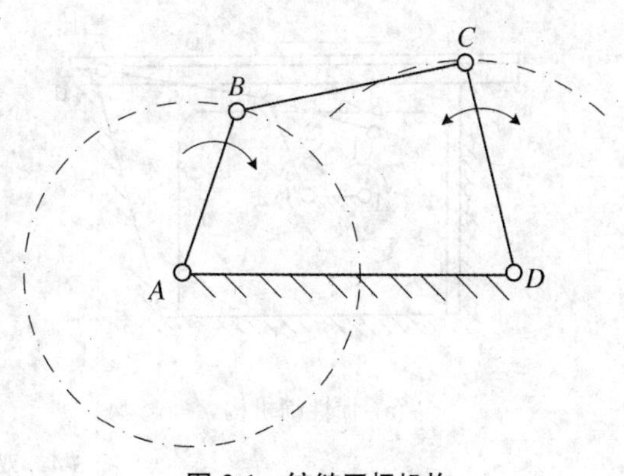

图 3-1　铰链四杆机构

在如图 3-1 所示的铰链四杆机构中，固定不动的 AD 杆称为机架，与机架相连的 AB 杆和 CD 杆称为连架杆，能做整周回转运

动的连架杆称为曲柄，只能做一定角度摆动的连架杆称为摇杆，不与机架相连的 *BC* 杆称为连杆，一般情况下连杆做复杂的平面运动。

对于铰链四杆机构来说，机架和连杆总是存在的，根据连架杆能否做整周回转，铰链四杆机构可分为三种：曲柄摇杆机构、双曲柄机构和双摇杆机构。

1. 曲柄摇杆机构

铰链四杆机构中，两连架杆有一个为曲柄，另一个为摇杆，此种四杆机构称为曲柄摇杆机构。

当曲柄为主动件时，可以将曲柄的连续转动转化为摇杆的往复摆动。如图 3-2 所示的雷达天线俯仰机构，当曲柄 1 转动时，通过连杆 2 带动与摇杆 3 固接的抛物面天线做一定角度的摆动，从而达到调整天线俯仰角的目的。

曲柄摇杆机构也可以将摇杆作为主动件。如图 3-3 所示的缝纫机踏板机构，当踏动踏板 *CD* 使其往复摆动时，通过连杆 *BC* 使曲柄 *AB* 做连续转动，通过带轮带动机头进行缝纫工作。

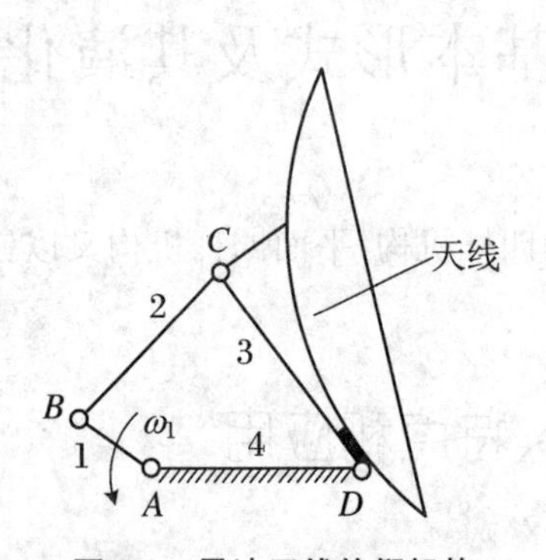

图 3-2　雷达天线俯仰机构

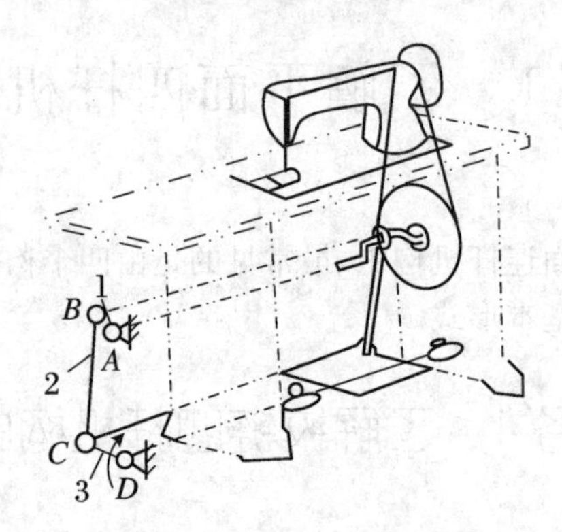

图 3-3　缝纫机踏板机构

2. 双曲柄机构

铰链四杆机构的两个连架杆如果都是曲柄，则称为双曲柄机构。双曲柄机构的功能是：将等速转动转换为等速同向、不等速同向、不等速反向等多种转动。

如图 3-4(a)所示为惯性筛机构，其中 *ABCD* 机构为双曲柄机构(如图 3-4(b)所示)。当曲柄 1 做等角速度转动时，曲柄 3 做变角速度转动，通过构件 5 带动筛体 6 做变速往复直线运动，筛面上的物料由于惯性而来回抖动，从而实现筛选功能。

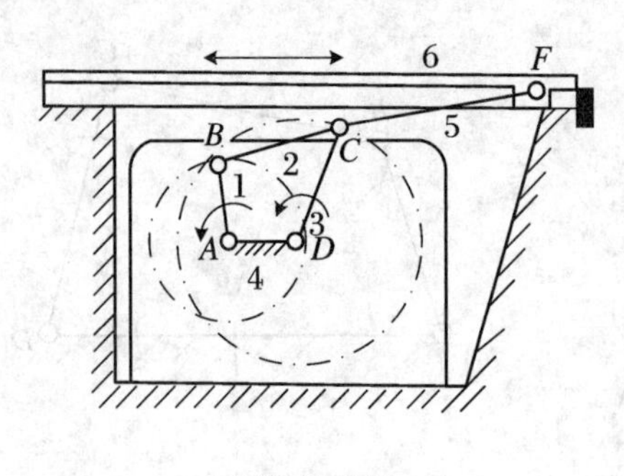

(a) 惯性筛机构

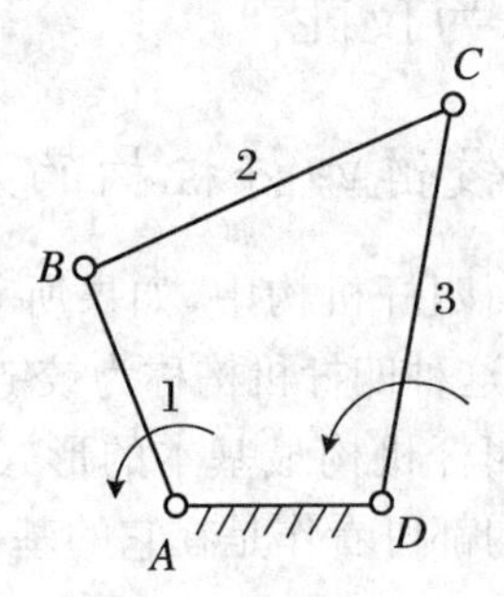

(b) 惯性筛中的双曲柄机构

图 3-4　双曲柄机构

双曲柄机构中，常见的有正平行四边形机构和逆平行四边形机构。

(1) 正平行四边形机构

连杆与机架的长度相等、两曲柄长度相等且转向相同的双曲柄机构，称为正平行四边形机构。如图3-5所示的铰链四杆机构 $ABCD$，两组相对构件相互平行，呈平行四边形，当曲柄1作为原动件做整周转动时，曲柄3和1做同速同向转动，连杆2做平动。如图3-6所示的机车车轮联动机构便是正平行四边形机构的应用实例，该机构应用正平行四边形机构的运动特点，使被联动的车轮2、3与主动轮1具有完全相同的速度。必须指出，当曲柄与连杆同时转到与机架共线时，从动曲柄将产生运动不确定现象。如图3-7所示，当原动曲柄 AB 转到 AB' 时，从动曲柄 CD 可能沿着原来的转向转到 $C'D$，也可能反向转到 $C''D$。为了消除这种运动不确定状态，可以在从动曲柄上加装飞轮柄或在机构中添加辅助构件，图3-6所示的机车联动机构，就是在机构中加了第三个曲柄来解决这一问题的。

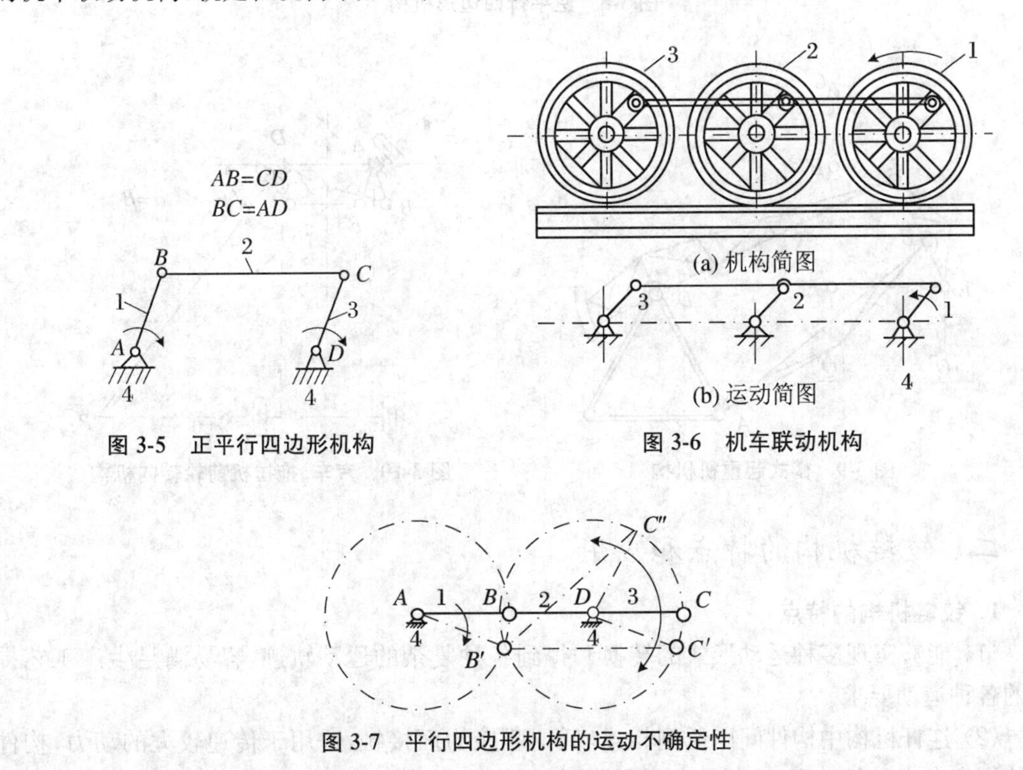

图3-5　正平行四边形机构

图3-6　机车联动机构

图3-7　平行四边形机构的运动不确定性

(2) 逆平行四边形机构

连杆与机架的长度相等、两曲柄长度相等但转向相反的双曲柄机构，称为逆平行四边形机构。如图3-8(a)所示，两相对构件长度虽然相等，但 AD 与 BC 不平行，当曲柄1作为主动件运动时，从动曲柄3做不同速的反向转动。图3-8(b)所示的车门机构，就是采用逆平行四边形机构的应用实例，驱动曲柄 AB 或 CD，就可以保证打开或关闭与曲柄 AB 和 CD 固接在一起的车门。

3. 双摇杆机构

在铰链四杆机构中，两连架杆均为摇杆时，此种四杆机构称为双摇杆机构。如图3-9所示的鹤式起重机机构即为双摇杆机构，当摇杆 AB 摆动时，另一摇杆 CD 随之摆动，使得点 E(悬挂重物的点)能沿近似水平直线方向移动。

如果双摇杆机构的两摇杆长度相等，则称为等腰梯形机构。在汽车及拖拉机中常用这种机构操纵前轮的转向，如图 3-10 所示。

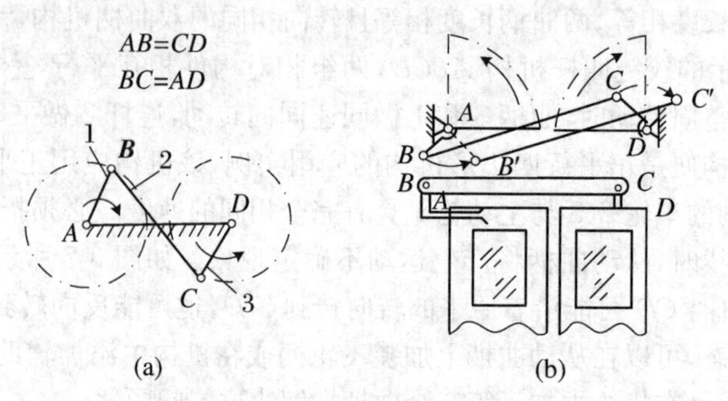

图 3-8 逆平行四边形机构

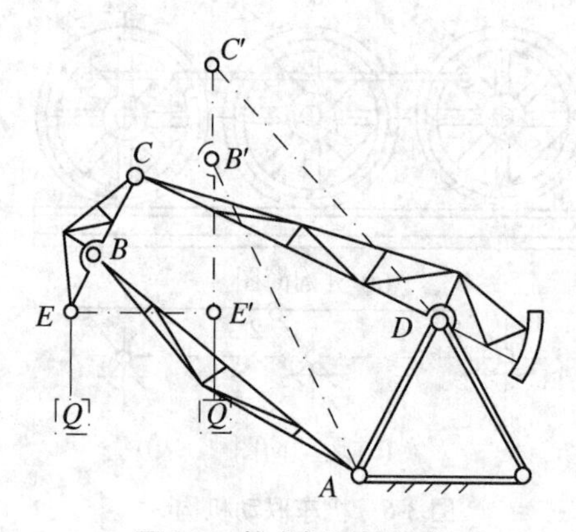

图 3-9 鹤式起重机机构

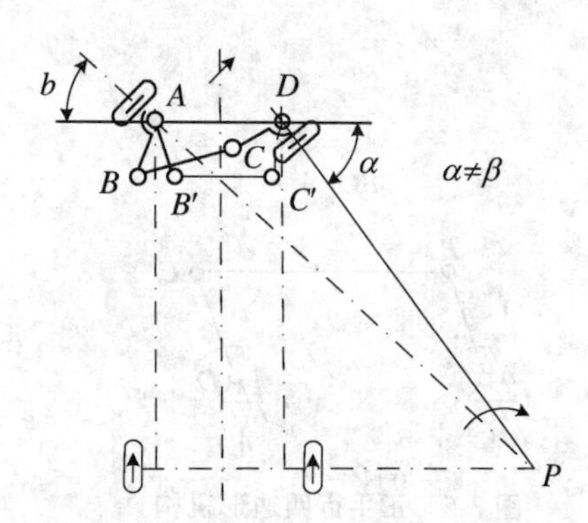

图 3-10 汽车、拖拉机前轮转向机构

二、铰链机构的特点和应用

1. 铰链机构的特点

(1) 能够实现多种运动形式的转换和得到各种复杂的运动轨迹，容易满足生产工艺提出的各种运动要求。

(2) 连杆机构中构件间以低副相连，低副联接为面接触，适用于传递较大的动力，构件的使用寿命也较长。又由于低副联接的几何形状简单，所以便于加工制造。

(3) 构件间的相互接触是依靠运动副元素的几何形状来保证的，不需要增添其他附加零件来做运动的工艺保证。

(4) 当构件数目较多或制造精度较低时，机构的运动累积误差较大，会影响运动的准确性。

(5) 机构中某些构件的运动速度是变化的，易产生惯性力，且不容易平衡，因而会引起冲击或振动。当机构运动速度较高时，这种冲击或振动更为严重。

2. 铰链机构的应用

平面铰链机构具有许多优点，所以广泛应用于起重、运输、冶金、化工等各种机械和仪器中。它能将一种运动形式转换为另一种运动形式，能实现一定的运动、动作和轨迹。

(1) 实现一定的运动

如图 3-11 所示的牛头刨床滑枕运动机构，其中的导杆机构(平面铰链机构的演变机构)

将齿轮的转动转变为刨刀滑枕的往复直线运动;如图3-12所示的内燃机机构,其中的曲柄滑块机构(平面铰链机构的演变机构)将活塞的往复直线运动转变为曲轴的转动。以上两个实例,都是将主动件的一种运动转变为从动件的另一种运动。

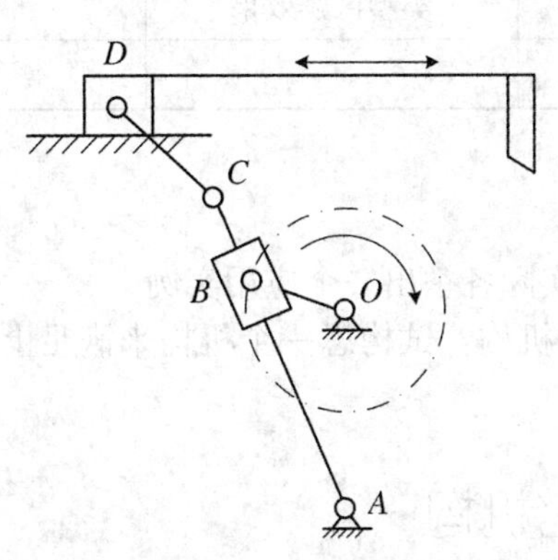

图3-11　刨床机构

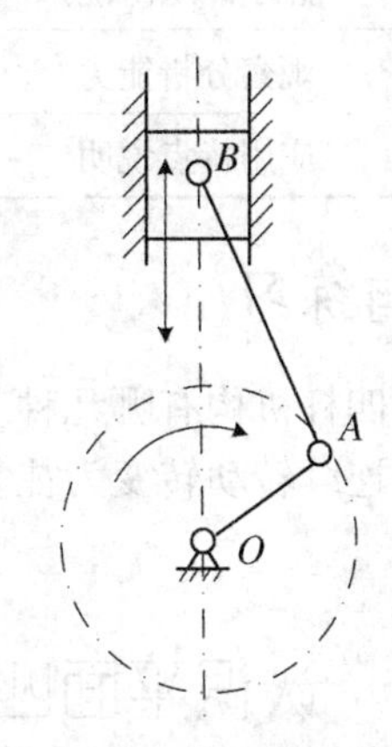

图3-12　内燃机机构

(2) 实现一定的动作

如图3-13所示的汽车车门启闭装置,利用机构中曲柄 AB 与滑块 C 的对应关系,实现车门的开启和关闭。生活中实例也很多,例如自行车手闸、窗扇启闭机构、撑伞机构和折叠椅机构等,都属于实现输出构件从一个位置到另一个位置的动作。

(3) 实现一定的轨迹

平面连杆机构中,连杆的运动属于复杂的平面运动,连杆上各点的运动轨迹是各式各样的封闭曲线,在生产中往往利用连杆上某一点的运动轨迹来满足工作需要。如图3-14所示的液体搅拌器,就是利用曲柄摇杆机构中连杆上 E 点的轨迹来实现对液体的搅拌的。

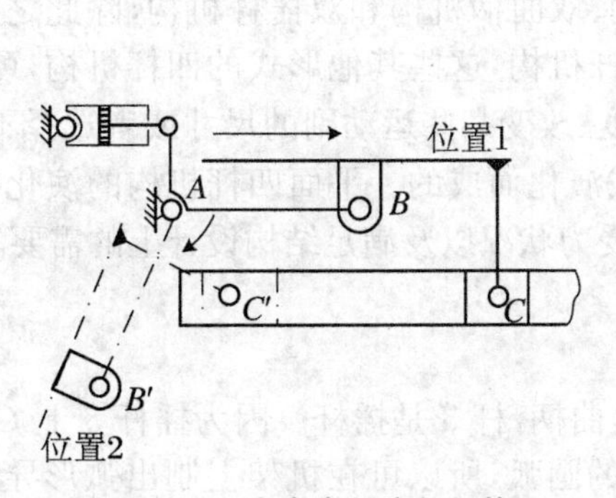

图3-13　汽车车门启闭机构

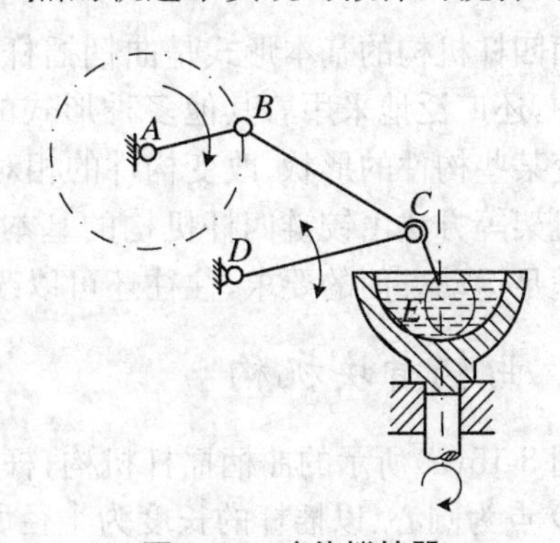

图3-14　液体搅拌器

任务实施

- 观察铰链四杆机构;
- 区辨铰链四杆机构的类型;
- 说明铰链四杆机构的应用特点。

任务评价

序号	能力点、知识点	评价	序号	能力点、知识点	评价
1	观察分析能力		3	类型区辨效果	
2	应用特点说明				

思考与练习

1. 铰链四杆机构有哪几种基本形式？试联系实际各举出一个应用实例。

2. 欲将连续转动转变为往复移动，可利用哪些机构？试构思一个机构来满足上述运动转换的要求。

子任务2　认识平面四杆机构的演化机构

任务目标

- 了解平面连杆机构的演化方法和目的；
- 了解平面连杆机构演化机构的特性和应用。

任务描述

通过平面四杆机构演化方法和途径的总结，了解平面连杆机构演化的目的和应用。

知识与技能

平面四杆机构的基本形式是曲柄摇杆机构、双曲柄机构和双摇杆机构，除此之外，在实际应用中，还广泛地采用着其他多种形式的四杆机构，这些其他形式的四杆机构，可认为是通过改变某些构件的形状、改变构件的相对长度、改变某些运动副的尺寸或者选择不同的构件作为机架等方法由铰链四杆机构的基本形式演化而成的。平面四杆机构的演化，不仅仅是为了满足运动方面的要求，往往还可以改善受力状况以及满足结构设计上的需要等。

一、曲柄滑块机构

如图3-15(a)所示的曲柄摇杆机构，杆1是曲柄，杆3是摇杆。因为摇杆3上C点的轨迹是以D点为圆心、以摇杆的长度为半径所作的圆弧，所以可在机架上制出弧形导槽，并将摇杆3制成弧形块与弧形导槽密切配合，形成的机构如图3-15(b)所示，显然运动性质不变。如果CD增至无穷大，则D点在无穷远处，此时弧形导槽就演化为直槽，弧形块3演化为直块，该直块称为滑块。于是转动副D就演化为移动副，整个机构就演化为如图3-15(c)所示的曲柄滑块机构。如果C点的运动轨迹线与曲柄转动中心之间存在距离$e \neq 0$，则称该机构为偏置滑块机构，如图3-15(c)所示；如果C点的运动轨迹线与曲柄转动中心之间距离$e=0$，则称该机构为对心滑块机构，如图3-15(d)所示。

二、摇块机构和定块机构

摇块机构和定块机构可以看成是曲柄滑块机构选择不同构件为机架演化而来的。

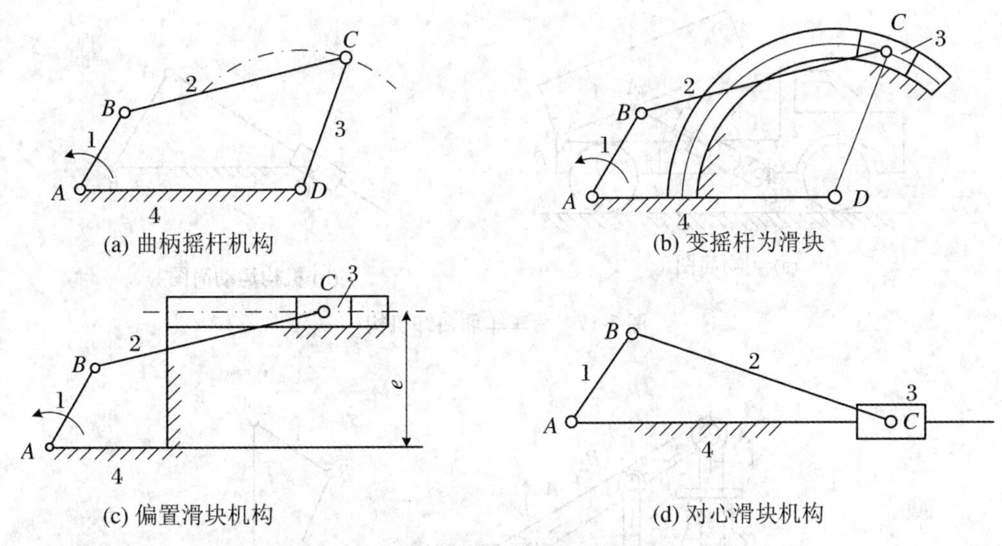

图 3-15　铰链四杆机构演化为曲柄滑块机构

1．摇块机构

在如图 3-16(a)所示的曲柄滑块机构中，如果取构件 2 为机架，则可得摇块机构，构件 3 相对机架绕固定点 C 摇摆，称其为摇块，如图 3-16(b)所示。

如图 3-17(a)所示为货车车厢自卸机构，它是摇块机构的应用实例。当液压缸 3(摇块)内的压力油推动活塞杆 4 从油缸 3 中伸出时，车厢 1 绕车身 2 上的 D 点翻转，自动倾卸物料。图 3-17(b)是货车车厢自卸机构的机构运动简图。

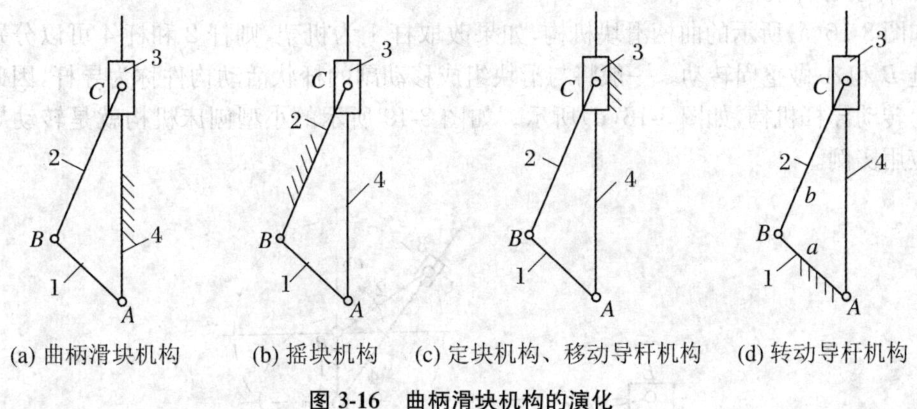

图 3-16　曲柄滑块机构的演化

2．定块机构

在如图 3-16(a)所示的曲柄滑块机构中，如取滑块 3 为机架，则可得定块机构，如图 3-16(c)所示。

如图 3-18(a)所示的手摇唧筒机构就是定块机构的实际应用，唧筒就是定块 3，杆 4 下面就是唧水活塞，杆 1 为唧水手柄(主动件)。

三、导杆机构

导杆机构也可看成是改变曲柄滑块机构中的机架演化而来的。

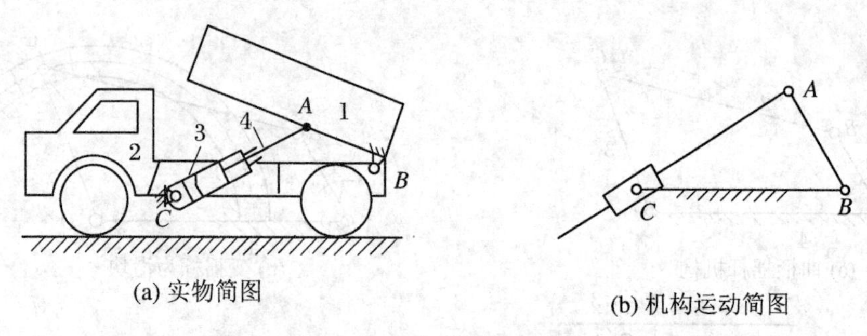

图 3-17 货车车厢自卸机构

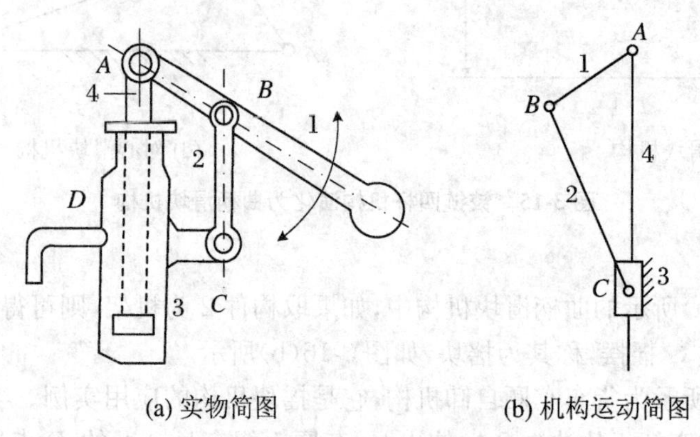

图 3-18 手摇唧筒机构

1. 转动导杆机构

如图 3-16(a)所示的曲柄滑块机构，如果改取杆 1 为机架，则杆 2 和杆 4 可以分别绕固定铰链 B 和 A 做整周转动。一般将与滑块组成移动副的杆状活动构件称为导杆，因此该机构称为转动导杆机构，如图 3-16(d)所示。如图 3-19 所示的小型刨床机构就是转动导杆机构的应用实例。

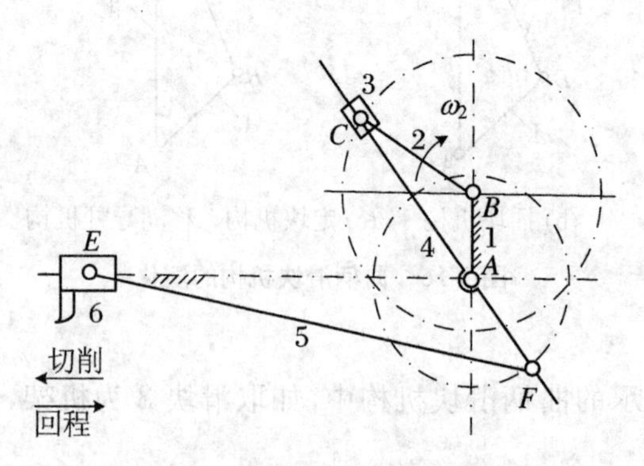

图 3-19 小型刨床的转动导杆机构

2. 摆动导杆机构

在如图 3-16(d)所示的机构中，如果改变杆 1 和杆 2 的长度 a 和 b，使 $a>b$，如图 3-20(a)所示，当杆 2 做整周转动时，该机构的导杆 4 只能绕转动副 A 相对于机架 1 做往复摆动，所以该机构称为摆动导杆机构。图 3-20(b)所示的牛头刨床主运动机构，就是摆动导杆机构的实际应用。

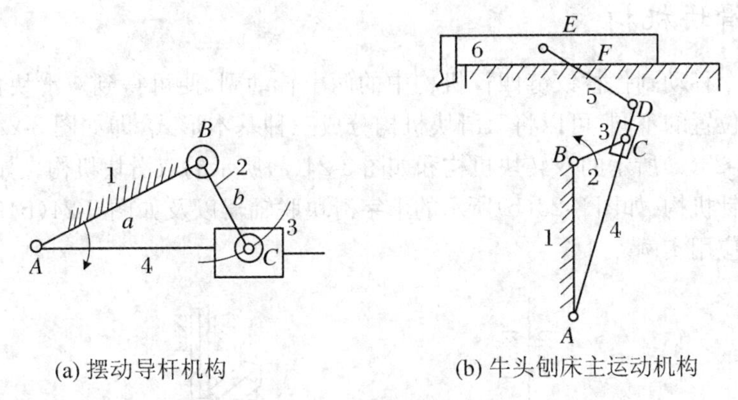

(a) 摆动导杆机构　　(b) 牛头刨床主运动机构

图 3-20　摆动导杆机构

3. 移动导杆机构

定块机构也可称为移动导杆机构。如图 3-16(c)和图 3-18 所示,当曲柄 1 转动时,机构中的导杆 4 只能沿定块做往复直线移动,由于人们研究问题的侧重点不一样,这种机构通常被分别称为定块机构或移动导杆机构。

四、偏心轮机构

在如图 3-21(a)所示的曲柄摇杆机构和如图 3-21(b)所示的曲柄滑块机构中,如果将转动副 B 扩大至超过曲柄 1 的长度,则曲柄 1 演化为一个几何中心与转动中心不重合的偏心盘,这种机构称为偏心轮机构,如图 3-21(c)所示的偏心轮摇杆机构和如图 3-21(d)所示的偏心轮滑块机构。运动时转动中心 A 与几何中心 B 之间的距离 e 称为偏心距,偏心距即为曲柄的长度。

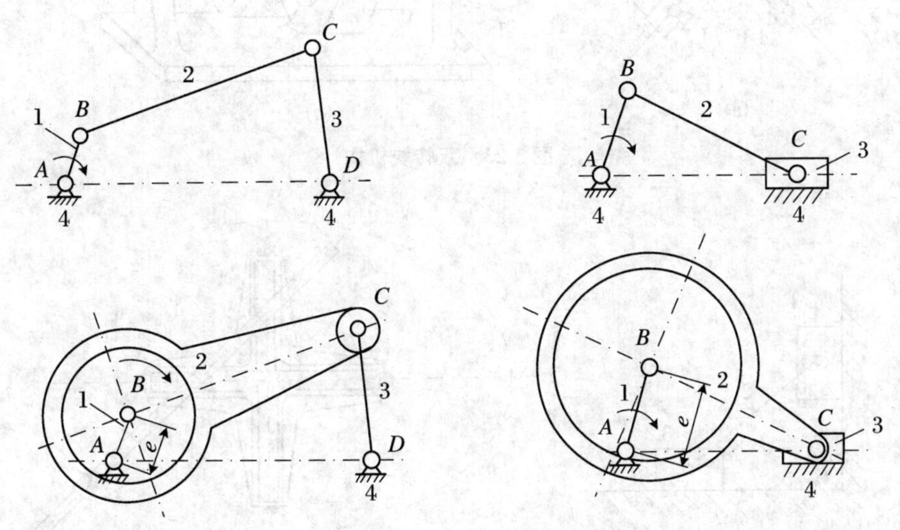

图 3-21　偏心轮机构

偏心轮机构是扩大转动副 B 而获得的,它的运动性质与原来的曲柄摇杆机构或曲柄滑块机构一样,但刚度和强度得到很大提高。该机构广泛应用于模锻压力机、冲床、剪床等受力较大或具有冲击载荷的机械中。

五、双滑块机构

如果以两个移动副代替铰链四杆机构中的两个转动副，便可得到双滑块机构。按照两个移动副所处位置的不同，可以将双滑块机构分成三种基本形式，即如图 3-22(a)所示的正弦机构、如图 3-23(a)所示的双转块机构和如图 3-24(a)所示的双滑块机构。如图 3-22(b)所示的缝纫机下针机构、如图 3-23(b)所示的十字滑块联轴器以及如图 3-24(b)所示的椭圆仪分别是它们的应用实例。

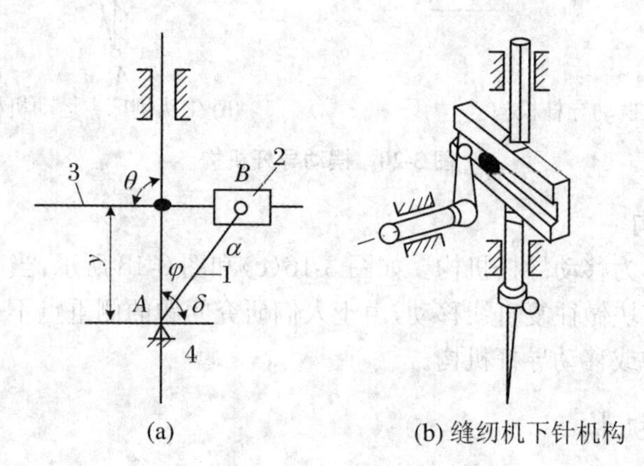

图 3-22 正弦机构

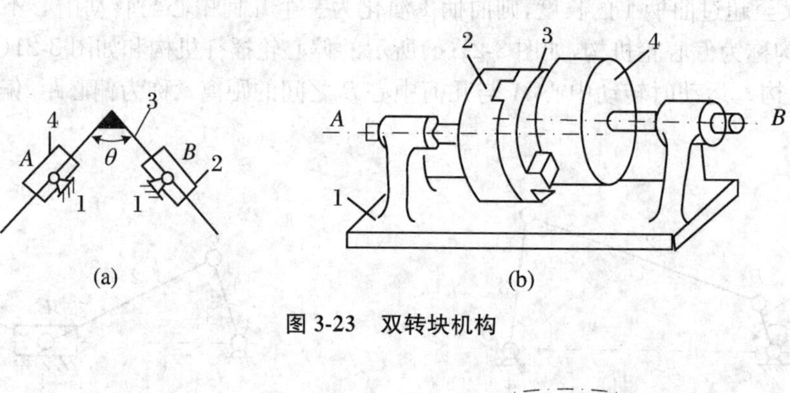

图 3-23 双转块机构

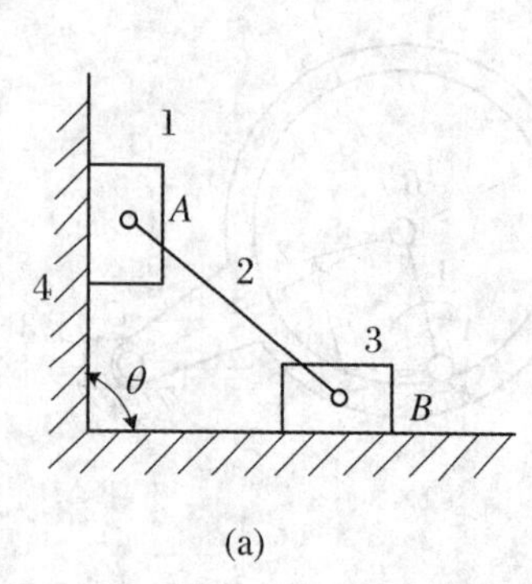

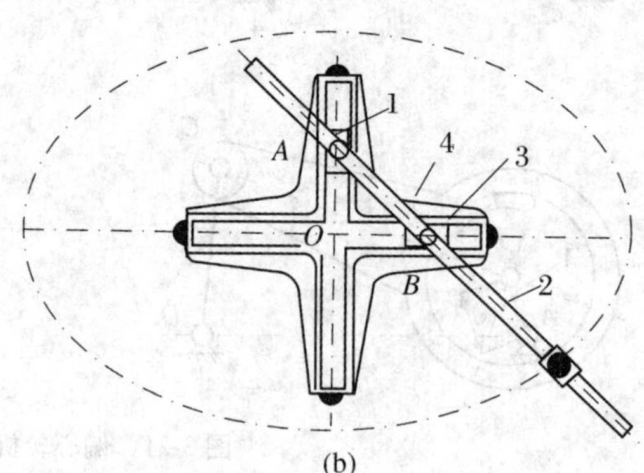

图 3-24 双滑块机构

任务实施

总结平面四杆机构演化的基本方法和途径。

任务评价

序号	能力点、知识点	评价	序号	能力点、知识点	评价
1	材料整理能力		2	分析总结能力	

思考与练习

1. 平面四杆机构演化的基本方法和途径有哪些？
2. 叙述偏心轮滑块机构是怎样通过铰链四杆机构演化来的。
3. 哪些机构是由铰链四杆机构演化而来的？
4. 试解释机构中的下列名词：(1) 曲柄；(2) 摇杆；(3) 滑块；(4) 导杆。

任务2　分析平面四杆机构的基本特性

平面连杆机构和其他机构一样，有着自己的特殊性质。除了具有特殊的结构特性以外，还具有特殊的运动特性、传力特性等。了解这些特性，对正确选择平面连杆机构的类型、运动分析、受力分析以及进行机构设计具有重要指导意义。

子任务1　分析平面四杆机构有曲柄的条件

任务目标

- 掌握铰链四杆机构有曲柄的条件；
- 掌握曲柄滑块机构有曲柄的条件；
- 了解平面四杆机构有曲柄条件的分析过程。

任务描述

在如图3-25所示的铰链四杆机构中，已知 $l_{BC}=120$ mm，$l_{CD}=80$ mm，$l_{AD}=60$ mm，AD 为机架。试分别求满足下列要求时，构件 AB 的长度。

(1) 该机构为曲柄摇杆机构，且 AB 为曲柄。

(2) 该机构为双曲柄机构。

(3) 该机构为双摇杆机构。

知识与技能

一、铰链四杆机构有曲柄的条件

铰链四杆机构三种基本形式的区别在于连架杆是否为曲柄，其与杆长有关，下面讨论连架杆成为曲柄的条件。

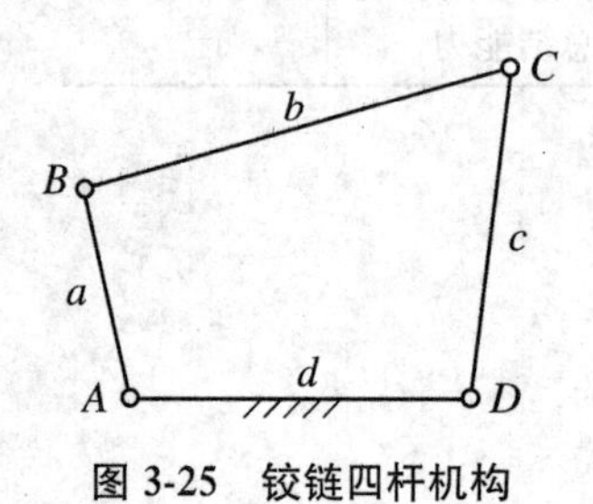

图 3-25 铰链四杆机构

如图 3-26(a)所示为一铰链四杆机构，设杆 1 为曲柄，杆 2 为连杆，杆 3 为摇杆，杆 4 为机架，各杆长度分别用 a、b、c、d 表示。当曲柄 1 做整周回转时，曲柄 1 与机架 4 有两个共线位置，如图 3-26(b)、(c)所示。

在图 3-26(b)中，关注△BCD，根据三角形边长关系，有

$$a + d < b + c$$

在图 3-26(c)中，关注△BCD，根据三角形边长关系，有

$$d - a + b > c \quad 即 \quad a + c < b + d$$
$$d - a + c > b \quad 即 \quad a + b < c + d$$

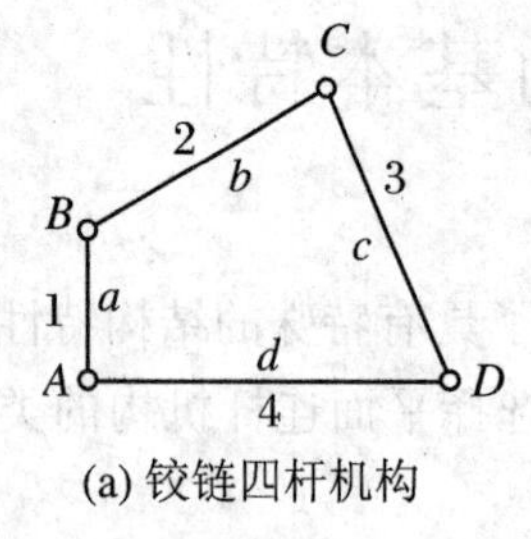

(a) 铰链四杆机构

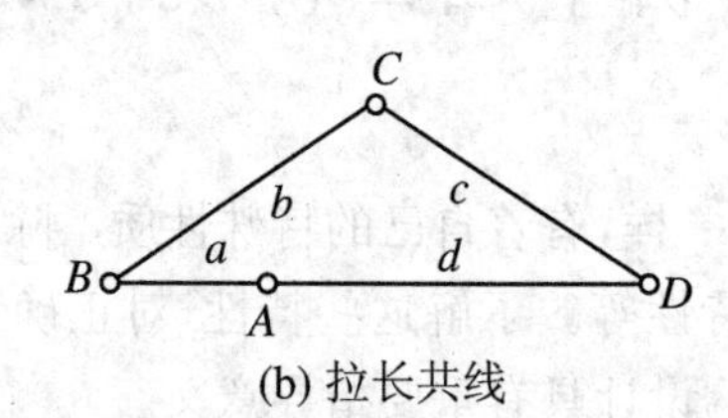

(b) 拉长共线

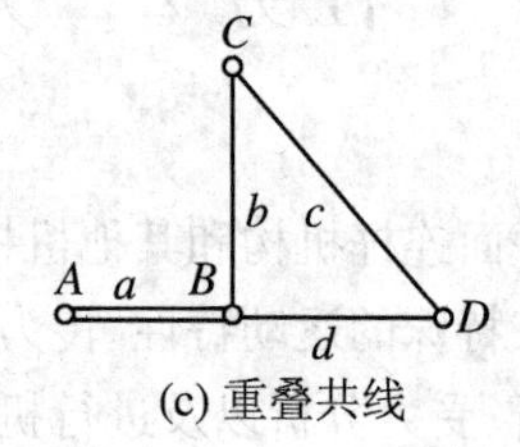

(c) 重叠共线

图 3-26 铰链四杆机构运动中机架与曲柄共线

考虑四个构件可能出现的三种共线情况，如图 3-27 所示，上述不等式可改写为

$$a + d \leqslant b + c$$
$$a + c \leqslant b + d$$
$$a + b \leqslant c + d$$

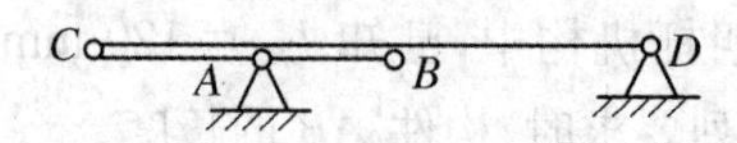

A B D C

图 3-27 铰链四杆机构运动中四构件共线

将上述三个不等式两两相加，可得

$$a \leqslant b$$
$$a \leqslant c$$
$$a \leqslant d$$

上述关系说明，曲柄存在的必要条件是：机构中有一最短杆并且最短杆与最长杆长度之和小于或等于其余两杆长度之和，再结合四个机构演化中的“取不同构件为机架”原理，可推出铰链四杆机构中有曲柄的条件为：

(1) 最短杆与最长杆长度之和小于或等于其余两杆长度之和(杆长条件)。

(2) 最短杆或最短杆的相邻杆为机架(机架条件)。

由以上的结论，再向前推，可得如下结论：

(1) 当最短杆与最长杆长度之和大于其余两杆长度之和时，机构中不存在曲柄，即得到双摇杆机构。

(2) 当最短杆与最长杆长度之和小于或等于其余两杆长度之和时，则有以下情况：

① 最短杆为机架时，得到双曲柄机构。

② 最短杆的相邻杆为机架时，得到曲柄摇杆机构。

③ 最短杆的对面杆为机架时，得到双摇杆机构。

二、曲柄滑块机构有曲柄的条件

下面分析曲柄滑块机构有曲柄的条件。

如图 3-28(a)所示为一偏置曲柄滑块机构，其偏距为 e，设曲柄 AB 的长度为 a，连杆 BC 的长度为 b。当曲柄 AB 旋转一周时，B 点应能通过曲柄与连杆两次共线的位置。一次是当曲柄位于 AB_1 时，它与连杆重叠共线于 B_1AC_1；另一次是当曲柄位于 AB_2 时，它与连杆拉长共线于 AB_2C_2。

如图所示，在$\triangle AC_1D$ 中，有 $AC_1 > AD$，即 $b-a>e$，于是得 $b>a+e$；在$\triangle AC_2D$ 中，有 $AC_2>AD$，即 $b+a>e$，由于满足 $b-a>e$，必然满足 $b>a+e$，所以偏置曲柄滑块机构有曲柄的条件是：连杆的长度大于曲柄与偏心距的长度之和，即 $b>a+e$。

如图 3-28(b)所示为一对心曲柄滑块机构，其偏距 $e=0$，因此可得对心曲柄滑块机构有曲柄的条件是：连杆的长度大于曲柄的长度，即 $b>a$。

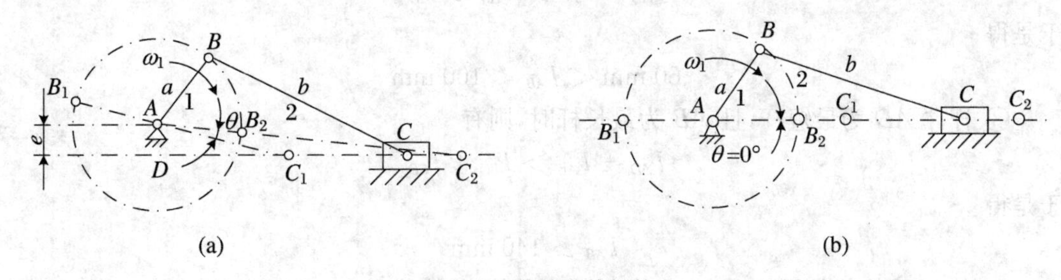

图 3-28 曲柄滑块机构

任务实施

求如图 3-25 所示铰链四杆机构三种情况下构件 AB 的长度。

解 (1) 机构要成为曲柄摇杆机构，且 AB 为曲柄，必须满足杆长条件，且 AB 为最短

杆,有

$$l_{AB}+l_{BC}\leqslant l_{CD}+l_{AD},\quad l_{AB}>0$$

于是得

$$l_{AB}\leqslant 80+60-120=20(\text{mm})$$

(2) 机构要成为双曲柄机构,必须满足杆长条件,且机架 AD 为最短杆。

如果连杆为 BC 且为最长杆,即 $l_{AB}\leqslant 120$ mm,则有

$$l_{AD}+l_{BC}\leqslant l_{AB}+l_{CD}$$

于是有

$$l_{AB}\geqslant 60+120-80=100(\text{mm})$$

得

$$100\ \text{mm}\leqslant l_{AB}\leqslant 120\ \text{mm}$$

如果杆件 AB 为最长杆,即 $l_{AB}\geqslant 120$ mm,则有

$$l_{AD}+l_{AB}\leqslant l_{BC}+l_{CD}$$

于是有

$$l_{AB}\leqslant 120+80-60=140(\text{mm})$$

得

$$120\ \text{mm}\leqslant l_{AB}\leqslant 140\ \text{mm}$$

综合以上情况,有

$$100\ \text{mm}\leqslant l_{AB}\leqslant 140\ \text{mm}$$

(3) 机构要成为双摇杆机构,可有两种情况:① 满足杆长条件且以最短杆的对面杆为机架;② 不满足杆长条件(即不存在曲柄)。情况①这里无法满足,不再考虑。在不满足杆长条件的情况下,有:

① 杆件 AB 为最短杆时,$l_{AB}<60$ mm,$l_{AB}>0$,则有

$$l_{AB}+l_{BC}>l_{CD}+l_{AD}$$

于是得

$$20\ \text{mm}<l_{AB}<60\ \text{mm}$$

② 杆件 AD 为最短杆,$l_{AB}>60$ mm,且 BC 为最长杆时,则有

$$l_{AD}+l_{BC}>l_{AB}+l_{CD}$$

于是得

$$60\ \text{mm}<l_{AB}<100\ \text{mm}$$

③ 杆件 AD 为最短杆,且 AB 为最长杆时,则有

$$l_{AD}+l_{AB}>l_{BC}+l_{CD}$$

于是得

$$l_{AB}>140\ \text{mm}$$

此外,还要考虑到 BC、CD、AD 三杆拉直共线时,应满足

$$l_{AB}\leqslant l_{BC}+l_{CD}+l_{AD}=120+80+60=260(\text{mm})$$

所以取值

$$140\ \text{mm}<l_{AB}\leqslant 260\ \text{mm}$$

任务评价

序号	能力点、知识点	评价	序号	能力点、知识点	评价
1	计算判断能力		2	有曲柄条件掌握情况	

思考与练习

1．铰链四杆机构具有曲柄的条件是什么？“曲柄就是最短杆”的说法对否？

2．如图 3-29 所示为一偏置曲柄滑块机构，试求杆 AB 为曲柄的条件。如果偏距 $e=0$，则杆 AB 为曲柄的条件又如何？

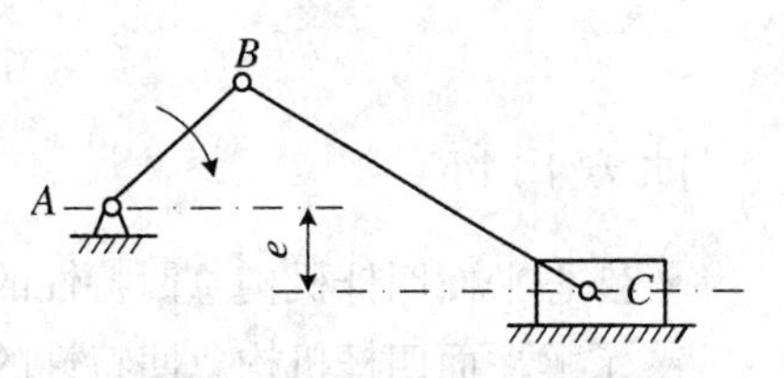

图 3-29　偏置曲柄滑块机构

3．试根据图 3-30 中注明的尺寸判断各四杆机构的类型。

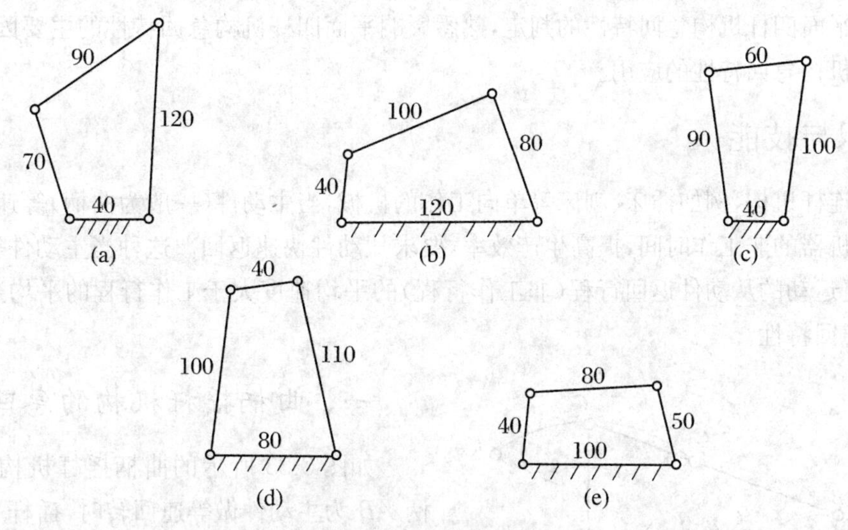

图 3-30　四杆机构

4．在如图 3-31 所示的铰链四杆机构中，已知各构件长度分别为 $l_{AB}=55$ mm，$l_{BC}=40$ mm，$l_{CD}=50$ mm，$l_{AD}=25$ mm，试问：

(1) 哪个构件固定可获得曲柄摇杆机构？

(2) 哪个构件固定可获得双曲柄机构？

(3) 哪个构件固定可获得双摇杆机构？

5．在如图 3-32 所示的铰链四杆机构中，已知：$l_{BC}=50$ mm，$l_{CD}=35$ mm，$l_{AD}=30$ mm，

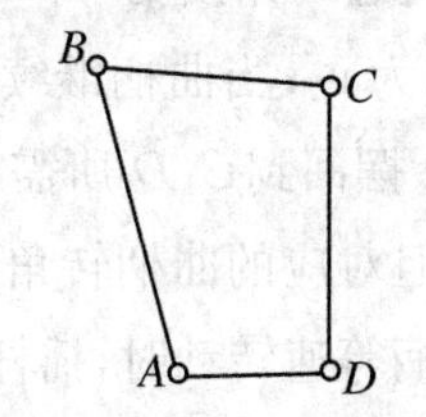

图 3-31　铰链四杆机构

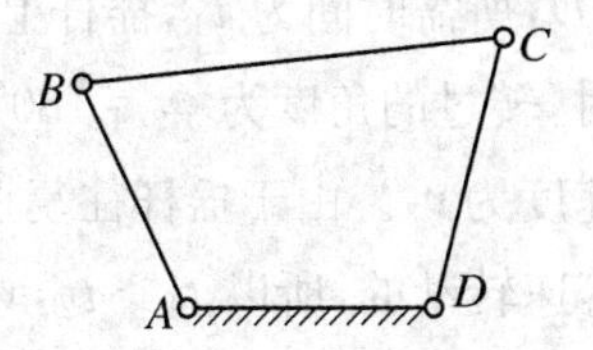

图 3-32　铰链四杆机构

AD 为机架。(1) 如果要求成为曲柄摇杆机构,且 AB 为曲柄,求 l_{AB} 的最大值。

(2) 如果要求成为双曲柄机构,求 l_{AB} 的取值范围。

(3) 如果要求成为双摇杆机构,求 l_{AB} 的取值范围。

6. 有铰链四杆机构 $ABCD$,各构件的长度分别为 $l_{AB}=240$ mm, $l_{BC}=600$ mm, $l_{CD}=400$ mm, $l_{AD}=500$ mm。试问当分别取 AB、BC、CD、AD 为机架时,将各得到何种机构?

子任务 2　分析平面四杆机构的急回特性

任务目标

- 熟悉平面四杆机构急回特性的判定;
- 了解平面四杆机构急回特性的特点和工程应用的意义。

任务描述

通过平面四杆机构急回特性的判定,熟悉影响平面四杆机构急回特性的主要因素,了解平面四杆机构急回特性的应用。

知识与技能

某些连杆机构,例如插床、刨床等单向工作的机械,当主动件(一般为曲柄)等速回转时,为了缩短机器的非工作时间,提高生产效率,要求从动件快速返回。这种当主动件等速回转时,做往复运动的从动件返回行程(非工作行程)的平均速度大于工作行程的平均速度的特性,称为急回特性。

一、曲柄摇杆机构的急回特性

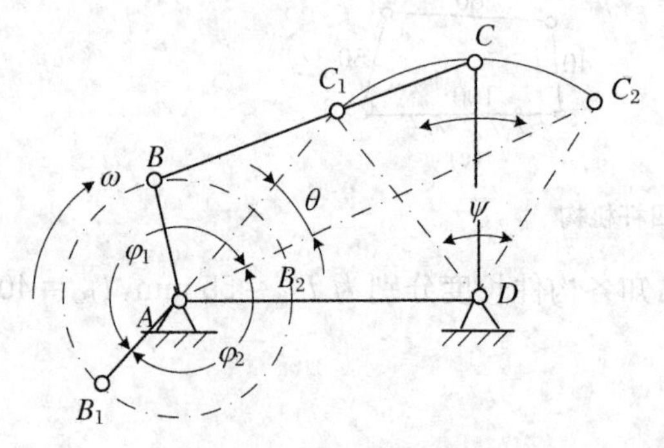

图 3-33　曲柄摇杆机构

如图 3-33 所示的曲柄摇杆机构中,当曲柄 AB 为主动件做等速回转时,摇杆 CD 为从动件做往复变速摆动。曲柄 AB 在转动一周过程中,有两次与连杆 BC 共线,这时摇杆 CD 分别位于两极限位置 C_1D 和 C_2D。机构在这两个极限位置时,主动件曲柄所夹的锐角 θ 称为极位夹角。C_1D 和 C_2D 之间的夹角 ψ,称为从动件的摆角。

如图 3-33 所示,当曲柄顺时针从 AB_1 转到 AB_2 时,转过的角度为 $\varphi_1=180^\circ+\theta$,摇杆由 C_1D 摆到 C_2D,所需时间为 t_1,摇杆上 C 点的平均速度为 v_1;当曲柄继续沿顺时针从 AB_2 转回到 AB_1 时,转过的角度为 $\varphi_2=180^\circ-\theta$,摇杆由 C_2D 摆回到 C_1D 所需时间为 t_2,摇杆上 C 点的平均速度为 v_2。由于摇杆往复摆动的摆角相同,但对应的曲柄转角不等,$\varphi_1>\varphi_2$,而曲柄又是做等速转动的,所以 $t_1>t_2$, $v_1<v_2$,说明当曲柄等速转动时,摇杆往返摆动的速度不同,返回时的速度较大。机构这种急回的特性,通常用行程速度变化系数 K 来描述,其定

义为

$$K=\frac{从动件回程平均速度}{从动件工作行程平均速度}=\frac{v_2}{v_1}=\frac{\overline{C_1C_2}/t_2}{\overline{C_1C_2}/t_1}=\frac{t_1}{t_2}=\frac{\varphi_1}{\varphi_2}=\frac{180^\circ+\theta}{180^\circ-\theta}$$

由上式可见，当曲柄摇杆机构的极位夹角 $\theta\neq0$ 时，$K>1$，机构便具有急回特性，且 θ 愈大，K 也愈大，表示急回特性愈显著。一般 $1<K<2$。当 $\theta=0$ 时，$K=1$，则 $\varphi_1=\varphi_2$，$v_1=v_2$，表示机构无急回特性。

在设计平面连杆机构时，可以利用这个特性，使非工作行程速度大于工作行程速度，以节约工作时间，提高生产率。一般预先选定行程速度变化系数 K，再由下式确定机构的极位夹角 θ：

$$\theta=\frac{K-1}{K+1}\times180^\circ$$

二、其他形式平面四杆机构的急回特性

偏置曲柄滑块机构和摆动导杆机构，当曲柄为主动件时也具有急回特性。

如图3-34所示的偏置曲柄滑块机构，当曲柄转动时，滑块在极限位置 C_1 和 C_2 之间运动，当滑块处于极限位置时，曲柄在 B_1 和 B_2 位置与连杆共线，形成极位夹角 θ。由于偏距 e 的存在，θ 恒大于零，K 恒大于1，因此偏置曲柄滑块机构急回特性始终存在。e 愈大，急回特性愈显著。

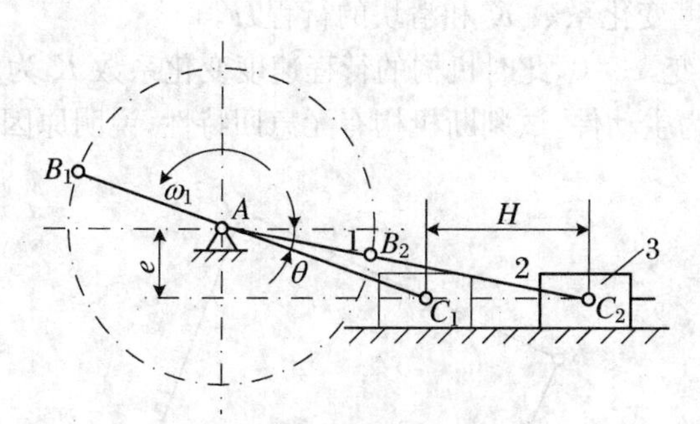

图3-34　偏置曲柄滑块机构的急回特性

如图3-35所示的对心曲柄滑块机构，由于 $e=0$，$\theta=0$，$K=1$，机构无急回特性。

如图3-36所示的摆动导杆机构，当曲柄整周转动时，导杆在极限位置 CB_1 和 CB_2 间摆动，根据几何关系可知，机构的极位夹角与导杆的摆动角度相等，即 $\theta=\psi$。由于导杆的摆角一般比较大，因此导杆机构常用于要求急回特性较显著的机器上，如牛头刨床的主运动机构。

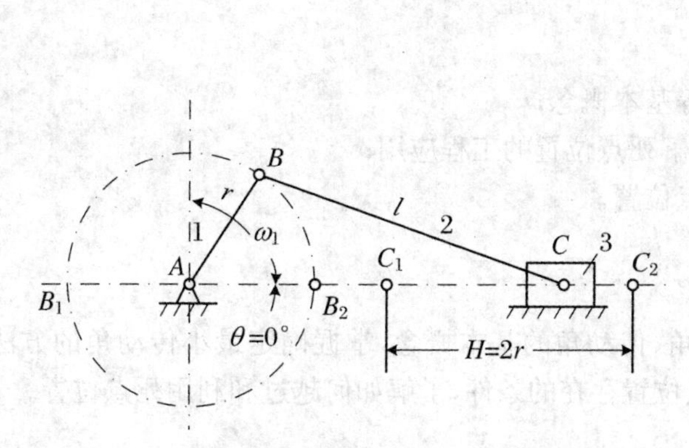

图3-35　对心曲柄滑块机构的急回特性

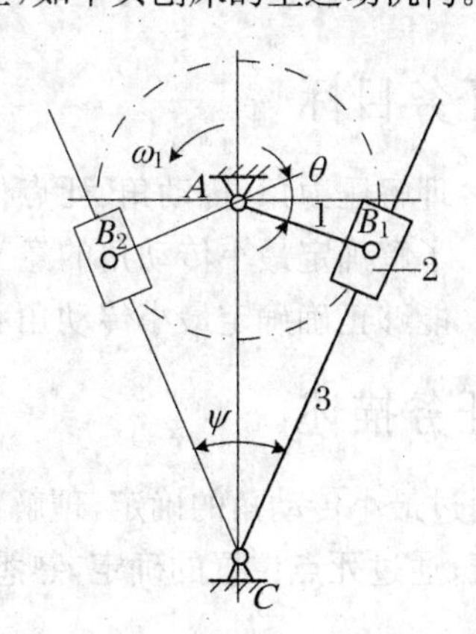

图3-36　摆动导杆机构的急回特性

任务实施

给定平面四杆机构的类型和几何尺寸，判定机构的急回特性。

任务评价

序号	能力点、知识点	评价	序号	能力点、知识点	评价
1	计算判断能力		2	综合总结能力	

思考与练习

1. 什么是平面连杆机构的急回特性？用什么来表示？如何判别？

2. 什么是极位夹角？它与行程速度变化系数 K 有何关系？

3. 一四杆铰链机构，已知各构件长度分别为 $l_{AB}=55\ \text{mm}$，$l_{BC}=40\ \text{mm}$，$l_{CD}=50\ \text{mm}$，$l_{AD}=25\ \text{mm}$，当 AD 杆为曲柄时，试计算该机构的行程速度变化系数 K，判定机构有无急回特性。

4. 偏置曲柄滑块机构中，设曲柄长度 $a=120\ \text{mm}$，连杆长度 $b=600\ \text{mm}$，偏距 $e=120\ \text{mm}$，曲柄为主动件。试求：

(1) 机构的行程速度变化系数 K 和滑块的行程 H。

(2) 如果 a 与 b 不变，$e=0$，此时机构的行程速度变化系数 K 为多少？

5. 图 3-37 中杆 1 为主动件，试判断机构有无急回特性，说明原因，并画出极位夹角 θ。

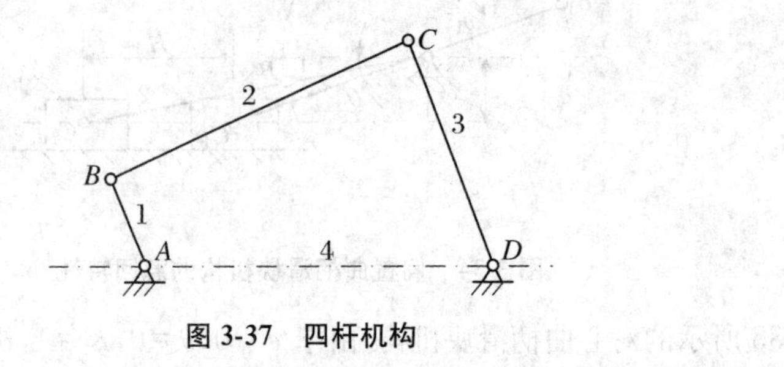

图 3-37 四杆机构

子任务 3 分析机构传力特性

任务目标

- 理解压力角、传动角、死点位置等基本概念；
- 了解确定最小传动角的意义，了解死点位置的工程应用；
- 能够正确确定最小传动角和死点位置。

任务描述

通过最小传动角的确定，理解压力角、传动角的基本概念，掌握确定最小传动角的方法和意义；通过死点位置的确定，熟悉死点位置存在的条件，了解如何越过和利用死点位置。

知识与技能

一、压力角和传动角

在设计平面连杆机构时，要求所设计的机构不但能实现预期的运动，而且希望运转灵活、效率高。

在如图3-38所示的铰链杆机构中，原动件1经连杆2推动从动件3绕D点运动，若不计构件重力、惯性力和运动副中的摩擦力，则连杆2为二力杆，那么连杆2作用在从动件3上的推力F的方向，必沿着BC方向。从动件3上受力点C的速度为v_C，其方向与CD垂直，从动件3上的力F的作用线与其受力点（C点）速度v_C方向之间所夹的锐角α称为压力角。将力F分解为沿v_C方向的分力F_t和垂直v_C方向的分力F_n，于是有

$$\begin{cases} F_t = F\cos\alpha \\ F_n = F\sin\alpha \end{cases}$$

力F_t是推动从动件运动的有效分力，应该越大越好，而力F_n不但对从动件无推动作用，反而在运动副中引起摩擦力，阻碍从动件运动，是有害分力，应该越小越好。压力角α越小，有效分力越大，有害分力越小，机构越省力；反之，压力角α增大，有效分力减小，有害分力反而增大，机构效率降低。因此α是判别机构传力情况好坏的重要参数。

机构在运动过程中，由于各杆的位置是变化的，因此压力角α的大小也随之发生变化。由上面的讨论可知，在机构的整个运动过程中，为了保证良好的传动性能，应该限制工作行程的最大压力角α_{max}。工程上对于一般机械，通常取$\alpha_{max} \leqslant 50^\circ$，对于大功率机械，取$\alpha_{max} \leqslant 40^\circ$。

压力角α的余角称为传动角，用γ表示，即$\gamma = 90^\circ - \alpha$，如图3-38所示，于是有

$$\begin{cases} F_t = F\cos\alpha = F\sin\gamma \\ F_n = F\sin\alpha = F\cos\gamma \end{cases}$$

在图3-38中，当$\angle BCD$为锐角时，$\gamma = \angle BCD = \delta$，如图3-38(a)所示；当$\angle BCD$为钝角时，$\gamma = 180^\circ - \angle BCD = 180^\circ - \delta$，如图3-38(b)所示。由于传动角$\gamma$比较容易从两构件的夹角中观察和测量出来，因此工程实际中，常用传动角作为四杆机构传力情况的评价指标。为了保证机构良好的传动性能，对于一般机械，要求$\gamma_{min} \geqslant 40^\circ$，对于大功率机械，要求$\gamma_{min} \geqslant 50^\circ$。

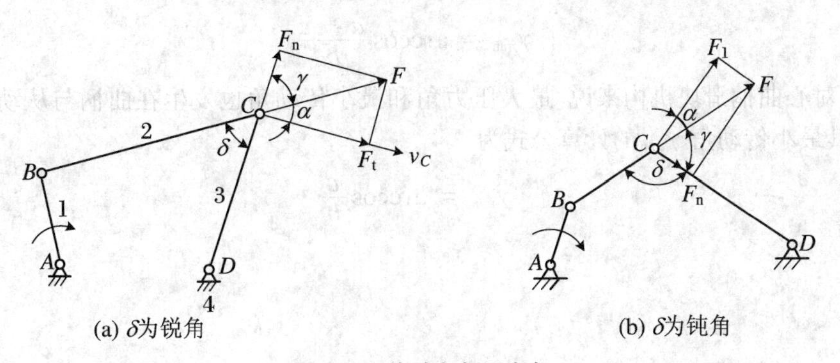

图3-38　传动角与压力角

1．曲柄摇杆机构的最小传动角 γ_{min}

设计中，为了满足传动要求，需要计算机构的最小传动角 γ_{min}。如图 3-39 所示，可以证明曲柄摇杆机构的最小传动角发生在曲柄与机架的两次共线位置 AB_1 和 AB_2 位置之一，因此机构的最小传动角可以表示为 $\gamma_{min}=\min\{\gamma',\gamma''\}$。

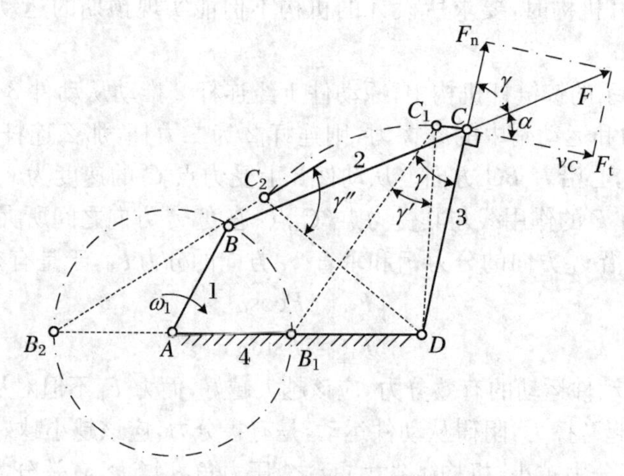

图 3-39 曲柄摇杆机构的最小传动角

在图 3-39 中，令曲柄 1 的长度为 a，连杆 2 的长度为 b，摇杆 3 的长度为 c，机架 4 的长度为 d。在$\triangle B_1C_1D$ 中，利用余弦定理可得

$$\gamma' = \arccos\frac{b^2+c^2-(d-a)^2}{2bc}$$

同理，在$\triangle B_2C_2D$ 中，利用余弦定理可得

$$\gamma'' = 180^\circ - \arccos\frac{b^2+c^2-(d+a)^2}{2bc}$$

当在设计中出现 γ_{min}小于要求的传动角条件时，根据上式可知，适当调整机构各杆的杆长就可以解决问题。

2．曲柄滑块机构的最大压力角 α_{max}

在曲柄滑块机构中，当原动件曲柄 AB 与从动件滑块导路垂直时，$\alpha=\alpha_{max}$，此位置的传动角最小为 γ_{min}，如图 3-40 所示。设曲柄长度为 a，连杆长度为 b，偏距为 e，则最小传动角为

$$\gamma_{min} = \arccos\frac{a+e}{b}$$

对于对心曲柄滑块机构来说，最大压力角和最小传动角也发生在曲柄与从动件导路垂直位置，其最小传动角 γ_{min}的计算公式为

$$\gamma_{min} = \arccos\frac{a}{b}$$

3．摆动导杆机构的传动角 γ

在摆动导杆机构中，当曲柄 AB 为原动件时，因滑块对导杆的作用力始终垂直于导杆，故其传动角 γ 恒等于 90°，如图 3-41 所示。因此，此种机构的传动性能最好，效率最高。

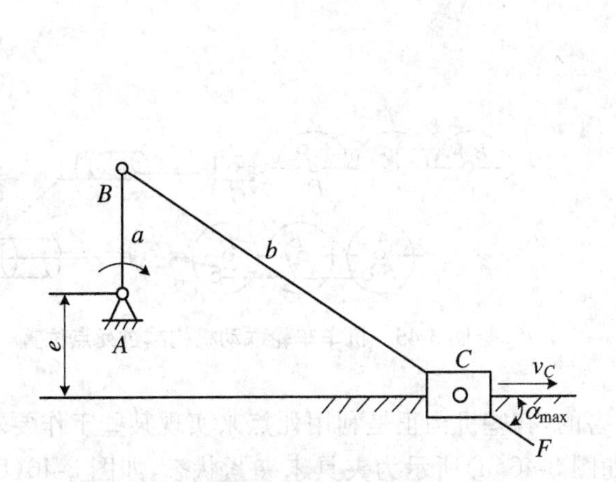

图 3-40 曲柄滑块机构的传动角和压力角

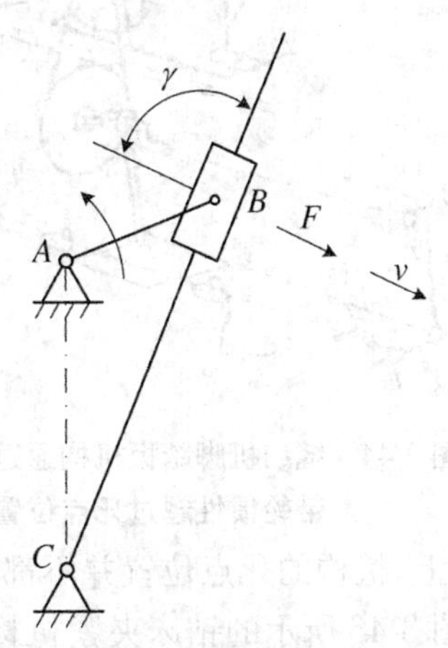

图 3-41 摆动导杆机构的传动角和压力角

二、死点位置

在如图 3-42 所示的曲柄摇杆机构中，如果摇杆 CD 为主动件，曲柄 AB 为从动件，则当主动件 CD 处于两极限位置 C_1D 和 C_2D 时，连杆和从动件（曲柄）均处于共线位置，出现了传动角 $\gamma=0$ 的情况。这时通过连杆作用于曲柄的力将通过曲柄回转中心 A，即不能驱使曲柄转动，而出现"顶死"现象，机构的这种位置称为死点位置。

四杆机构中是否存在死点，取决于从动件是否与连杆共线。就曲柄摇杆机构而言，当曲柄为主动件时，连杆与摇杆不会共线，不会出现死点现象；当以摇杆为主动件时，连杆与曲柄有两个共线位置，即会出现两个死点位置。同理，曲柄滑块机构也会出现死点位置，并且只在以滑块为主动件时才会产生，如图 3-43 所示。

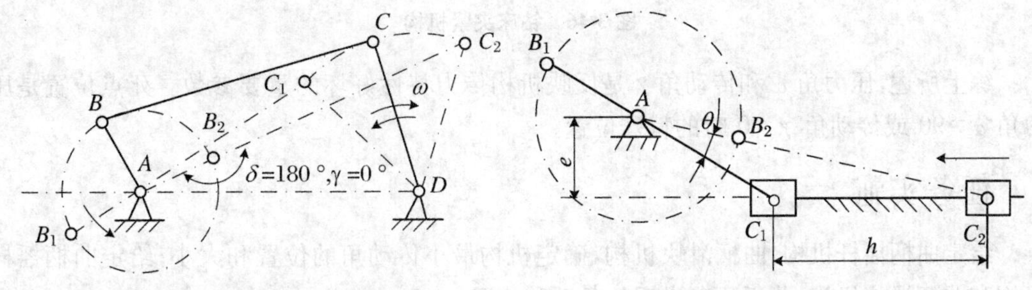

图 3-42 曲柄摇杆机构的死点位置　　**图 3-43 曲柄滑块机构的死点位置**

在机构中，死点位置将使机构的从动件出现卡死或运动不确定的现象。例如家用缝纫机在死点位置出现踏不动或倒转现象。对于传动而言，死点位置显然是不利的。为了顺利通过死点，保证机构传动的连续性，实际设计中常利用从动件的惯性、几套死点位置错开的机构或施加外力等方法使机构顺利地通过死点位置。如图 3-44 所示为缝纫机脚踏板机构，曲柄与带轮为一体，当脚踏板运动时，利用带轮的惯性能够顺利越过死点，带动机头送针；还可利用机构错位排列的方法来越过死点。如图 3-45 所示机车车轮联动机构，采用两组以上的机构组合起来，当一个机构处于死点位置时，可借助另一个机构来越过死点。

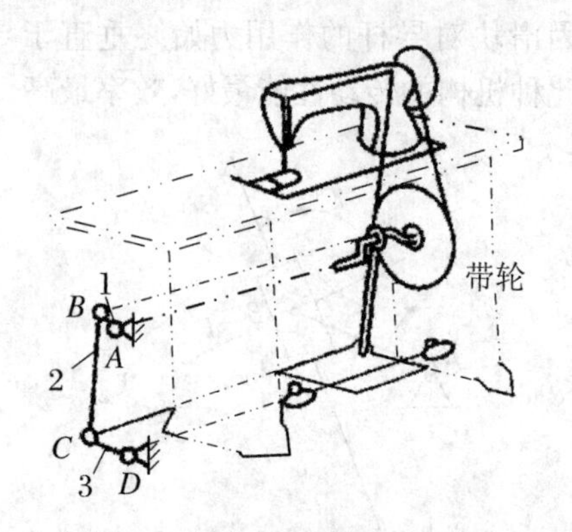

图 3-44　缝纫机脚踏板机构通过带轮惯性越过死点位置

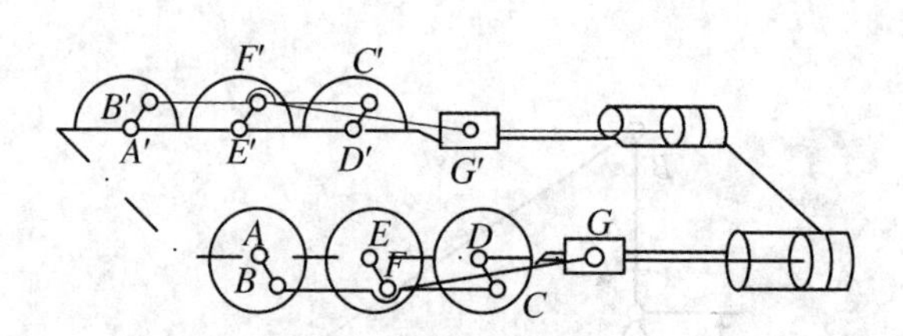

图 3-45　机车车轮联动机构越过死点位置

实际上，机构的死点位置并不都是有害的，有些机构正是利用死点来实现某些工作要求的，例如图 3-46 所示的钻床夹紧机构。如图 3-46(a)所示为夹具未夹紧状态，如图 3-46(b)所示为夹紧状态，未夹紧时 BC 杆为主动件，机构可以由手柄控制运动；夹紧后，连杆 BC 和连架杆 CD 共线，当以 AB 杆为主动件时(工件受外力作用)，机构出现死点位置，这时即使工件受钻削力再大，工件都会被牢牢地夹紧，不会松脱，当需要取出工件时，只要向上扳动手柄，就能松开夹具。

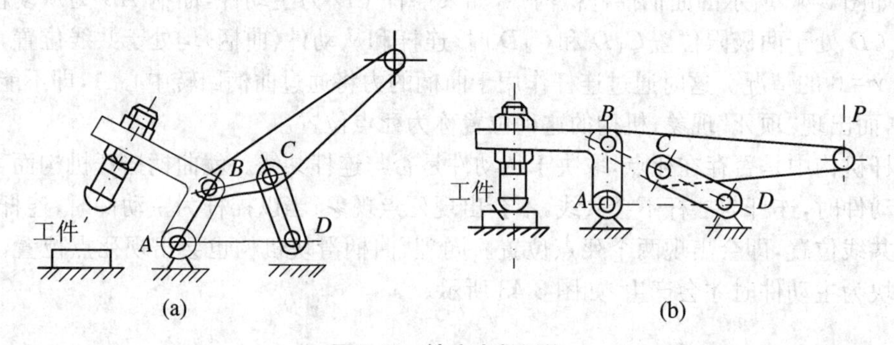

图 3-46　钻床夹紧机构

综上所述，压力角 α 和传动角 γ 是反映机构传力特性好坏的重要参数。死点位置是压力角 $\alpha=90^\circ$ 或传动角 $\gamma=0^\circ$ 时的特殊位置。

任务实施

给定曲柄摇杆机构、曲柄滑块机构，确定机构最小传动角的位置和大小；给定曲柄摇杆机构和曲柄滑块机构，分析死点出现的条件和位置。

任务评价

序号	能力点、知识点	评价	序号	能力点、知识点	评价
1	基本概念理解能力		3	死点位置确定能力	
2	最小传动角确定能力		4	传力特性分析总结能力	

思考与练习

1. 何谓压力角和传动角？四杆机构的 γ_{min} 在何位置？

2. 何谓连杆机构的死点位置？在死点位置时，无论驱动力如何增加也不能使机构产生运动，这与机构自锁现象是否相同？

3. 是否所有四杆机构都存在死点？什么情况下出现死点？请举例说明越过死点和利用死点的方法。

4. 加大原动件上的驱动力，能否使机构越过死点位置？死点位置是否就是采用任何方法都不能使机构运动的位置？

5. 如图 3-47 所示的两个四杆机构，原动件 1 做匀速顺时针转动，从动件 3 由左向右运动时，要求：

(1) 作机构极限位置图。

(2) 计算机构行程速度变化系数 K。

(3) 作出机构出现最小传动角(或最大压力角)时的位置图，并计算其大小。

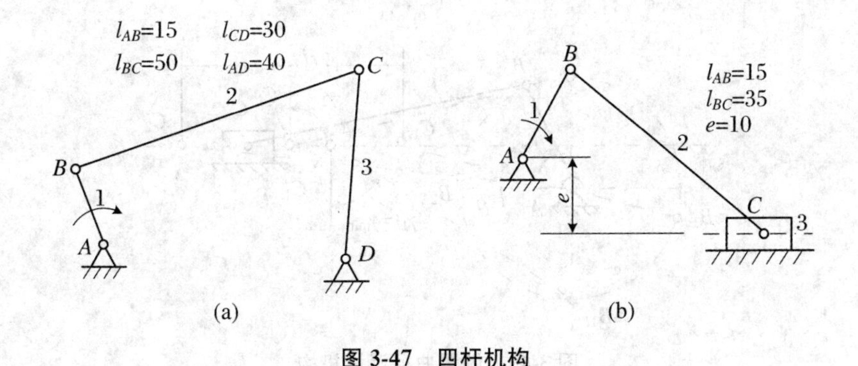

图 3-47　四杆机构

6. 对如图 3-48 所示的各机构，试分别作出：

(1) 机构的极限位置。

(2) 最大压力角(或最小传动角)位置。

(3) 死点位置。

7. 如图 3-49 所示为一偏置曲柄滑块机构，偏距为 e，曲柄长度为 r，连杆长度为 l，试说明机构处于什么位置时具有最小传动角和最大传动角，并计算最小和最大传动角值。

8. 在铰链四杆机构中，已知各杆长度 $l_{AB}=20$ mm，$l_{BC}=60$ mm，$l_{CD}=85$ mm，$l_{AD}=50$ mm，试问：

(1) 该机构是否有曲柄？

(2) 判断此机构是否有急回特性。如果有，试确定其极位夹角，计算行程速度变化系数。

(3) 以杆 AB 为主动件，试画出该机构的最小传动角位置。

(4) 在什么情况下此机构有死点位置？

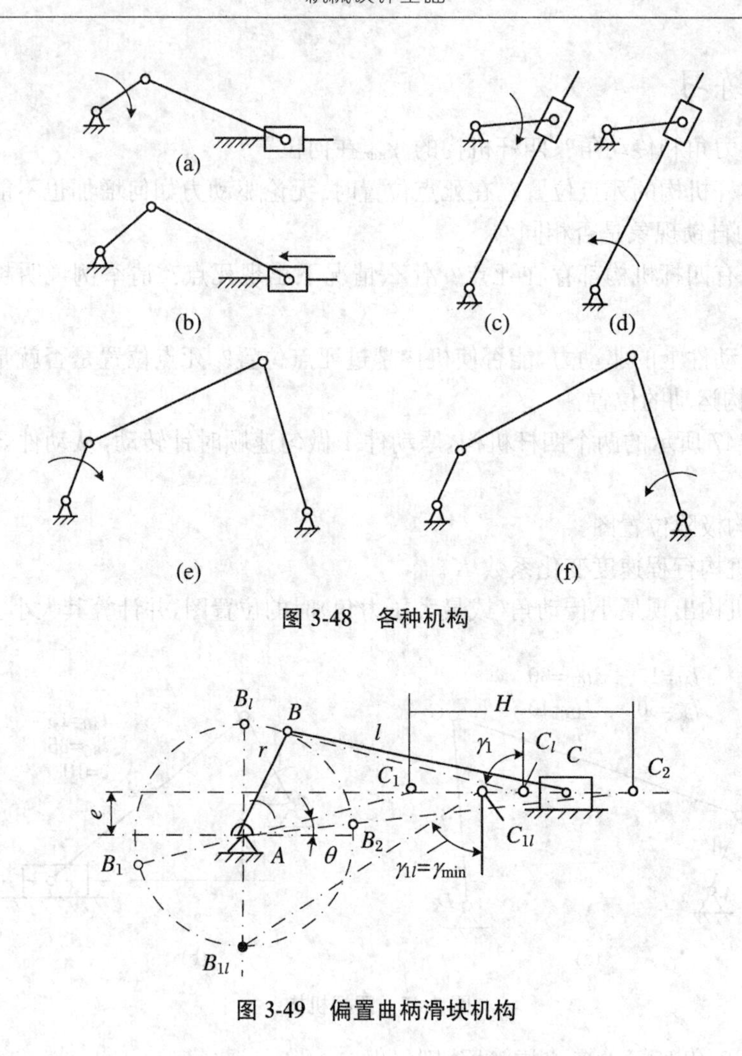

图 3-48 各种机构

图 3-49 偏置曲柄滑块机构

任务 3 设计平面四杆机构

平面四杆机构的设计指的是运动设计，即根据机构工作要求所提出的预定设计条件(运动条件、几何条件、动力条件等)，确定绘制机构运动简图所必需的尺寸参数，包括各运动副之间的相对位置尺寸(或角度)，描绘连杆曲线的点的位置尺寸等。生产实践中的四杆机构设计问题可归纳为以下两类设计问题：

(1) 实现给定的从动件运动规律(位置、速度、加速度)。如原动件等速运动时，使从动件按某种速度运动，或使从动件具有急回特性等。

(2) 实现给定的运动轨迹。如要求连杆上某一点能沿着给定轨迹运动等。

平面四杆机构的设计方法有图解法、解析法和实验法三种。图解法直观但精度不高，解析法精确但计算复杂，实验法简便但不实用。三种方法各有优缺点，这里主要介绍图解法。

子任务1 按给定的连杆位置设计四杆机构

任务目标

- 理解按给定的连杆位置设计四杆机构的作图原理；
- 会使用图解法在给定连杆两个或三个位置条件下设计平面四杆机构。

任务描述

使用图解法进行平面四杆机构的设计，理解设计基本原理，掌握作图基本步骤和要求。

知识与技能

一、给定两连杆位置设计四杆机构

如图3-50所示为加热炉的炉门，要求设计一个四杆机构，把炉门从开启位置 B_2C_2（炉门水平位置，受热面向下）转到关闭位置 B_1C_1（炉门垂直位置，受热面朝向炉膛）。

此例中，炉门就是要设计的平面四杆机构中的连杆，如图3-50(a)所示。因此设计的主要问题是根据给定的连杆长度及两个位置来确定另外三杆的长度，实际上就是要确定两连架杆 AB 及 CD 的杆长和回转中心 A 及 D 的位置。

由于连杆上 B 点的运动轨迹是以 A 点为圆心、以 AB 长为半径的圆弧，所以 A 点必在 B_1、B_2 连线的垂直平分线上，同理可得点 D 也在 C_1、C_2 连线的垂直平分线上。因此可得设计步骤如下：

(1) 选取适当的比例尺 μ_L（μ_L = 实际尺寸/作图尺寸），按已知条件画出连杆 BC 的两个位置 B_1C_1 和 B_2C_2。

(2) 连接 B_1 和 B_2、C_1 和 C_2，分别作 B_1B_2、C_1C_2 的垂直平分线 $m-m$、$n-n$。

(3) 分别在直线 $m-m$、$n-n$ 上任意取一点作为转动中心 A、D，连接 A、B_1、C_1、D 就是所要求做的平面四杆机构。各杆的实际长度为图示长度乘以比例尺 μ_L。

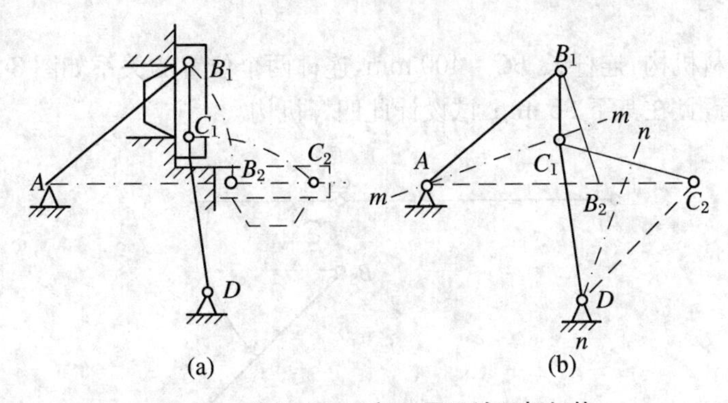

图3-50 按给定两连杆位置设计四杆机构

二、给定三连杆位置设计四杆机构

由上例可以看出，在直线 $m-m$、$n-n$ 上任意取一点作为转动中心 A、D，可以有无穷多个解，一般可以根据其他辅助条件来最终确定 A、D 点的位置，如最小传动角要求、各杆长度范围、杆件结构形状等。

如果给定连杆的三个位置来设计四杆机构，如图 3-51 所示，已知 B_1C_1、B_2C_2、B_3C_3 来设计四杆机构，其设计步骤与上述已知两连杆位置设计四杆机构相同，但由于 B_1、B_2、B_3 三点及 C_1、C_2、C_3 三点分别只能唯一确定一个圆，即转动中心 A 点（b_{12}、b_{23} 的交点）、D 点（c_{12}、c_{23} 的交点）是唯一的，故这种四杆机构的设计结果是唯一的。如果不能满足工作要求，只能调节原始给定的连杆条件。

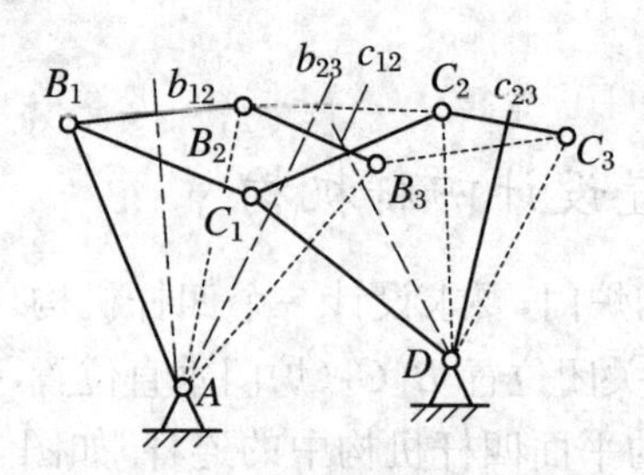

图 3-51　按给定三连杆位置设计四杆机构

任务实施

按给定的连杆两个或三个位置条件设计四杆机构。

任务评价

序号	能力点、知识点	评价	序号	能力点、知识点	评价
1	基本概念理解能力		2	设计作图能力	

思考与练习

1. 已知一翻料机构，连杆长 $BC=400$ mm，连杆两个位置的关系如图 3-52 所示，要求机架 AD 和 BC 平行，且在其下 35 mm，试设计此四杆机构。

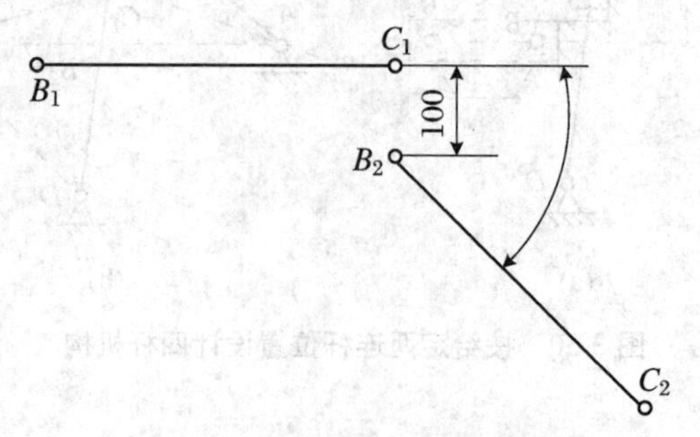

图 3-52　翻料机构连杆的位置关系

2. 如图3-53所示,试设计一加热炉炉门启闭机构。已知炉门上两活动铰链中心距为500 mm,炉门打开时,门面朝上,固定铰链设置在垂直线 y-y 上,其余尺寸如图中所示。

3. 如图3-54所示,试设计一夹紧机构。已知连杆长度 $l_{BC}=40$ mm 和它的两个位置:B_1C_1 为水平位置,B_2C_2 为夹紧状态的死点位置,此时原动件 CD 处于垂直位置。

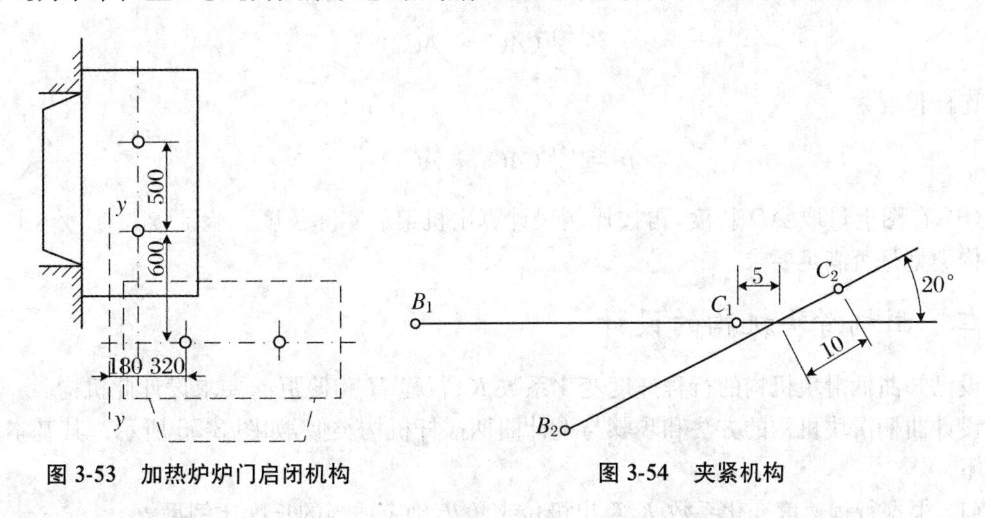

图3-53　加热炉炉门启闭机构　　图3-54　夹紧机构

子任务2　按给定的行程速度变化系数 K 设计四杆机构

任务目标

- 掌握按给定的行程速度变化系数 K 用图解法设计曲柄摇杆机构、曲柄滑块机构和摆动导杆机构的方法和基本步骤;
- 理解按行程速度变化系数设计平面四杆机构的基本原理。

任务描述

通过按给定的行程速度变化系数 K 用图解法设计曲柄摇杆机构、曲柄滑块机构和摆动导杆机构,掌握平面四杆机构设计的基本方法和步骤,理解设计原理。

知识与技能

一、曲柄摇杆机构的设计

已知摇杆长度 l_{CD},摆角 ψ,行程速度变化系数 K,设计曲柄摇杆机构的基本步骤如下:

(1) 按给定的行程速度变化系数 K,求出极位夹角 θ,$\theta=\dfrac{K-1}{K+1}\times 180^\circ$。

(2) 确定适当的长度比例尺 μ_L(μ_L = 实际尺寸/作图尺寸)。

(3) 任选固定铰链中心 D 的位置,按摇杆长度 l_{CD} 和摆角 ψ,作出摇杆的两个极限位置 C_1D 和 C_2D,如图3-55所示。

(4) 连接 C_1、C_2,并作 $\angle C_1C_2O=\angle C_2C_1O$,得交点 O,以 O 为圆心、OC_1 为半径作辅助圆 η,C_1C_2 弧所对的圆心角为 2θ。

(5) 在辅助圆 η 上,适当选取一点 A 作为曲柄 AB 的回转中心。因为 C_1C_2 弧所对的圆周角为 θ,$\angle C_1AC_2=\theta$,则 AC_1、AC_2 即为曲柄与连杆共线的位置。设曲柄长度为 a,连杆长度为 b,则 $\mu_L\cdot AC_1=b-a$,$\mu_L\cdot AC_2=b+a$,故有:

曲柄长度为

$$a=\frac{\mu_L}{2}(AC_2-AC_1)$$

连杆长度为

$$b=\frac{\mu_L}{2}(AC_2+AC_1)$$

(6) 在图上量取 AD 长度,再按比例尺计算出机架的实际长度。验证 $\gamma_{min}\leqslant[\gamma]$,并确定机构类型是否满足要求。

二、曲柄滑块机构的设计

设已知曲柄滑块机构的行程速度变化系数 K、行程 H 和偏距 e,要求设计此机构。

设计曲柄滑块机构的方法和步骤与设计曲柄摇杆机构类似,如图 3-56 所示。其基本步骤如下:

(1) 根据行程速度变化系数 K 算出极位夹角 θ,确定适当的长度比例尺 μ_L。

(2) 作一直线 $C_1C_2=H$,并作 $\angle C_1C_2O=\angle C_2C_1O$,得交点 O,以 O 为圆心、OC_1 为半径作辅助圆 η,此圆上的任意一点与 C_1、C_2 两点连线的夹角都等于极位夹角 θ,所以曲柄的轴心 A 应在此圆弧上。

(3) 作一直线与 C_1C_2 平行,使其间的距离等于给定的偏距 e,则此直线与上述圆弧的交点即为曲柄转动中心 A 点的位置。

(4) 当点 A 确定后,根据机构在极限位置时曲柄与连杆共线的特点,即可求出曲柄的长度和连杆的长度。其杆长计算方法与曲柄摇杆机构设计相同。

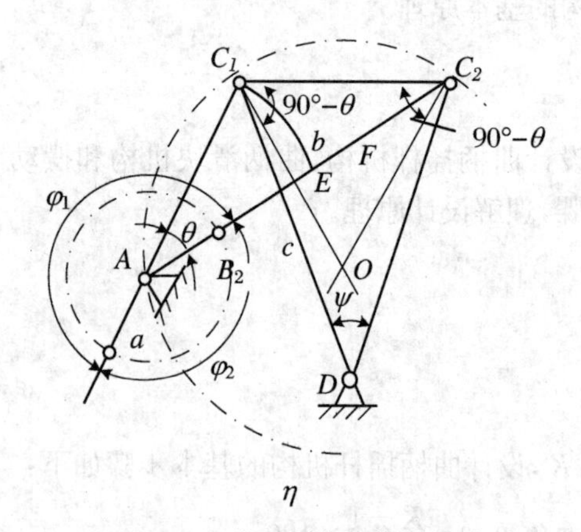

图 3-55 曲柄摇杆机构的设计

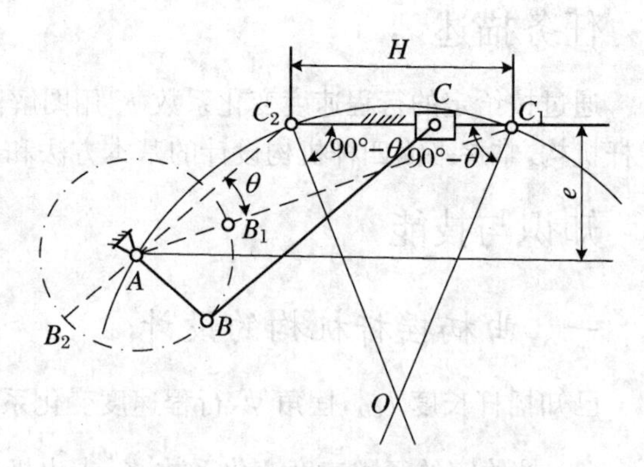

图 3-56 曲柄滑块机构的设计

三、摆动导杆机构的设计

已知摆动导杆机构的机架长度为 d,行程速度变化系数为 K,试设计该导杆机构。

因为导杆机构的极位夹角 θ 与导杆的摆角 ψ 相等，所以设计此机构需要确定的几何尺寸仅有曲柄的长度 a，如图3-57所示。其基本步骤如下：

(1) 由行程速度变化系数计算极位夹角 θ。

(2) 取定长度比例尺 μ_L，作机架 $AD = d/\mu_L$。

(3) 作 $\angle ADB_1 = \angle ADB_2 = \theta/2$，作 AB_1（或 AB_2）垂直 B_1D（或 B_2D），则 AB_1（或 AB_2）就是曲柄，其长度为 $a = \mu_L \cdot AB_1$。

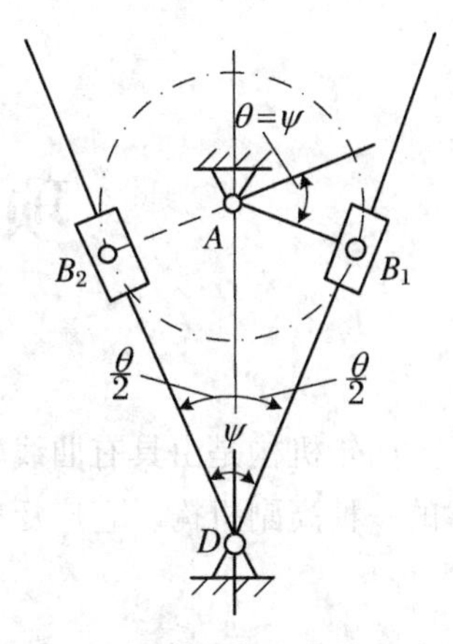

图 3-57　摆动导杆机构的设计

任务实施

给定行程速度变化系数 K，分别设计曲柄摇杆机构、曲柄滑块机构和摆动导杆机构。

任务评价

序号	能力点、知识点	评价	序号	能力点、知识点	评价
1	图解法基本原理的理解		2	设计作图能力	

思考与练习

1. 有一曲柄摇杆机构，已知摇杆长度 $l_3 = 100$ mm，摆角 $\psi = 45^\circ$，摇杆的行程速度变化系数 $K = 1.2$，试用图解法设计该曲柄摇杆机构（设两固定铰链位于同一水平线上）。

2. 某偏置曲柄滑块机构，已知行程速度变化系数 $K = 1.5$，滑块行程 $H = 50$ mm，偏距 $e = 20$ mm，试用图解法求解：

(1) 曲柄长度 l_{AB} 和连杆长度 l_{BC}。

(2) 曲柄为主动件时机构的最大压力角和最小传动角。

(3) 滑块为主动件时机构的死点位置。

3. 有一曲柄摇杆机构，已知摇杆长度 $l_2 = 120$ mm，摆角 $\psi = 30^\circ$，行程速度变化系数 $K = 1.2$，根据最小传动角 $\gamma_{min} > 40^\circ$ 的条件，确定其余三杆的尺寸。

4. 试设计一曲柄滑块机构，已知行程速度变化系数 $K = 1.5$，滑块的行程 $H = 50$ mm，偏距 $e = 10$ mm。

5. 在如图 3-58 所示的牛头刨床的摆动导杆机构中，已知中心距 $l_{AC} = 300$ mm，刨头的冲程 $H = 450$ mm，刨头的空回行程平均速度与工作行程平均速度之比 $k = 2$。

图 3-58　牛头刨床的摆动导杆机构

(1) 试求曲柄 AB 和导杆 CD 的长度。

(2) 如果刨头自左向右摆动为工作行程，试根据急回特性分析曲柄 AB 应有的正确转向。

(3) 分析曲柄 AB 为原动件时，机构在图示位置的传动角 γ 及机构位置变化时传动角的变化情况。

项目 4　凸 轮 机 构

凸轮机构是由具有曲线轮廓或凹槽的凸轮，通过与从动件的高副接触，实现预期运动规律的一种高副机构。它广泛应用于各种机械中，特别是自动机械、自动控制装置。

任务 1　认识凸轮机构

任务目标

- 通过观看发动机配气机构和机床自动进刀机构的工作过程，掌握凸轮机构的组成和工作原理；
- 了解凸轮机构的类型；
- 了解凸轮机构的特点和功能应用。

任务描述

观察、使用发动机配气机构和机床自动进刀机构，认识凸轮机构的结构、工作原理、类型、特点和应用。

知识与技能

一、凸轮机构的组成

如图 4-1 所示为发动机配气机构。具有曲线轮廓的构件 1 称为凸轮，当它做等速转动时，其轮廓通过气门 2 的平底，推动气门有规律地运动，完成气门定时的开启、闭合动作。气门的开启和闭合特性取决于凸轮 1 的表面轮廓曲线。

如图 4-2 所示为自动机床的进刀凸轮机构。具有曲线凹槽的构件 1 为凸轮，当它以等速转动时，其曲线凹槽从侧面推动从动摆杆 2 绕固定轴 O 做往复摆动，并通过扇形齿轮和固定在刀架上的齿条啮合，控制刀架的运动。刀架的运动规律取决于凸轮 1 上曲线凹槽的形状。

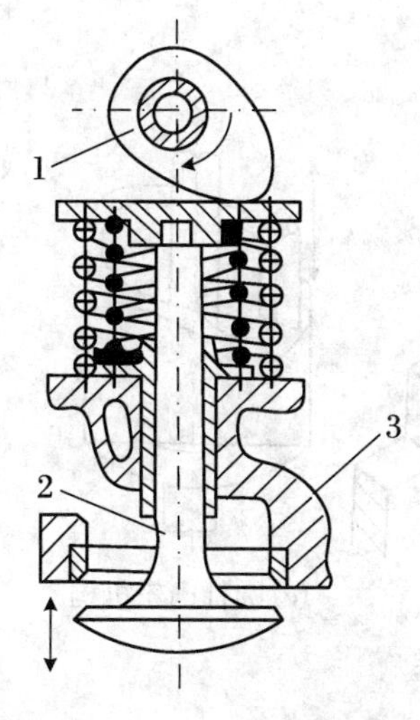

1—凸轮；2—气门；3—机架

图 4-1　发动机配气机构

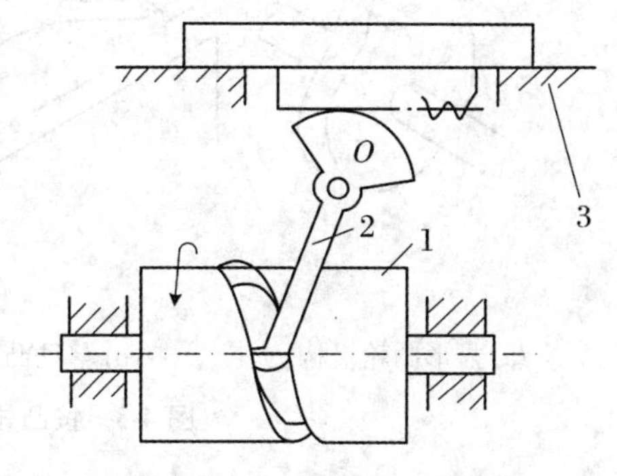

1—圆柱凸轮；2—从动摆杆；3—机架

图 4-2　自动机床自动进刀机构

由以上两个例子可以看出：凸轮是一个具有曲线轮廓或凹槽的构件，当它运动时，通过其上曲线轮廓或凹槽与从动件的高副接触，可以使从动件获得连续或不连续的任意预期运动规律。

凸轮机构是由凸轮、从动件和机架这三个基本构件所组成的一种高副机构。

二、凸轮机构的类型

工程实用中，凸轮机构的种类有很多，通常可以从以下几个方面进行分类：

1. 按凸轮形状分类

(1) 盘形凸轮机构

如图 4-1、图 4-3(a)所示，凸轮呈盘状，并且具有向径的变化。当凸轮绕定轴回转时，从动件在垂直于凸轮轴线的平面内运动。它是凸轮机构中最基本的形式，结构简单，应用广泛。

(2) 移动凸轮机构

当盘形凸轮的回转中心趋于无穷远时，就演化为移动凸轮，如图 4-3(b)所示。这种凸轮机构的凸轮呈板状，它相对于机架做往复运动。

以上两种凸轮机构中，凸轮与从动件之间的相对运动均为平面运动，因此又称为平面凸轮机构。

(3) 圆柱凸轮机构

如图 4-2、图 4-3(c)所示，凸轮呈圆柱体。在这种凸轮机构中，圆柱凸轮可以看成是将移动凸轮卷在圆柱体上而得到的。由于凸轮和从动件的运动不在同一或平行平面内，因此它属于空间凸轮机构。

2. 按从动件形状分类

(1) 尖顶从动件

如图 4-4(a)、(b)、(f)所示，从动件以尖顶与凸轮轮廓相接触。这种从动件结构简单，尖顶能与任意复杂的凸轮轮廓保持接触，实现从动件的任意运动规律。但尖顶易磨损，所以只适用于传力不大的低速凸轮机构，如仪表机构等。

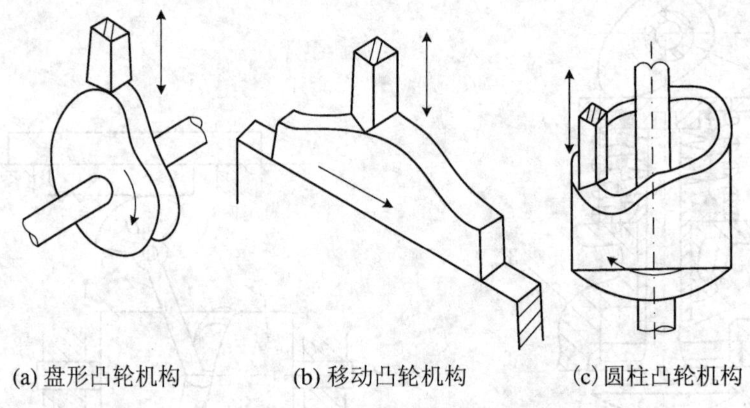

图 4-3 按凸轮形状分类

（2）滚子从动件

如图 4-4(c)、(d)、(g)所示，从动件以铰接的滚子与凸轮轮廓相接触。铰接的滚子与凸轮轮廓间为滚动摩擦，不易磨损，可承受较大的载荷，因而应用最为广泛。

（3）平底从动件

如图 4-4(e)、(h)所示，从动件以平底与凸轮轮廓相接触。它的优点是凸轮对从动件的作用力方向始终与平底垂直，传动效率高，工作平稳，且平底与凸轮接触面间易形成油膜，利于润滑，常用于高速传动中。其缺点是不能与具有内凹轮廓的凸轮配对使用，也不能与移动凸轮和圆柱凸轮配对使用。

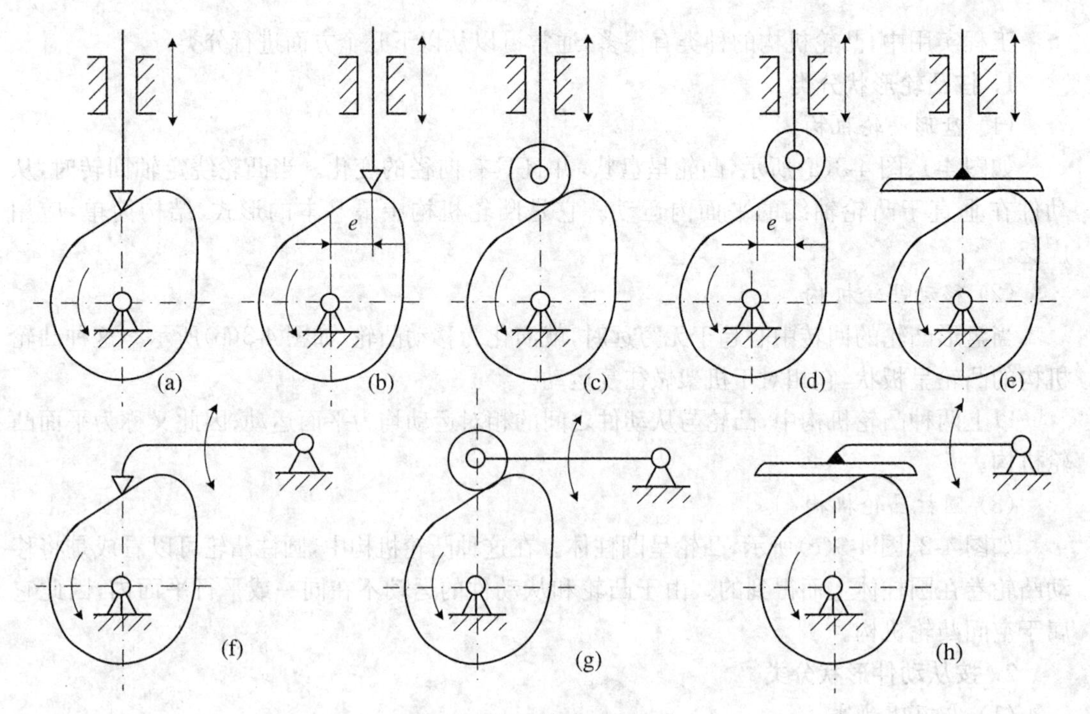

图 4-4 按从动件形状分类

3. 按从动件运动形式分类

(1) 移动从动件

从动件相对机架做往复直线运动。如图 4-4(a)、(c)、(e)所示,从动件导路通过盘形凸轮回转中心,称为对心移动从动件凸轮机构;如图 4-4(b)、(d)所示,从动件导路不通过盘形凸轮回转中心,称为偏置移动从动件凸轮机构,从动件导路与凸轮回转中心的距离称为偏距,用 e 表示。

(2) 摆动从动件

如图 4-4(f)、(g)、(h)所示,从动件相对机架做往复摆动。

4. 按凸轮与从动件保持接触的方式分类

在凸轮机构的传动过程中,应设法保证从动件与凸轮始终保持接触,以维持凸轮与从动件的高副接触。根据其维持接触方式的不同,凸轮可分为以下两种:

(1) 力封闭型凸轮机构

在这类凸轮机构中,主要利用弹簧力、从动件自重等外力使从动件与凸轮始终保持接触。如图 4-1 所示的配气凸轮机构,凸轮与气门的紧密接触主要靠弹簧力来维持,采用的即是力封闭的接触方式。

(2) 形封闭型凸轮机构

在这类凸轮机构中,利用凸轮和从动件的特殊几何结构使两者始终保持接触。如图 4-2 所示的自动进刀凸轮机构,圆柱凸轮的凹槽维持了从动摆杆与凸轮的紧密接触,采用的即是形封闭的接触方式。

将不同类型的凸轮和从动件组合起来,就可得到各种不同形式的凸轮机构。设计时,可根据工作要求和使用场合适当选择。

三、凸轮机构的特点、功能及应用

1. 凸轮机构的特点

凸轮机构的优点是:结构简单、紧凑,活动件少,占用空间较小;从动件的运动规律取决于凸轮的轮廓形状,只要适当地设计凸轮的轮廓曲线,就可以获得从动件的各种预期运动规律。

凸轮机构的缺点是:凸轮轮廓与从动件之间为点线接触的高副,易磨损,所以通常只用于传力不大的场合或控制机构中。

2. 凸轮机构的功能及应用

凸轮机构主要具有以下几方面的功能:

(1) 实现预期的位置及动作时间要求

如图 4-5 所示为一自动送料凸轮机构。当带有凹槽的圆柱凸轮 1 转动时,推动从动件 2 做往复移动,将待加工毛坯 3 推到加工位置,凸轮每转动一周,从动件 2 就从储料桶 4 中推出一个待加工毛坯。这种自动送料凸轮机构,能够实现输送毛坯到达预期位置并与其他工艺动作相协调配合的时间要求,但对毛坯的运动规律无特殊要求,即能够实现预期的位置及动作时间要求。

(2) 实现预期的运动规律要求

如图 4-2 所示的自动机床的自动进刀凸轮机构,可以控制刀具实现复杂的运动规律。刀具先以较快的速度接近工件,然后等速前进切削工件,完成切削后刀具快速退回并复位停歇。

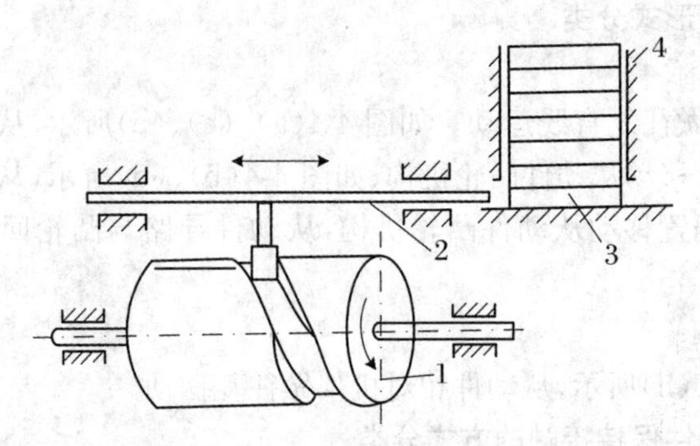

1—圆柱凸轮；2—从动件；3—毛坯；4—储料桶

图 4-5 自动送料凸轮机构

(3) 实现运动与动力特性要求

如图 4-1 所示的发动机气门控制机构，能在曲轴高速转动的情况下，快速推动气阀完成启闭动作，以控制燃气在适当的时间进入气缸或排出废气。根据气门动作和受力要求，设计合理的凸轮轮廓曲线，就能够实现气阀的运动学要求，并能具有良好的动力学性能。

任务实施

- 操作使用机床，观察自动进刀机构的工作情况；
- 观察发动机配气机构的工作过程；
- 分析凸轮机构的组成、工作原理、特点与功能。

任务评价

序号	能力点、知识点	评价	序号	能力点、知识点	评价
1	操作能力		3	说明工作原理和功能	
2	分析机构组成		4	分析机构工作特点	

思考与练习

1. 凸轮机构的功用是什么？
2. 什么样的构件叫做凸轮？
3. 凸轮的种类有哪些？各适合什么工作场合？
4. 凸轮机构的从动件有几种？各适合什么工作条件？
5. 凸轮轮廓曲线是根据什么确定的？
6. 判断题。

(1) 一只凸轮只有一种预定的运动规律。(　)

(2) 凸轮在机构中经常是主动件。(　)

(3) 凸轮机构的从动杆，都是在垂直于凸轮轴的平面内运动的。(　　)

(4) 从动杆的运动规律，就是凸轮机构的工作目的。(　　)

7. 填空题。

(1) 凸轮机构能使从动件按照________，实现各种复杂的运动。

(2) 凸轮机构是________副机构。

(3) 凸轮是一个能________从动件运动规律,而具有________或________的构件。

(4) 凸轮机构主要由________、________和________三个基本构件组成。

(5) 当凸轮转动时,借助于本身的曲线轮廓,________从动件做相应的运动。

(6) 凸轮的轮廓曲线可以按________任意选择,因此可使从动件得到________的各种运动规律。

(7) 盘形凸轮是一个具有________半径的盘形构件,当它绕固定轴转动时,推动从动杆在________凸轮轴的平面内运动。

(8) 圆柱凸轮是一种在圆柱________开有曲线凹槽或是在圆柱________上做出曲线轮廓的构件。

(9) 凸轮机构从动杆的形式有________从动杆、________从动杆和________从动杆。

(10) 尖顶从动杆与凸轮曲线轮廓成点接触,因此对较复杂的轮廓也能得到________运动规律。

(11) 凸轮机构从动杆的运动规律,是由凸轮________决定的。

8. 选择题。

(1) 与连杆机构相比,凸轮机构最大的缺点是(　　)。

A. 惯性力难以平衡　　B. 点、线接触,易磨损

C. 设计较为复杂　　D. 不能实现间歇运动

(2) 与其他机构相比,凸轮机构最大的优点是(　　)。

A. 可实现各种预期的运动规律　　B. 便于润滑

C. 制造方便,易获得较高的精度　　D. 从动件的行程可较大

(3)(　　)的摩擦阻力较小,传力能力大。

A. 尖顶式从动杆　　B. 滚子式从动杆　　C. 平底式从动杆

(4)(　　)的磨损较小,适用于没有内凹槽凸轮轮廓曲线的高速凸轮机构。

A. 尖顶式从动杆　　B. 滚子式从动杆　　C. 平底式从动杆

任务2 分析从动件常用运动规律

任务目标

- 通过分析平面凸轮工作过程,理解凸轮机构工作的基本概念和工作原理;
- 通过分析从动件常用运动规律,理解从动件常用运动规律的特性;
- 了解从动件运动规律的组合与应用选择。

任务描述

利用平面凸轮机构的动画演示或实际机构的运行,分析平面凸轮的工作过程,理解凸轮机构工作的基本概念和工作原理;通过对从动件常用运动规律的位移、速度和加速度曲线的分析,理解从动件运动规律的特性、组合与选用。

知识与技能

一、平面凸轮机构的工作过程分析

从动件的运动规律是指从动件的位移 s、速度 v 和加速度 a（运动参数）随时间 t 变化的规律，常用运动线图来表示。它全面地反映了从动件的运动特性及其变化规律。

从动件的运动规律取决于凸轮轮廓曲线的形状。不同的从动件运动规律，要求凸轮具有不同形状的轮廓曲线；不同的运动规律对凸轮机构的工作性能也有很大影响。因此，在设计凸轮机构时，首先应根据凸轮机构的工作要求和工作条件来选择适当的从动件运动规律。

现以对心移动尖顶从动件盘形凸轮机构为例进行运动分析。如图 4-6(a)所示，凸轮轮廓由非圆弧曲线 AB、CD 以及圆弧曲线 BC、DA 组成。以凸轮轮廓曲线的最小向径 r_0 为半径所作的圆称为凸轮的基圆，r_0 称为基圆半径。点 A 为凸轮轮廓曲线的起始点，当凸轮与从动件在 A 点接触时，从动件处于距凸轮轴心 O 最近位置。

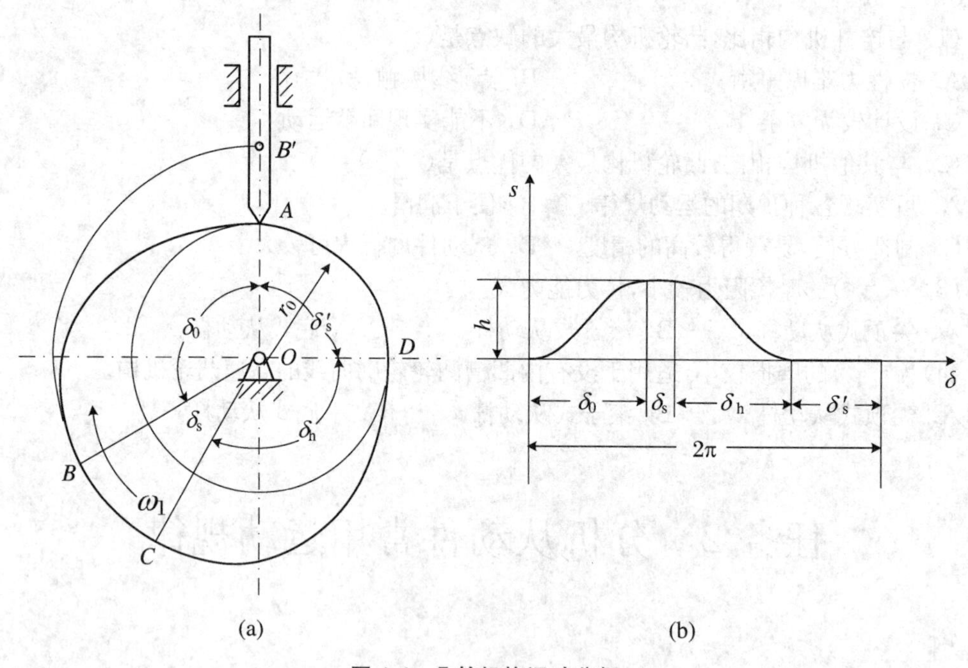

图 4-6 凸轮机构运动分析

当凸轮以匀角速度 ω_1 顺时针转动 δ_0 时，凸轮轮廓 AB 段的向径逐渐增加，推动从动件以一定的运动规律达到最高位置 B'，此时从动件处于距凸轮轴心 O 最远位置，这个过程称为推程，即推程是从动件远离轴心的行程。这时从动件移动的距离 h 称为升程，对应的凸轮转角 δ_0 称为推程运动角。

当凸轮继续转动 δ_s 时，凸轮轮廓 BC 段向径不变（圆弧段），此时从动件处于最远位置停留不动，相应的凸轮转角 δ_s 称为远休止角。

当凸轮继续转动 δ_h 时，凸轮轮廓 CD 段的向径逐渐减小，从动件在重力或弹簧力的作用下，以一定的运动规律回到起始位置，这个过程称为回程，即回程是从动件移向凸轮轴心的行程。对应的凸轮转角 δ_h 称为回程运动角。

当凸轮继续转动 δ'_s时，凸轮轮廓 DA 段的向径不变(圆弧段)，此时从动件在最近位置停留不动，相应的凸轮转角 δ'_s称为近休止角。

当凸轮再继续转动时，从动件重复上述运动循环，即完成一个升—停—降—停的工作循环。

因凸轮一般做匀速转动，其转角 δ 与时间 t 成正比($\delta=\omega t$)，此时从动件的运动规律也可用从动件的运动参数随凸轮转角的变化规律来表示，即 $s=s(\delta)$，$v=v(\delta)$，$a=a(\delta)$。

此时如果以直角坐标系的纵坐标表示从动件位移 s，横坐标表示凸轮的转角 δ，则可画出从动件位移 s 与凸轮转角δ 之间的关系线图，如图 4-6(b)所示，这种曲线称为从动件位移曲线，可用它来描述从动件的运动规律。同样可有从动件速度曲线、加速度曲线。

由上述分析可知，从动件位移曲线取决于凸轮轮廓曲线的形状。反之，要设计凸轮的轮廓曲线，则必须首先知道从动件的运动规律。

二、从动件常用运动规律

实际工程中所采用的从动件运动规律的类型很多。现以推程为例，研究几种常用的从动件运动规律，以及其冲击特性。

1. 等速运动规律

等速运动规律是指从动件在推程或回程中运动速度为常数的运动规律。

凸轮以等角速度转动，从动件在推程中的行程为 h，如图 4-7 所示为从动件做等速运动规律的运动曲线图。其位移曲线为斜直线，速度曲线为平直线，加速度曲线为零线。

值得注意的是：从动件做等速运动时，在行程开始和终止的两个位置，速度发生突变，理论上加速度无穷大，将产生无穷大的惯性力，这种惯性力会使机构产生强烈的冲击、振动和噪声，这种类型的冲击称为刚性冲击。实际上，由于构件材料的弹性，从动件的惯性力不至于无穷大，但仍会在构件中引起极大的冲击、振动和噪声，并导致凸轮轮廓和从动件严重磨损，工作性能变差。因此，等速运动规律凸轮机构一般仅用于低速轻载的场合。

2. 等加速等减速运动规律

等加速等减速运动规律是指从动件在一个行程中，前半行程做等加速运动，后半行程做等减速运动的运动规律。通常加速度与减速度的绝对值相等(根据工作需要，两者也可以不相等)。

如图 4-8 所示为等加速等减速运动曲线图。其位移曲线由两段光滑相连开口相反的抛物线在行程中点处相连而成；速度曲线为斜率相等但符号相反的两段斜直线；加速度曲线为坐标值相反的两段平直线。其运动曲线的作图方法如图 4-8 所示。

分析图 4-8(c)可知，从动件在运动起始点 A、中间点 B 和终了点 C，都有加速度的突变，但其变化为有限值。这种加速度和惯性力的有限变化对凸轮机构所造成的冲击、振动和噪声较刚性冲击要小得多，称为柔性冲击。尽管如此，这种具有柔性冲击的运动规律也不适用于高速凸轮机构，常用在中、低速轻载场合。

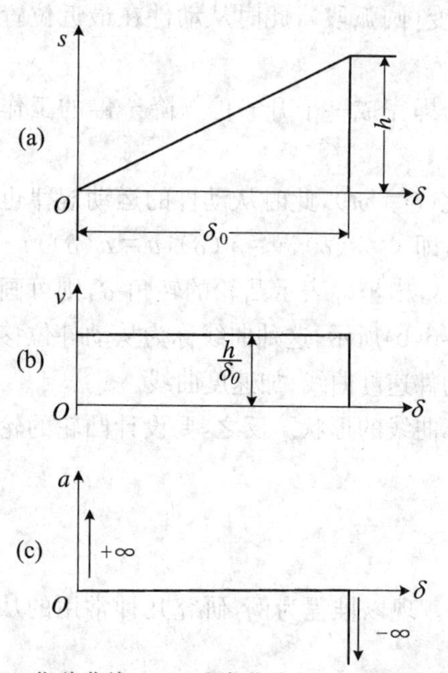

(a) 位移曲线；(b) 速度曲线；(c) 加速度曲线

图 4-7　等速运动规律

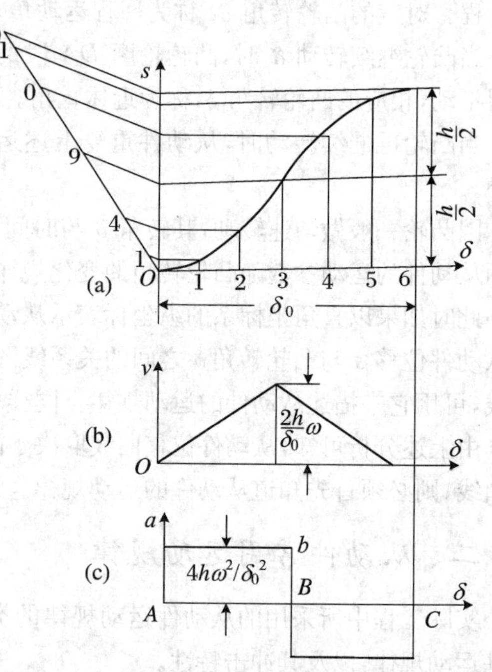

(a) 位移曲线；(b) 速度曲线；(c) 加速度曲线

图 4-8　等加速等减速运动规律

3．余弦加速度运动规律(简谐运动规律)

当一质点在圆周上做匀速运动时，它在该圆直径上投影的运动规律称为简谐运动。因其加速度运动曲线为余弦曲线，所以也称之为余弦加速度运动规律。其运动曲线图如图 4-9 所示。

由加速度曲线图(图 4-9(c))可知，此运动规律在行程的始末两点加速度存在有限突变，所以也存在柔性冲击，只适用于中速场合。但当从动件做无停歇的升—降—升连续往复运动时，则可获得连续的余弦曲线，此时柔性冲击被消除，这种情况下可用于高速场合。

4．正弦加速度运动规律(摆线运动规律)

如图 4-10(a)所示，当圆沿纵轴匀速纯滚动时，圆周上一点的轨迹为一条摆线，此时该点在纵轴上投影点的运动即为摆线运动。从动件做摆线运动时，其加速度按正弦规律变化，所以又称为正弦加速度运动规律。

由图 4-10(c)可知，其加速度曲线光滑连续，理论上既无刚性冲击，也无柔性冲击，即无冲击，因此适用于高速场合。

三、从动件运动规律的组合

为了获得更好的运动和动力特性，还可以把前面讲述的几种基本运动规律组合起来加以应用(或称运动线图的拼接)。这种通过几种不同运动规律组合在一起而设计出的运动规律，称为组合型运动规律。常用的有下面几种组合型运动规律：

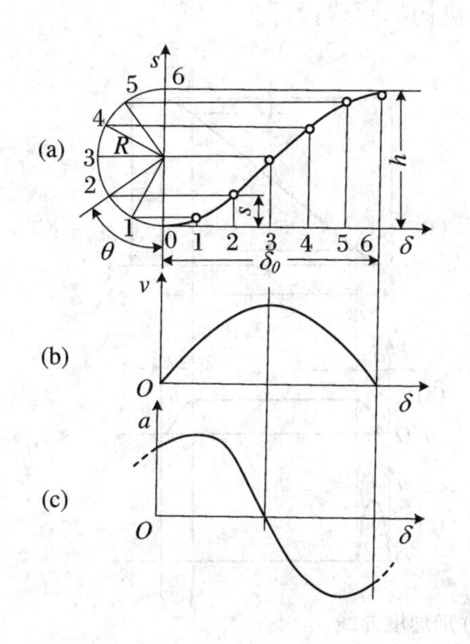

(a) 位移曲线；(b) 速度曲线；(c) 加速度曲线

图 4-9 余弦加速度运动规律

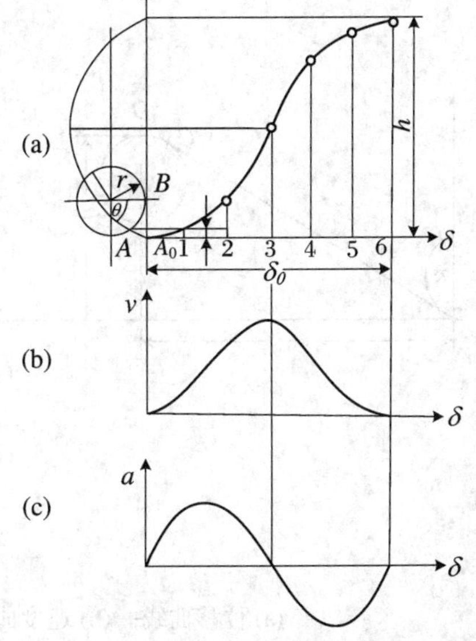

(a) 位移曲线；(b) 速度曲线；(c) 加速度曲线

图 4-10 正弦加速度运动规律

1. 改进型等速运动规律

为获得良好的运动特性，改进型运动曲线在两种运动规律曲线的衔接处必须是连续的。低速轻载只要求位移和速度曲线是连续的即可，但高速场合就要求位移、速度和加速度曲线都要连续，在更高速场合除了连续性要求外还要求加速度的最大值和变化率尽量小些。如图 4-11 所示，为了避免等速运动规律中存在的刚性冲击，在位移曲线中将开始一小段和结束一小段直线用圆弧来替代，为了使圆弧段和直线段在衔接点处有同样大小的速度，图中的斜线 *BC* 必须和圆弧两端相切，这样就可以使等速运动规律能应用在速度较高的场合。

2. 改进型梯形加速度运动规律

由前所述，等加速等减速运动规律在其始末两点以及中间正负加速度交接处加速度有突变，存在柔性冲击。为了克服这一缺点，可以在其始末两点以及中间交接处用适当的正弦加速度曲线光滑过渡，组成改进型梯形加速度运动规律。如图 4-12 所示，它实际上是由三段正弦加速度曲线与两段等加速度、等减速度曲线共五段曲线组合而成，*AB* 段（$0\sim\delta_0/8$）和 *EF* 段（$7\delta_0/8\sim\delta_0$）为周期等于 $\delta_0/2$ 的第一和第四象限正弦曲线，*CD* 段（$3\delta_0/8\sim5\delta_0/8$）为周期等于 $\delta_0/2$ 的第二和第三象限正弦曲线，*BC* 段（$\delta_0/8\sim3\delta_0/8$）为等加速度曲线，*DE* 段（$5\delta_0/8\sim7\delta_0/8$）为等减速度曲线。该组合运动规律具有较好的综合动力特性指标。

3. 改进型正弦加速度运动规律

由前所述，正弦加速度运动规律在始末两点的加速度均为零，在其附近运动非常缓慢，必然会提高从动件在行程中间的最大速度。为了改进这一点，可以在其行程始末两段及中间部分各用不同周期的正弦加速度曲线加以光滑联接，成为改进型正弦加速度运动规律。如图 4-13 所示，它实际上是由三段正弦加速度曲线组合而成的，通常取 $\delta_1=\delta_3=\delta_0/8$，$\delta_2=3\delta_0/4$，*AB* 段（$0\sim\delta_0/8$）和 *CD* 段（$7\delta_0/8\sim\delta_0$）为周期等于 $\delta_0/2$ 的第一和第四象限正弦曲线，*BC* 段（$\delta_0/8\sim7\delta_0/8$）为周期等于 $3\delta_0/2$ 的第二和第三象限正弦曲线。该组合规律也具有较好的综合动力特性指标，广泛应用于中、高速凸轮机构的廓线设计。

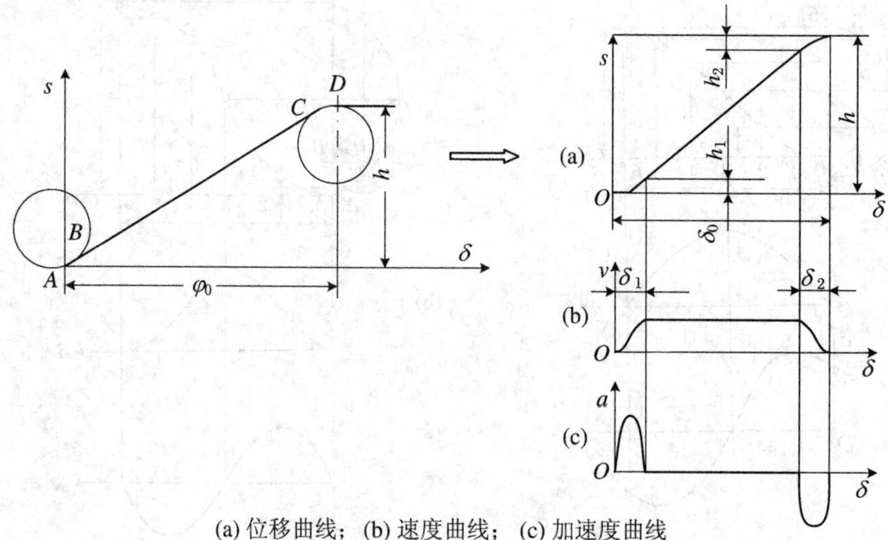

(a) 位移曲线；(b) 速度曲线；(c) 加速度曲线

图 4-11　等速运动规律的一种改进

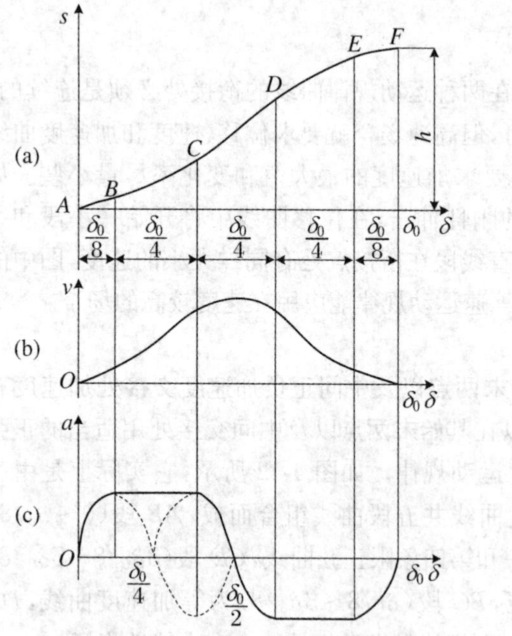

(a) 位移曲线；(b) 速度曲线；(c) 加速度曲线

图 4-12　改进型梯形加速度运动曲线图

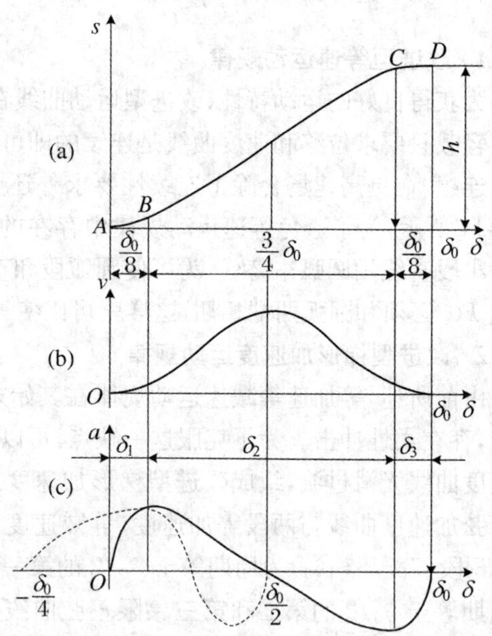

(a) 位移曲线；(b) 速度曲线；(c) 加速度曲线

图 4-13　改进型正弦加速度运动曲线图

四、从动件运动规律的选择

理论上说，选择或设计从动件的运动规律，首先需要满足机械的具体工作要求，其次应使凸轮机构具有好的动力特性，再之要使设计的凸轮便于加工等。但实际上这些要求又往往是相互制约的，因此，在选择或设计从动件的运动规律时，必须综合考虑使用场合、工作条件、工作要求、运动和动力特性要求以及加工工艺等因素，在满足主要因素的前提下，尽量兼顾其他因素。下面仅就凸轮机构的工作条件及要求分几种情况进行简要说明。

（1）工作过程只要求从动件实现一定的工作行程，而对其运动规律无特殊要求，主要按便于加工考虑。

以如图4-5所示的自动送料凸轮机构为实例，它的功能就是把毛坯输送到预定位置。对于这种低速轻载的凸轮机构，可主要按便于加工考虑，选择圆弧、直线等简单曲线作为凸轮轮廓线。而对于速度较高的凸轮机构，主要应考虑其动力性能，力求避免产生过大冲击，这时可选择正弦加速度运动规律等。

（2）工作过程对从动件的运动规律有特殊要求，而凸轮转速又较高时，应该从既要满足从动件的工作要求，又要考虑动力性能和便于加工的角度来选择从动件的运动规律。

如图4-2所示的进刀凸轮机构，要求从动件实现快速进刀、匀速进刀、快速返回和停歇运动，这时可考虑把几种不同形式的常用运动规律恰当地组合起来，如快速进刀和快速返回可采用正弦加速度运动规律，匀速进刀可采用等速运动规律，从动件推程位移可由三段曲线拼接而成，回程为正弦加速度曲线。

（3）在选择或设计从动件运动规律时，除要考虑避免刚性和柔性冲击外，还应对各种运动规律所具有的最大速度 v_{max}、最大加速度 a_{max} 及其影响加以比较。因为这些指标也会从不同角度影响凸轮机构的动力性能。

① 最大速度 v_{max} 与从动件的最大动量 mv_{max} 有关。动量较大时，如果从动件被突然阻止，过大的动量会导致极大的冲击力，危及设备和人身安全。因此，当从动件质量较大时，为了减小动量，应选择 v_{max} 值较小的运动规律。

② 最大加速度 a_{max} 与从动件的最大惯性力 ma_{max} 有关。惯性力越大，作用在从动件与凸轮之间的接触应力越大，对构件的强度和耐磨性要求也越高。对于高速凸轮，为了减小惯性力的危害，应选择 a_{max} 较小的运动规律。

最后必须指出，上述各种运动规律方程式都是以直动从动件为对象来推导的，如为摆动从动件，则应将式中的 h、s、v、a 分别更换为行程角 φ_{max}、角位移 φ、角速度 ω、角加速度 α。

任务实施

- 观察和分析凸轮机构的工作过程；
- 分析从动件常用运动规律的位移、速度和加速度曲线，总结从动件常用运动规律的特性；
- 收集和整理从动件运动规律应用资料，了解从动件运动规律的组合和选用。

任务评价

序号	能力点、知识点	评价	序号	能力点、知识点	评价
1	分析问题的能力		3	从动件常用运动规律的分析	
2	凸轮机构工作过程的分析		4	从动件运动规律应用资料整理	

思考与练习

1. 凸轮轮廓曲线是根据什么确定的？凸轮机构的从动件为什么能获得预定的运动

规律？

2. 从动件常用的四种运动规律中，哪种运动规律有刚性冲击？哪种运动规律有柔性冲击？哪种运动规律没有冲击？如何选择从动件的运动规律？

3. 从动件的等速位移曲线是什么形状？等速运动规律有什么缺点？

4. 在什么情况下凸轮机构从动件的运动能够停歇？

5. 某一凸轮机构的滚子损坏后，是否可任取一滚子来替代？为什么？

6. 判断题。

(1) 一只凸轮只有一种预定的运动规律。(　　)

(2) 盘形凸轮机构从动件的运动规律，主要决定于凸轮半径的变化规律。(　　)

(3) 能使从动件按照工作要求实现复杂运动的机构都是凸轮机构。(　　)

(4) 凸轮转速的高低，影响从动件的运动规律。(　　)

(5) 从动件的运动规律是受凸轮轮廓曲线控制的，所以，凸轮的实际工作要求，一定要按凸轮现有轮廓曲线制定。(　　)

(6) 盘形凸轮的行程是与基圆半径成正比的，基圆半径越大，行程也越大。(　　)

(7) 凸轮机构也能很好地完成从动件的间歇运动。(　　)

7. 填空题。

(1) 滚子推杆盘形凸轮的基圆半径是从________到________的最短距离。

(2) 在凸轮机构中，从动件按等加速等减速运动规律运动时，有________冲击。

(3) 在凸轮机构中，从动件按________运动规律运动时有刚性冲击，按________运动规律运动时无冲击。

(4) 凸轮机构的从动件做余弦加速度运动时，产生的冲击属于________冲击。

8. 计算分析题。

(1) 对于直动推杆盘形凸轮机构，已知推程时凸轮的转角 $\delta_0=\pi/2$，行程 $h=50$ mm。求当凸轮转速 $\omega=10$ rad/s 时，等速、等加速等减速、余弦加速度和正弦加速度四种常用基本运动规律的最大速度 $v_{\max}$、最大加速度 $a_{\max}$ 以及所对应的凸轮转角 δ。

(2) 在直动尖顶推杆盘形凸轮机构中，如图 4-14 所示的推杆运动规律尚不完全，试在图上补全各段的 $s-\delta$、$v-\delta$、$a-\delta$ 曲线，并指出哪些位置有刚性冲击，哪些位置有柔性冲击。

(3) 在图 4-15 中给出了某直动推杆盘形凸轮机构推杆的速度曲线图，要求：

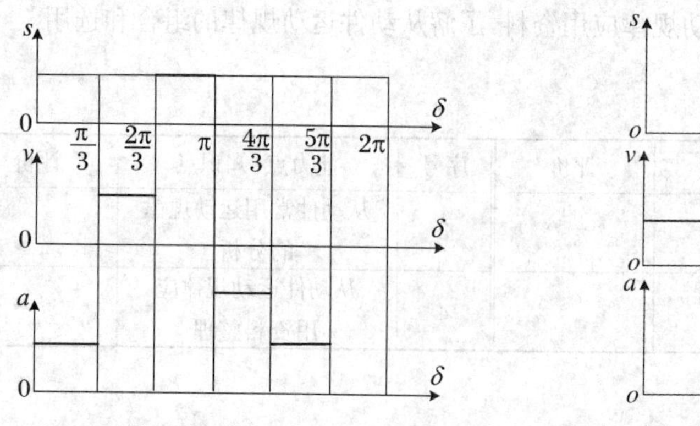

图 4-14　直动尖顶推杆盘形凸轮机构

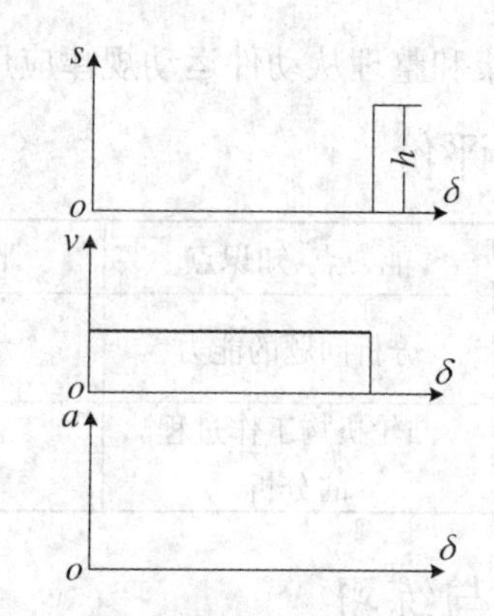

图 4-15　直动推杆盘形凸轮机构

① 定性地画出其加速度和位移曲线图。
② 说明此种运动规律的名称及特点(v、a 的大小及冲击的性质)。
③ 说明此种运动规律的适用场合。

任务3 设计盘形凸轮轮廓

根据机器的工作要求,在确定了凸轮机构的类型及从动件的运动规律、凸轮的基圆半径和凸轮的转动方向后,便可开始凸轮轮廓曲线的设计了。

凸轮轮廓曲线的设计方法有图解法和解析法。图解法简单、直观、易行,虽然精确度低,但由于能满足一般机械的要求,所以应用仍然很广泛;解析法计算精确度高,但计算量很大,随着计算机辅助设计的迅速推广应用,解析法设计将成为设计凸轮机构的主要方法。这里只介绍凸轮设计的图解法。

子任务1 用图解法设计对心直动尖顶从动件盘形凸轮轮廓

任务目标

- 理解图解法凸轮轮廓曲线设计的基本原理——反转原理;
- 掌握图解法设计对心直动尖顶从动件盘形凸轮轮廓曲线的步骤和方法。

任务描述

利用图解法,设计一对心直动尖顶从动件盘形凸轮的轮廓曲线;总结作图设计要点,掌握对心直动尖顶从动件盘形凸轮轮廓曲线的设计原理、步骤和方法。

知识与技能

一、图解法设计凸轮轮廓曲线的基本原理

凸轮机构工作时,凸轮和从动件都在运动,为了在图纸上绘制出凸轮轮廓曲线,应该使凸轮相对图纸平面保持静止不动,为此可采用反转法。下面以如图4-16所示的对心直动尖顶从动件盘形凸轮机构为例来说明此种方法的原理。

如图4-16所示,当凸轮以等角速度 ω_1 绕轴心 O 逆时针转动时,将推动从动件沿其导路做往复移动。为便于绘制凸轮轮廓曲线,设想给整个凸轮机构(含机架、凸轮及从动件)加上一个绕凸轮轴心的公共角速度 $-\omega_1$,根据相对运动原理,这时凸轮与从动件之间的相对运动关系并不发生改变,但此时凸轮将静止不动,而从动件则一方面和机架一起以角速度 $-\omega_1$ 绕凸轮轴心 O 转动,同时又以原有运动规律相对于机架导路做预期的往复运动。由于从动件尖顶在这种复合运动中始终与凸轮轮廓保持接触,所以其尖顶的轨迹就是凸轮轮廓曲线。

二、反转法的概念

这种把原来转动着的凸轮看成静止不动的,把原来静止不动的导路与原来直动的从动

件看成反转运动的原理，称为反转原理。利用反转原理设计凸轮轮廓曲线的方法称为反转法。

凸轮机构的形式多种多样，反转法及其原理适用于各种凸轮轮廓曲线的设计。

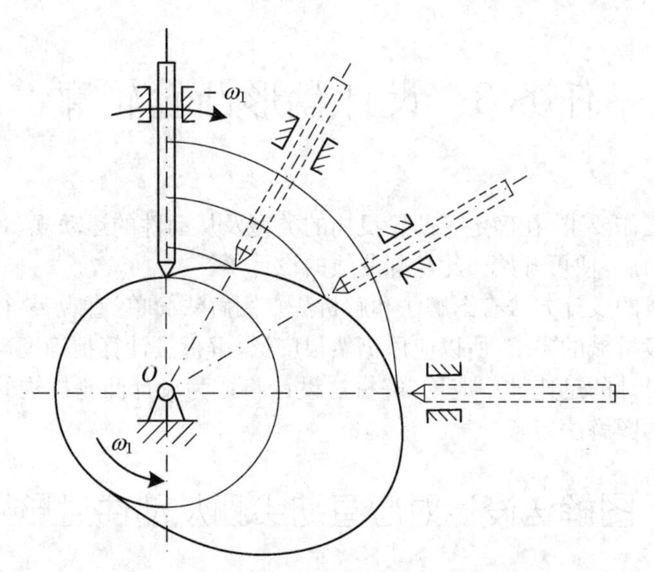

图 4-16 凸轮轮廓曲线绘制中的反转原理

任务实施

利用图解法，设计一对心直动尖顶从动件盘形凸轮的轮廓曲线。

在如图 4-17 所示的凸轮机构中，已知凸轮以等角速度 ω_1 顺时针转动，凸轮基圆半径为 r_0，从动件的运动规律为：凸轮转过推程运动角 δ_0 时，从动件等速上升一个行程 h 到达最高位置；凸轮转过远休止角 δ_S 时，从动件在最高位置停留不动；凸轮转过回程运动角 δ_h 时，从动件以等加速等减速运动回到最低位置；最后凸轮转过近休止角 δ'_s时，从动件在最低位置停留不动(此时凸轮正好转动一周)。根据上述“反转法”，则该凸轮轮廓曲线可按如下步骤作出：

(1) 选取长度比例尺 μ_S(实际线性尺寸/图样线性尺寸)和角度比例尺 μ_δ(实际角度/图样线性尺寸)，作从动件位移曲线 $s=s(\delta)$，如图 4-17(b)所示。

(2) 将位移曲线的推程运动角 δ_0 和回程运动角 δ_h 分段等分，并通过各等分点作垂线，与位移曲线相交，即得相应凸轮各转角时从动件的位移 $11'$，$22'$，…。

(3) 用同样比例尺 μ_S 以 O 点为圆心、以 $OB_0=r_0/\mu_S$ 为半径画基圆，如图 4-17(a)所示，此基圆与从动件导路的交点 B_0 即为从动件尖顶的起始位置。

(4) 自 OB_0 沿 ω_1 的相反方向取角度 δ_0，δ_S，δ_h，δ'_S，并将它们各分成与图 4-17(b)对应的若干等份，得点 B'_1，B'_2，B'_3，…。连接 OB'_1，OB'_2，OB'_3，…，并延长各径向线，它们便是反转后从动件导路的各个位置。

(5) 在位移曲线中量取各个位移量，并取 $B'_1B_1=11'$，$B'_2B_2=22'$，$B'_3B_3=33'$，…，得反转后从动件尖顶的一系列位置 B_1，B_2，B_3，…。

(6) 将 B_0，B_1，B_2，…连成光滑的曲线，即是所要求的凸轮轮廓曲线。

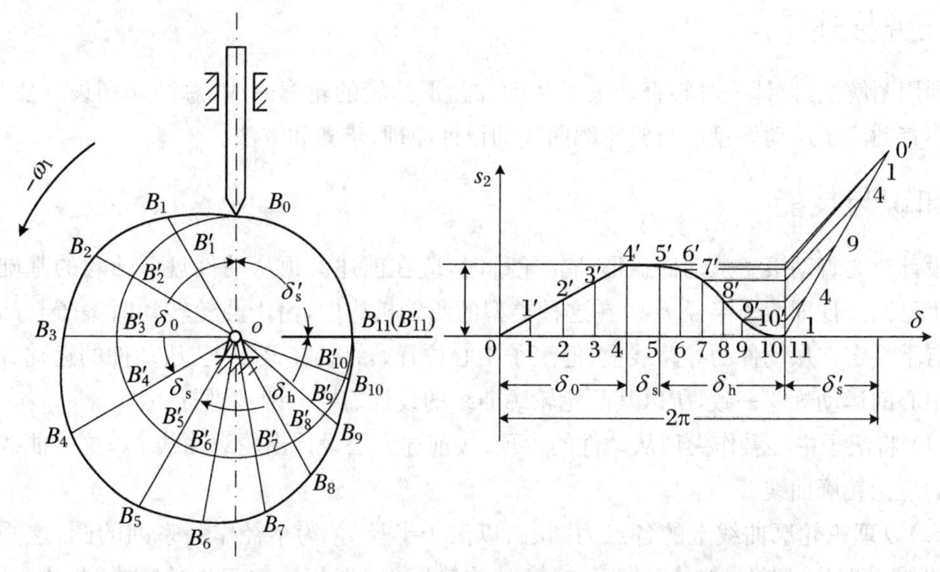

图 4-17 对心直动尖顶从动件盘形凸轮轮廓曲线的设计

任务评价

序号	能力点、知识点	评价	序号	能力点、知识点	评价
1	反转法的理解		3	作图步骤的总结	
2	作图能力		4	作图要点的总结	

思考与练习

1. 一凸轮机构直动从动件的运动规律如下表所示，试画出其位移曲线。

凸轮转角 δ	0°～120°	120°～150°	150°～210°	210°～360°
从动件运动	余弦加速度上升 30 mm	远停	等加等减回原位	近停

2. 一对心尖顶移动从动件盘形凸轮机构，已知凸轮的基圆半径 $r_0 = 30$ mm，凸轮逆时针等速回转。从动件运动规律为：在推程中，凸轮转过 150°时，从动件等速上升 50 mm；凸轮继续转过 30°时，从动件保持不动；在回程中，凸轮转过 120°时，从动件以简谐运动规律回到原处；凸轮转过其余 60°时，从动件又保持不动。试用图解法绘制从动件的位移曲线图，设计凸轮的轮廓曲线。

子任务 2 用图解法设计对心直动滚子从动件盘形凸轮轮廓

任务目标

- 掌握图解法设计对心直动滚子从动件盘形凸轮轮廓曲线的步骤和方法；
- 区别滚子从动件与移动从动件凸轮轮廓曲线设计的不同之处。

任务描述

利用图解法，设计一对心直动滚子从动件盘形凸轮的轮廓曲线；总结作图设计要点，掌握对心直动滚子从动件盘形凸轮轮廓曲线的设计原理、步骤和方法。

知识与技能

设计对心直动滚子从动件盘形凸轮轮廓时，应在前述尖顶从动件盘形凸轮的基础上增加一个已知条件即滚子半径 r_T。在这种类型的凸轮机构中，由于凸轮转动时滚子与凸轮的相切点不一定在从动件的导路线上，但滚子中心位置始终处在该线上，从动件的运动规律与滚子中心的运动规律一致，所以其凸轮轮廓曲线的设计需要分两步进行：

(1) 将滚子中心看作尖顶从动件的尖顶，按前述方法设计出轮廓曲线 β_0，这一曲线称为凸轮的理论轮廓曲线。

(2)以理论轮廓曲线上的各点为圆心、以滚子半径 r_T 为半径作一系列的圆，这些圆的内包络线 β 即为凸轮上与从动件直接接触的轮廓，称为凸轮的工作轮廓曲线，如图 4-18 所示。

在滚子从动件盘形凸轮机构中，以凸轮轴心为圆心、凸轮理论轮廓最小向径值为半径所作的圆，称为凸轮理论轮廓基圆；而以凸轮轴心为圆心、凸轮工作轮廓最小向径值为半径所作的圆，称为凸轮工作轮廓基圆。由以上作图过程可知，凸轮的基圆半径 r_0 指的是凸轮理论轮廓基圆的半径。

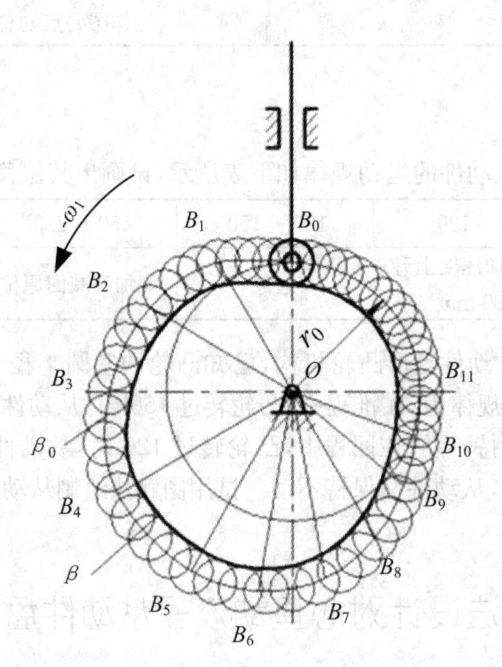

图 4-18 滚子从动件盘形凸轮轮廓曲线的设计

任务实施

利用尺规作图,设计一对心直动滚子从动件盘形凸轮轮廓曲线。

任务评价

序号	能力点、知识点	评价	序号	能力点、知识点	评价
1	反转法的理解		3	作图步骤的总结	
2	作图能力		4	作图要点的总结	

思考与练习

1. 试用图解法设计一对心直动滚子从动件盘形凸轮机构的轮廓曲线。已知理论轮廓基圆半径 $r_0=50$ mm,滚子半径 $r_T=15$ mm,凸轮顺时针匀速转动。当凸轮转过 120°时,从动件以等速运动规律上升 30 mm;再转过 150°时,从动件以余弦加速度运动规律回到原位;凸轮转过其余 90°时,从动件静止不动。

2. 一对心直动滚子从动件盘形凸轮机构,凸轮按顺时针方向转动,其基圆半径 $r_0=20$ mm,滚子半径 $r_T=10$ mm,从动件运动行程 $h=30$ mm,运动规律如下表所示,试绘制该凸轮的轮廓曲线。

凸轮转角 δ	0°~150°	150°~180°	180°~300°	300°~360°
从动件运动规律	等速上升 30 mm	停止不动	简谐运动下降至原位	停止不动

子任务3 用图解法设计偏置直动从动件盘形凸轮轮廓

任务目标

- 掌握图解法设计偏置直动尖顶或滚子从动件盘形凸轮轮廓曲线的步骤和方法;
- 区别对心与偏置从动件盘形凸轮轮廓曲线设计的不同之处。

任务描述

利用图解法,设计一偏置直动尖顶或滚子从动件盘形凸轮的轮廓曲线;总结作图设计要点,掌握偏置直动尖顶或滚子从动件盘形凸轮轮廓曲线的设计原理、步骤和方法。

知识与技能

偏置直动尖顶从动件盘形凸轮机构,如图 4-19 所示,其从动件导路的轴线不通过凸轮的回转轴心 O,而是有一偏距 e。从动件在反转运动过程中依次占据的位置不再是由凸轮回转轴心 O 作出的径向线,而是始终与 O 保持一偏距 e 的直线。此时,如果以凸轮回转中心 O 为圆心、以偏距 e 为半径作圆(称为偏距圆),则从动件在反转运动过程中其导路的轴线始终与偏距圆相切,因此,从动件的位移应沿这些切线量取。现将作图方法叙述如下:

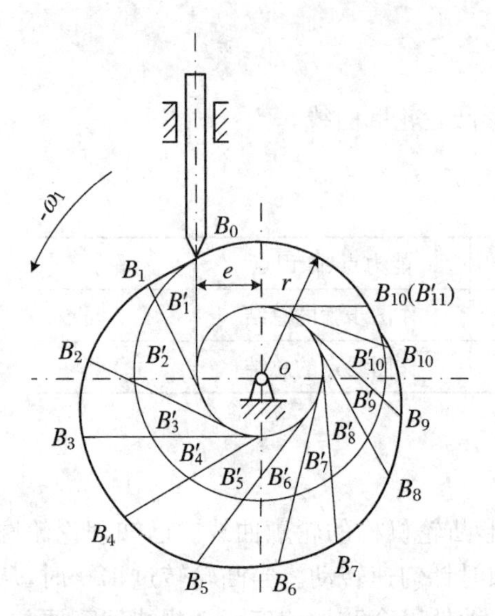

图 4-19　偏置直动尖顶从动件盘形凸轮机构

(1) 选取适当长度比例尺 μ_S 和角度比例尺 μ_δ,作从动件位移曲线,并将横坐标分段等分,如图 4-17(b)所示。

(2) 以同样的长度比例尺 μ_S,分别以 O 为圆心作偏距圆和基圆。基圆与从动件导路中心线的交点 B_0 即为从动件升程的起始位置。

(3) 过 B_0 点作偏距圆的切线,该切线即为从动件导路线的起始位置。

(4) 自 B_0 点开始,沿 ω_1 的相反方向将基圆分成与位移曲线相同的等份,得各分点 $B'_1,B'_2,B'_3,\cdots$。过点 $B'_1,B'_2,B'_3,\cdots$作偏距圆的切线并延长,则这些切线即为从动件在反转过程中所依次占据的位置。

(5) 在各切线上自 $B'_1,B'_2,B'_3,\cdots$截取 $B'_1B_1=11',B'_2B_2=22',B'_3B_3=33',\cdots$,得点 $B_1,B_2,B_3\cdots$。将 $B_0,B_1,B_2,\cdots$连成光滑的曲线,即是所要求的凸轮轮廓曲线。

偏置直动滚子从动件盘形凸轮轮廓曲线的设计过程如下:

首先将偏置滚子从动件的滚子中心当作尖顶从动件的尖顶,按照偏置尖顶从动件凸轮轮廓曲线的设计方法,作出理论轮廓曲线(参见图 4-19),这条理论轮廓曲线反映滚子从动件滚子中心的运动轨迹;然后,以理论轮廓曲线上各点为圆心、以滚子半径 r_T 为半径,作一系列的滚子圆,再作滚子圆族的外包络线(参见图 4-18),这条内包络线就是偏置直动滚子从动件盘形凸轮的实际轮廓曲线。这条实际轮廓曲线与理论轮廓曲线是等距曲线,其距离与滚子半径 r_T 相等。值得注意的一点是:在滚子从动件凸轮轮廓曲线的设计中,其基圆半径 r_0 应为理论轮廓曲线的最小向径。

任务实施

利用尺规作图,设计偏置直动尖顶从动件和滚子从动件盘形凸轮的轮廓曲线。

任务评价

序号	能力点、知识点	评价	序号	能力点、知识点	评价
1	反转法的理解		3	作图步骤的总结	
2	作图能力		4	作图要点的总结	

思考与练习

有一偏置移动滚子从动件盘形凸轮机构,凸轮以等角速度 ω 顺时针转动。已知从动件导路偏于凸轮轴心左侧,偏距 $e=10$ mm,基圆半径 $r_0=40$ mm,滚子半径 $r_T=10$ mm。从动件运动规律如下:$\delta_0=150,\delta_1=30,\delta_2=120,\delta_3=60$,从动件在推程以简谐运动规律上升,升程 $h=30$ mm,回程以等加速等减速规律返回到原处。试绘制从动件位移曲线及凸轮轮廓曲线。

任务4 确定凸轮机构的基本尺寸

在设计凸轮轮廓曲线时，凸轮机构的基本参数如基圆半径 r_0、滚子半径 r_T、从动件的偏距 e 等，往往都是事先给定的，但实际设计凸轮机构时，这些基本参数需要考虑多方面因素，如动力性、效率、运动是否失真、结构是否紧凑等，经过综合考虑和计算，才能确定下来。

子任务1 用反转法标注凸轮机构压力角

任务目标

- 掌握压力角的概念、压力角与凸轮传力特性的关系；
- 掌握反转法标注凸轮压力角的方法，了解压力角与结构尺寸的关系。

任务描述

在掌握压力角概念的基础上，用反转法标注凸轮轮廓上任一点的压力角；熟悉压力角的取值和应用。

知识与技能

一、凸轮机构的压力角及其与作用力的关系

1. 压力角

当不考虑摩擦时，凸轮机构中的从动件运动方向与其受力方向所夹的锐角称为压力角。如图4-20所示的偏置直动尖顶从动件凸轮机构，当不考虑摩擦时，从动件所受力 F（方向沿着其接触点的法线 $n-n$ 方向）与其运动速度 v_2 所夹的锐角 α 就是在此位置的压力角。需要注意的是：由于凸轮轮廓曲线各点处的法线方向不同，即受力方向不同，因此一般情况下压力角的大小随凸轮转角的变化而变化。

2. 压力角与作用力的关系

如图4-21所示，力 F 为凸轮对从动件的作用力，方向沿法线方向，将力 F 沿从动件运动方向和垂直从动件运动方向分解，可得分力 F'、F''，则有

$$F' = F\cos\alpha, \quad F'' = F\sin\alpha$$

其中 F' 为有效分力，推动从动件运动、克服阻力做功；F'' 为有害分力，使导路受压，产生摩擦力。显然，压力角越小越好。注意，滚子从动件凸轮机构的压力角画在滚子的滚动中心处。

压力角增大，有效分力减小，有害分力增大，当压力角 α 达到某一值时，无论推力 F 有多大，都不能使从动件运动，这时凸轮机构发生了自锁。

在设计凸轮机构的基本尺寸时，要考虑的一个非常重要的参数就是压力角 α。在生产实际中，为提高机构效率，改善机构传力性能，在设计凸轮机构时，必须保证凸轮机构的最大

压力角 α_{max} 要小于或等于许用压力角 $[\alpha]$，即

$$\alpha_{max} \leqslant [\alpha]$$

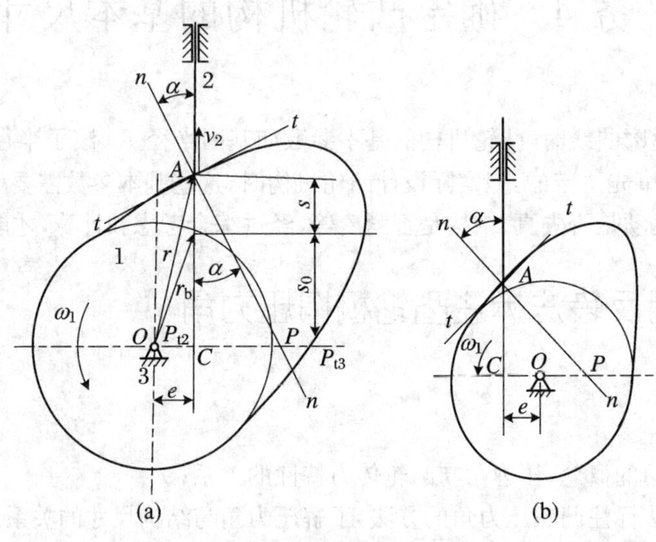

图 4-20　凸轮机构的压力角

根据理论分析和实践经验，工作行程和非工作行程的许用压力角值推荐如下：

工作行程：对移动从动件，$[\alpha]=30^\circ\sim38^\circ$；对摆动从动件，$[\alpha]=40^\circ\sim45^\circ$。

非工作行程：无论是移动从动件还是摆动从动件，$[\alpha]=70^\circ\sim80^\circ$。

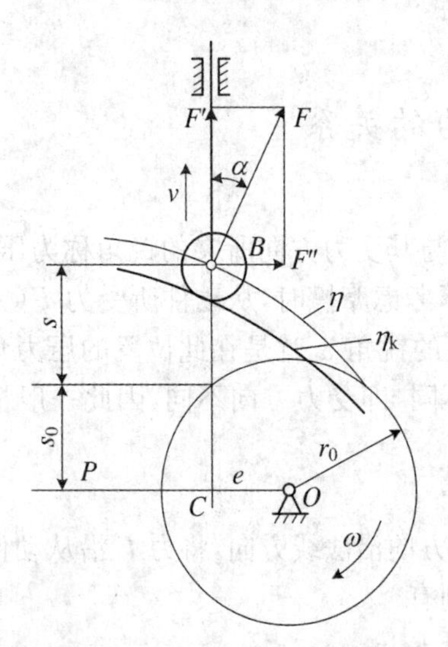

图 4-21　压力角与作用力的关系

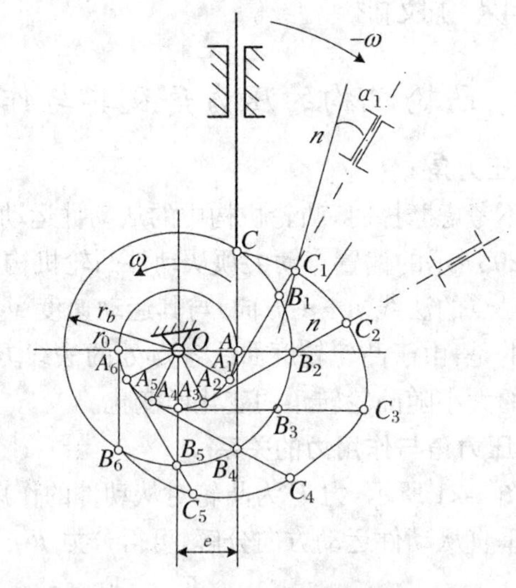

图 4-22　反转法标注凸轮机构的压力角

二、凸轮机构压力角的标注

根据反转原理，即采用反转法，可以标注凸轮机构的压力角。如图 4-22 所示，当需要标注凸轮轮廓上一点 C_1 处的压力角时，先根据反转原理，将从动件及其导轨按 $-\omega$ 方向旋转到与凸轮在 C_1 点接触的位置，然后在 C_1 点作出从动件受力方向（法线 $n-n$ 方向）和运动方向（移动从动件的导轨方向），最后取得压力角为 α_1。采用这种方法可以确定凸轮轮廓上任

意一点的压力角，标注的关键是按反转原理确定从动件及导轨的位置。

任务实施

- 运用尺规和量角器，作出直动从动件凸轮机构的压力角；
- 判断压力角是否符合机构的动力要求。

任务评价

序号	能力点、知识点	评价	序号	能力点、知识点	评价
1	反转法的理解		3	作图步骤的总结	
2	作图能力		4	判断分析能力	

思考与练习

1．什么是凸轮机构的压力角？它在哪一个轮廓上度量？压力角变化对凸轮机构的工作有何影响？

2．如图 4-23 所示均为工作轮廓线为偏心圆的凸轮机构，试分别作出它们图示位置的压力角。

3．试就如图 4-24 中所示的凸轮机构画出 A、B、C 三点处的压力角。

4．运用反转原理，作出如图 4-25 中所示的凸轮机构从图示位置转过 45°后，从动件与凸轮接触处的压力角（在图上直接标注）。转过 45°后，从动件是否位于推程行程？压力角是否小于许用压力角？

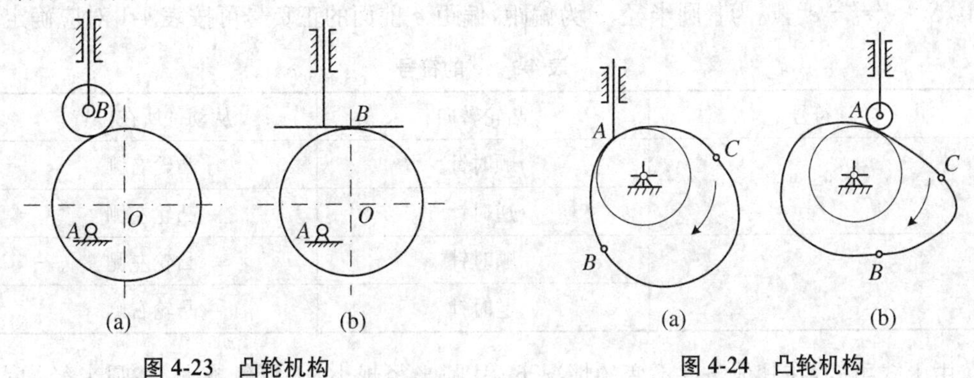

图 4-23 凸轮机构　　图 4-24 凸轮机构

子任务 2 认识压力角与基圆半径的关系

任务目标

- 理解压力角与凸轮基圆半径的关系；
- 认识凸轮机构设计时，凸轮基本参数对结构和性能的影响。

任务描述

按给定条件，设计一凸轮轮廓曲线，校核凸轮机构的最大压力角，了解基圆或压力角确定的基本方法。

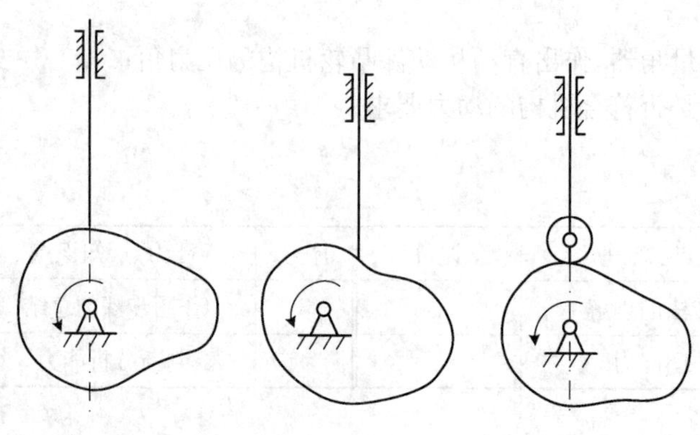

图 4-25　凸轮机构

知识与技能

一、压力角与凸轮基圆半径的关系

如图 4-26 所示为一偏置尖顶直动从动件盘形凸轮机构，在推程中任一位置的压力角为 α，机构中压力角与凸轮机构基本尺寸的关系为

$$\tan\alpha = \frac{v/\omega \mp e}{S_0 + S}$$

式中，$S = \sqrt{r_0^2 - e^2}$，r_0 为基圆半径，e 为偏距，偏距 e 前面的正负号可按表 4-1 对应确定。

表 4-1　e 的符号

符号	凸轮转向	从动件所在位置
"+"	顺时针	凸轮右侧
	逆时针	凸轮左侧
"−"	顺时针	凸轮左侧
	逆时针	凸轮右侧

由上式可知，在其他条件不变的情况下，基圆半径越小，压力角越大，基圆半径增大，压力角减小。单从使结构紧凑的观点看，基圆半径越小，压力角 α 越大越好，但从传力特性和传动效率来看，基圆半径增大，压力角减小，传力特性和传动效率有利。因此，设计时必须适当处理这一对矛盾。

二、凸轮基圆半径的确定

根据压力角与基圆的关系，由前式可得

$$r_0 = \sqrt{\left(\frac{v/\omega \pm e}{\tan\alpha} - S\right)^2 + e^2}$$

上式说明，当从动件的运动规律选定(即 S 和 v 确定)，凸轮的压力角确定以后，基圆的半径就可以确定了。还可以通过偏距 e 的大小和方向调节压力角或基圆半径。总而言之，确定基圆半径非常重要，不仅要保证机构运动规律、机构结构紧凑性的要求，同时还要保证机构的传力和效率要求等其他条件。一般对结构紧凑性没有特殊要求的，尽量将基圆半径增大，压力角减小，使机构具有良好的传力性能；如果要求机构尺寸较小时，所选基圆必须要保证压力角不超过许用压力角。

对于装配在轴上的盘形凸轮，可以初选基圆半径为

$$r_0 = (1.6 \sim 2)r_s + r_T$$

式中，r_s为轴的半径，r_T为滚子半径。按初选基圆半径设计凸轮轮廓，然后校核机构推程的最大压力角。

对于移动从动件盘形凸轮机构，推程中最大压力角 α_{max}一般出现在推程的起始位置，或者从动件产生最大速度的附近。

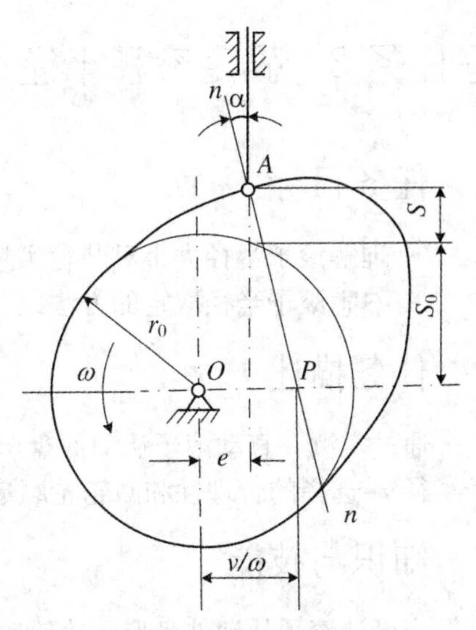

图 4-26 压力角与基圆的关系

任务实施

按给定条件，设计凸轮轮廓曲线，并校核凸轮机构的最大压力角。

任务评价

序号	能力点、知识点	评价	序号	能力点、知识点	评价
1	反转法的理解		3	设计过程的总结	
2	作图能力		4	判断分析能力	

思考与练习

1. 有一对心尖顶直动从动件盘形凸轮机构，凸轮按逆时针方向转动，其基圆半径 r_0 = 40 mm，从动件运动行程 h = 40 mm，运动规律如下表所示：

凸轮转角 δ	0°～90°	90°～150°	150°～240°	240°～360°
从动件运动规律	等加速等减速上升 30 mm	停止不动	等加速等减速下降至原位	停止不动

要求：

(1) 作出从动件的位移曲线。

(2) 利用反转法画出该凸轮的轮廓曲线。

(3) 校核压力角，要求 $\alpha_{max} \leqslant 30°$。（图解法或计算法。）

2. 设计一对心直动滚子从动件盘形凸轮机构，要求凸轮转过推程运动角 $\delta_0 = 45°$时，从动件按简谐运动规律上升，其升程 h = 14 mm，限定凸轮机构的最大压力角等于许用压力角，$\alpha_{max} = 30°$，试确定凸轮基圆半径。

3. 在设计一对心凸轮机构时，如出现 $\alpha \geqslant [\alpha]$ 的情况，在不改变运动规律的前提下，可采取哪些措施来进行改进？

子任务3 确定滚子半径

任务目标

- 理解滚子半径大小对凸轮实际轮廓曲线的影响；
- 熟悉滚子半径取定的方法以及应考虑的主要因素。

任务描述

通过实测一直动滚子从动件盘形凸轮机构的凸轮轮廓和滚子半径，检验凸轮机构的滚子半径 r_T选择的合理性和凸轮轮廓最小曲率半径的最小值 ρ_{min}。

知识与技能

当设计滚子从动件盘形凸轮轮廓曲线时，需要合理确定滚子的半径。滚子的半径不仅与其结构和强度有关，而且还与凸轮的轮廓曲线形状有关。从滚子本身的结构设计和强度等方面来考虑，滚子的半径应取大一些较好，这样一方面有利于提高滚子的接触强度和寿命，另一方面也便于滚子的结构设计和安装。当滚子半径增大到一定限度时，将对凸轮的实际轮廓曲线的形状产生直接的影响。

一、滚子半径对凸轮实际轮廓曲线的影响

如图4-27所示为滚子半径大小对凸轮轮廓曲线产生影响四种可能情况的分析图，图中 a、b 曲线分别为实际轮廓曲线和理论轮廓曲线，ρ_a、ρ 分别为实际轮廓曲线和理论轮廓曲线的曲率半径，r_T为滚子的半径。

1. 凸轮理论轮廓曲线内凹的情况

当凸轮理论轮廓曲线内凹时，如图4-27(a)所示，实际轮廓曲线的曲率半径等于理论轮廓曲线的曲率半径与滚子半径之和，即 $\rho_a=\rho+r_T$。因此，无论滚子半径的大小如何选取，总可以平滑地作出凸轮的实际轮廓曲线，r_T 可根据具体结构进行选取。

2. 凸轮理论轮廓曲线外凸的情况

当凸轮理论轮廓曲线外凸时，如图4-27(b)、(c)、(d)所示，实际轮廓曲线的曲率半径等于理论轮廓曲线的曲率半径与滚子半径之差，即 $\rho_a=\rho-r_T$，此时又有三种情况，分述如下：

(1) 当 $\rho>r_T$ 时，$\rho_a>0$，此时可以平滑地作出凸轮的实际轮廓曲线(见图4-27(b))。

(2) 当 $\rho=r_T$ 时，$\rho_a=0$，即实际轮廓曲线出现尖点(见图4-27(c))，这种现象称为变尖现象。凸轮实际轮廓曲线在尖棱处极易磨损，磨损后无法实现从动件预期的运动规律，导致运动失真，因此在设计中必须避免。

(3) 当 $\rho<r_T$ 时，$\rho_a<0$，此时根据理论轮廓曲线作出的实际轮廓曲线出现了交叉的包络线(见图4-27(d))，交点以外的这部分交叉轮廓曲线(图中阴影部分)在加工凸轮时将被切去，使这一部分的运动规律无法实现，导致从动件运动失真。

二、滚子半径的确定方法

通过上述分析可知，为了避免出现运动失真，对凸轮轮廓曲线外凸的情况来说，应使理

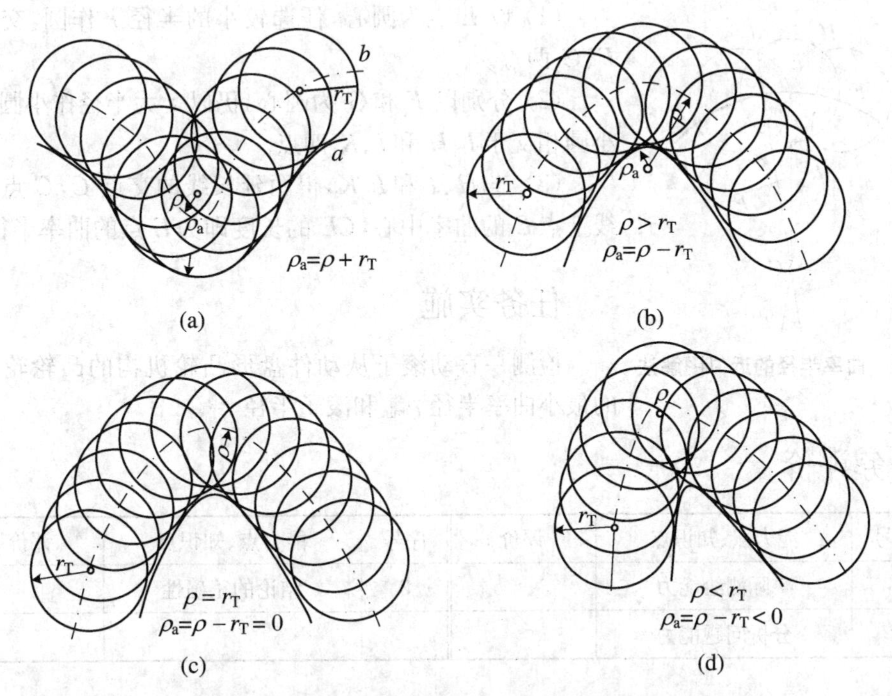

图 4-27　滚子半径大小对凸轮实际轮廓曲线的影响

论轮廓曲线的最小曲率半径 $\rho_{\min}$ 大于滚子半径 r_T，即 $\rho_a=\rho_{\min}-r_T>0$，但实际中还要考虑减小凸轮轮廓与滚子的接触应力，应使实际轮廓曲线的最小曲率半径 $\rho_{\min}$ 大于等于某一许用值$[\rho_a]$，一般取$[\rho_a]=3\sim5$ mm，即

$$\rho_{a\min}=\rho_{\min}-r_T>[\rho_a]$$

由上式可知，一旦给定实际轮廓曲线的最小曲率半径的许用值$[\rho_a]$，然后确定理论轮廓曲线的最小曲率半径 $\rho_{\min}$，就可以确定滚子半径可取的最大值，即 $r_T\leqslant\rho_{\min}-[\rho_a]$。

由高等数学知识可知，参数方程表示的曲线上任一点曲率半径的计算式为

$$\rho=\frac{(x'^2+y'^2)^{3/2}}{x'y''-y'x''}$$

式中，$x'=\mathrm{d}x/\mathrm{d}\delta$，$y'=\mathrm{d}y/\mathrm{d}\delta$ 表示凸轮轮廓曲线的参数方程的导数。用计算机编程对凸轮理论轮廓曲线进行逐点计算，即可得到 $\rho_{\min}$，进而得到

$$r_{T\max}=\rho_{\min}-[\rho_a]$$

需要指出的是：按上式求出的滚子半径只是保证 $\rho_{a\min}\geqslant[\rho_a]$时滚子半径所允许的最大值，但实际上，滚子的尺寸还受到其结构和强度等方面的限制，因此滚子半径也不能取得太小，当滚子的半径不能满足其结构和强度等方面的要求时，则应增大滚子半径。此时，为了保证 $\rho_{a\min}\geqslant[\rho_a]$的要求，需相应增大基圆半径。

用计算机对凸轮机构进行设计时，先根据结构和强度等方面的条件选择滚子半径 r_T，通常取滚子半径 $r_T=(0.1\sim0.5)r_0$，然后校核 $\rho_{a\min}\geqslant[\rho_a]$条件，不满足时，增大基圆半径 r_0 重新设计。

另外，理论凸轮轮廓的最小曲率半径也可用近似图解法求出。如图 4-28 所示为一凸轮轮廓曲线，其上有一点 E 表示曲线弯曲程度较大的点，用图解法求做 E 点的曲率半径的具体步骤如下：

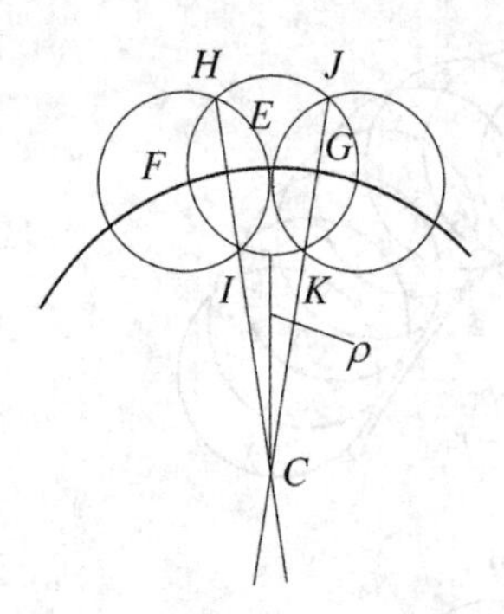

图 4-28 曲率半径的近似图解法

(1) 以 E 点为圆心,任选较小的半径 r 作圆,交廓线于 F、G 两点。

(2) 分别以 F 和 G 为圆心,仍以 r 为半径作小圆与中间小圆相交于 I、H 和 J、K 四点。

(3) 连 H、I 和 J、K,得两延长线的交点 C,C 点即为廓线上点 E 的曲率中心,CE 的长度即为 E 点的曲率半径。

任务实施

检测一直动滚子从动件盘形凸轮机构的凸轮轮廓曲线的最小曲率半径 ρ_{min} 和滚子半径 r_T。

任务评价

序号	能力点、知识点	评价	序号	能力点、知识点	评价
1	实际测绘能力		3	结论的正确性	
2	分析问题能力				

思考与练习

1. 填空题。

(1) 凸轮理论轮廓曲线的最小曲率半径应当________从动件的滚子半径。

(2) 对于外凸凸轮,为了保证有正常的实际轮廓,其滚子半径应________理论轮廓的最小曲率半径。

(3) 滚子从动件盘形凸轮机构,如果滚子半径为 r_T,为使凸轮实际廓线不变尖,则理论廓线的最小曲率半径 ρ_{min} 应满足的条件是:________________。

(4) 设计一滚子从动件盘形凸轮,当发现实际轮廓曲线出现尖点时,应该________。

(5) 凸轮机构中,滚子从动件的滚子半径过大,会引起________。

2. 为什么滚子从动件盘形凸轮机构的凸轮廓线内凹段一定不会出现运动失真?

任务5 认识凸轮加工方法

任务目标

- 认识凸轮和从动件的结构;
- 熟悉凸轮和滚子从动件的选材和加工方法。

任务描述

通过实地观察和资料收集整理,了解凸轮和从动件的结构、选材及凸轮的加工方法。

知识与技能

一、凸轮结构

基圆较小的凸轮，常与轴做成一体，称为凸轮轴，如图 4-29(a)所示。基圆较大的凸轮，则做成组合式结构，即凸轮与轴分开制造，然后用平键联接或销联接(如图 4-29(b)所示)及弹性开口锥套螺母联接(如图 4-29(c)所示)等方式，将凸轮装在轴上。这种组合式凸轮在加工和装配时，凸轮与轴有一定的相对位置要求，应根据设计要求，在凸轮上刻出起始位置(0°)或其他标志，作为加工和装配的基准。

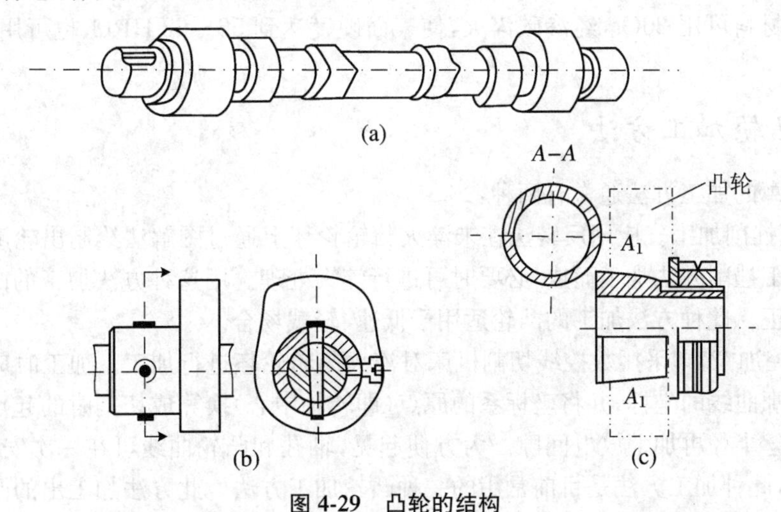

图 4-29　凸轮的结构

二、从动件的结构

从动件的末端结构形式很多，常用的是滚子结构，如图 4-30 所示。滚子从动件的滚子可以是专门制造的圆柱体，如图 4-30(a)、(b)所示；也可采用滚动轴承，如图 4-30(c)所示。滚子与从动件的联接可以用螺栓联接(图 4-30(a))，也可以用小轴联接(图 4-30(b)、(c))，但要保证滚子能自由转动。

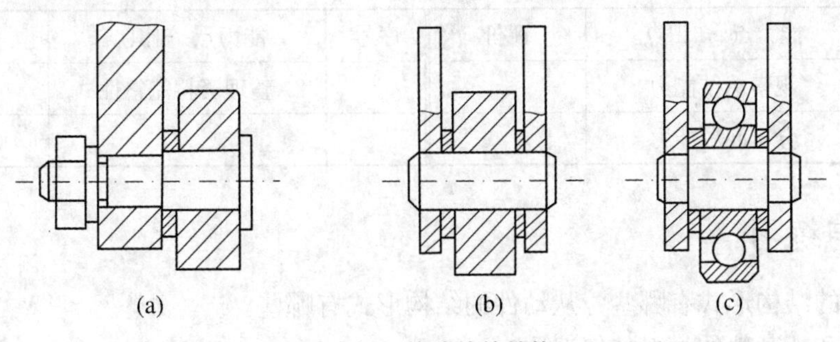

图 4-30　从动件的结构

凸轮的精度要求主要包括凸轮的公差和表面粗糙度。精度与加工方法有关，如果单件生产要求精度不高，可画线后加工。成批生产或精度要求较高的凸轮，可用靠模仿形法或数控法加工。

三、凸轮和滚子的材料

凸轮机构的主要失效形式常为磨损和疲劳点蚀，这就要求凸轮的工作表面硬度要高、耐磨且有足够的表面接触强度，对于经常承受冲击的凸轮机构，还要求凸轮的芯部有较强的韧性。

当载荷不大、低速时可选用 HT250、HT300、QT800-2 等作为凸轮的材料；用球墨铸铁时，轮廓表面需经热处理，以提高其耐磨性。中速、中载的凸轮常用 45、40Cr、20Cr、20CrMn 等材料，并经表面淬火，使硬度达到 55～62 HRC。高速、重载的凸轮可用 40 Cr 表面淬火至 56～60 HRC，或用 38CrMoAl 经渗氮处理至 60～67 HRC。

滚子的材料可用 20Cr，经渗碳淬火，使表面硬度达到 56～62 HRC，也可用滚动轴承作为滚子。

四、凸轮加工方法

凸轮轮廓的加工方法通常有两种：

(1) 铣、挫削加工。应用反转法在未淬火凸轮轮坯上通过图解法绘制出轮廓曲线，采用铣床或用手工挫削办法加工而成，必要时可进行淬火处理。用这种方法加工的凸轮，其变形难以得到修正。此种方法加工的凸轮适用于低速、轻载场合。

(2) 数控加工，即采用数控线切割机床对淬火凸轮轮坯进行加工。加工时应用解析法，求出凸轮轮廓曲线的坐标，并将坐标系的原点(即转轴中心)换算成切割时的起点，而滚子半径相当于铜丝半径再加上放电间隙。为方便起见，轴孔和凸轮曲线可在一次安装条件下一起切割而成，此种加工方法是目前常用的一种凸轮加工方法。此方法加工出的凸轮精度高，适用于高速、重载的场合。

任务实施

实地观察凸轮机构，了解凸轮和从动件的结构；收集和整理凸轮和滚子从动件的选材和加工方法等资料，熟悉凸轮和滚子从动件的选材和加工方法。

任务评价

序号	能力点、知识点	评价	序号	能力点、知识点	评价
1	观察总结能力		3	整理资料完整性	
2	分析问题能力				

思考与练习

1. 凸轮的结构形式有哪些？从动件的结构形式有哪些？
2. 凸轮和从动件的材料如何选取？
3. 铣、挫削加工和数控加工凸轮各有什么特点？

项目5　其他常用机构

在很多机械中，特别是在各种自动和半自动机械中，常需要某些构件能实现周期性的运动和停歇。能够将主动件的连续运动转换为从动件有规律的运动和停歇的机构，称为间歇运动机构，如自动生产线的转位机构、步进机构、计数装置等。

联轴器和离合器是机械传动中的常用部件，主要是用来联接两轴，使其一同旋转并传递转矩，有时也可用作安全装置。如汽车发动机与变速箱之间的联轴器，变速箱与后桥之间的联轴器，机床换挡离合器等。

任务1　认识间歇运动机构

随着机械自动化程度的提高，间歇运动机构的应用日益广泛。间歇运动机构的类型很多，下面主要介绍常用的棘轮机构、槽轮机构。

子任务1　认识棘轮机构

任务目标

- 通过了解自行车后轮上飞轮的工作过程，掌握棘轮机构的工作原理；
- 了解棘轮机构的类型；
- 掌握棘轮机构的特点和应用；
- 了解棘轮机构的主要参数及几何尺寸计算。

任务描述

观察、使用、拆装自行车后轮上的飞轮，掌握棘轮机构的工作原理和特点。

知识与技能

一、棘轮机构的类型和工作原理

1. 单向齿式棘轮机构

如图5-1所示为一单向外啮合棘轮机构，当主动件1向左摆动时，棘爪4将插入棘轮3齿槽中，带动棘轮3逆时针方向转过一定的角度，棘爪5在棘轮3的齿背上滑过。当主动件1向右摆动时，棘爪4在棘轮3的齿背上滑过，这时棘轮静止不动。为防止棘轮倒转，机构中装有止回棘爪5,并用弹簧使止回棘爪与棘轮轮齿始终保持接触。这样,当主动件1连续往复摆动时,就实现了棘轮的单向间歇运动。

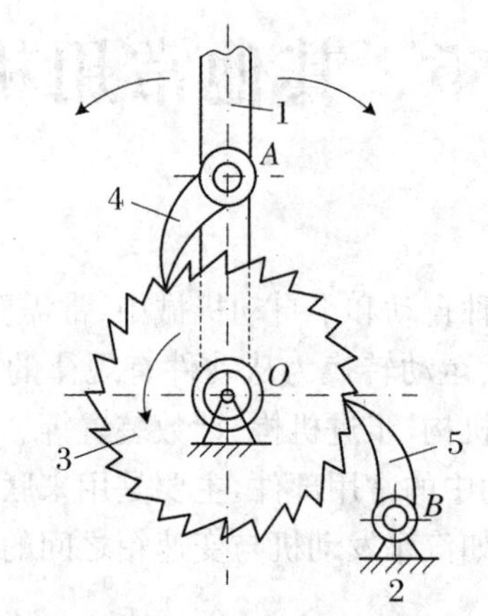

1—主动件;2—机架;3—棘轮;4—棘爪;5—止回棘爪

图5-1 齿式棘轮机构

棘轮机构中的主动件可由凸轮、连杆机构、液压缸或电磁铁等驱动。

除了外啮合棘轮机构以外,还有内啮合棘轮机构和棘条机构。

2. 双动式棘轮机构

如果要求主动件往复运动时棘轮都能向同一方向转动,可以采用如图5-2所示的双动式棘轮机构。摇杆1往复摆动一次时,棘轮2沿着同一方向两次间歇转动。驱动棘爪3可以制成直的,如图5-2(a)所示,或制成带钩头的,如图5-2(b)所示。

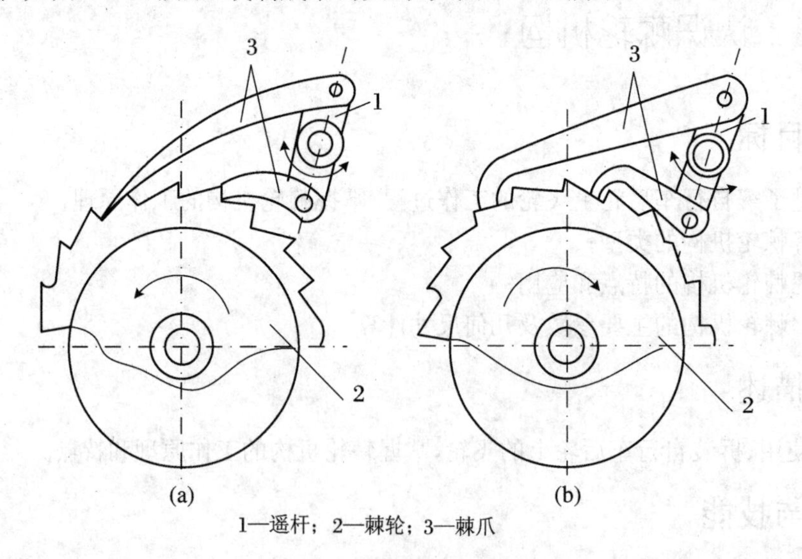

1—遥杆;2—棘轮;3—棘爪

图5-2 双动式棘轮机构

3. 可变向棘轮机构

可变向棘轮机构如图5-3所示,把棘轮轮齿的侧面制成对称的形状,一般采用梯形,棘爪需制成可翻转或可回转的形状。

如图5-3(a)所示为可变向棘轮机构,通过翻转棘爪实现棘轮的转动方向改变。当棘爪在图示的实线位置时,棘轮将沿逆时针方向做间歇运动;当棘爪翻转到虚线位置时,棘轮将沿着顺时针方向做间歇运动。

如图 5-3(b)所示为另一种可变向棘轮机构,通过回转棘爪实现棘轮的转动方向改变。当棘爪在图示位置时,棘轮将沿逆时针方向做间歇运动;如果棘爪被提起绕自身轴线旋转180°后再插入棘轮中,则可实现顺时针方向的间歇运动;如果棘爪被提起绕自身轴线旋转90°放下,棘爪就会架在壳体的顶部平台上,使棘轮与棘爪脱开,则当摇杆往复运动时,棘轮静止不动。

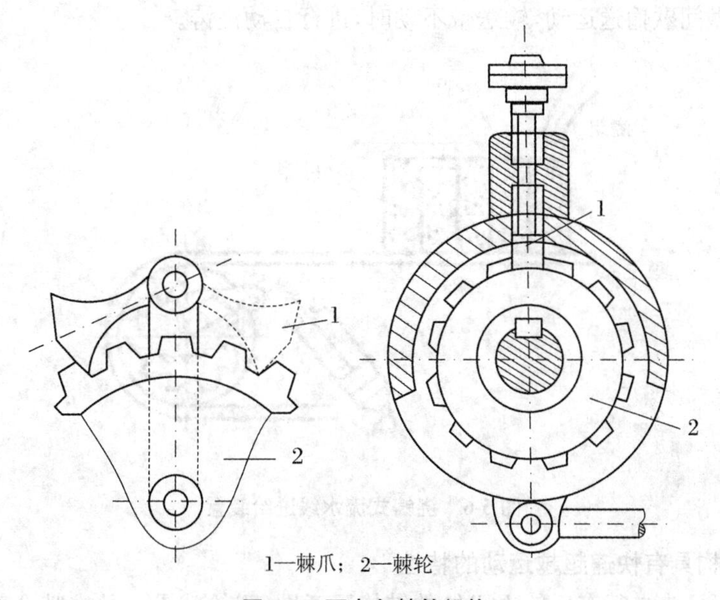

1—棘爪; 2—棘轮

图 5-3 可变向棘轮机构

4. 摩擦式棘轮机构

如图 5-4 所示为摩擦式棘轮机构,它能实现棘轮转角的无级调节(棘轮有齿时,其转角只能是每个齿所对圆心角的整数倍),这种棘轮又称为无声棘轮。

如图 5-5 所示为滚子式内摩擦棘轮机构,也称为超越离合器,其中滚子 3 起棘爪的作用,当外套筒 1 逆时针旋转时,摩擦力使滚子 3 楔紧在内外套筒之间,带动内套筒 2 一起转动;外套筒顺时针旋转时,滚子松开,内套筒静止。

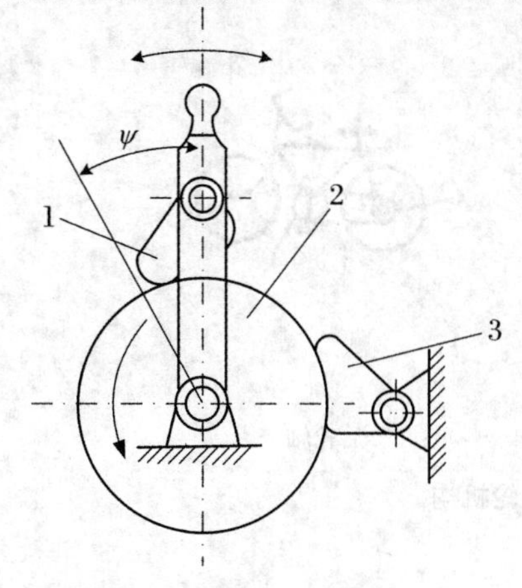

1—棘爪; 2—棘轮; 3—制动棘爪

图 5-4 摩擦式棘轮机构

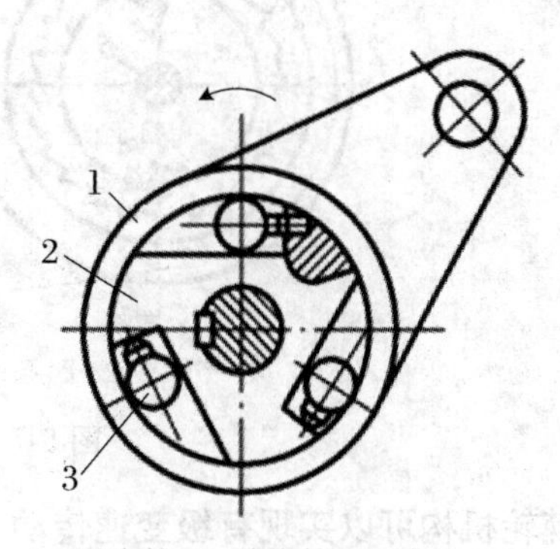

1—外套筒; 2—内套筒; 3—滚子

图 5-5 滚子式内摩擦棘轮机构

二、棘轮机构的运动特点和应用

棘轮机构具有结构简单、制造方便和运动可靠的特点，在各类机械中有较广泛的应用。但是不能传递大的动力，而且传动平稳性较差，不适宜于高速运动。

1．棘轮机构具有间歇运动的特性，可实现单向和多向间歇运动

如图 5-6 所示是浇铸式流水线进给装置，由气缸带动摇杆摆动，通过齿式棘轮机构使流水线的输送带做间歇输送运动，输送带不动时，进行自动浇铸。

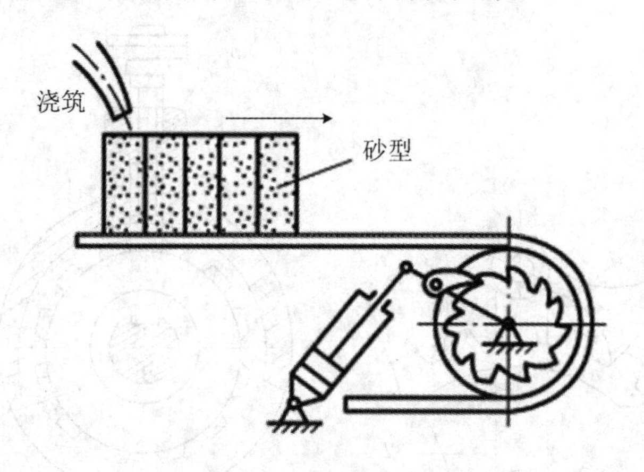

图 5-6 浇铸式流水线进给装置

2．棘轮机构具有快速超越运动的特性

如图 5-7 所示为自行车后轮上飞轮的结构示意图，飞轮就是一种内啮合棘轮机构，也是一种超越离合器。链轮 3 内圈具有棘齿，后轮轴 5 的轮毂上铰接着两个棘爪 4，棘爪用弹簧丝压在链轮的内棘齿上，当脚蹬踏板时，经链轮 1 和链条 2 带动链轮 3 顺时针转动，再通过棘爪 4 带动后轮轴 5 顺时针转动，从而驱动自行车前进，当自行车下坡或脚不蹬踏板时，链轮不动，但后轮轴由于惯性仍按原转向飞快转动，此时棘爪便在棘背上滑过，从而实现不蹬踏板时自行车的继续前行，这种结构在机械中常称为超越离合器。

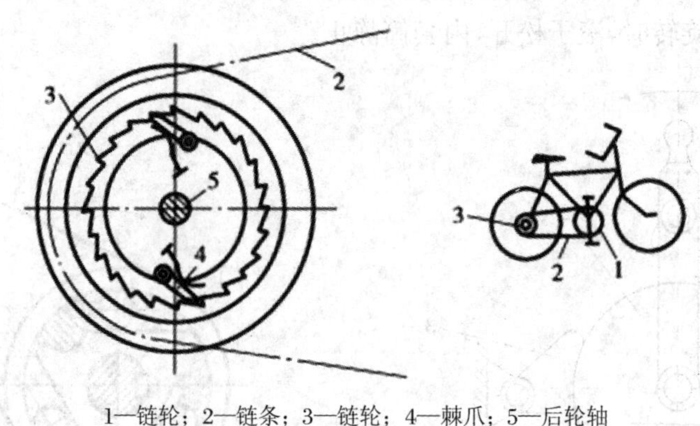

1—链轮；2—链条；3—链轮；4—棘爪；5—后轮轴

图 5-7 自行车飞轮机构

3．棘轮机构可以实现有级变速传动

如图 5-8 所示，棘轮外遮板（遮板不随棘轮一起运动）遮住一部分棘齿，使棘爪在摆动过程中，只能与未遮住的棘轮轮齿啮合。改变遮板的位置，可以获得不同的啮合齿数，从而改变棘轮的转动角度，实现有级变速传动。

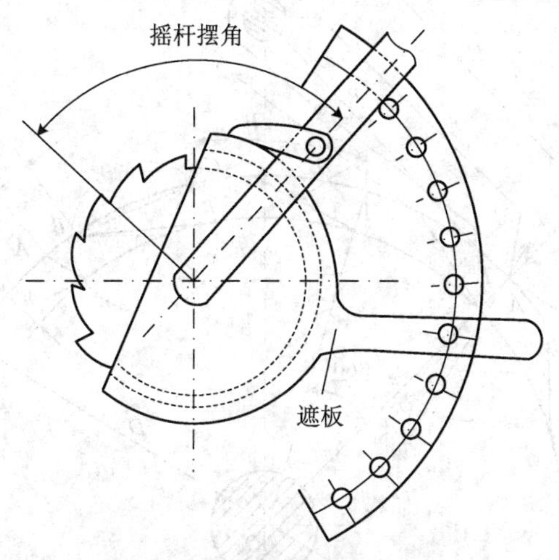

图 5-8　用遮板调节棘轮转动

三、棘轮机构的主要参数和几何尺寸

1．棘轮齿数 z

棘轮齿数 z 主要根据工作要求的转角选定。同时也要考虑载荷的大小，对于传递载荷较轻的进给机构，齿数可取多一点，可达 $z=250$；传递载荷较大时，应考虑轮齿的强度，齿数通常取少一点，一般取 $z=8\sim30$。

2．模数 m

棘轮齿顶圆上相邻两齿对应点之间的弧长称为周节，用 P 表示。令 $m=P/\pi$，m 称为模数，单位为 mm。

3．棘轮偏斜角 φ

如图 5-9 所示，棘轮机构工作时，为了使棘爪受载最小而推动棘轮的有效力最大，棘爪回转中心 O_1 应位于棘轮齿顶圆的切线上。当棘爪与棘轮在 A 点接触时，轮齿对棘爪作用有正压力 N 和阻止棘爪下滑的摩擦力 F（$F=N\tan\rho$）。为了保证棘爪在此二力的作用下能够顺利进入齿槽，其合力 R 应使棘爪有逆时针回转的力矩。为此，轮齿工作面相对棘轮半径应有一个负倾角 φ，称为棘轮偏斜角。可以证明，棘轮偏斜角 φ 与摩擦角 ρ 之间应有如下关系：

$$\varphi>\rho$$

4．棘轮齿槽夹角 θ

棘轮齿槽夹角 θ 由铣刀刃面夹角决定，一般取 $\theta=60^{\circ}$。

5．棘轮机构的几何尺寸

棘轮齿数 z 和模数 m 确定后，棘轮和棘爪的主要几何尺寸可按表 5-1 给出的公式计算。

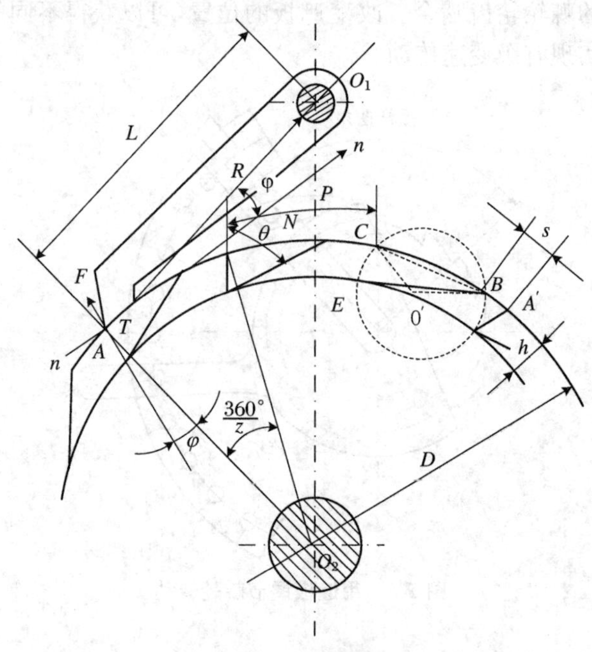

图 5-9 棘轮齿形

表 5-1 棘轮机构的主要几何尺寸计算公式

名 称	计算公式	名 称	计算公式
齿顶圆直径	$D = mz$	齿高	$H = 0.75\ \mathrm{m}$
周节	$P = \pi m$	齿顶厚	$\alpha = m$
齿槽夹角	$\theta = 55^\circ \sim 60^\circ$	棘爪长度	$L = 2P$

任务实施

- 熟悉自行车后轮上飞轮的工作过程；
- 拆装自行车后轮上的飞轮；
- 观察自行车后轮上飞轮的结构并指出各组成部分的名称及其作用。

任务评价

序号	能力点	掌握情况	序号	能力点	掌握情况
1	拆装能力		3	熟悉棘轮机构的类型和工作原理	
2	辨别构件和零件能力		4	理解棘轮机构的运动特点和应用	

思考与练习

1. 棘轮机构有哪些类型？各有何特点？
2. 保证棘爪顺利进入棘轮齿槽的条件是什么？

子任务2　认识槽轮机构

任务目标

- 通过了解六角车床上刀架转位机构的工作过程，掌握槽轮机构的工作原理；
- 了解槽轮机构的类型；
- 掌握槽轮机构的特点和应用；
- 了解槽轮机构的主要参数及几何尺寸计算。

任务描述

观察、操纵、拆装六角车床上的刀架转位机构，掌握槽轮机构的工作原理和特点。

知识与技能

一、槽轮机构的类型和工作原理

1．槽轮机构的工作原理

槽轮机构又称为马氏机构，如图5-10所示，由带有圆柱销的拨盘1、具有径向槽的槽轮2及机架组成。拨盘1主动做等速顺时针连续转动，当圆销 A 未进入槽轮的径向槽时，槽轮的内凹锁止弧被拨盘的外凸锁止弧锁住而静止；当圆销 A 开始进入径向槽时，内外锁止弧脱开，槽轮在圆销 A 的驱动下逆时针转动；当圆销 A 开始脱离径向槽时，槽轮因另一锁止弧又被锁住而静止，直到圆销再次进入下一个径向槽时，锁止弧脱开，槽轮才能继续转动，从而实现从动槽轮的单向间歇运动。

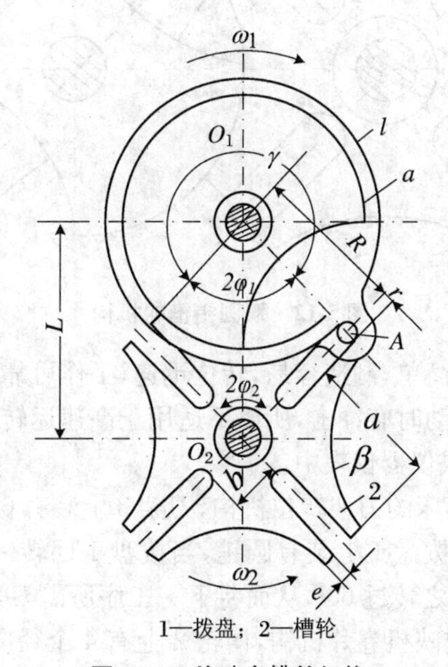

1—拨盘；2—槽轮

图5-10　外啮合槽轮机构

2. 槽轮机构的类型、特点和应用

槽轮机构有外啮合槽轮机构(图 5-10)和内啮合槽轮机构(图 5-11)两种类型。前者拨盘与槽轮的转向相反,后者拨盘与槽轮的转向相同。

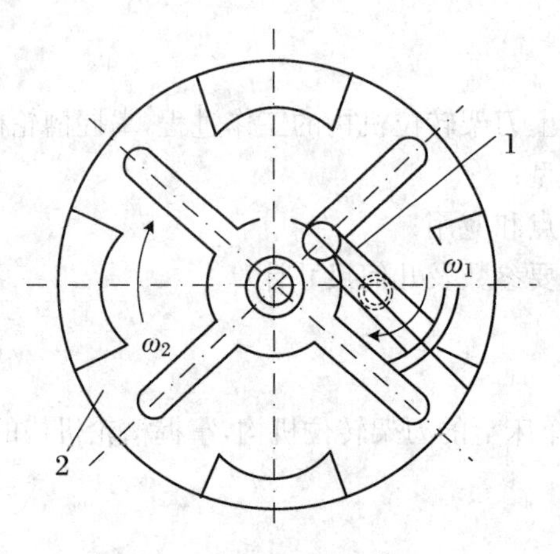

1—拨盘; 2—槽轮

图 5-11 内啮合槽轮机构

根据机构中圆销的数目,外槽轮机构又有单圆销槽轮机构(图 5-10)、双圆销槽轮机构(图 5-12)和多圆销槽轮机构之分。单圆销外槽轮机构工作时,拨盘转一周,槽轮反向转动一次;双圆销外槽轮机构工作时,拨盘转一周,槽轮反向转动两次。

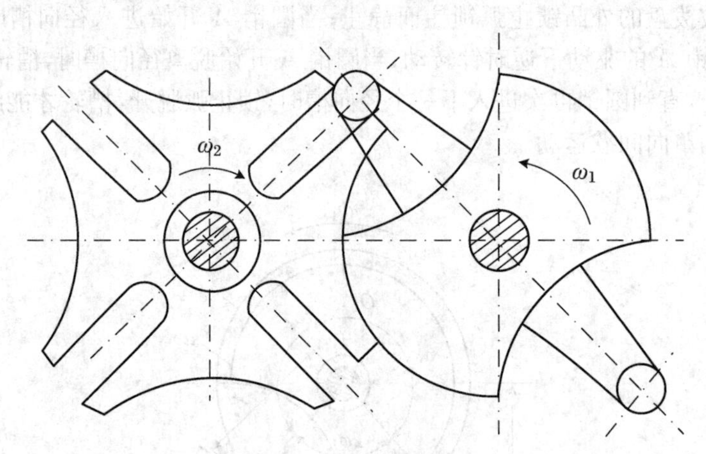

图 5-12 双圆销槽轮机构

槽轮机构的优点是结构简单,制造容易,转位迅速,工作可靠,但制造与装配精度要求较高,且转角大小不能调节,转动时有冲击,所以不适用于高速运转的机械,一般用于转速不是很高的自动机械、轻工机械或仪器仪表中。

如图 5-13 所示为转塔车床的刀架转位机构,刀架 3 上装有 6 把刀具,与刀架固定联接的槽轮 2 上开有 6 个径向槽。拨盘 1 上装有圆销,当拨盘 1 回转一周时,圆销进入槽轮一次,驱使槽轮转过 60°,刀架也随之转过 60°,从而将下一工序所需刀具转换到工作位置。

如图 5-14 所示为电影放映机卷片机构,槽轮 2 上有 4 个径向槽,拨盘 1 每转一周,圆销将拨动槽轮转过 90°,使胶片移过一幅画面,并停留一定的时间,以适应人眼的视觉暂留特性。

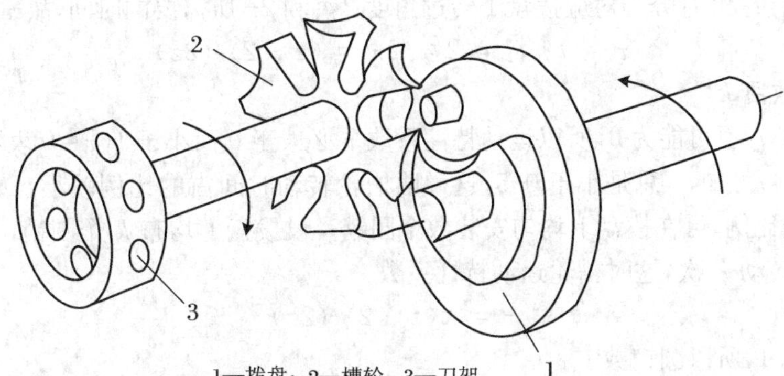

1—拨盘；2—槽轮；3—刀架

图 5-13　转塔车床的刀架转位机构

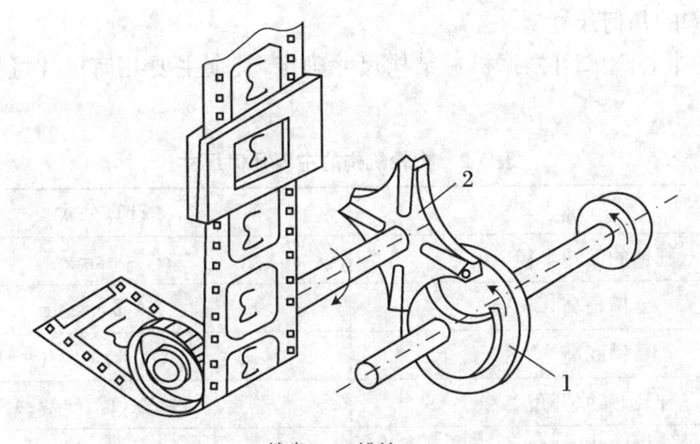

1—拨盘；2—槽轮

图 5-14　电影放映机的卷片机构

二、槽轮机构的主要参数和几何尺寸

1．槽轮槽数 z

如图 5-10 所示，槽轮上分布的槽数为 z，当拨盘转过角度 $2\varphi_1$ 时，则槽轮转过角度 $2\varphi_2$，两转角的关系为

$$2\varphi_1 + 2\varphi_2 = \pi \tag{5-1}$$

槽轮转角与槽轮径向槽数 z 的关系为

$$2\varphi_2 = 2\pi/z \tag{5-2}$$

由以上两式得

$$2\varphi_1 = \pi - 2\varphi_2 = \pi - 2\pi/z = \pi(z-2)/z \tag{5-3}$$

从上式可以看出，外槽轮径向槽数 z 应至少不小于 3。当 $z=3$ 时，槽轮转动时将有较大的振动和冲击，所以一般取 $z=4\sim8$。

2．运动特性系数 τ

在如图 5-10 所示的槽轮机构中，拨盘回转一周的时间内，槽轮的运动时间 t_2 与拨盘的运动时间 t_1 之比称为运动特性系数，用 τ 表示，即 $\tau = t_2/t_1$。

拨盘 1 通常为匀速运动，所以这个时间之比也常等于对应转角之比。对于只有一个圆销的槽轮机构，t_2和 t_1分别对应拨盘 1 转过角度 $2\varphi_1$和 2π 所需要的时间，故 τ 可写为

$$\tau = t_2/t_1 = 2\varphi_1/2\pi = (z-2)/(2z) \tag{5-4}$$

3．圆销数目 k

因为 t_1和 t_2不可能为 0，所以运动特性系数 τ 必大于 0 而小于 1（$\tau=0$ 表示槽轮始终不动）。由式(5-4)可知，τ 总是小于 0.5，这说明槽轮转动时间占的比例较小。如果想增加槽轮运动时间的比例，可在拨盘上均匀安装数个圆销。设拨盘上均布 k 个圆销，当拨盘回转一周时，则槽轮转动 k 次，这时槽轮运动特性系数

$$\tau = k(z-2)/(2z) \tag{5-5}$$

由于 τ 总小于 1，所以圆销数

$$k < 2z/(z-2) \tag{5-6}$$

当 $z=3$ 时，k 可取 1～5；当 $z=4$ 或 5 时，k 可取 1～3；当 $z\geqslant6$ 时，k 可取 1 或 2。

4．槽轮机构的几何尺寸

槽轮机构的中心距 a 可根据机械结构尺寸确定，其余主要几何尺寸可按表 5-2 给出的公式进行计算。

表 5-2　槽轮机构的主要几何尺寸

名　称	计算公式
圆销的回转半径	$r_1 = a\sin\pi/z$
槽顶高	$L = a\cos\pi/z$
槽底高	$h < L-(r_1+r)-(3\sim5)$ mm
凸圆弧张开角	$\gamma = 2\pi(1/z+1/2)$
槽顶侧壁厚	$e > 3\sim5$ mm

任务实施

- 操作六角车床上的刀架转位机构，熟悉转位机构的工作过程；
- 拆装六角车床上的刀架转位机构；
- 观察六角车床上刀架转位机构的结构并指出各组成部分的名称及其作用。

任务评价

序号	能力点	掌握情况	序号	能力点	掌握情况
1	操作能力		4	熟悉槽轮机构的类型和工作原理	
2	拆装能力		5	理解槽轮机构的运动特点和应用	
3	辨别构件和零件能力				

思考与练习

1．槽轮机构有哪些类型？各有何特点？

2. 什么是运动特性系数 τ？为什么 τ 必大于0而小于1？

3. 在六角车床上六角刀架转位用的外啮合槽轮机构中槽轮槽数 $z=6$，槽轮停歇时间 $t_1=5(s)/6(r)$，运动时间 $t_m=5(s)/3(r)$，求槽轮机构的运动特性系数及所需的圆销数目。

拓展任务　不完全齿轮机构和凸轮式间歇运动机构

任务目标

- 了解不完全齿轮机构的工作原理和应用；
- 了解凸轮式间歇运动机构的工作原理和应用。

任务描述

查阅资料，观察实物，了解不完全齿轮机构、凸轮式间歇运动机构的结构组成，分析其工作原理和性能特点。

知识与技能

一、不完全齿轮机构

不完全齿轮机构是由渐开线齿轮机构演变而成的，也属于间歇运动机构。其基本结构形式分为外啮合与内啮合两种，如图5-15、图5-16所示。

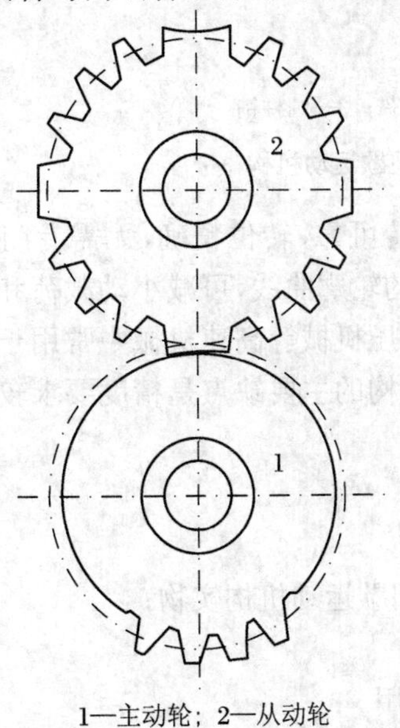

1—主动轮；2—从动轮

图5-15　外啮合不完全齿轮机构

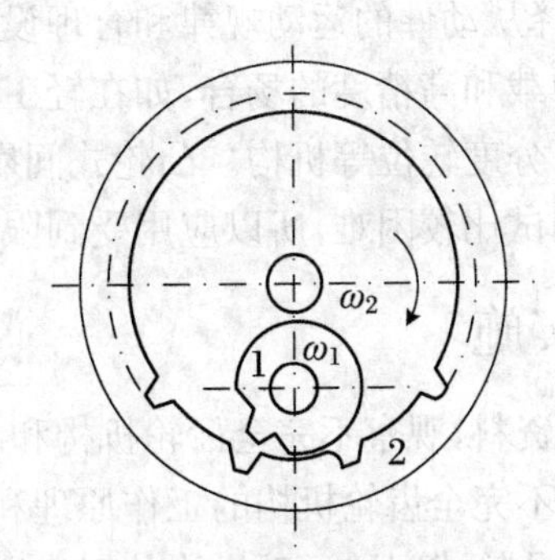

1—主动轮；2—从动轮

图5-16　内啮合不完全齿轮机构

不完全齿轮机构是在主动轮上只制出一个或几个齿，从动轮上制出与主动轮相啮合的几个齿和锁止弧，可实现主动轮的连续转动和从动轮的有停歇转动。在如图5-15所示的外啮合不完全齿轮机构中，主动轮1每转1转，从动轮2转1/4转，从动轮转动停歇4次。停歇时从动轮上的锁止弧与主动轮上的锁止弧密合，保证了从动轮停歇在确定位置上而不发生游动现象。图 5-16 所示为内啮合不完全齿轮机构。

不完全齿轮机构的结构简单，制造简便，工作可靠，传递力大，缺点是从动轮在转动开始及终止时速度有突变，冲击较大，一般仅用于低速、轻载的场合，如计数机构及在自动机械、半自动机械中用作工作台间歇转动的转位机构等。

二、凸轮式间歇运动机构

凸轮式间歇运动机构一般由主动凸轮、从动转盘和机架组成。如图 5-17 所示为圆柱凸轮式间歇运动机构，其主动凸轮 1 的圆柱面上有一条两端开口不闭合的曲线沟槽（或凸脊），从动转盘 2 的端面上有均匀分布的圆柱销 3。当凸轮转动时，通过其曲线沟槽（或凸脊）拨动从动转盘 2 上的圆柱销，使从动转盘 2 做间歇运动。

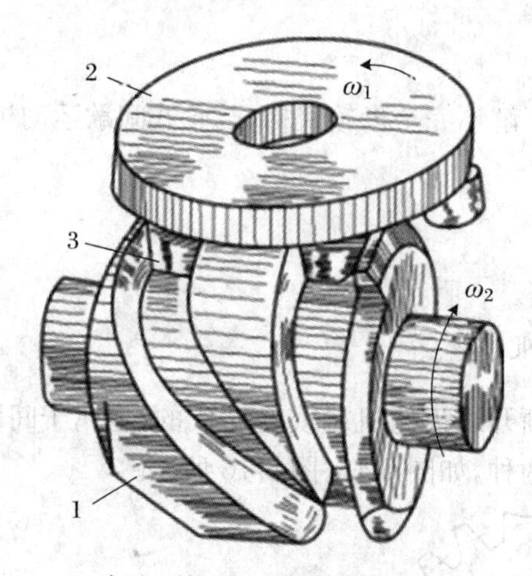

1—主动凸轮；2—从动转盘；3—圆柱销

图 5-17 圆柱凸轮式间歇运动机构

凸轮式间歇运动机构的优点是结构简单，运转可靠，转位精确，无需专门的定位装置。通过适当选择从动件的运动规律和合理设计凸轮的轮廓曲线，可减小动载荷和避免冲击，适用于高速、中载和高精度的场合，如在轻工机械、冲压机械等高速机械中常用于高速、高精度的步进进给、分度转位等机构。凸轮式间歇运动机构的主要缺点是精度要求较高，加工比较复杂，安装调试比较困难，所以应用受到限制。

任务实施

- 查阅资料，观察不完全齿轮机构和凸轮式间歇运动机构实物；
- 分析不完全齿轮机构的工作原理和应用；
- 分析凸轮式间歇运动机构的工作原理和应用。

任务评价

序号	能力点	掌握情况	序号	能力点	掌握情况
1	知识迁移能力		3	分析问题能力	
2	查阅资料能力				

思考与练习

1. 不完全齿轮机构有哪些优、缺点？用在什么场合？

2. 凸轮式间歇运动机构有哪些优、缺点？用在什么场合？

任务2　认识联轴器

联轴器主要用于轴与轴之间的联接，达到传递运动和转矩的目的。如汽车发动机与变速箱之间的联轴器，变速箱与后桥之间的联轴器等。联轴器对两轴的联接是固定的，只有在机器停车后，经过拆卸才能实现两轴的分离。

任务目标

- 掌握联轴器的工作原理和类型；
- 掌握刚性联轴器的结构和工作原理；
- 掌握弹性联轴器的结构和工作原理；
- 掌握联轴器的选择方法。

任务描述

使用、拆装凸缘联轴器、套筒联轴器、齿式联轴器、滑块联轴器、万向联轴器和弹性柱销联轴器，掌握联轴器的工作原理、性能特点及应用，并掌握联轴器的选择方法。

知识与技能

一、联轴器的工作原理和类型

联轴器一般由两个半联轴器构成，半联轴器分别与主、从动轴用键联接，然后再用螺栓将两个半联轴器联接起来。

联轴器所联接的两轴，由于制造和安装的误差、承载后的变形和温度变化，以及转动零件的不平衡和轴承的磨损等原因，两轴的轴线不一定都能准确对中，而出现一定程度的相对位移或偏斜，以及由这些位移组合而成的综合位移，如图5-18所示。这种相对位移将使轴、

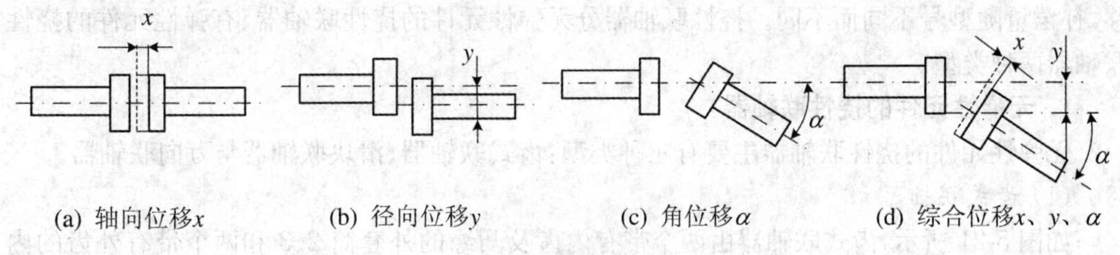

(a) 轴向位移x　(b) 径向位移y　(c) 角位移α　(d) 综合位移x、y、α

图5-18　两轴的位移

轴承等零件受到附加载荷；相对位移过大时，将使机器的工作状况恶化，导致机器振动加剧、

轴和轴承过度磨损、机械密封失效等现象。因此,要求联轴器从结构上具有在一定范围内补偿两轴间相对位置误差的性能。

根据联轴器是否具有补偿两轴相对位移能力可以把联轴器分为刚性联轴器和挠性联轴器。

1. 刚性联轴器

一般情况下,刚性联轴器不具有补偿两轴相对位移的性能,只能用于两轴轴线重合良好的情况下。

2. 挠性联轴器

挠性联轴器又分为无弹性元件挠性联轴器(可移式刚性联轴器)和弹性元件挠性联轴器。前一种只具有补偿两轴相对位移的能力,后一种由于含有能产生较大弹性变形的元件,除具有补偿性能外,还具有缓冲和吸振作用。

二、刚性联轴器

刚性联轴器具有结构简单、零件数量少、质量轻、制造容易、成本低等优点,但是由于不能补偿两轴间的偏移,所以只适用于一些转速不高、载荷平稳、两轴严格对中的场合。

刚性联轴器主要包括凸缘联轴器和套筒联轴器。

1. 凸缘联轴器

凸缘联轴器在刚性联轴器中应用最广泛。如图 5-19 所示,它是用螺栓联接两个半联轴器的凸缘,以实现两轴联接的。螺栓可以用普通螺栓,也可以用铰制孔螺栓。

两个半联轴器的对中方法有两种:一种是靠一个半联轴器上的凸肩与另一个半联轴器上的凹槽相配合而对中,如图 5-19(a)所示;另一种通过铰制孔螺栓对中,如图 5-19(b)所示。前者对中精度较高,但在装拆时需将轴做轴向移动。

凸缘联轴器的材料用灰铸铁或碳钢,对两轴的对中性要求较高。如果两轴之间有相对位移或产生了偏斜时,就会在各构件中产生附加载荷;同时,在传递载荷时,不能缓和冲击和吸收震动。因此,凸缘联轴器只适合于联接低速、无冲击、轴的刚性大、对中性好的短轴。

2. 套筒联轴器

套筒联轴器利用一个公用套筒与键、销或过盈配合等联接方式实现两轴的联接,如图5-20所示。套筒联轴器结构简单,制造容易,径向尺寸小;但装拆不方便,需要沿轴向移动。适用于低速轻载、两轴间同轴度高和尺寸较小的轴,在仪器和金属切削机床中应用较多。

三、挠性联轴器

挠性联轴器不仅能传递动力和运动,还能在一定程度上补偿被联接两轴轴线的相对偏移,补偿量随型号不同而不同。挠性联轴器分无弹性元件的挠性联轴器、有弹性元件的挠性联轴器两种类型。

1. 无弹性元件的挠性联轴器

无弹性元件的挠性联轴器主要有三种类型:齿式联轴器、滑块联轴器与万向联轴器。

(1) 齿式联轴器

如图 5-21 所示,齿式联轴器由两个带有内齿及凸缘的外套筒 2、3 和两个带有外齿的内套筒 1、4 组成。两个内套筒 1、4 分别用键与两轴联接,两个外套筒 2、3 用螺栓联成一体。

齿式联轴器依靠内、外齿相啮合以传递转矩,但是其齿廓与一般齿轮的齿廓有所不同,该对内外啮合的齿廓间预留有较大的齿侧间隙。外齿轮的齿顶被做成球形,同时,沿着齿宽方向还将该齿做成鼓形。所以在转动时,套筒1可有轴向、径向及角位移。工作时,轮齿沿轴向有相对滑动。为了减轻磨损,可由油孔注入润滑油,并在套筒1和3之间装上密封圈,以防止润滑油泄露。

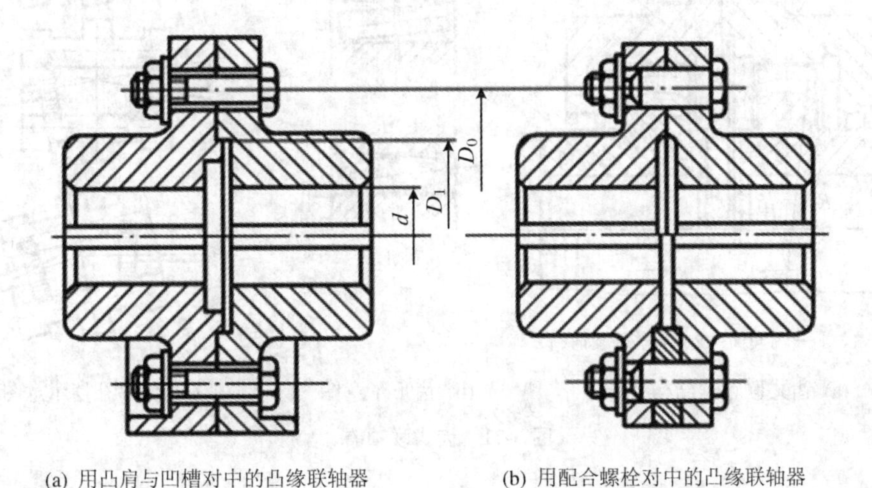

(a) 用凸肩与凹槽对中的凸缘联轴器　　(b) 用配合螺栓对中的凸缘联轴器

图 5-19　凸缘联轴器

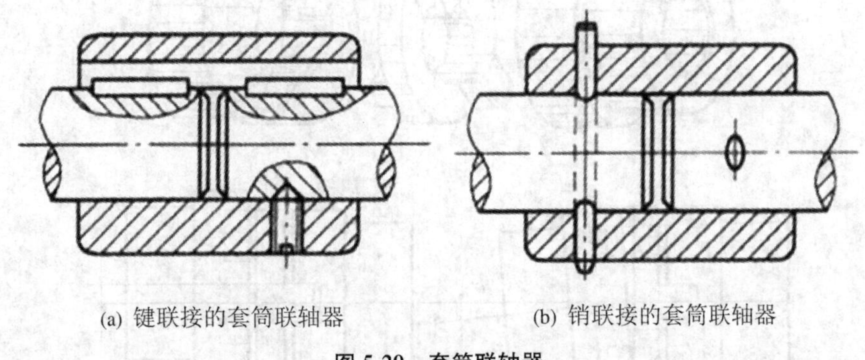

(a) 键联接的套筒联轴器　　(b) 销联接的套筒联轴器

图 5-20　套筒联轴器

齿式联轴器的优点是能传递很大的转矩和补偿适量的综合位移,安装精度要求不高,常用于重型机械中,但其结构复杂,成本较高。

(2) 滑块联轴器

滑块联轴器由两个端面开有径向凹槽的半联轴器1、3和两个端面各具有凸牙的中间滑块2组成,如图5-22所示。中间两凸牙相互垂直,分别嵌装在两个半联轴器的凹槽中,构成移动副,不能发生相对转动,因此,主动轴与从动轴的角速度相等。在运转时,通过中间滑块在两半联轴器凹槽内的滑动,来补偿两轴间的相对位移,凹槽和滑块的工作面间需加润滑剂。

滑块联轴器具有结构简单、制造方便的特点,但是在有径向偏移时中间滑块轴线将偏离两轴轴线,高速运转时将产生较大的离心力,凸牙和凹槽之间的滑动摩擦损耗也不可忽视。所以滑块联轴器多用于低速、被联接轴的刚性较大且无法克服径向偏移的场合。

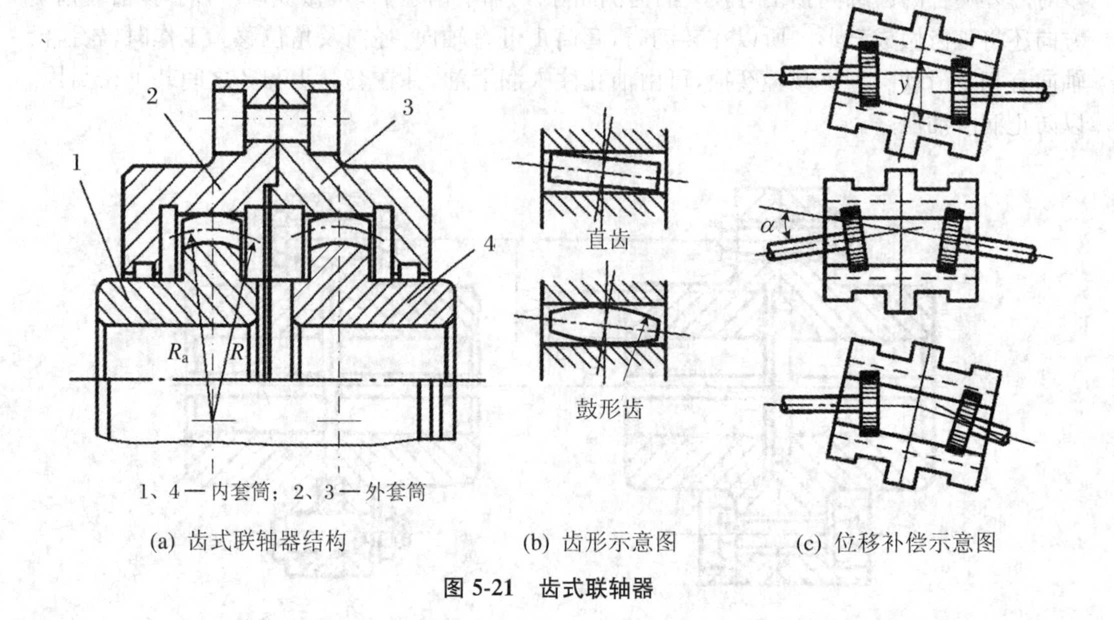

1、4 — 内套筒；2、3 — 外套筒

(a) 齿式联轴器结构　　(b) 齿形示意图　　(c) 位移补偿示意图

图 5-21　齿式联轴器

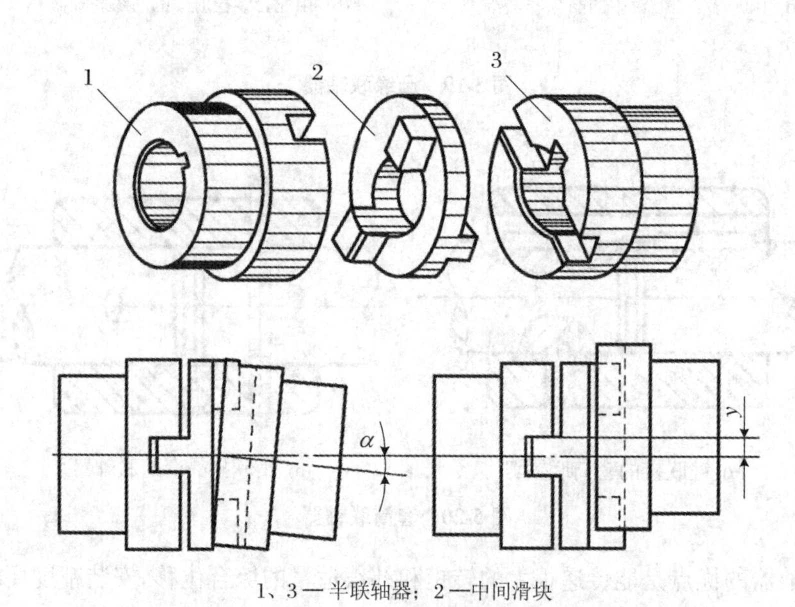

1、3 — 半联轴器；2 —中间滑块

图 5-22　滑块联轴器

(3) 万向联轴器

万向联轴器由两个叉形接头 1 和 3、一个十字形接头 2 以及轴销 4 和 5 组成，如图 5-23(a)所示。万向联轴器允许两轴间有较大的角度偏斜，利用中间联接件十字形接头联接的两叉形半联轴器均能绕十字形接头轴线转动，从而使联轴器的两轴线能成任意角度 α，如图 5-23(b)所示，一般 α 最大可达 35°～45°。但 α 角越大，传动效率越低。万向联轴器主、从动轴的角速度不同步，单个使用时，如主动轴以等角速度转动，从动轴将做变速回转，从而在传动中引起附加载荷。为避免这种情况，可采用两个万向联轴器成对使用的方法，使两次角速度变化的影响相互抵消，达到主动轴和从动轴同步传动。

万向联轴器结构紧凑，使用、维护方便，能补偿较大的综合位移，且传递转矩较大，所以在汽车、机床等机械中应用广泛。万向联轴器的结构形式很多,其中小型万向联轴器已标准化,设计时可按标准选用。

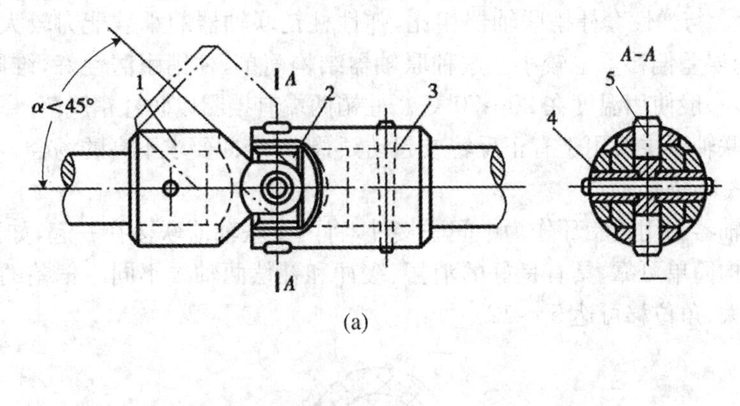

(a)

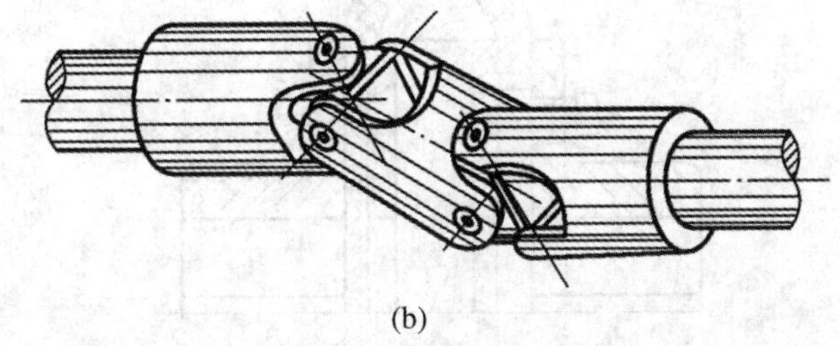

(b)

1、3 — 叉形接头; 2 — 十字形接头; 4、5 — 轴销

图 5-23 万向联轴器

2. 有弹性元件的挠性联轴器

有弹性元件的挠性联轴器主要有三种类型:弹性套柱销联轴器、弹性柱销联轴器、轮胎式联轴器。

(1) 弹性套柱销联轴器

弹性套柱销联轴器的结构与凸缘联轴器相似,如图 5-24 所示。不同之处是用带有弹性圈的柱销代替了联接螺栓,弹性圈一般用耐油橡胶制成,剖面为梯形以提高弹性。柱销材料多采用 45 钢。弹性套的变形可以补偿两轴的径向位移,并有缓冲和吸振作用。为补偿较大的轴向位移,安装时在两轴间留有一定的间隙;为了便于更换易损件,也应留有一定的距离。

弹性套柱销联轴器制造简单,拆装方便,但寿命较短,适用于联接载荷平稳、需正反转或起动频繁的传动轴中的小转矩轴,多用于电动机的输出与工作机的联接上。

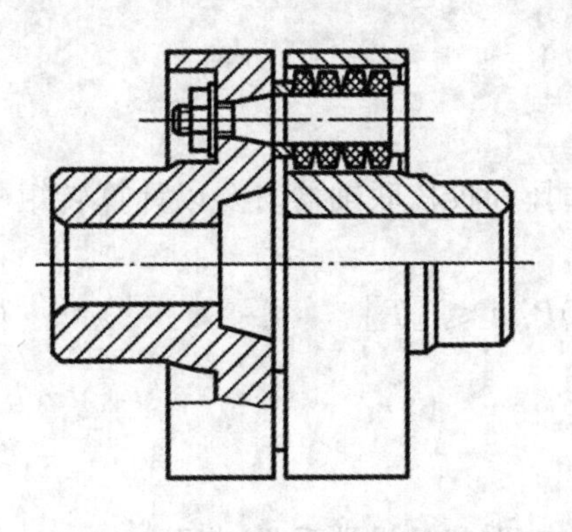

图 5-24 弹性套柱销联轴器

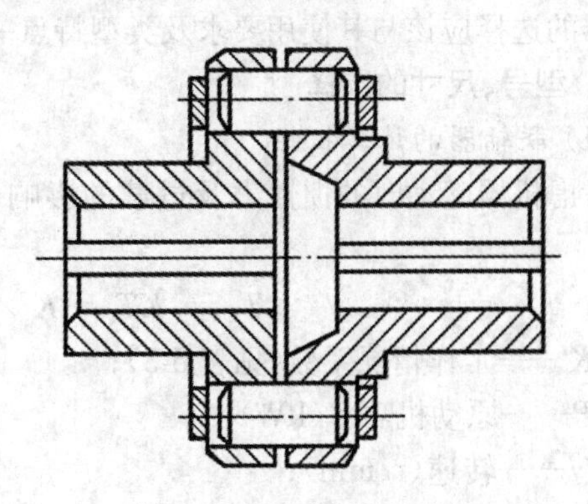

图 5-25 弹性柱销联轴器

(2) 弹性柱销联轴器

弹性柱销联轴器是利用尼龙柱销置于两个半联轴器凸缘的孔中,来实现两轴的联接的,如图5-25所示。与弹性套柱销联轴器相比,弹性柱销联轴器的承载能力较大,但其适应转速较低,允许的误差偏移量也较小。这种联轴器结构简单,柱销耐磨性好,维修方便。但尼龙对温度敏感,一般使用温度在20～70 ℃。柱销两端有挡圈以防柱销脱落。

弹性柱销联轴器主要用于有正反转或起动频繁、对缓冲要求不高的场合。

(3) 轮胎式联轴器

轮胎式联轴器利用轮胎环作为中间联接件,将两半联轴器联接在一起,如图5-26所示。这种联轴器结构简单可靠,具有良好的消振、缓冲和补偿两轴线不同心偏差的能力,其允许的相对位移较大,角位移可达5°～12°。

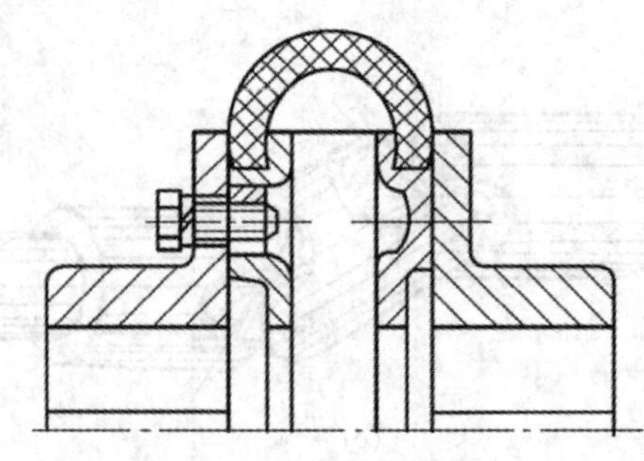

图5-26 轮胎式联轴器

轮胎式联轴器适用于起动频繁、有冲击振动、两轴间有较大的相对位移量以及潮湿多尘之处。它的径向尺寸大,而轴向尺寸比较紧凑。

四、联轴器的选用

联轴器大多已标准化,一般先根据机器的工作条件选择合适的类型,再根据计算转矩、轴的直径和转速,从标准中选择所需型号和尺寸,必要时对某些薄弱部分或重要零件进行校验。

1. 联轴器类型选择

对于一般能精确对中、低速、刚性较大的短轴,可选用固定式的凸缘联轴器;反之,则应选具有补偿能力的可移式刚性联轴器。对于传递较大转矩的重型机械,可选用齿式联轴器。对于高速且有振动的轴可选用弹性联轴器。对于两轴有一定夹角的轴,可选用万向联轴器。联轴器的选择应该与其使用要求及类型特点一致。

2. 型号、尺寸的选择

(1) 联轴器的计算扭矩

考虑机器起动时的惯性力及过载的影响,在选择和校核联轴器时要以计算转矩 T_C 为根据:

$$T_C = KT = K \times 9550P/n \leqslant [T] \tag{5-7}$$

式中,K——工作情况系数(见表5-3);

P——原动机功率(kW);

N——转速(r/min);

$[T]$——联轴器许用(公称)扭矩(N·m),可查阅《机械设计手册》获得。

表 5-3　工作情况系数 K

工作机		K（原动机）			
转矩变化情况分类	举　例	电动机、汽轮机	四缸及以上内燃机	双缸内燃机	单缸内燃机
变化很小	小型发动机、小型通风机、离心泵	1.3	1.5	1.8	2.2
变化小	透平压缩机、木工机床、运输机械	1.5	1.7	2.0	2.4
变化中等	搅拌机、增压泵、压缩机、冲床	1.7	1.9	2.2	2.6
变化中等，有冲击	水泥搅拌机、织布机、拖拉机	1.9	2.1	2.4	2.8
变化较大，有较大冲击	造纸机、挖掘机、起重机、碎石机	2.3	2.5	2.8	3.2
变化大，有强烈冲击	压延机、轧钢机	3.1	3.3	3.6	4.0

2．轴径

轴径不得超过联轴器的孔径范围（见《机械设计手册》）：

$$d_{\min} \leqslant d \leqslant d_{\max} \tag{5-8}$$

3．转速

转速不得超过联轴器的许用转速（见《机械设计手册》）。

任务实施

- 拆装凸缘联轴器和套筒联轴器，熟悉刚性联轴器的工作过程及结构；
- 拆装齿式联轴器、滑块联轴器和万向联轴器，熟悉无弹性元件的挠性联轴器的结构；
- 拆装弹性柱销联轴器，熟悉有弹性元件的挠性联轴器的结构。

任务评价

序号	能力点	掌握情况	序号	能力点	掌握情况
1	安全操作		3	熟悉联轴器的类型和工作原理	
2	拆装能力		4	选用联轴器的能力	

思考与练习

1．联轴器有哪些种类？

2．刚性联轴器的功用是什么？适用什么场合？

3．无弹性元件的挠性联轴器的功用是什么？适用什么场合？

4．有弹性元件的挠性联轴器的功用是什么？适用什么场合？

任务3 认识离合器

离合器也用于轴与轴之间的联接,以达到传递运动和转矩的目的,如机床换挡离合器。用离合器联接的两轴,可在机器工作时方便地使两轴接合或分离。

任务目标

- 掌握离合器的工作原理和类型;
- 掌握嵌合式离合器的结构和工作原理;
- 掌握摩擦式离合器的结构和工作原理;
- 掌握离合器的使用与维护方法。

任务描述

使用、拆装牙嵌离合器、多片式离合器、超越离合器,掌握离合器的工作原理、性能特点及应用,并掌握离合器的使用与维护方法。

知识与技能

一、离合器的工作原理和类型

离合器一般由主动部分(与主动轴相联接)、从动部分(与从动轴相联接)、接合元件(用以将主动部分和从动部分结合在一起)以及操纵部分等组成。根据接合元件间相互作用力的形式,将离合器分为牙嵌式离合器和摩擦式离合器;根据离合器的操纵方式分为机械式、气压式、液压式、电磁式离合器等。

二、嵌合式离合器

嵌合式离合器是靠机械啮合实现传动的。常见的嵌合式离合器是牙嵌离合器,如图5-27所示。牙嵌离合器由两个端面上有牙的半离合器1、3组成。半离合器1用键和紧定螺钉固定在主动轴上;另一半离合器3用导向键或花键与从动轴联接,由操纵机构拨动滑环4使其做轴向移动,以实现离合器的分离与接合。为了使两轴较好地对中,在主动轴的半离合器内装有对中环2,从动轴端可在对中环内自由转动。

牙嵌离合器的常见牙型有三角形、梯形、锯齿形、矩形等,如图5-28所示。三角形的牙数一般为12～60个,用于传递中、小转矩。梯形齿齿根强度高,接合容易,且能自动补偿牙的磨损与间隙,应用较广。锯齿形牙根强度高,可传递较大转矩,但只能单向工作。矩形齿接合或分离困难,牙的强度低,磨损后无法补偿,仅用于静止状态的手动接合。

牙嵌离合器结构简单,外廓尺寸小,结合后可保证主动轴和从动轴同步运转,但只宜在两轴低速或停机时结合,以免因冲击折断牙齿。

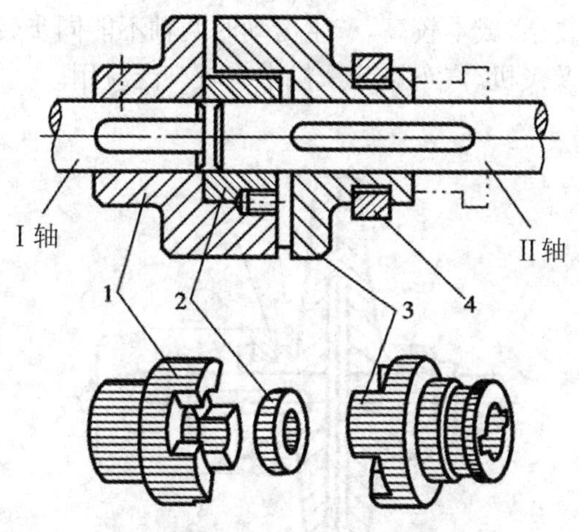

1、3—半离合器；2—对中环；4—滑环

图 5-27　牙嵌离合器

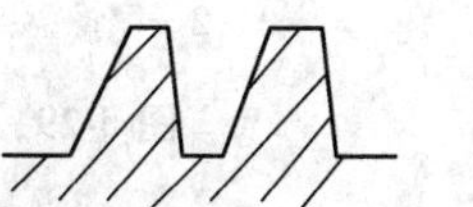
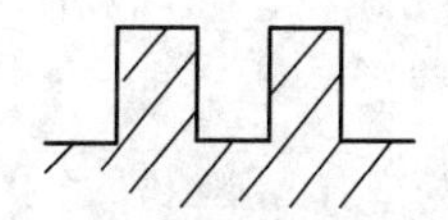

图 5-28　牙嵌离合器常见牙型

三、摩擦式离合器

摩擦式离合器利用主、从动摩擦片的摩擦力来传递转矩，它可以在运动中进行离合，接合平稳，在机器过载打滑时能起到保护作用。其缺点是外廓尺寸较大，结构复杂。摩擦式离合器主要包括单片式离合器、多片式离合器和超越离合器。

1. 单片式离合器

如图 5-29 所示为单片式离合器，依靠操纵滑块 4 施加轴向压力 F_Q，使两个摩擦盘面 1、2 压紧和松开，实现主动轴和从动轴的接合与分离。

单片式摩擦离合器结构简单，但径向尺寸较大，且只能传递不大的转矩，所以常用在轻型机械上。

2. 多片式离合器

多片式离合器有多组摩擦片，如图 5-30 所示。多片式摩擦离合器主动轴 1 和外壳 2 相联接，外壳内装有一组外摩擦片 5，其外缘凸齿插入外壳 2 的凹槽内，与外壳一起转动，其内孔不与任何零件接触。从动轴 3 和套筒 4 相连，套筒内装有另一组内摩擦片 6，其外缘不与任何零件接触，而内孔凸齿与套筒 4 上的纵向凹槽相联接，因而带动套筒 4 一起回转。滑环 7 由操纵机构控制，当滑环左移时使压杆 8 绕支点顺时针转动，通过压紧板 9 将两组摩擦片压紧，离合器处于结合状态；滑环 7 向右移动时实现分离。双螺母 10 可调整内、外两组摩擦片的间距，从而调整摩擦片之间的压力。摩擦片的形状如图 5-31(a)、(b)所示，内摩擦片 6 也可做成碟形，如图 5-31(c)所示，蝶形摩擦片在离合器分离时能借助其弹性自动恢复形状，有利于内、外摩擦片快速分离。

多片式摩擦离合器由于摩擦面增多，传递转矩的能力显著增大，且工作灵活，调节简单，但这种离合器结构较为复杂，成本较高，产生滑动时两轴不能同步转动。多片式摩擦离合器在现代机床的变速箱以及飞机、汽车及起重机中有较广泛应用。

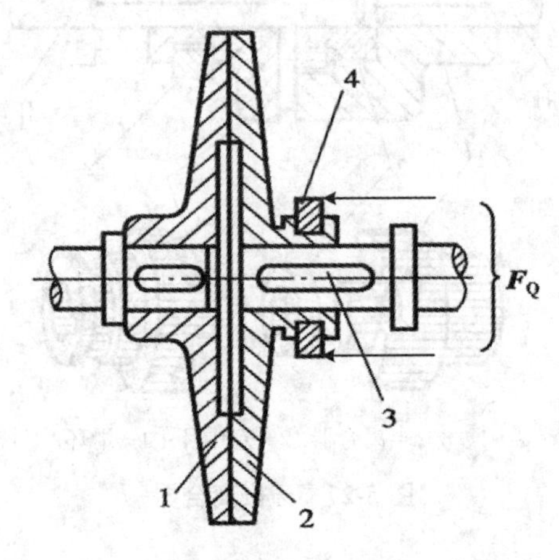

1、2—摩擦盘；3—键；4—滑块

图 5-29　单片离合器

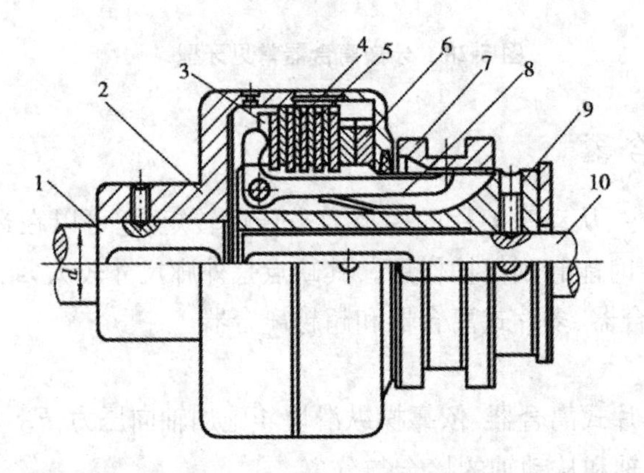

1—主动轴；2—外壳；3—压板；4—外摩擦片；5—内摩擦片；
6—双螺母；7—滑环；8—杠杆；9—套筒；10—从动轴

图 5-30　多片式摩擦离合器

3. 超越离合器

超越离合器也称为定向离合器，它利用机器本身转速、转向的变化来控制两轴的离合，实现单向的转矩传递。如图 5-32 所示为滚柱式定向离合器，由星轮 1、外圈 2、滚柱 3、弹簧顶杆 4 组成。弹簧顶杆的作用是使滚柱与星轮和外圈保持接触。如果星轮为主动轮并顺时针回转，由于摩擦力作用，滚柱靠自锁原理楔紧在楔形间隙内，使星轮、滚柱、外圈连成一体并一起回转，离合器处于接合状态。当星轮逆时针回转时，滚柱在摩擦力作用下退到楔形间隙的宽敞部分，不能带动外圈转动，离合器处于分离状态。如果主动星轮顺时针回转，外圈从另外动力源同时获得顺时针方向回转而转速较快的运动时，根据相对运动原理，这相当于星轮做逆时针回转，离合器处于分离状态。这时，星轮和外圈以各自的转速旋转，互不干涉。

当外圈的转速比星轮慢时，离合器又处于接合状态，外圈同星轮等速回转；当外圈同星轮都逆时针回转时，也有类似的结果。

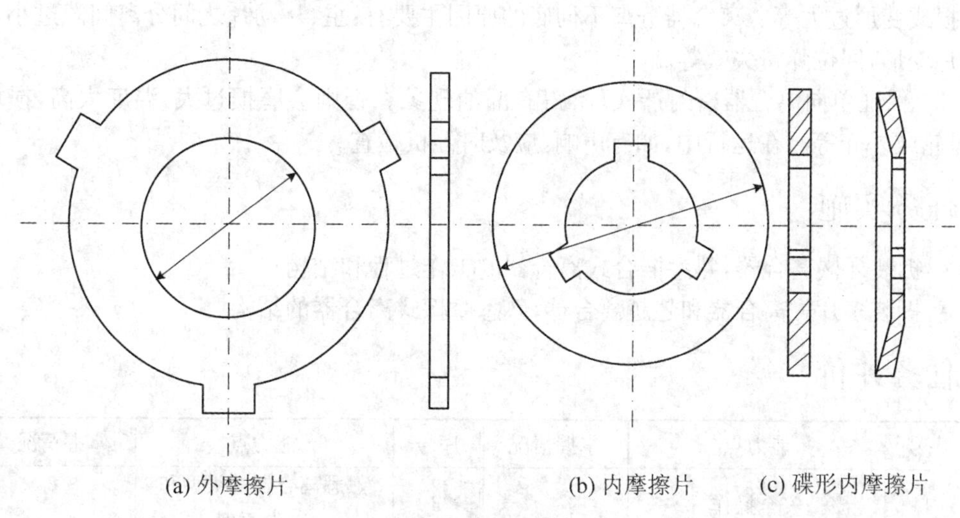

图 5-31　摩擦片

这种离合器的星轮和外圈均可作为主动件，但无论哪一个是主动件，当从动件转速超过主动件时，从动件均不可能反过来驱动主动件，所以称为超越离合器，它广泛应用于运输机械中。

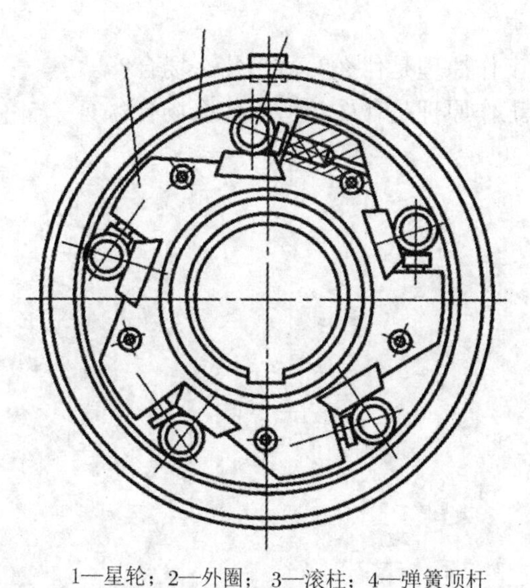

1—星轮；2—外圈；3—滚柱；4—弹簧顶杆

图 5-32　滚柱式定向离合器

四、离合器的使用与维护

(1) 定期检查离合器操纵杆行程、主从动片间隙、摩擦片磨损程度，必要时进行调整或更换。

(2) 经常检查片式离合器是否打滑或分离不彻底。离合器打滑或分离不彻底会加速摩擦片磨损，降低使用寿命，甚至烧坏摩擦片，引起离合器零件变形退火，进而导致其他事故。

离合器打滑的原因主要有：作用在摩擦片上的压力不足，摩擦片表面有油污，摩擦片过分磨损或变形过大等。离合器分离不彻底的原因主要有：主、从动片之间分离间隙过小，主、从动片变形，回位弹簧失效等。

(3) 保证单向离合器密封严实，不得有漏油现象。否则会磨损过大，温度太高，损坏滚柱、星轮或外壳等。在运行中，如有声响，应及时停机检查。

任务实施

- 拆装牙嵌离合器，熟悉嵌合式离合器的工作过程和结构；
- 拆装多片式离合器和超越离合器，熟悉摩擦式离合器的结构。

任务评价

序号	能力点	掌握情况	序号	能力点	掌握情况
1	安全操作		3	熟悉离合器的类型和工作原理	
2	拆装能力		4	使用和维护离合器的能力	

思考与练习

1. 离合器有哪些种类？
2. 嵌合式离合器的工作原理是什么？适用什么场合？
3. 摩擦式离合器的工作原理是什么？适用什么场合？

项目 6　螺纹联接与螺旋传动

一部机器是由很多零部件联接成一个整体的，螺纹联接是最常用的联接方式；螺旋千斤顶是应用最普遍的传动螺纹，滚珠丝杆是近年来在机床上日益广泛应用的新型传动螺纹。

任务 1　认识螺纹联接

子任务 1　了解螺纹的主要参数及分类

任务目标

- 了解螺纹的主要参数及分类；
- 掌握各类螺纹的特点和应用。

任务描述

通过对螺纹类型和特点的分析，充分理解各类螺纹的功能作用，熟悉螺纹各主要参数。

知识与技能

一、螺纹的分类、特点和应用

常用螺纹的类型主要有普通螺纹、管螺纹、矩形螺纹、梯形螺纹、锯齿形螺纹。前两种主要用于联接，后三种主要用于传动，除矩形螺纹外其他已标准化。标准螺纹的基本尺寸可查阅有关标准。常用螺纹的类型、特点和应用见表 6-1。

表 6-1　常用螺纹的类型、特点和应用

螺纹类型			牙型图	特点和应用
联接螺纹	普通螺纹	粗牙	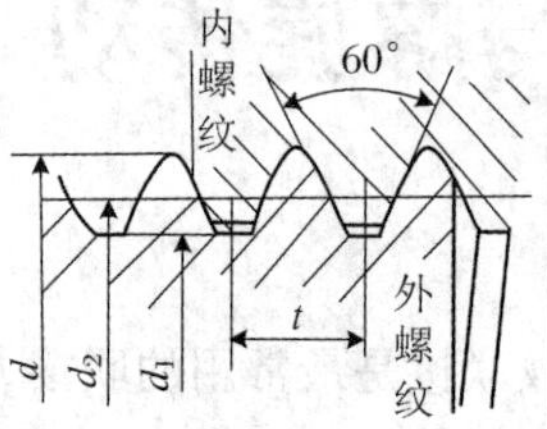 内螺纹 60° 外螺纹 t d d_2 d_1	牙型为等边三角形，牙型角 $\alpha=60^{\circ}$，内外螺纹旋合后留有径向空隙。外螺纹牙根允许有较大的圆角，以减小应力集中，同一公称直径按螺距大小，分为粗牙和细牙。细牙螺纹的螺距小，升角小，自锁性较好，强度高。但不耐磨，容易滑扣。 一般联接多用粗牙螺纹，细牙螺纹常用于细小零件，薄壁管件或受冲击、振动和变载荷的联接中，也可作为微调机构的调整螺纹用
		细牙	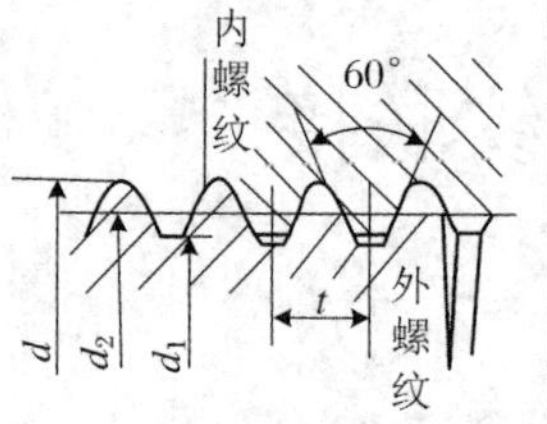 内螺纹 60° 外螺纹 t d d_2 d_1	
	圆柱管螺纹		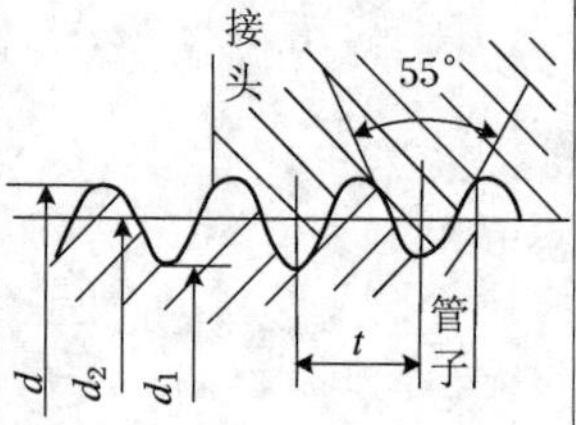 接头 55° 管子 t d d_2 d_1	牙型为等腰三角形，牙型角 $\alpha=55^{\circ}$，牙顶有较大的圆角，内外螺纹旋合后无径向间隙，以保证配合的紧密性。管螺纹为英制细牙螺纹，公称直径为管子内径。 适用于压力 1.6 MPa 以下的水、煤气管路，润滑和电缆管路系统
	圆锥管螺纹		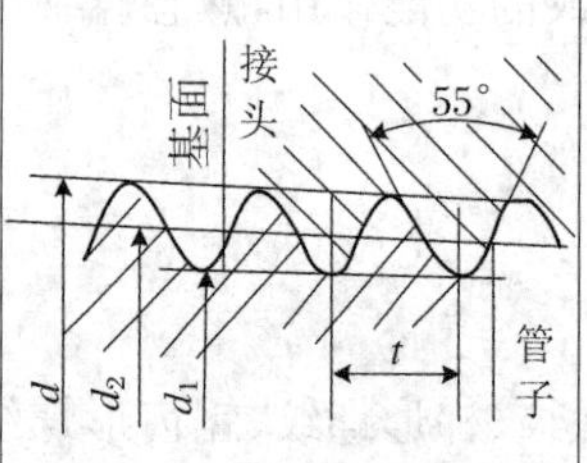 基面 接头 55° 管子 t d d_2 d_1	牙型为等腰三角形，牙型角 $\alpha=55^{\circ}$，螺纹分布在锥度为 1∶16（$\varphi=1^{\circ}47'24''$）的圆锥管壁上。螺纹旋合后，利用本身的变形就可以保证联接的紧密性，不需要任何填料，密封简单。 适用于高温、高压或密封性要求高的管路系统
	圆锥螺纹		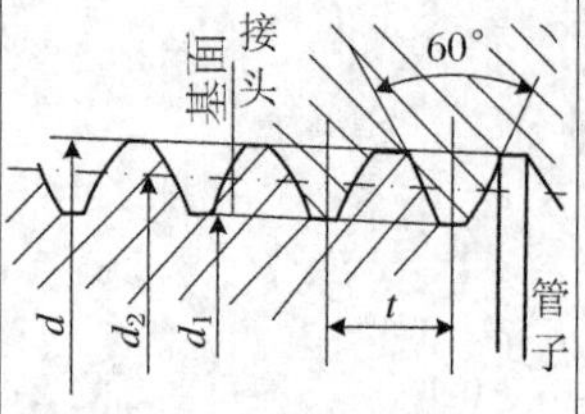 基面 接头 60° 管子 t d d_2 d_1	牙型与 55°角圆锥管螺纹相似，但牙型角 $\alpha=60^{\circ}$，螺纹牙顶为平顶。 多用于汽车、拖拉机、航空机械、机床的燃料、油、水、气输送管路系统

续表

螺纹类型		牙型图	特点和应用
传动螺纹	矩形螺纹		牙型为正方形，牙型角 $\alpha=0^{\circ}$，其传动效率较其他螺纹高，但牙根强度弱，螺旋副磨损后，间隙难以修复和补偿，传动精度降低。为了便于铣、磨削加工，可制成10°的牙型角。 矩形螺纹尚未标准化。目前已逐渐被梯形螺纹所代替
	梯形管螺纹		牙型为等腰梯形，牙型角 $\alpha=30^{\circ}$，内外螺纹以锥面贴紧不易松动。与矩形螺纹相比，传动效率略低，但工艺性好，牙根强度高，对中性好。如用剖分螺母，还可以调整间隙。梯形螺纹是最常用的传动螺纹
	锯齿形螺纹		牙型为不等腰梯形，工作面的牙型斜角为3°，非工作面的牙型斜角为30°，外螺纹牙根有较大的圆角，以减小应力集中，内、外螺纹旋合后，外径处无间隙，便于对中。这种螺纹兼有矩形螺纹传动效率高、梯形螺纹牙根强度高的特点。但只能用于单向受力的传力螺旋中

二、螺纹的主要参数

圆柱普通螺纹的主要参数如图6-1所示。

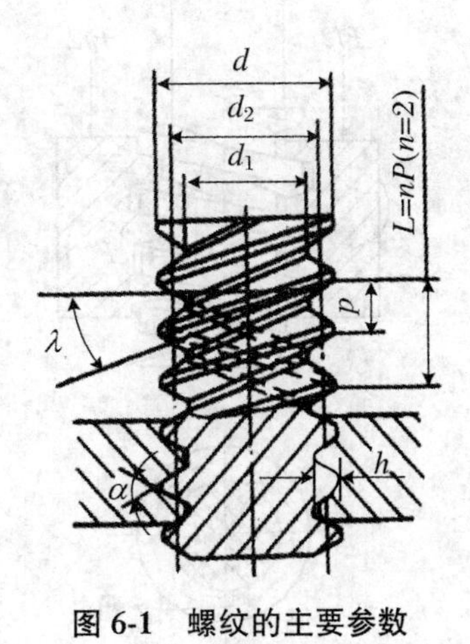

图6-1　螺纹的主要参数

1．大径 d

它是与外螺纹牙顶或内螺纹牙底相重合的假想圆柱的直径，一般定为螺纹的公称直径。

2．小径 d_1

它是与外螺纹牙底或内螺纹牙顶相重合的假想圆柱的直径，一般取为外螺纹的危险剖面的计算直径。

3. 中径 d_2

它是一个假想圆柱的直径，该圆柱的母线通过牙型上沟槽和凸起宽度相等的地方。对于矩形螺纹，$d_2=0.5(d+d_1)$，其中 $d\approx1.25d_1$。

4. 螺矩 P

相邻螺牙在中径线上对应两点间的轴向距离称为螺矩 P。

5. 导程 L 和螺纹线数 n

导程是同一螺纹线上相邻牙在中径线上对应两点间的轴向距离。导程和螺纹线数的关系为

$$L = nP \tag{6-1}$$

其中单线螺纹 $n=1$，双线螺纹 $n=2$，其余类推。

6. 升角 λ

在中径圆柱上螺旋线的切线与垂直于螺纹轴线的平面间的夹角称为升角，其计算式为

$$\mathrm{tg}\lambda = \frac{L}{\pi d_2} = \frac{nP}{\pi d_2} \tag{6-2}$$

显然，在公称直径 d 和螺距 P 相同的条件下，螺纹线数 n 越多，导程 L 将成倍增加，升角 λ 相应增大，传动效率将提高。

7. 牙型角 α

在轴向剖面内螺纹牙型两侧边的夹角称为牙型角。

三、螺纹副的受力分析、效率和自锁

矩形螺纹副的受力情况如图 6-2 所示，为了便于分析，假定作用在螺母上的轴向载荷 F 集中作用于中径 d_2 的圆周上的一点。给螺母加一水平力 F_t 使螺母克服载荷 F 转动，这种转

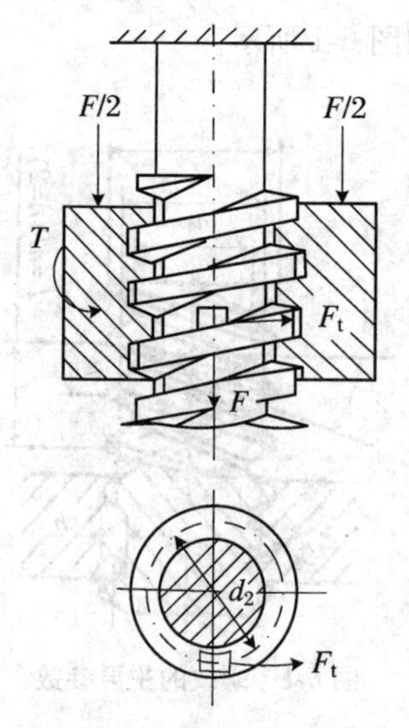

图 6-2　螺纹副受力分析

动可看成是一滑块在水平力 F_t 的推动下沿螺杆螺纹斜面等速旋转滑动。将螺纹沿中径 d_2 展开，则相当于滑块沿斜面等速向上滑动，如图 6-3(a)所示，斜面倾角 λ 称为螺纹升角。作

用于螺母上的力有外载荷 F、水平力 F_t、螺杆斜面法向反力 N 和摩擦力 $F_f = fN$（f 为摩擦系数），法向反力 N 和摩擦力 F_f 的合力 R 称为螺杆对螺母的总反力，R 和 N 的夹角称为摩擦角，用 ρ 表示。由几何关系可知 $\mathrm{tg}\rho = F_t/N = fN/N = f$，或 $\rho = \mathrm{arctg}f$。外载荷 F 与总反力 R 的夹角为 $(\lambda+\rho)$。显然，作用于螺母上的三个力 F、F_t、R 是平衡的，即可构成力封闭三角形，如图 6-3(b)所示。由此得

$$F_t = F\mathrm{tg}(\lambda + \rho) \tag{6-3}$$

F_t 相当于旋转螺母时必须在螺纹中径 d_2 处施加的圆周力，它对螺纹轴心线的力矩，即为旋转螺母（或拧紧螺母）所需克服螺纹副中的阻力矩

$$T = F_t d_2/2 = F\mathrm{tg}(\lambda + \rho) d_2/2 \tag{6-4}$$

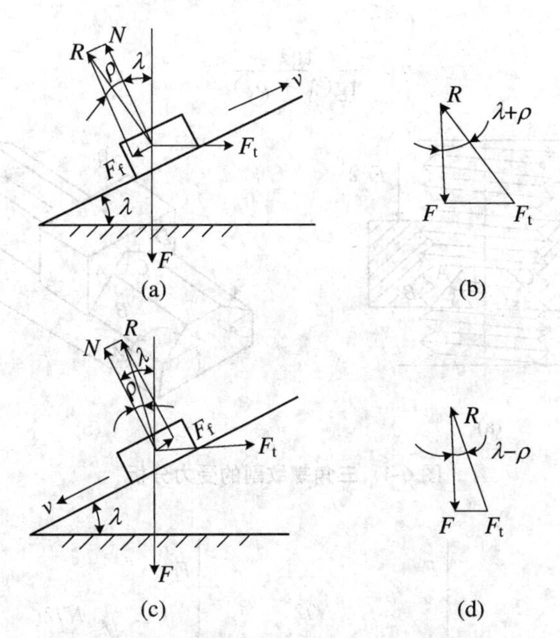

图 6-3　滑块沿斜面等速滑动的受力情况

1. 矩形螺纹(牙型角 $\alpha = 0°$)

当螺母做等速松退转动时，则相当于滑块在载荷 F 作用下沿斜面等速下滑。这时滑块上的摩擦力 F_f 向上(图 6-3(c))，总反力 R 和力 F 的夹角为 $(\lambda-\rho)$。由力封闭三角形(图 6-3(d))可知

$$F_t = F\mathrm{tg}(\lambda - \rho) \tag{6-5}$$

由此可见，若 $\lambda<\rho$，则 F_t 为负值，这就表明要使滑块沿斜面下滑，就必须给螺母施加一个与拧紧方向相反的力矩，否则无论轴向载荷 F 有多大，滑块（相当于螺母）都不会在其作用下自行下滑（松退），这种现象称为自锁。于是，螺纹副的自锁条件为

$$\lambda \leqslant \rho \tag{6-6}$$

旋转螺母一周螺母走过的位移为 πd_2，螺母克服载荷 F 提升一个导程 L，需要输入的功为 $W_1 = F_t \pi d_2 = F\mathrm{tg}(\lambda+\rho)\pi d_2$，所做的有效功为 $W_2 = FL = F\pi d_2 \mathrm{tg}\lambda$，所以矩形螺纹副的效率为

$$\eta = \frac{W_2}{W_1} = \frac{F\pi d_2 \mathrm{tg}\lambda}{F\mathrm{tg}(\lambda+\rho)\pi d_2} = \frac{\mathrm{tg}\lambda}{\mathrm{tg}(\lambda+\rho)} \tag{6-7}$$

由上式知，升角 λ 越小，效率越低。

2. 三角形螺纹(牙型角 $\alpha \neq 0^\circ$)

三角螺纹副相对转动时，可以看成是楔形斜面滑动(图 6-4(b))。在力 F 的作用下，螺纹副的法向反力 $N' = F/\cos\gamma$ (图 6-5(b))，摩擦力 $F_f = 2fN'/2 = fF/\cos\gamma$，其中 γ 为螺纹工作面的牙边倾斜角(图 6-4(a))，所以在相同的 F 和 f 的情况下 $F_f' > F_f$，设 $f_v = f/\cos\gamma$，称 f_v 为当量摩擦系数，相应的摩擦角 $\rho_v = \mathrm{arctg} f_v$。因此各力之间的关系和效率公式等与矩形螺纹分析相似，只需将上述各式中的 ρ 换为 ρ_v 即可，此时得

$$F_t = F\mathrm{tg}(\lambda + \rho_v) \tag{6-8}$$

$$T = F\mathrm{tg}(\lambda + \rho_v)d_2/2 \tag{6-9}$$

$$\lambda \leqslant \rho_v \tag{6-10}$$

$$\eta = \frac{\mathrm{tg}\lambda}{\mathrm{tg}(\lambda + \rho_v)} \tag{6-11}$$

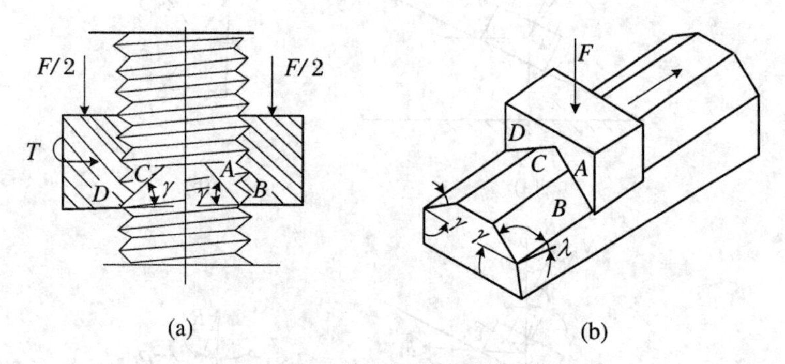

图 6-4 三角螺纹副的受力分析

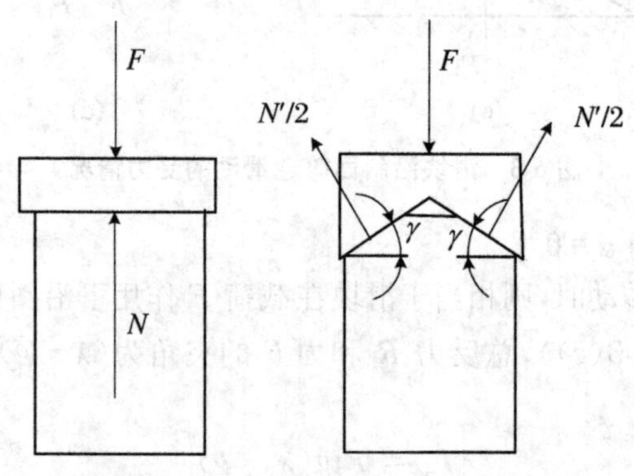

图 6-5 平面与楔形面摩擦力的比较

由此可见，螺纹工作面的牙边倾斜角越大，则 f_v、ρ_v 越大，在其他条件相同的情况下，这种螺纹副的效率越低，易于自锁。三角螺纹 γ 角大(米制三角螺纹 $\gamma = 30^\circ$)，容易自锁，所以多用于联接。

任务实施

- 观察常用螺纹和螺纹副模型，分析并区分螺纹的类型；
- 描述各类螺纹的特点、主要参数意义；
- 计算或查表得出普通螺纹的主要参数。

任务评价

序号	能力点、知识点	评价	序号	能力点、知识点	评价
1	观察能力		3	螺纹类型区辨能力	
2	了解螺纹副的联接		4	分析螺纹副参数意义	

思考与练习

1. 填空题。

(1) 普通螺纹的公称直径指的是螺纹的________，计算螺纹的摩擦力矩时使用的是螺纹的________，计算螺纹危险截面时使用的是螺纹的________。

2. 选择题。

(1) 螺纹升角 λ 增大，则联接的自锁性(　　)，传动的效率(　　)；牙型角 α 增大，则联接的自锁性(　　)，传动的效率(　　)。

A. 提高　　B. 不变　　C. 降低

(2) 在铰制孔用螺栓联接中，螺栓杆与孔的配合为(　　)。

A. 间隙配合　　B. 过渡配合　　C. 过盈配合

3. 思考题。

(1) 常用螺纹有哪几种类型？各用于什么场合？对联接螺纹和传动螺纹的要求有何不同？

(2) 在螺栓联接中，不同的载荷类型要求不同的螺纹余留长度，这是为什么？

子任务2　掌握螺纹联接的基本类型及螺纹联接的预紧和防松

任务目标

掌握螺纹联接的基本形式及螺纹联接的预紧和防松的基本方法和原理。

任务描述

通过对联接件联接特点的认知，区别各类螺纹联接的特点和用途。认识螺纹联接防松和预紧的重要性和功能。

知识与技能

一、螺纹联接的主要类型

螺纹联接的基本形式如图6-6所示。

1. 螺栓联接

如图6-6(a)所示的螺栓联接是将螺栓穿过被联接件的孔(螺栓与孔之间留有间隙)，然后拧紧螺母，即将被联接件联接起来。由于被联接件的孔无需切制螺纹，所以结构简单、装拆方便、应用广泛。铰制孔用螺栓如图 6-6(b)所示，一般用于利用螺栓杆承受横向载荷或固定被联接件相互位置的场合。这时，孔与螺栓杆之间没有间隙，常采用基孔制过渡配合。

2. 双头螺柱联接

双头螺柱联接如图 6-6(c)所示，是利用双头螺柱的一端旋紧在被联接件的螺纹孔中，另一端则穿过另一被联接件的孔，拧紧螺母后将被联接件联接起来。这种联接通常用于被联接件之一太厚不便穿孔，结构要求紧凑或需经常装拆的场合。

3. 螺钉联接

螺钉联接如图 6-6(d)所示，不需要螺母，将螺钉穿过被联接件的孔并旋入另一被联接件的螺纹孔中。它适用于被联接件之一太厚且不宜经常装拆的场合。

4. 紧定螺钉联接

紧定螺钉联接如图 6-6 (e)所示，利用紧定螺钉旋入一零件的螺纹孔中，并以末端顶住另一零件的表面或顶入该零件的凹坑中以固定两零件的相互位置。

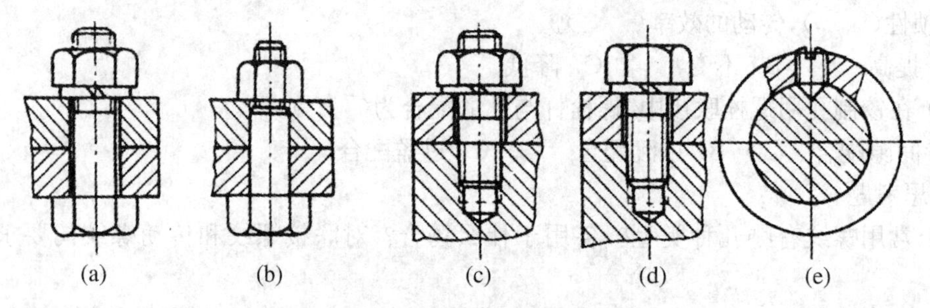

图 6-6 螺纹联接的基本形式

螺纹联接除上述四种基本形式外，还有吊环螺钉、地脚螺栓、T 型槽螺栓等联接形式。

二、螺纹联接的预紧和防松

1. 螺纹联接的预紧

绝大多数螺纹联接在装配时需要拧紧，使联接在承受工作载荷之前，预先受到力的作用，这个过程称为预紧，预加的作用力称为预紧力。预紧的目的是为了增大联接的紧密性和可靠性。此外，适当地提高预紧力还能提高螺栓的抗疲劳强度。预紧时，用扳手施加预紧力矩 T，以克服螺纹副中的阻力矩 T_1 和螺母支承面上的摩擦阻力矩 T_2，所以预紧力矩 $T = T_1 + T_2$。

对于 M10～M68 的粗牙普通螺纹，无润滑时可取

$$T \approx 0.2F'd \tag{6-12}$$

式中，F'——预紧力(N)；

d——螺纹公称直径(mm)。

为了保证预紧力 F' 不致过小或过大，可在预紧过程中控制预紧力矩 T 的大小，其方法有采用测力矩扳手(如图 6-7(a)所示)或定力矩扳手(如图 6-7(b)所示)，必要时测定螺栓伸长量等。

2. 螺纹联接的防松

在静载荷作用下，联接螺纹的升角较小，所以能满足自锁条件。但在受冲击、振动或变

载荷以及温度变化大时，联接有可能自动松脱，这就容易发生事故。因此，设计螺纹联接时必须考虑防松的问题。常用的防松方法见表 6-2。

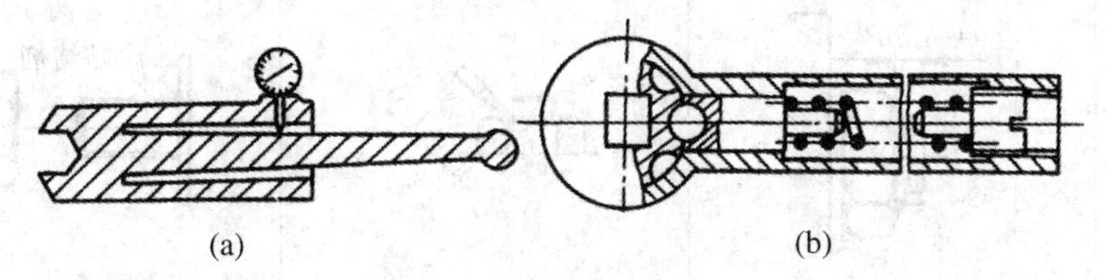

图 6-7　控制预紧力的扳手

表 6-2　常用的防松方法

利用摩擦力防松	弹簧垫圈式。材料为弹簧钢，装配后垫圈被压平，靠错开的刃口分别切入螺母和被联接件以及弹力保持的预紧力而防松	对顶螺母。利用两螺母对顶预紧使螺纹旋合部分(此处在工作中几乎不变形)始终受到附加的预拉力及摩擦力而防松	自锁螺母。螺母尾部做得弹性较大(开槽或镶弹性材料)且螺纹中径比螺杆稍小，旋合后产生附加径向压力而防松
用专门防松元件防松	槽型螺母与开口销。螺母尾部开槽，拧紧后用开口销穿过螺母槽和螺栓的径向孔而可靠防松	圆螺母与止动垫圈。垫圈内舌嵌入螺栓的轴向槽内，拧紧螺母后将垫圈外舌之一褶嵌入螺母的一个槽内	单耳止动垫圈。在螺母拧紧后将垫圈一端褶起扣压到螺母的侧平面上，另一端褶下扣紧被联接件

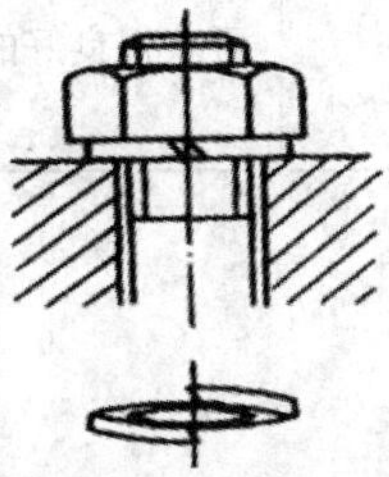

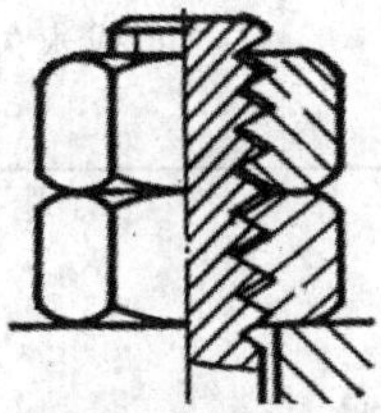

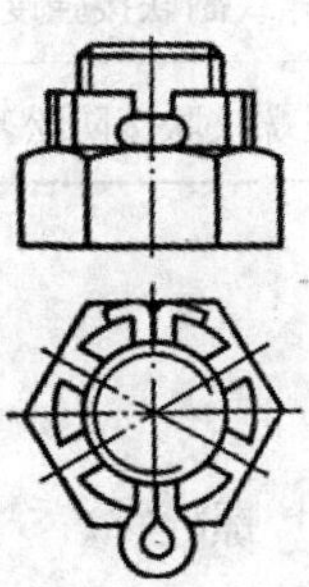

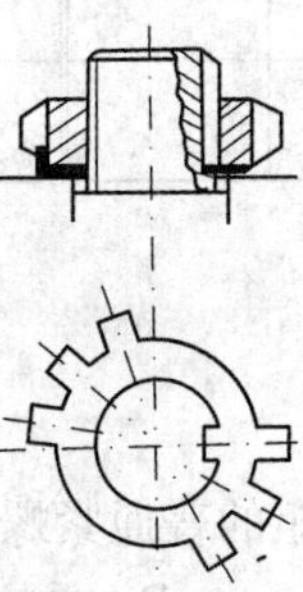

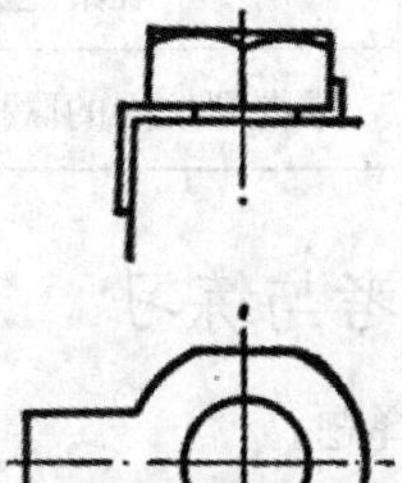

续表

其他方法防松	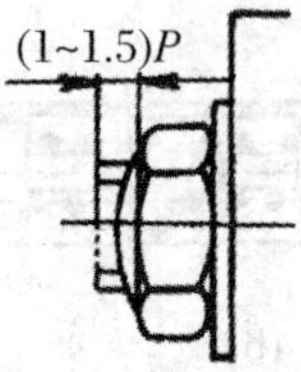	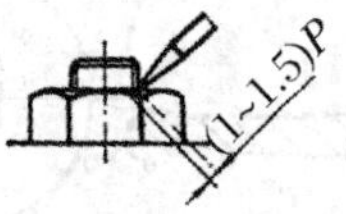	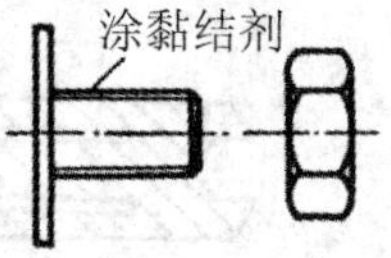
	端铆。拧紧后螺栓露出1～1.5个螺距，打压这部分使螺栓头螺纹变大成永久性防松	冲点、焊点。拧紧后在螺栓和螺母的骑缝处用样冲冲打或用焊具点焊2～3点成永久性防松	黏结接剂。用厌氧性黏结剂涂于螺纹旋合表面，拧紧螺母后自行固化可获得良好的防松效果

任务实施

- 操作各类联接件的螺纹联接；
- 区辨螺纹联接的形式，说明各类螺纹联接的特点；
- 说明螺纹防松的意义和措施。

任务评价

序号	能力点、知识点	评价	序号	能力点、知识点	评价
1	观察能力		3	螺纹副联接强度计算	
2	掌握螺纹副的联接基本形式		4	掌握螺纹联接防松基本方法	

思考与练习

选择题。

(1) 在承受横向载荷或旋转力矩的普通紧螺栓组联接中，螺栓杆(　　)作用。

A. 受切应力　　B. 受拉应力

C. 受扭转切应力和拉应力　　D. 既可能只受切应力又可能只受拉应力

(2) 紧螺栓联接受轴向外载荷，假定螺栓的刚度C_b与被联接件的刚度C_m相等，联接的预紧力为F_0，要求受载后接合面不分离，当外载荷F等于预紧力F_0时，则(　　)。

A. 被联接件分离，联接失效

B. 被联接件即将分离，联接不可靠

C. 联接可靠，但不能继续再加载

D. 联接可靠，只要螺栓强度足够，还可以继续加大外载荷F

子任务3　螺栓联接的结构设计和强度计算

任务目标

- 掌握单个螺栓联接的强度计算；
- 了解螺栓组联接的设计。

任务描述

通过单个螺栓强度计算的分析，掌握单个螺栓联接基本形式下的计算方法；通过实例分析，说明螺栓组的设计方法。

知识与技能

螺栓联接的受载形式很多，它所传递的载荷主要有两类：一类为外载荷沿螺栓轴线方向，称为轴向载荷；一类为外载荷垂直于螺栓轴线方向，称为横向载荷。

对螺栓来讲，当传递轴向载荷时，螺栓受的是轴向拉力，所以称为受拉螺栓。可分为不预紧的松联接和有预紧的紧联接。

当传递横向载荷时，一种是采用普通螺栓，靠螺栓联接的预紧力使被联接件接合面间产生摩擦力来传递横向载荷，此时螺栓所受的是预紧力，仍为轴向拉力。另一种是采用铰制孔用螺栓，螺杆与铰制孔间是过渡配合，工作时靠螺杆受剪，杆壁与孔相互挤压来传递横向载荷，此时螺杆受剪，所以称受剪螺栓。

一、普通螺栓的强度计算

静载荷作用下受拉螺栓常见的失效形式多为螺纹的塑性变形或断裂。实践表明，螺栓断裂多发生在开始传力的第一、第二圈旋合螺纹的牙根处，因其应力集中的影响较大。

在设计螺栓联接时，一般选用的都是标准螺纹零件，其各部分主要尺寸已按等强度条件在标准中做出规定，因此螺栓的强度计算主要是求出或校核螺纹危险剖面的尺寸，即螺纹小径 d_1。螺栓的其他尺寸及螺母的高度和垫圈的尺寸等，均按标准选定。

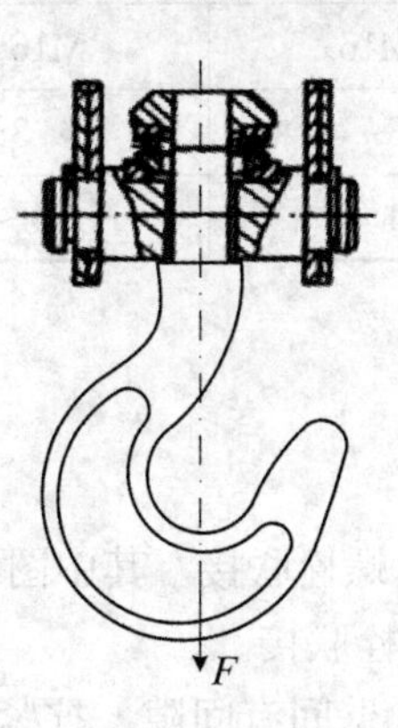

图6-8　起重吊钩

1．松螺栓联接的强度计算

如图 6-8 所示的起重吊钩为松螺栓联接的实例。如已知螺杆所受最大拉力为 F，则螺纹部分的强度条件为

$$\sigma = \frac{F}{\pi d_1^2/4} \leqslant [\sigma] \tag{6-12}$$

式中，d_1——螺纹小径(mm)；

F——螺栓承受的轴向工作载荷(N)；

σ——松螺栓联接的拉应力(N/mm^2)，

$[\sigma]$——松螺栓联接的许用拉应力(N/mm^2)，可查表 6-3 和表 6-4 获得。

表 6-3　螺纹紧固件常用材料的力学性能

单位：N/mm^2

钢　号	Q215	Q235	35	45	40Cr
强度极限 σ_b	340～420	410～470	540	650	750～1000
屈服极限 σ_s	220	240	320	360	650～900

表 6-4　螺纹联接的许用应力和安全系数

联接情况	受载情况	许用应力和安全系数
松联接	静载荷	$[\sigma]=\sigma_s/s$，$s=1.2\sim1.7$
紧联接	静载荷	$[\sigma]=\sigma_s/s$，s 取值：控制预紧力时 $s=1.2\sim1.5$，不严格控制预紧力时 s 查表 6-5 获得
铰制孔用螺栓联接	静载荷	$[\tau]=\sigma_s/2.5$ 联接件为钢时 $[\sigma]_p=\sigma_s/1.25$，联接件为铁时 $[\sigma]_p=\sigma_s/(2\sim2.5)$
	变载荷	$[\tau]=\sigma_s/3.5\sim5$ $[\sigma]_p$ 按静载荷的 $[\sigma]_p$ 值降低 20%～30%

表 6-5　紧螺栓联接的安全系数(静载不控制预紧力时)

材　料	螺　栓		
	M6～M16	M16～M30	M30～M60
碳钢	4～3	3～2	2～1.3
合金钢	5～4	4～2.5	2.5

2．紧螺栓联接的强度计算

(1) 只受预紧力作用的螺栓

① 预紧力的计算

如图 6-9 所示为只受预紧力的紧螺栓联接。其中图 6-9(a)为受横向载荷作用的紧螺栓联接，图 6-9(b)为受转矩作用的紧螺栓联接。

这种联接的螺栓与被联接件的孔壁间有间隙。拧紧螺母后，依靠螺栓的预紧力 F' 使被联接件相互压紧，当被联接件受到横向工作载荷 R 作用时(如图 6-9(a)所示)，由预紧力产生的接合面间的摩擦力，将抵抗横向力 R 从而阻止摩擦面间产生相对滑动。因此，这种联

接正常工作的条件为被联接件彼此不产生相对滑动，即

$$F'zfm \geqslant CR \tag{6-13}$$

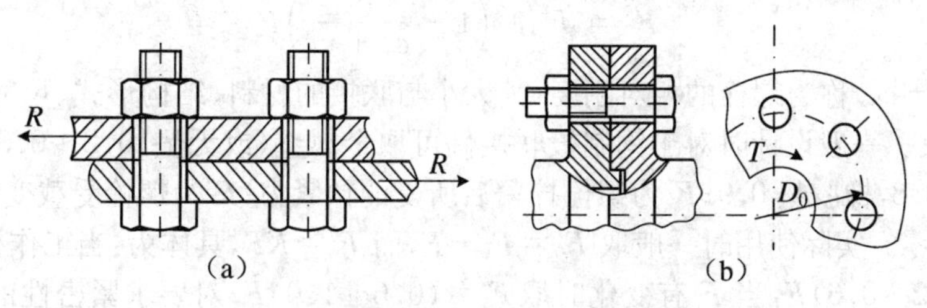

图 6-9　只受预紧力作用的紧螺栓联接

式中，f——被联接件接合面间的摩擦系数，钢或铸铁零件干燥表面取 $f=0.10\sim0.16$；

m——被联接件接合面的对数；

z——联接螺栓的数目；

C——联接的可靠性系数，通常取 $C=1.1\sim1.3$。

如图 6-9(b)所示受转矩作用的紧螺栓联接的预紧力按式(6-13)计算时，应将转矩转化为横向载荷 R，$R=2000T/D_0$，其中 D_0 为螺栓所分布圆周的直径(mm)；T 为传递的转矩(N·m)。

② 螺栓的强度计算

预紧螺栓联接拧紧螺母时，螺栓杆除沿轴向受预紧力 F' 的拉伸作用外，还受螺纹力矩 T_1(见式(6-13))的扭转作用。F' 和 T_1 将分别使螺纹部分产生拉应力 σ 及扭转剪应力 τ，因一般螺栓采用塑性材料，所以可用第四强度理论求其相当应力。螺纹部分的强度条件为

$$\sigma = 1.3\frac{F'}{\pi d_1^2/4} \leqslant [\sigma] \tag{6-14}$$

式中，F'——螺栓承受的预紧力(N)；

d_1——螺纹小径(mm)；

σ——紧螺栓联接的拉应力(N/mm²)；

$[\sigma]$——紧螺栓联接的许用拉应力(N/mm²)，可查表 6-4 得到。

比较式(6-13)和式(6-14)可知，考虑扭转剪应力的影响，相当于把螺栓的轴向拉力增大30%后按纯拉伸来计算螺栓的强度。

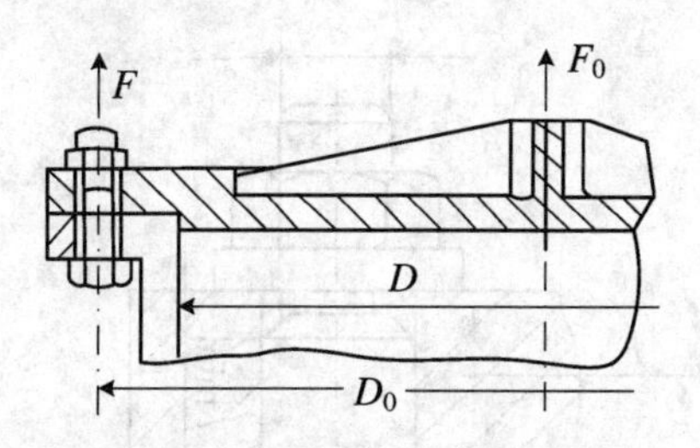

图 6-10　气缸盖联接螺栓受力情况

(2) 受预紧力和轴向静工作拉力作用的螺栓联接

这种联接比较常见，如图 6-10 所示的气缸盖螺栓联接就是典型的实例。由于螺栓和被联接件都是弹性体，在受有预紧力 F' 的基础上，因受到两者弹性变形的相互制约，所以总拉力 F_0 并不等于预紧力 F' 与工作拉力 F 之和，它们的受力关系属静不定问题。根据静力平衡条件和变形协调条件，可求出各力之间的关系式：

$$F_0 = F' + \frac{c_1}{c_1 + c_2}F \tag{6-15}$$

$$F' = F'' + \left(1 - \frac{c_1}{c_1 + c_2}\right)F$$

式中，$c_1/(c_1+c_2)$称为螺栓的相对刚度，其大小与联接的材料、结构形式、尺寸大小、载荷作用方式等有关。一般设计时对于钢制被联接件可取金属垫(或无垫)0.2～0.3，皮革垫0.7，铜皮石棉垫0.8，橡胶垫0.9；F'为螺栓拧紧后所受的预紧力；F''为螺栓受载变形后的剩余预紧力，应大于零。实际使用时一般取$F_0=F''+F$，而$F''=KF$，具体为：当工作拉力F无变化时取$F''=(0.2\sim0.6)F$，当F有变化时取$F''=(0.6\sim1.0)F$；对要求紧密性的螺栓联接，取$F''=(1.5\sim1.8)F$。

考虑到螺栓工作时可能被补充拧紧，在螺纹部分产生扭转剪应力，将总拉力F_0增大30%作为计算载荷，则受拉螺栓螺纹部分的强度条件为

$$\sigma = \frac{1.3F_0}{\pi d_1^2/4} \leqslant [\sigma] \quad 或 \quad d_1 \geqslant \sqrt{\frac{1.3F_0}{\pi[\sigma]/4}} \tag{6-16}$$

式中各符号意义同前。

对于受有预紧力F'及工作拉力F作用的螺栓联接，其设计步骤大致为：

① 根据螺栓受载情况，求出单个螺栓所受的工作拉力F。

② 根据联接的工作要求，选定剩余预紧力F''，并按式(6-15)求得所需的预紧力F'。

③ 按式(6-15)计算螺栓的总拉力F_0。

④ 按式(6-16)计算螺栓小径d_1，查阅螺纹标准，确定螺纹公称直径d。

此外，如果若轴向载荷在$0\sim F$之间周期性变化，则螺栓的总载荷F_0将在$F'\sim[F'+Fc_1/(c_1+c_2)]$之间变化。受轴向变载荷螺栓的简化计算仍可按式(6-16)进行，但联接螺栓的许用应力$[\sigma]$应另参考有关手册选取。

二、铰制孔用螺栓联接的强度计算

如图6-11所示，这种联接是将螺栓穿过被联接件上的铰制孔并与之过渡配合。其受力形式为：在被联接件的接合面处螺栓杆受剪切，螺栓杆表面与孔壁之间受挤压。因此，应分别按挤压强度和抗剪强度计算。

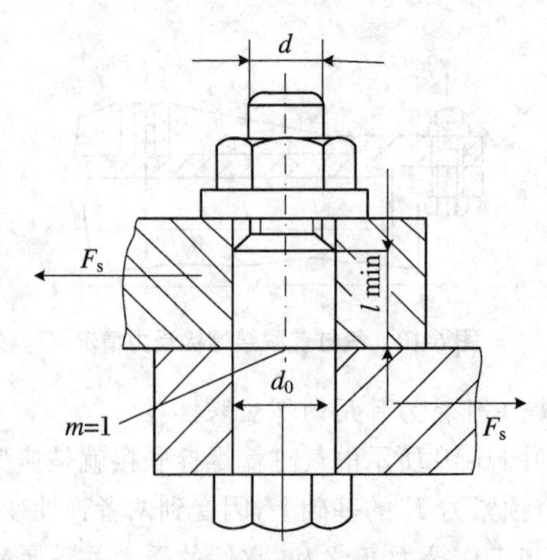

图6-11 铰制螺纹孔受力情况

这种联接所受的预紧力很小，所以在计算中不考虑预紧力和螺纹摩擦力矩的影响。

螺栓杆与孔壁的挤压强度条件为

$$\sigma_p = \frac{F_s}{d_0\delta} \leqslant [\sigma]_p \tag{6-17}$$

螺栓杆的抗剪强度条件为

$$\tau = \frac{F_s}{m\pi d_0^2/4} \leqslant [\tau] \tag{6-18}$$

式中，F_s——单个螺栓所受的横向工作载荷(N)；

δ——螺栓杆与孔壁挤压面的最小高度(mm)；

d_0——螺栓剪切面的直径(mm)；

m——螺栓受剪面数；

$[\sigma]_p$——螺栓或孔壁材料中较弱者的许用挤压应力(N/mm^2)，可查表6-3、表6-4获得；

$[\tau]$——螺栓材料的许用切应力(N/mm^2)，可查表6-3、表6-4获得。

任务实施

- 对单个松螺栓联接进行强度计算；
- 对单个铰制孔用螺栓联接进行强度计算。

任务评价

序号	能力点、知识点	评价	序号	能力点、知识点	评价
1	观察能力		3	掌握螺纹强度的计算方法	
2	分析螺栓联接的基本形式		4	分析联接预紧力对联接强度的影响	

思考与练习

1. 在什么情况下螺栓联接的安全系数大小与螺栓直径有关？试说明其原因。

2. 紧螺栓联接所受轴向变载荷在$0\sim F$间变化，当预紧力F_0一定时，改变螺栓或被联接件的刚度，对螺栓联接的抗疲劳强度和联接的紧密性有何影响？

3. 在保证螺栓联接紧密性要求和静强度要求的前提下，要提高螺栓联接的抗疲劳强度，应如何改变螺栓和被联接件的刚度及预紧力大小？试通过受力变形曲线来说明。

任务2　认识螺旋传动与螺旋机构的应用

子任务　分析螺旋传动的特点、类型与原理

任务目标

理解螺旋传动的工作原理及传动计算，认识螺旋传动在工程中的应用。

任务描述

结合螺纹联接的知识,掌握螺旋传动的基本原理,认识螺旋传动的应用分类。

知识与技能

螺旋传动由螺杆和螺母组成,主要用来将旋转运动变换为直线运动。按其螺旋副(又称螺纹副)中摩擦性质的不同一般分为两类:(1) 螺旋副做相对运动时产生滑动摩擦的滑动螺旋传动;(2) 螺旋副做相对运动时产生滚动摩擦的滚动螺旋传动。

一. 螺旋传动机构的组成和类型

螺旋传动按其用途和受力情况分为如下三类:

1. 传力螺旋

它主要用来传递轴向力,要求用较小的力矩转动螺杆(或螺母)而使螺母(或螺杆)产生直线移动和较大的轴向力,如螺旋千斤顶(如图 6-12 所示)和螺旋压力机的螺旋等。

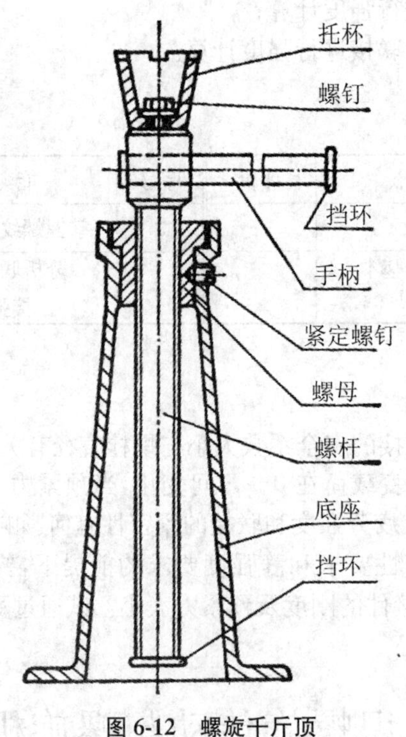

图 6-12 螺旋千斤顶

2. 传导螺旋

它主要用来传递轴向力,要求具有较高的传动精度,例如车床刀架和进给机构的螺旋等。

3. 调整螺旋

它主要用来调整和固定零件或工件的相互位置,不经常传动,受力也不大,如车床尾座和卡盘头的螺旋等。

这些螺旋传动一般采用梯形螺纹、锯齿形螺纹或矩形螺纹,其主要特点是结构简单,运转平稳无噪声，便于制造，易于自锁，但传动效率较低，摩擦和磨损较大等。

二、滑动螺旋传动的设计计算

1. 根据耐磨性计算螺杆直径

螺母所用的材料一般比螺杆的材料软，所以磨损主要发生在螺母的螺纹表面。影响螺纹磨损的因素很多，目前尚缺乏完善的计算方法，所以通常用限制螺纹表面的压强不超过材料的许用压强来进行计算，即 $P \leqslant [P]$。螺杆直径可按下式计算：

$$d_2 \geqslant \sqrt{\frac{FP}{\pi \psi h [p]}} \quad (单位:\mathrm{mm}) \tag{6-19}$$

式中，d_2——螺纹中径(mm)；

$[P]$——许用压强($\mathrm{N/mm^2}$)，可查表 6-6 获得；

h ——螺纹的工作高度(mm)，对矩形、梯形螺纹 $h=0.5P$，对锯齿形螺纹 $h=0.75P$；

P——螺矩(mm)；

ψ——螺母高度系数，对整体螺母取 $\psi=1.5\sim2.5$，剖分式螺母或受载较大的螺母取 $\psi=2.5\sim3.5$，传动精度较高、载荷较大、要求寿命较长时取 $\psi=4$。

根据公式算得螺纹中径 d_2后，应按标准选取相应的公称直径 d 及螺距 P。由于圈数愈多各圈受力愈不均匀，所以螺纹圈数一般不宜超过 10 圈。

表 6-6　滑动螺旋传动的许用压强$[P]$

螺纹材料	滑动速度(m/min)	许用压强($\mathrm{N/mm^2}$)	螺纹材料	滑动速度(m/min)	许用压强($\mathrm{N/mm^2}$)
铜对青铜	低速 <3.0 6～12 >15	18～25 11～18 7～10 1～2	钢对铸铁	<2.4 6～12	13～18 4～7
			钢对钢	低速	7.5～13
钢对耐磨铸铁	6～12	6～8	淬火钢对青铜	6～12	10～13

注：$\psi<2.5$ 或人力驱动时，$[P]$可提高约 20%，螺母为剖分式时$[P]$应降低约 15%～20%。

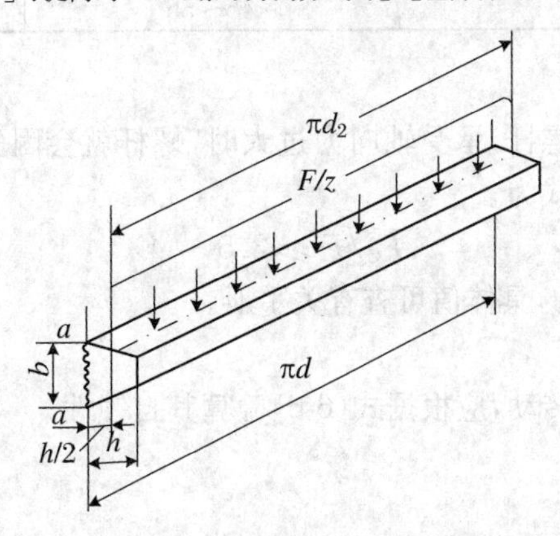

图 6-13　螺纹上一圈螺纹牙展开后的受力分析

2. 螺纹牙的强度计算

为降低摩擦系数,螺母通常采用较软的材料,所以螺纹牙的强度计算主要是计算螺母螺纹牙的剪切和弯曲强度。如图 6-13 所示,螺母上一圈螺纹牙展开后,可看作是悬臂梁,在载荷的作用下,螺纹牙根部 $a-a$ 处受弯曲和剪切作用,其抗剪强度条件为

$$\tau=\frac{F}{z\pi db}\leqslant[\tau]\quad(\text{单位:MPa})\tag{6-20}$$

弯曲强度条件为

$$\sigma_b=\frac{M}{W}=\frac{Fh/2}{\pi dzb^2/6}=\frac{3Fh}{\pi dzb^2}\leqslant[\sigma]_b\tag{6-21}$$

式中,F——轴向载荷(N);

H——螺纹的工作高度;

d——螺母螺纹大径(mm);

z——螺纹工作圈数;

b——螺纹牙根部宽度(mm),对矩形螺纹 $b=0.5P$,锯齿形螺纹 $b=0.74P$,梯形螺纹 $b=0.65P$;

$[\tau]$、$[\sigma]_b$——分别为许用剪切和弯曲应力(N/mm²),可由表 6-7 查得。

3. 螺杆的强度计算

螺杆工作时有压力/拉力和转矩 T,根据第四强度理论可求出危险截面的强度条件为

$$\sigma_e=\sqrt{\sigma+3\tau^2}=\sqrt{\left(\frac{4F}{\pi d_1^2}\right)^2+3\left(\frac{T}{0.2d_1^3}\right)^2}\leqslant[\sigma]\tag{6-22}$$

式中,$[\sigma]$——许用应力(N/mm²),见表 6-7;

T——转矩(N/mm²)。

表 6-7 螺杆和螺母的许用应力

单位:N/mm²

项目	许用应力		
螺杆	$[\sigma]=\sigma_s/(3\sim5)$		
螺母	材料	$[\sigma]_b$	$[\tau]$
	青铜	40~60	30~40
	铸铁	45~55	40

4. 螺杆的稳定性计算

对于长径比大的受压螺杆,承受轴向力过大时,螺杆就会因失稳而破坏,所以需进行稳定性验算。其校核计算公式为

$$F_C/F\geqslant2.5\sim4\tag{6-23}$$

式中,F_C为螺杆的临界压力,具体值可查有关手册。

5. 自锁性验算

对于要求自锁的螺旋传动,应根据式(6-6)验算其自锁性。

三、滚动螺旋传动

1．滚珠丝杠副的组成及特点

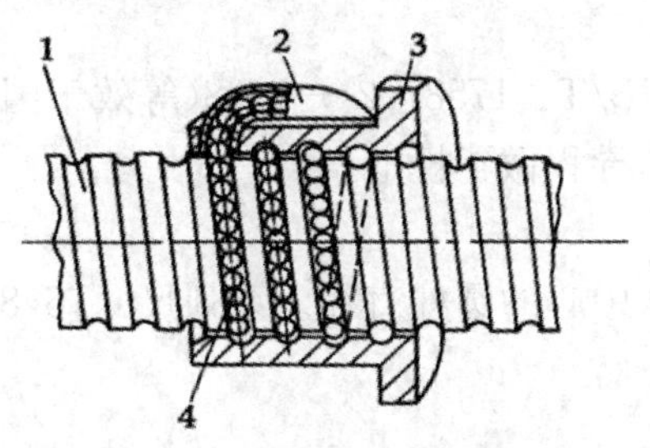

1—丝杠；2—反向器；3—螺母；4—滚珠

图6-14　滚珠丝杠副的组成原理

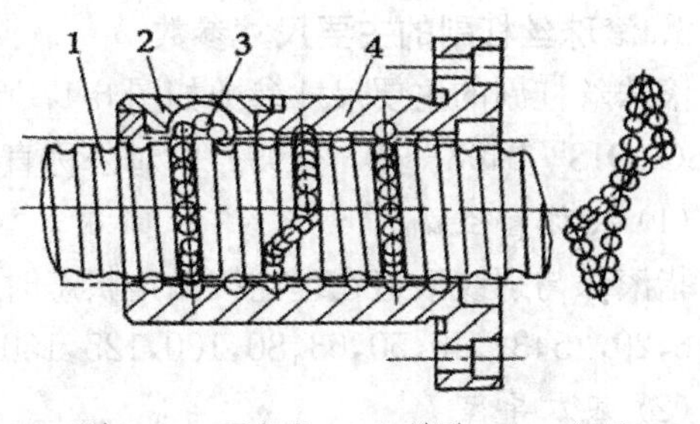

1—丝杠；2—反向器；3—滚珠；4—螺母

图6-15　滚珠的内循环结构

如图6-14所示，滚珠丝杠副主要由丝杠1、螺母3、滚珠4和反向器2组成。在丝杠外圆和螺母内孔上分别开出断面呈半圆形的螺旋槽，丝杠与螺母内孔用间隙配合，两构件上的螺旋槽配合成断面呈圆形的螺旋通道，在此通道中充入钢珠就使两构件联接起来，构成滚动螺旋装置或称滚珠丝杠副。滚珠丝杠副螺旋面的摩擦为滚动摩擦。为防止滚珠从滚道端部掉出和保证滚珠做纯滚动，9还设置有滚珠回程引导装置(又称反向器)，使滚珠得以返回入口形成循环滚动。

滚珠丝杠副螺旋面之间为滚动摩擦，具有摩阻小、效率高、轴向刚度大、运动平稳、传动精度高、寿命长等突出特点。它早已在汽车和拖拉机的转向机构中得到应用。目前在要求高效率和高精度的场合广泛应用，例如飞机机翼和起落架的控制、水闸的升降机构和数控机床进给装置等。应该注意到滚珠丝杠副逆传效率高(可达到80%以上)、不自锁对使用带来的影响，例如用普通丝杠副提吊重物在半途暂停时因普通丝杠副的自锁使重物不会因重力自动下移，但换成滚珠丝杠副就要采取措施防止重物自动下移。

2．滚珠丝杠副的典型结构类型

(1) 按滚珠的循环方式分类

分为内循环和外循环两种。外循环方式的滚珠返回时离开丝杠螺纹滚道，在螺母的体内或体外循环滚动，根据滚珠返回的结构又分为螺旋槽式、插管式(图6-14)、端盖式三种。内循环方式的滚珠在整个循环过程中始终与丝杠表面接触，如图6-15所示，其特点是滚珠循环回程短，使流畅性好、效率高、螺母径向尺寸小，但反向器加工困难、装配不便。

(2) 按螺纹滚道型面的形状及主要尺寸分类

如图6-16所示，螺纹滚道有单圆弧型(图6-16(a))和双圆弧型(图6-16(b))两种。图中β称为接触角，是滚道型面在滚珠接触点的法线与丝杠横断面的夹角，一般取$\beta=45^\circ$。

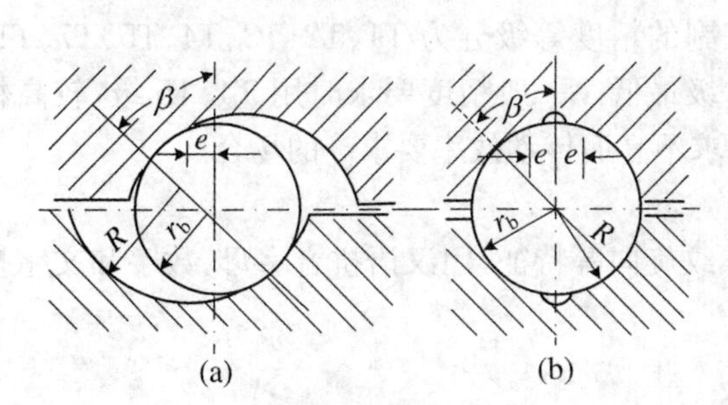

图6-16　螺纹滚道型面的形状及主要尺寸

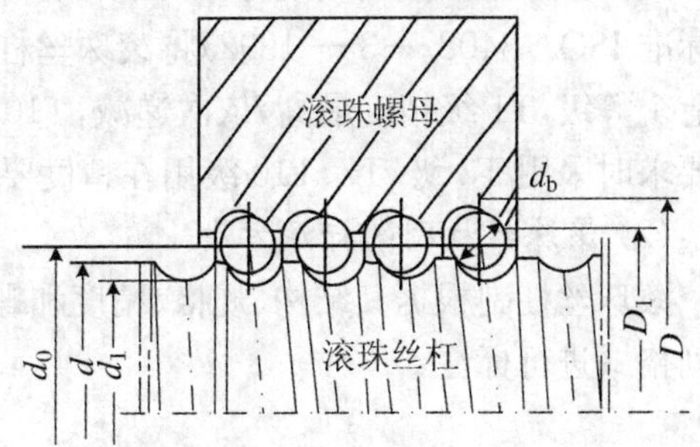

图6-17　滚珠丝杠副的主要尺寸参数

单圆弧型具有加工容易、精度高、价格低等优点，但也有润滑效果稍差和工作中接触角β变化等缺点。双圆弧型的接触角β不变，润滑效果好，但存在加工和检验麻烦，价格高等缺点。

3. 滚珠丝杠副的主要尺寸参数

滚珠丝杠副的主要尺寸参数如图6-17所示，在GB/T 17587.2—1998(等效于国际标准ISO/DIS 3408—2—1991)中对公称直径和基本导程做了规定。

(1) 公称直径d_0

指滚珠与螺纹滚道在理论接触角状态时包络滚珠中心的圆柱直径。系列尺寸:6,8,10,12,16,20,25,32,40,50,63,80,100,125,160,200。

(2) 基本导程l_0

指丝杠相对于螺母转过一周时螺母基准点的轴向位移。系列尺寸:1,2.5,3,4,5,6,8,10,12,16,20,25,32,40。

(3) 行程l

指丝杠相对于螺母转过某一任意角度时螺母基准点的轴向位移。

(4) 滚珠直径d_b

一般取$d_b \approx 0.6 l_0$。

此外，还有丝杠螺纹大径d、小径d_1和螺纹全长l_s，螺母螺纹大径D和小径D_1等参数。

4. 滚珠丝杠副的轴向间隙调整和预紧方法

(1) 单螺母式

采用单螺母的滚珠丝杠副的轴向间隙调整比较困难，目前采用的方法有两种：

① 变导程螺母法。滚珠螺母体内的两列滚珠之间在轴向制作一个导程突变量Δl_0，使两列滚珠产生轴向错位而实现预紧。

② 增大滚珠直径法。让滚珠直径与滚道直径相等或略微大几个微米，以实现无间隙或预紧的目的。

(2) 双螺母式

总的调整方法是安装时设法改变两个螺母的相对轴向距离，使各自的滚珠紧靠到滚道的不同侧面上，从而消除滚珠丝杠副的轴向间隙。根据结构可分为齿差预紧式、垫片(端盖)预紧式、螺旋预紧式三种。

5. 滚珠丝杠副的精度等级和标注方法及其选用

(1) 滚珠丝杠副的精度等级

我国滚珠丝杠副的精度标准几经修订，目前采用的部标JB 3162.2—1991(等效于国际标准ISO 3408—3—1992)将滚珠丝杠副的精度等级分为T1、T2、T3、T4、T5、T7、T10共七个等级，T1级精度最高，依次递减，T10级最低。一般精度要求时用T4、T5级，较高精度要求时采用T3级，T7、T10级用在精度要求不高而传动效率要求高的场合。

(2) 滚珠丝杠副的标注方法

滚珠丝杠副根据其结构、规格、精度和螺纹旋向等特征，用汉语拼音字母、数字和文字按下列格式进行标注：

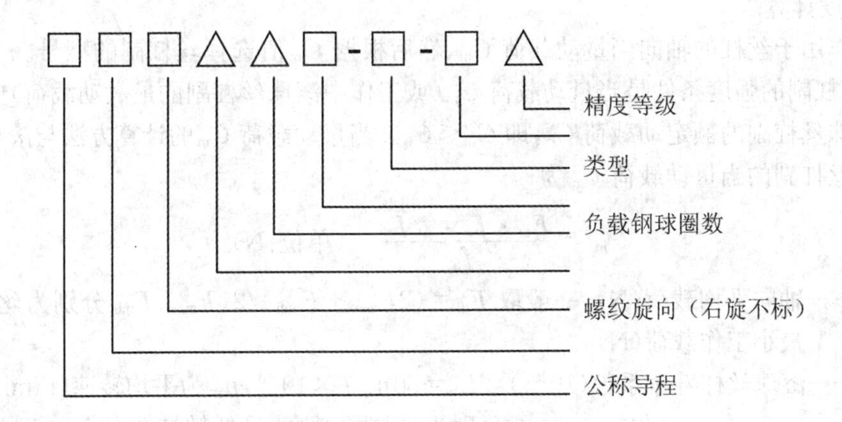

各特征使用的代号如表 6－8 所示。

表 6-8 滚珠丝杠副的旋向、预紧、循环及结构特征代号

项目		代号	项目			代号
结构特征	导珠管埋入式	M	预紧方式	单螺母	变导程预紧	B
	导珠管凸出式	T			增大钢球直径预紧	Z
内循环方式	浮动式	F			无预紧	W
	固定式	G		双螺母	齿差预紧	C
外循环方式	插管式	C			螺帽预紧	L
螺纹旋向	左旋(右旋不标)	LH			垫片预紧	D

(3) 滚珠丝杠副设计选用方法和步骤

在选用滚珠丝杠副时，必须先知道实际的工作条件：最大工作载荷 F_{max}（或平均工作载荷 F_m）作用下的使用寿命 T，丝杠的工作长度 l（或螺母的有效行程），丝杠的最高转速 n_{max}（或平均转速 n_m），滚道的硬度 HRC 值及丝杠的工况。然后按下列步骤进行设计：

① 滚珠丝杠副结构的选择

根据防尘防护条件以及对调整间隙、预紧的要求，选择适当的结构形式。例如，当允许有间隙存在时（如垂直运动），可选用具有单圆弧形螺纹滚道的单螺母滚珠丝杠副；当必须有预紧或在使用过程中因磨损而需要定期调整时，应采用双螺母预紧式或齿差预紧式结构；当具备良好的防尘条件，且只需在装配时调整间隙及预紧力时，可采用结构简单的双螺母预紧式结构。

② 强度计算原则

滚珠丝杠在工作过程中承受轴向载荷，使得滚珠和滚道型面间产生接触应力，对滚道型面上某一点来说，是交变接触应力。在这种交变应力的作用下，经过一定的应力循环次数后，滚道或滚道型面产生疲劳损伤，从而使滚珠丝杠丧失工作性能，这是滚珠丝杠副破坏的主要形式。所以滚珠丝杠副的强度计算原则与滚动轴承相似，即要防止疲劳点蚀。在设计滚珠丝杠副时，必须保证它在一定的轴向载荷作用下，在回转 10^6 转后，滚道和滚珠不应有点蚀的现象发生，此时所承受的轴向载荷称为这种滚珠丝杠能承受的最大额定动载荷 C_a。最大额定动载荷通过实验方法确定，是滚珠丝杠副的一项重要性能参数，可从产品手册中查得。

③ 强度计算

计算作用于丝杠的轴向当量动载荷 C_m，然后根据 C_m 值选择丝杠副的型号。一般情况下，滚珠丝杠副的强度条件是当量动载荷 C_m（或工作中滚珠丝杠副的最大动载荷）应小于所选用的滚珠丝杠副的额定动载荷 C_o，即 $C_m \leqslant C_o$。当量动载荷 C_m 的计算方法与滚动轴承相同。滚珠丝杠副的当量动载荷 C_m 为

$$C_m = \frac{F_m \cdot f_w \cdot \sqrt[3]{L_h}}{f_a} \quad (\text{单位:N}) \tag{6-24}$$

式中，F_m——轴向平均载荷(N)，一般取 $F_m = (2F_{max} + F_{min})/2$，$F_{max}$、$F_{min}$ 分别为丝杠最大、最小工作载荷(N)。

L_h——滚珠丝杠寿命系数(10^6 r)。$L_h = 60 n_m T \times 10^{-6}$，$n_m$ 为平均转速(r/min)，$n_m = (n_{max} + n_{min})/2$，$n_{max}$、$n_{min}$ 分别为丝杠的最高、最低转速(r/min)；T 为丝杠使用寿命(h)，普通机械可取 $T = 5000 \sim 10000$ h，数控机床可取 $T = 15000$ h。

f_w——载荷系数。平稳或轻度冲击时取 1～1.2，中等冲击时取 1.2～1.5，较大冲击或振动时取 1.5～2.5。

f_a——精度系数。1、2、3 级丝杠取 $f_a = 1$；4、5、7 级丝杠取 $f_a = 0.9$。

滚珠丝杠在低速($n \leqslant 10$ r/min)情况下工作时，如果最大接触应力超过材料的弹性极限，则会产生塑性变形，塑性变形超过一定的限度就会破坏滚珠丝杠的正常工作。一般允许其塑性变形量不超过钢球直径 d_b 的 1/10000。产生此变形时，作用在丝杠副上的载荷称为额定静载荷 C_{oa}。在此状态下工作的丝杠无需计算其当量动载荷 C_m，而只考虑其额定静载荷 C_{oa} 是否充分超过了最大工作负荷 F_{max}。一般 $C_{oa}/F_{max} = 2 \sim 3$。

④ 确定型号

从滚珠丝杠系列中找出额定动载荷 C_o 大于当量动载荷 C_m 并与其值相近的丝杠副，初选几个滚珠丝杠副的型号及有关参数，再根据具体工作类型、循环方式、预紧方法及结构特征等方面的要求，从初选的几个型号中再挑选出比较合适的公称直径 d_0、导程 L_0 及负荷钢球圈数，确定某一型号。

(4) 校核计算

根据所选出的型号，列出(或算出)其主要参数的数值，验算其刚度及稳定性等是否满足要求。如不满足要求，则需另选其他型号，再做上述的计算和验算，直至满足要求为止。

① 刚度计算

对于传递扭矩大，传递精度要求高的滚珠丝杠，应校核其刚度，即验算滚珠丝杠满载时的变形量。

滚珠丝杠在轴向力的作用下将产生变形(伸长或缩短)，在扭矩的作用下将产生扭转而引起丝杠导程的变化，从而影响传动精度及定位精度，所以应验算满载时的变形量。其验算公式如下：滚珠丝杠在最大工作负载 F_{max} 和扭矩 M 共同作用下，所引起的每一导程的变形量为

$$\Delta l = \pm \frac{F_{max} l_0}{EA} \pm \frac{M l_0^2}{2\pi IE} \leqslant [\Delta l] \quad (\text{单位:mm}) \tag{6-25}$$

式中，E——丝杠材料的弹性模量，钢取 $E = 2.1 \times 10^5$ MPa；

A——丝杠的最小截面积(mm^2)；

M——扭矩(N·mm)；

I——丝杠小径 d_1 的惯性矩，$I = \pi d_1^4/64$；

l_0——丝杠的基本导程(mm)；

$[\Delta l]$——丝杠每一导程所允许的变形量，在丝杠副精度标准中一般规定每一弹性变形所允许的基本导程误差值；

±号——拉伸时用"+"，压缩时用"-"。

② 压杆稳定性计算

对于细长受压的滚珠丝杠，应校核其压杆稳定性，即在给定的支承条件下承受最大轴向压缩载荷时，是否会产生纵向弯曲。

由材料力学知识，可有

$$F_k = f_k \pi^2 EI/(Kl^2) \geqslant F_{max} \quad (单位:N) \tag{6-26}$$

式中，F_k——实际承受载荷的能力；

f_k——压杆稳定支承系数，丝杠两端均为双向推力球轴承时 $f_k=4$，两端均为单向推力球轴承时 $f_k=1$，一端为双向推力球轴承另一端为简支时 $f_k=2$，一端为双向推力球轴承另一端为自由式时 $f_k=0.25$；

K——压杆稳定安全系数，一般取 $K=2.5\sim4$，垂直安装时取小值；

l——丝杆的工作长度(mm)。

如果 $F_k<F_{max}$，则丝杠会失去稳定，易发生翘曲。两端装推力轴承与向心轴承时，丝杠一般不会发生失稳现象。

任务实施

实际操作螺旋传动设备，分析螺旋传动的工作原理，掌握螺旋传动力的计算方法，认识螺旋传动的特点。

任务评价

序号	能力点、知识点	评价	序号	能力点、知识点	评价
1	观察能力		3	掌握螺旋传动的受力分析	
2	分析螺旋传动的受力情况		4	分析螺旋传动的优缺点	

思考与练习

1. 试证明具有自锁性的螺旋传动其效率恒小于50%。

2. 试计算 M20、M20×1.5 螺纹的升角，并指出哪种螺纹的自锁性较好。

3. 如图6-18所示，一升降机构承受载荷 Q 为100 kN，采用梯形螺纹，$d=70$ mm，$d_2=65$ mm，$P=10$ mm，线数 $n=4$。支承面采用推力球轴承，升降台采用滚轮导向，它们的摩擦阻力近似为零。试计算：

(1) 工作台稳定上升时的效率，已知螺旋副当量摩擦系数为0.01。

(2) 稳定上升时加于螺杆上的力矩。

(3) 工作台上升速度为800 mm /min，试按稳定运转条件求螺杆所需达到的转速和功率。

(4) 欲使工作台在载荷 Q 作用下等速下降，加于螺杆上的制动力矩应为多少？

4. 用两个 M10 螺钉固定一牵曳钩，如果螺钉材料为 Q235 钢，装配时控制预紧力，接合面摩擦系数 $f=0.15$，求其允许的牵曳力。

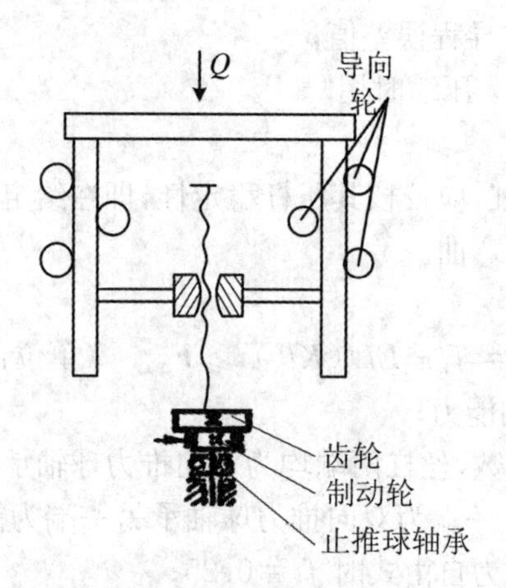

图 6-18 升降机构

项目7 带 传 动

在工程中,带传动是应用比较广泛的一种机械传动,一般由主动带轮、从动带轮和张紧在两轮上的传动带所组成。当主动轮转动时,靠传动带与带轮接触面间的摩擦力带动从动轮一起转动,并传递一定的运动和动力。

任务1 认识各类带传动

子任务1 带传动的类型、应用、特点

任务目标

- 理解带传动的工作原理;
- 掌握带传动的组成和类型;
- 掌握带传动的特点和应用。

任务描述

通过观察与使用带式输送机装置的带传动,如图7-1所示,了解并掌握带传动的类型、特点、应用。

知识与技能

一、带传动工作原理

如图7-2所示,带传动由主动带轮1、从动带轮2和环形挠性传动带3组成。带与带轮在张紧力的作用下接触面间产生摩擦力,当主动带轮1顺时针转动时,带动从动轮一起转动,并传递一定的运动和动力。因此,带传动是利用张紧在带轮上的柔性带进行运动或动力传递的一种机械传动。

二、带传动的类型和应用

根据传动原理的不同,有靠带与带轮间的摩擦力传动的摩擦型带传动,也有靠带与带轮上的齿相互啮合传动的同步带传动。因此,可将带传动分为摩擦带传动和啮合带传动两类。图7-3所示的同步齿形带传动就属于啮合带传动,它克服了摩擦带传动弹性滑动与打滑对

传动比的影响，适用于高速、高精度仪器装置及传递较大载荷的场合。

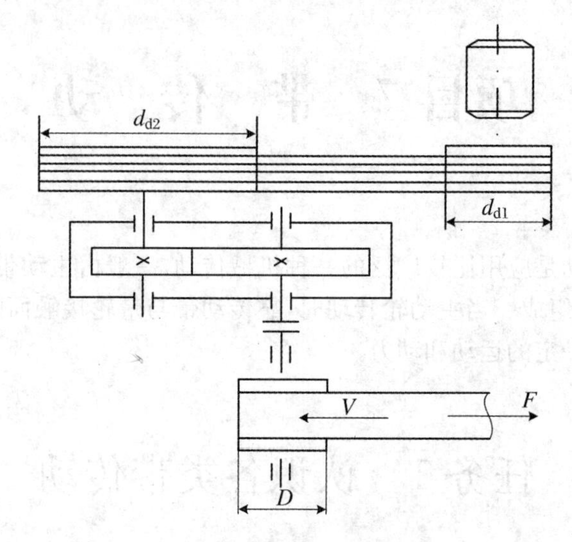

图 7-1　带式输送机中的带传动

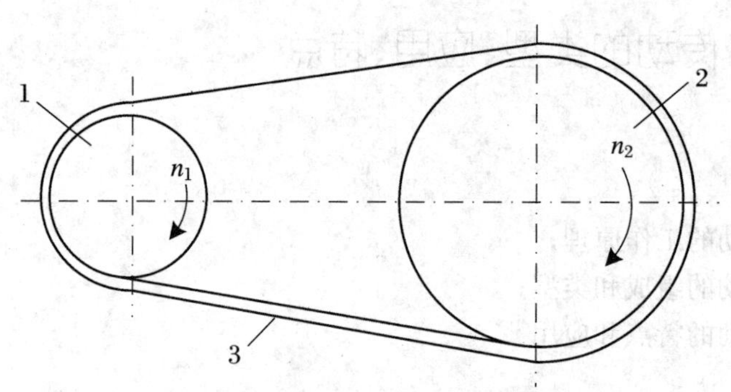

1—主动带轮；2—从动带轮；3—传动带

图 7-2　带传动的工作原理

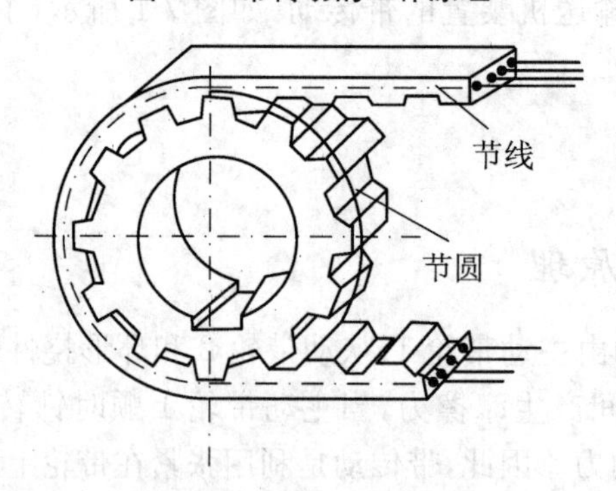

图 7-3　同步齿形带传动

摩擦带传动按传动带的截面形状可分为以下几种：

1．平带传动

如图 7-4(a)所示，平带传动靠带内表面与带轮外圆面的摩擦实现传动。平带传动中带的截面形状为矩形，常用的是橡胶帆布带。平带传动形式有开口传动、交叉传动和半交叉传动等，分别适应主动轴与从动轴不同相对位置和不同旋转方向的需要。平带传动结构简单，传动能力一般，且容易打滑，适用于中心距较大、传动比 $i=3$ 左右的传动。

2. V带传动

如图 7-4(b)所示，V带传动靠带与型槽两壁面的摩擦实现传动。V带通常是数根并用，带轮上有相应数目的型槽。采用V带传动时，带与轮接触良好，不易打滑，传动比相对稳定，运行平稳。V带传动适用于中心距较短、传动比 $i=7$ 左右的传动，在垂直和倾斜的传动中也能较好地工作。

3. 多楔带传动

如图 7-4(c)所示，多楔带是在平带机体上由多根V带组成的传动带。多楔带传递的功率较大，能够避免因多根V带长度不等而产生传动力不均匀的缺点。适用于传递功率较大而又要求结构紧凑的场合。

4. 圆带传动

如图 7-4(d)所示，圆带传动靠带与型槽底部圆弧面的摩擦实现传动。

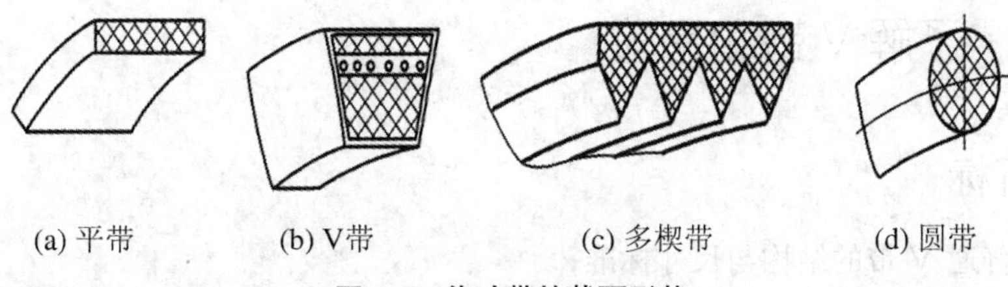

(a) 平带 (b) V带 (c) 多楔带 (d) 圆带

图 7-4 传动带的截面形状

三、带传动的特点和应用

摩擦带传动有如下优点：

(1) 带具有弹性，能缓和冲击、吸收振动，所以故传动平稳、噪声小。

(2) 过载时，带在带轮上打滑，具有过载保护作用。

(3) 结构简单，制造成本低，且便于安装和维护。

(4) 适于远距离传动(中心距可达 15 m)。

摩擦带传动有如下缺点：

(1) 带必须张紧在带轮上，张紧力较大(与啮合传动相比)，增加了对轴的压力。

(2) 带与带轮间会产生摩擦放电现象，不适用于高温、易爆及有腐蚀介质的场合。

(3) 带与带轮间存在弹性滑动，使带寿命较短，不能保证传动比恒定不变。

(4) 传动的外廓尺寸较大、不紧凑，需要张紧装置。

(5) 传动效率较低，$\eta \approx 0.9 \sim 0.95$。

带传动适合于要求传动平稳，传动比要求不严格的而且中心距要求较大的，中小功率的场合。一般摩擦带：带速 $v=5\sim25$ m/s，传动比 $i\leqslant7$，传动功率 $P\leqslant100$ kW。同步齿形带：带速 $v=40\sim50$ m/s，传动比 $i\leqslant10$，传递功率可达 200 kW，传动效率 η 可达 98%～99%。

任务实施

- 操作带式输送机装置；
- 观察带式输送机装置并指出其组成部分；
- 熟悉带式输送机装置的工作原理。

任务评价

序号	能力点	掌握情况	序号	能力点	掌握情况
1	操作能力		3	熟悉带传动的种类	
2	理解带传动原理		4	理解带传动的特点	

思考与练习

1. 带传动有哪些类型？各有什么特点？
2. 试分析摩擦型带传动的工作原理。
3. 列举生活与生产中用到的带传动设备或者装置。

子任务2 了解V带和带轮

任务目标

- 了解普通V带的结构与尺寸标准；
- 了解普通V带轮结构。

任务描述

观察普通V带的外形与断面、带轮的结构，熟悉V带与带轮的结构与标准。

知识与技能

一、普通V带的结构与尺寸标准

1. 普通V带的结构

标准普通V带都制成无接头的环形，其构造如图7-5所示，由顶胶（拉伸层）、抗拉体（强力层）、底胶（压缩层）和包布层组成。带绕过带轮时顶胶和底胶分别承受带弯曲时的拉伸和压缩。包布主要起保护作用。抗拉体是承受负载拉力的主体，分帘布芯和绳芯两种类型，前者制造方便、抗拉强度高，后者柔韧性好、抗弯强度高，适合于带轮直径小、转速较高的场合。

当V带弯曲时，带中保持其原长度不变的周线称为节线，全部节线构成节面。带的节面宽度 b_p称为节宽，V带受纵向弯曲时，该宽度保持不变。

2. 普通V带标准

普通V带的规格、尺寸、性能、使用要求已标准化（GB/T 11544—1997），其节线长度 L_d为带的基准长度，详见表7-1所示。普通V带两侧楔角 α 为 40°，相对高度 h/b_p约为0.7，并按其截面尺寸的不同将其分为Y、Z、A、B、C、D、E七种型号，详见表7-2所示。

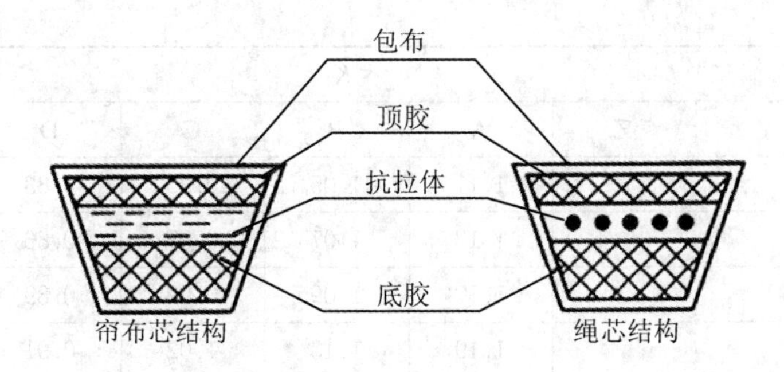

图 7-5 普通 V 带结构

表 7-1 普通 V 带基准长度系列及长度系数(GB/T 11544 — 1997)

基准长度 L_d(mm)	K_L						
	Y	Z	A	B	C	D	E
200	0.81						
224	0.82						
250	0.84						
280	0.87						
315	0.89						
355	0.92						
400	0.96	0.87					
450	1.00	0.89					
500	1.02	0.91					
560		0.94					
630		0.96	0.81				
710		0.99	0.82				
800		1.00	0.85				
900		1.03	0.87	0.81			
1000		1.06	0.89	0.84			
1120		1.08	0.91	0.86			
1250		1.11	0.93	0.88			
1400		1.14	0.96	0.90			
1600		1.16	0.99	0.92	0.83		
1800		1.18	1.01	0.95	0.86		
2000			1.03	0.98	0.88		
2240			1.06	1.00	0.91		
2500			1.09	1.03	0.93		

续表

基准长度 L_d(mm)	K_L						
	Y	Z	A	B	C	D	E
2800			1.11	1.05	0.95	0.83	
3150			1.13	1.07	0.97	0.86	
3550			1.17	1.09	0.99	0.89	
4000			1.19	1.13	1.02	0.91	
4500				1.15	1.04	0.93	0.90
5000				1.18	1.07	0.96	0.92
5600					1.09	0.98	0.95
6300					1.12	1.00	0.97
7100					1.15	1.03	1.00
8000					1.18	1.06	1.02
9000					1.21	1.08	1.05
10000					1.23	1.11	1.07
11200						1.14	1.10
12500						1.17	1.12
14000						1.20	1.15
16000						1.22	1.18

注:表中列有长度系数 K_L 的范围,即为各型号 V 带基准可取值范围。

表 7-2 普通 V 带截面基本尺寸(GB/T 11544 — 1997)

单位:mm

型 号	Y	Z	A	B	C	D	E
顶宽 b	6	10	13	17	22	32	38
节宽 b_p	5.3	8.5	11	14	19	27	32
高度 h	4.0	6.0	8.0	11	14	19	25
楔角 φ	40°						
每米质量 q(kg/m)	0.04	0.06	0.10	0.17	0.30	0.6	0.87

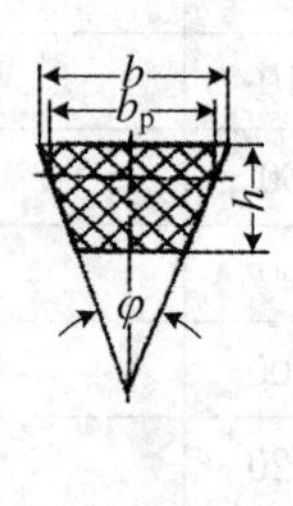

普通 V 带的标记按以下格式标注:

类型-基准长度 国家标准编号

例如“A - 1400 GB/T 11544 — 1997”,表示 A 型普通 V 带,基准长度为 1400 mm。带的标记通常压印在带的外表面,以便使用时识别。

二、普通V带轮

1. 带轮的材料

带传动一般安装在传动系统的高速级，带轮的转速较高，所以要求带轮要有足够的强度。带轮常用材料为灰铸铁，有时也采用铸钢、铝合金或非金属材料。当带轮圆周速度 $v<$ 25 m/s 时，采用 HT150；当 v = 25～30 m/s 时，采用 HT200；速度更高时，可采用铸钢或钢板冲压后焊接；传递功率较小时，带轮材料可采用铝合金或工程塑料。塑料带轮的重量轻，摩擦系数大，常用于机床中。

2. 带轮的结构

带轮的结构一般由轮缘（带轮的外圆部分）、轮毂（带轮与轴配合的部分）、轮辐（轮缘与轮毂相连的部分）等部分组成。轮缘是带轮具有轮槽的部分。轮槽的形状和尺寸与相应型号的带截面尺寸相适应。规定梯形轮槽的槽角为 32°、34°、36°、38°四种，都小于 V 带两侧面的夹角 40°，这是由于带在带轮上弯曲时，截面变形将使其夹角变小，以使胶带能紧贴轮槽两侧。

在 V 带轮上，与所配用 V 带的节宽 b_p 相对应的带轮直径称为带轮的基准直径，以 d_d 表示。V 带轮的设计主要是根据带轮的基准直径选择结构形式，根据带的型号确定轮槽尺寸。普通 V 带轮轮缘的截面图及各部分尺寸如表 7-3 所示。

带轮直径 $d \leqslant 200$ mm 时，可采用实心式，如图 7-6(a)所示；带轮直径 d = 200 ～450 mm 时，可采用腹板式（如图 7-6(b)所示）或者孔板式（如图 7-6(c)所示）；带轮直径 $d>450$ mm 时，可采用轮辐式，如图 7-6(d)所示。

表 7-3　普通 V 带的轮槽尺寸

单位：mm

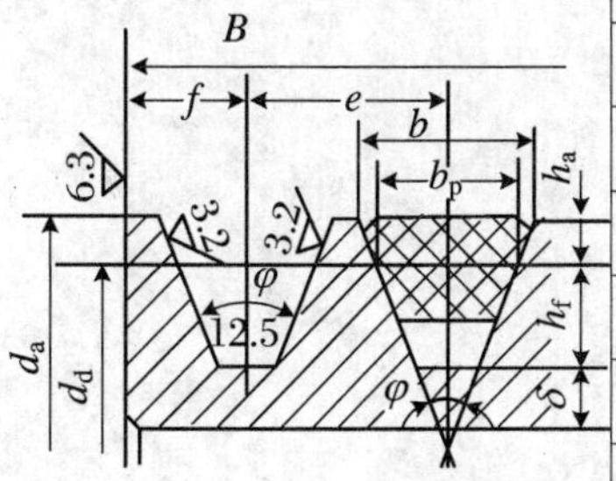

槽形尺寸			型号 Y	Z	A	B	C	D	E
h_a			1.6	2.0	2.75	3.5	4.8	8.1	9.6
h_{fmin}			4.7	7.0	8.7	10.8	14.3	19.9	23.4
b_p			5.3	8.5	11	14	19	27	32
e			8	12	15	19	25.5	37	44.5
f			6	7	9	11.5	16	23	28
δ			5	5.5	6	7.5	10	12	15
B			$B=(z-1)e+2f$，z 为带的根数						
φ	32°	d_d	≤60						
	34°		≤80	≤118	≤190	≤315			
	36°		>60					≤475	≤600
	38°			>80	>118	>190	>315	>475	>600

$$L = (1.5 \sim 2)d \quad (当 B < 1.5d 时, L = B)$$

$$d_1 = (1.8 \sim 2)d$$

$$d_a = d_d + 2h_a$$

式中，L——轮毂宽度(mm)；

d——带轮轴孔径(mm)；

B——带轮宽度(mm)；

d_1——轮毂外径(mm)；

d_a——带轮外径(mm)；

d_d——带轮基准直径(mm)；

h_a——基准线上槽高(mm)。

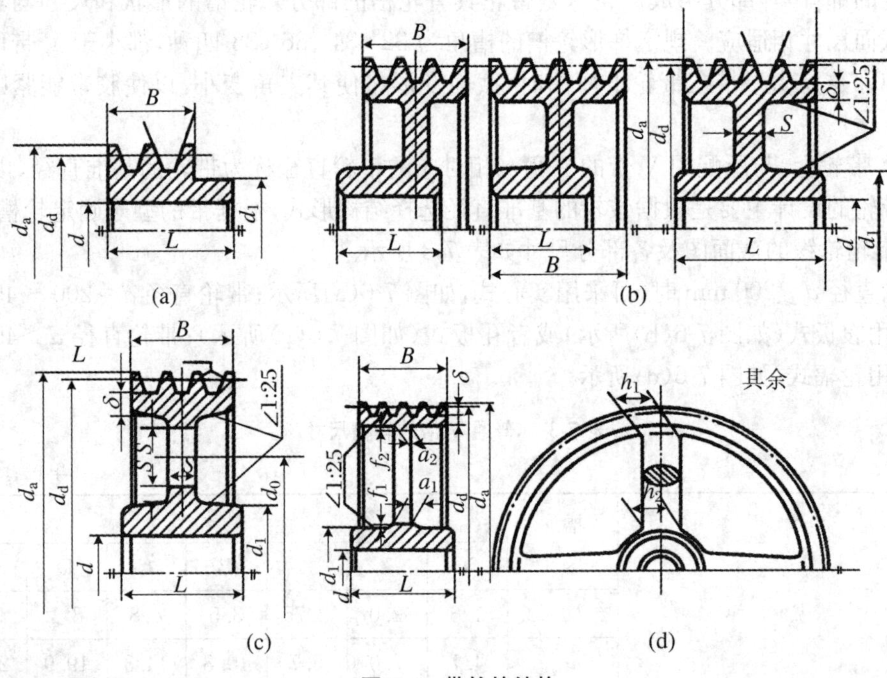

图 7-6　带轮的结构

任务实施

- 观察 V 带横截面结构，分析其组成结构特点；
- 观察不同 V 带轮的结构形式并指出其组成与应用。

任务评价

序号	能力点	掌握情况	序号	能力点	掌握情况
1	分析 $\varphi < \theta$ 的原因		3	熟悉带轮材料能力	
2	理解 V 带结构、特点		4	理解常用带轮结构	

思考与练习

1. 普通 V 带由哪几部分组成？普通 V 带按截面形状不同分为哪几个型号？
2. 普通 V 带轮的常用材料有哪几种？各应用于什么场合？
3. 普通 V 带轮的结构有哪几种？各应用于什么场合？
4. 三角带轮的槽角 φ 为什么要比传动带两侧的夹角 θ 小？

任务 2 分析带传动工作能力

子任务 1 分析带传动受力

任务目标

- 理解普通 V 带的受力分析；
- 了解影响普通 V 带传动能力的因素。

任务描述

分析 V 带传动的受力，检验影响带传动的传动能力的主要因素。

知识与技能

一、带传动受力分析

如图 7-7(a)所示，带传动必须以一定的初拉力 F_0 张紧在带轮上，不传动时，带两边的拉力都等于初拉力 F_0；如图 7-7(b)所示，传动时，由于带与带轮间摩擦力的作用，带两边的拉力不再相等。绕上主动轮的一边，拉力由 F_0 增加到 F_1，称为紧边；绕上从动轮的一边，拉力由 F_0 减小到 F_2，称为松边。设环形带的总长度不变，并考虑带为弹性体，则紧边拉力的增加量 $F_1 - F_0$ 应等于松边拉力的减小量 $F_0 - F_2$，即有

$$2F_0 = F_1 + F_2 \tag{7-1}$$

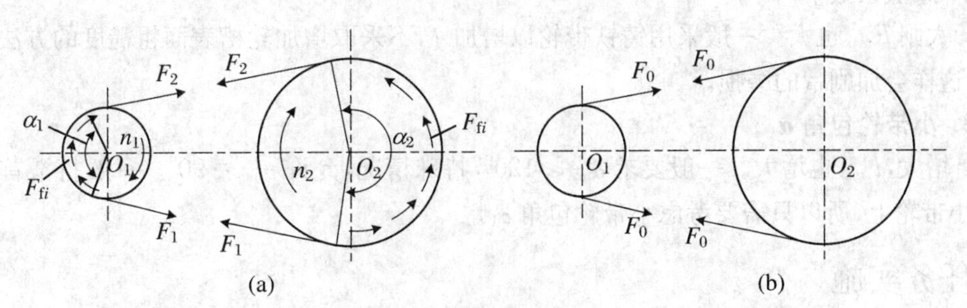

图 7-7 带传动受力分析

紧边和松边的拉力差,即为带传动的有效圆周力 F。在数值上,F 等于任一带轮与带接触 F 弧上的摩擦力的总和 $\sum F_f$,即

$$F = \sum F_f = F_1 - F_2 \tag{7-2}$$

有效圆周力、带速和带传递的功率之间的关系为

$$P = \frac{Fv}{1000} \quad (\text{单位取 kW}) \tag{7-3}$$

当传动的功率增大时,带两边拉力的差值也相应增大,带两边拉力的这种变化,实际上反映了带和带轮接触面上摩擦力的变化。显然,当其他条件不变且初拉力 F_0 一定时,这个摩擦力有一极限值,这一极限值就限制着带的传动能力。当摩擦力达到极限值时,由柔韧体摩擦的欧拉公式,得紧边拉力与松边拉力的关系为

$$F_1 = F_2 e^{f\alpha} \tag{7-4}$$

由式(7-1)、式(7-4)得带能传递的圆周有效拉力为

$$\begin{cases} F_1 = F \dfrac{e^{f\alpha_1}}{e^{f\alpha_1} - 1} \\ F_2 = F \dfrac{1}{e^{f\alpha_1} - 1} \\ F_{max} = 2F_0 \dfrac{e^{f\alpha_1} - 1}{e^{f\alpha_1} + 1} \end{cases} \tag{7-5}$$

式中,f ——带与轮面间的摩擦系数;

α_1——小带轮的包角,单位为 rad;

e——自然常数,e≈2.718。

当带所传递的有效圆周力超过极限值时,带与带轮之间将发生显著的相对滑动,此时有效拉力 F 取得极大值,这种现象称为打滑。打滑将使带的磨损加剧,传动效率降低,最终致使带传动丧失工作能力。

二、影响带传动工作能力的因素

由前面所述可以分析出,影响带传动工作能力的因素有:

1. 初拉力 F_0

F_0越大,带与带轮的正压力越大,F_{max}也越大。但 F_0过大,带的磨损加剧,拉应力增加造成带的松弛和寿命降低。安装时 F_0要适当。

2. 摩擦系数 f

f 大则 F_{max}也大。一般采用铸铁带轮以增加 f,不采取增加轮槽表面粗糙度的方法来增加 f,这样会加剧带的磨损。

3. 小带轮包角 α_1

α_1增大,F_{max}也增大。一般要求 $\alpha_{min} \geqslant 120°$,特殊情况,允许 $\alpha_{min} = 90°$。一般打滑首先发生于小带轮上,所以只需要考虑小带轮包角 α_1。

任务实施

- 观察 V 带横截面结构,分析其组成结构特点;
- 观察不同 V 带轮的结构形式并指出其组成与应用。

任务评价

序号	能力点	掌握情况	序号	能力点	掌握情况
1	带受力分析能力		3	熟悉带的传动能力	
2	理解有效拉力公式		4	理解影响带传动工作能力的因素	

思考与练习

1. 简述并分析影响带传动的传动能力的因素有哪些。

2. 为了提高传动能力，是应将带轮工作面加工粗糙，增加摩擦系数呢？还是应降低加工表面的粗糙度？为什么？

子任务2　应力分析

任务目标

- 学会分析V带传动的应力组成；
- 理解V带传动的应力分布图。

任务描述

分析V带传动的应力组成、V带传动的应力分布。

知识与技能

传动时，带中的应力由以下三部分组成：

一、紧边和松边拉力产生的拉应力

紧边拉应力：

$$\sigma_1 = \frac{F_1}{A} \quad (\text{单位:MPa}) \tag{7-6}$$

松边拉应力：

$$\sigma_2 = \frac{F_2}{A} \quad (\text{单位:MPa}) \tag{7-7}$$

式中，A——带的横截面面积(mm^2)；

F_1、F_2——紧边和松边拉力(N)。

二、离心力产生的拉应力

带沿带轮轮缘作圆周运动时，将引起离心力，由离心力产生的拉应力作用于全部带长的各个截面，并可由下式计算：

$$F_C = qv^2 \tag{7-8}$$

式中，q——每米带的质量(kg/m)，见表 7-2；

v——带速(m/s)；

F_C——带上产生的离心力(N)。

离心力只发生在带作圆周运动的部分，但产生的离心拉应力却作用于带的全长。离心拉应力可由下式计算：

$$\sigma_c = qv^2/A \tag{7-9}$$

它作用于带的全长且各个截面数值相等。因离心拉应力与速度平方成正比，而 σ_c 过大会降低带传动的工作能力，因此应限制带速 $v \leqslant 25$ m/s。

三、弯曲应力

弯曲应力仅产生于带绕在带轮上的部分。如果近似认为带的材料符合胡克定律，由材料力学公式可知，带绕过带轮时，引起弯曲变形并产生弯曲应力。由材料力学公式可导出带的弯曲应力计算公式：

$$\sigma_b = \frac{2Eh_a}{d_d} \quad (\text{单位:MPa}) \tag{7-10}$$

式中，E——带材料的弹性模量(MPa)；

h_a——带的顶部到节面的距离(mm)；

d_d——V 带带轮的基准直径(mm)。

弯曲应力只发生在带与带轮接触的圆周部分，且带轮直径越小，带越厚(型号越大)，带的弯曲应力就越大，两个带轮直径不同时，带在小带轮上的弯曲应力比在大带轮上的大。

如图 7-8 所示的是带在工作时的应力分布情况。可以看出带处于变应力状态下工作，当应力循环次数达到一定数值后，带将发生疲劳破坏。图中小带轮为主动轮，最大应力发生在紧边与小带轮接触处，其数值为

$$\sigma_{max} = \sigma_1 + \sigma_{b1} + \sigma_c \tag{7-11}$$

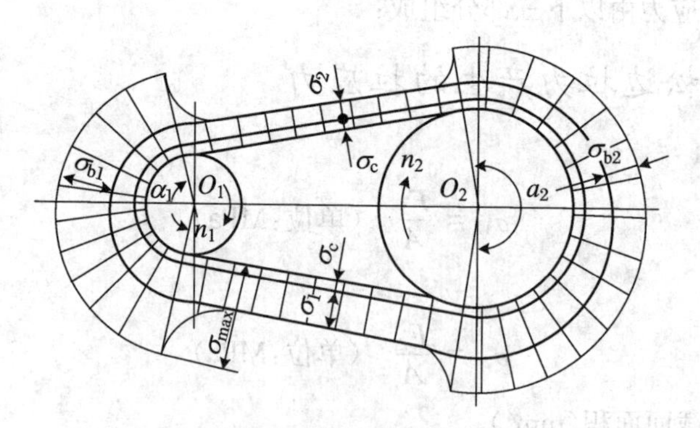

图 7-8 带的应力分布

任务实施

- 分析 V 带传动的应力由哪几部分组成；
- 分析 V 带传动的最大应力的位置。

任务评价

序号	能力点	掌握情况	序号	能力点	掌握情况
1	理解V带传动的应力组成特点		3	学会分析带的应力的能力	
2	理解带的应力分布图		4	理解最大应力的发生	

思考与练习

1. V带传动工作时有哪些应力？这些应力是如何分布的？
2. V带传动的最大应力发生在什么位置？为什么？
3. 带速越高，带的离心力越大，不利于传动，对吗？

子任务3　带传动的弹性滑动和传动比

任务目标

- 理解V带传动中弹性滑动和打滑现象的含义与区别；
- 了解V带传动中打滑现象的克服办法。

任务描述

观察V带传动中的弹性滑动和打滑现象；分析弹性滑动和打滑与带传递的载荷之间的关系。

知识与技能

一、V带的弹性滑动和传动比

带传动在工作时，从紧边到松边，传动带所受的拉力是变化的，因此带的弹性变形也是变化的。弹性滑动是带传动中因带的弹性变形变化而引起的带与带轮间的局部相对滑动。弹性滑动导致从动轮的圆周速度 v_2＜主动轮的圆周速度 v_1，速度降低的程度可用滑动率 ε 来表示：

$$\varepsilon = \frac{v_1 - v_2}{v_1} \times 100\%$$

根据带的线速度与带轮转速之间的关系公式：

$$v_1 = \frac{\pi d_1 n_1}{60 \times 1000}\ (\text{单位:m/s}),\quad v_2 = \frac{\pi d_2 n_2}{60 \times 1000}\ (\text{单位:m/s}),\quad n_1、n_2\ \text{单位取 r/min}$$

可得传动比：

$$i = \frac{n_1}{n_1} = \frac{d_2}{d_1(1-\varepsilon)}$$

$$\varepsilon = \frac{v_1 - v_2}{v_1} \times 100\% = \frac{\pi d_1 n_1 - \pi d_2 n_2}{\pi d_1 n_1} \times 100\%$$

d_1、d_2 单位取 mm(V带为基准直径)。

因带传动的滑动率 $\varepsilon=0.01\sim0.02$，其值不大，可不予考虑，所以传动比

$$i=\frac{n_1}{n_2}=\frac{d_2}{d_1} \tag{7-12}$$

二、打滑

一般来说，并不是在带与带轮全部接触弧上都产生弹性滑动。实践证明，带传动的有效圆周力(即带与带轮间所能产生的摩擦力)有最大值。如果传递的外载荷超过最大有效圆周力，带就在带轮上发生显著的相对滑动现象，即打滑。出现打滑现象时，从动轮转速急剧降低，甚至使传动失效，而且使带严重磨损。因此，打滑是带传动的主要失效形式。带在小带轮上的包角小于大带轮上的包角，带与小带轮的接触弧长较大带轮短，所能产生的最大摩擦力小，所以打滑总是在小带轮上先开始。弹性滑动和打滑是两个完全不同的概念，弹性滑动是由于带的弹性和拉力差引起的，是带传动不可避免的现象，而打滑是由于过载而产生的，是可以而且必须避免的。

三、滑动与打滑的区别

弹性滑动与打滑的区别详见表 7-4。

表 7-4 弹性滑动与打滑的区别

	弹性滑动	打滑
现象	局部带在局部带轮面上发生微小滑动	整个带在整个带轮面上发生显著滑动
产生原因	带轮两边的拉力差，产生带的变形量变化	所需有效圆周力超过摩擦力最大值
性质	不可避免	可以而且应当避免
后果	v_2 小于 v_1；效率下降；带磨损	传动失效；引起带的严重磨损

任务实施

- 观察 V 带传动的弹性滑动实验；
- 分析 V 带传动打滑与弹性滑动的区别。

任务评价

序号	能力点	掌握情况	序号	能力点	掌握情况
1	观察操作 V 带传动的弹性滑动实验		3	理解打滑的产生原因、克服方法及应用	
2	理解传动比概念		4	辨别打滑和弹性滑动的能力	

思考与练习

1. 什么是带的传动比？
2. 简述 V 带传动打滑与弹性滑动的区别。
3. 为什么在多级传动中，常将带传动放在低速级？

任务3 设计计算普通V带传动

任务目标

- 了解V带传动中带传动的主要失效形式与设计准则；
- 掌握V带设计步骤与参数选择；
- 理解V带传动设计参数选择的依据；
- 学会V带传动设计表格的查找与使用。

任务描述

设计一带式运输机的电动机与减速器之间的普通V带传动，如图7-9所示。电动机型号为Y160M-4，额定功率 $P=11$ kW，转速 $n_1=1460$ r/min，减速器输入轴转速 $n_2=584$ r/min，单班制工作，载荷变动小，要求中心距不大于500 mm。

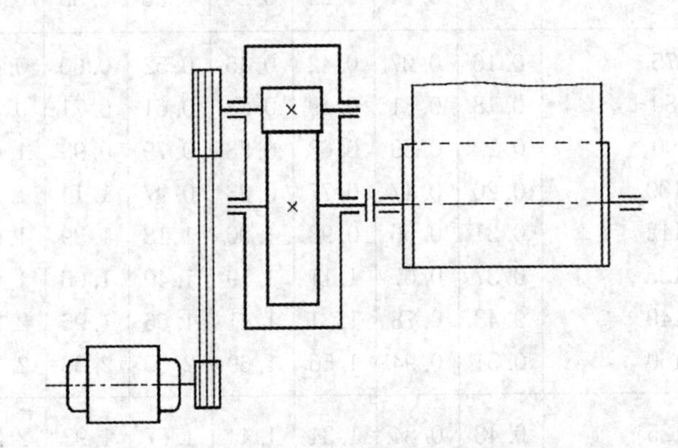

图7-9 带式运输机传动简图

知识与技能

一、带传动的主要失效形式与设计准则

由带的工作情况可知，带传动的主要失效形式包括带与带轮之间的磨损、打滑、带的疲劳破坏(如脱层、撕裂、拉断)等。因此，带传动设计准则是：在传递规定的功率时不打滑，同时具有足够的疲劳强度和一定的使用寿命，即满足式(7-13)、式(7-14)。

$$F \leqslant F_{\max} \tag{7-13}$$

$$\begin{cases} \sigma_{\max} = \sigma_1 + \sigma_{b_1} + \sigma_c \leqslant [\sigma] \\ \sigma_1 \leqslant [\sigma] - \sigma_{b_1} - \sigma_c \end{cases} \tag{7-14}$$

$F=1000\dfrac{v}{P}$满足于两个条件的传递功率是

$$P = ([\sigma] - \sigma_{b_1} - \sigma_c)(1 - e^{-f\alpha_1})Av/1000 \tag{7-15}$$

二、单根V带的额定功率

单根V带所能传递的功率与带的型号、长度、带速、带轮直径、包角大小以及载荷性质等有关。为了便于设计，测得在载荷平稳、包角为180°及特定长度的实验条件下，单根V带在保证不打滑并具有一定使用寿命时所能传递的功率 P_0(kW)，称为额定功率。各种型号的 P_0 值见表7-5。

表7-5　包角 $\alpha=180°$、特定带长、工作平稳条件下，单根普通V带的额定功率 P_0

单位：kW

型号	小带轮基准直径 d_{d1}(mm)	小带轮转速 n_1(r/min)								
		200	400	730	800	980	1200	1460	1600	1800
Z	50	—	0.06	0.09	0.10	0.12	0.14	0.16	0.17	0.18
	56	—	0.06	0.11	0.12	0.14	0.17	0.19	0.20	0.22
	63	—	0.08	0.13	0.15	0.18	0.22	0.25	0.27	0.30
	71	—	0.09	0.17	0.20	0.23	0.27	0.31	0.33	0.36
	80	—	0.14	0.20	0.22	0.26	0.30	0.36	0.39	0.41
	90	—	0.14	0.22	0.24	0.28	0.33	0.37	0.40	0.44
A	75	0.16	0.27	0.42	0.45	0.52	0.60	0.68	0.73	0.78
	80	0.18	0.31	0.49	0.52	0.61	0.71	0.81	0.87	0.94
	90	0.22	0.39	0.63	0.58	0.79	0.93	1.07	1.15	1.24
	100	0.26	0.47	0.77	0.83	0.97	1.14	1.32	1.42	1.54
	112	0.31	0.56	0.93	1.00	1.18	1.39	1.62	1.74	1.89
	125	0.37	0.67	1.11	1.19	1.40	1.66	1.93	2.07	2.25
	140	0.43	0.78	1.31	1.41	1.66	1.96	2.29	2.45	2.66
	160	0.51	0.94	1.56	1.69	2.00	2.36	2.74	2.94	3.17
B	125	0.48	0.84	1.34	1.44	1.67	1.93	2.20	2.33	2.50
	140	0.59	1.05	1.69	1.82	2.13	2.47	2.83	3.00	3.23
	160	0.74	1.32	2.16	2.32	2.72	3.17	3.64	3.86	4.15
	180	0.88	1.59	2.61	2.81	3.30	3.85	4.41	4.68	5.02
	200	1.02	1.85	3.06	3.30	3.86	4.50	5.15	5.46	5.83
	224	1.19	2.17	3.59	3.86	4.50	5.26	5.99	6.33	6.73
	250	1.37	2.50	4.14	4.46	5.22	6.04	6.85	7.20	7.63
	280	1.58	2.89	4.77	5.13	5.93	6.90	7.78	8.13	8.46
C	200	1.39	2.41	3.80	4.07	4.66	5.29	5.86	6.07	6.28
	224	1.70	2.99	4.78	5.12	5.89	6.71	7.47	7.75	8.00
	250	2.03	3.62	5.82	6.23	7.18	8.21	9.06	9.38	9.63
	280	2.42	4.32	6.99	7.52	8.65	9.81	10.47	11.06	11.22
	315	2.86	5.14	8.34	8.92	10.23	11.53	12.48	12.72	12.67
	355	3.36	6.05	9.79	10.46	11.92	13.31	14.12	14.19	13.73

当传动比 $i \neq 1$ 时，两轮直径不相等，带绕过大带轮的弯曲应力较小，所以V带的额定功率还可再附加一个增量 ΔP_0，见表7-6。实际应用中应对额定功率 P_0 做修正，其工作条件下所允许传递的功率为

$$[P_0]=(P_0+\Delta P_0)K_\alpha K_L$$

式中，ΔP_0——传动比 i 不为1时的功率增量(见表7-6)；

K_α——包角修正系数(见表7-7)；

K_L——带长修正系数；

P_0——基本额定功率。

表7-6 考虑 $i \neq 1$ 时，单根普通V带额定功率的增量 ΔP_0

单位:kW

型号	传动比 i	小带轮转速								
		200	400	730	800	980	1200	1460	1600	1800
Z	1.19~1.24	0.00	0.00	0.00	0.01	0.01	0.01	0.02	0.02	0.02
	1.25~1.34	0.00	0.00	0.01	0.01	0.01	0.02	0.02	0.02	0.02
	1.35~1.51	0.00	0.00	0.01	0.01	0.02	0.02	0.02	0.02	0.03
	1.52~1.99	0.01	0.01	0.01	0.02	0.02	0.02	0.02	0.03	0.03
	≥2	0.01	0.01	0.02	0.02	0.02	0.03	0.03	0.03	0.04
A	1.19~1.24	0.01	0.03	0.05	0.05	0.06	0.08	0.09	0.11	0.12
	1.25~1.34	0.02	0.03	0.06	0.06	0.07	0.10	0.11	0.13	0.14
	1.35~1.51	0.02	0.04	0.07	0.08	0.08	0.11	0.13	0.15	0.17
	1.52~1.99	0.02	0.04	0.08	0.09	0.10	0.13	0.15	0.17	0.19
	≥2	0.03	0.05	0.09	0.10	0.11	0.15	0.17	0.19	0.21
B	1.19~1.24	0.04	0.07	0.12	0.14	0.17	0.21	0.25	0.28	0.32
	1.25~1.34	0.04	0.08	0.15	0.17	0.20	0.25	0.31	0.34	0.38
	1.35~1.51	0.05	0.10	0.17	0.20	0.23	0.30	0.36	0.39	0.44
	1.52~1.99	0.06	0.11	0.20	0.23	0.26	0.34	0.40	0.45	0.51
	≥2	0.06	0.13	0.22	0.25	0.30	0.38	0.46	0.51	0.57
C	1.19~1.24	0.10	0.20	0.34	0.39	0.47	0.59	0.71	0.78	0.88
	1.25~1.34	0.12	0.23	0.41	0.47	0.56	0.70	0.85	0.94	1.06
	1.35~1.51	0.14	0.27	0.48	0.55	0.65	0.82	0.99	1.10	1.23
	1.52~1.99	0.16	0.31	0.55	0.63	0.74	0.94	1.14	1.25	1.41
	≥2	0.18	0.35	0.62	0.71	0.83	1.06	1.27	1.41	1.59

表7-7 小带轮包角修正系数 K_α

包角	180	175	170	165	160	155	150	145	140	135	130	125	120
K_α	1.0	0.99	0.98	0.96	0.95	0.93	0.92	0.91	0.89	0.88	0.86	0.84	0.82

三、设计步骤和参数选择

V带传动的设计,一般给定的原始数据是:传动的工作条件,传递的功率 P,转速 n_1、n_2(或传动比 i),对传动外廓尺寸的要求。设计的内容有:V带的型号、长度和根数,带轮的尺寸和结构,传动中心距,计算初拉力 F_0 及作用在轴上的力。

下面介绍V带传动设计的一般步骤,并讨论传动参数的选择。

1. 确定计算功率 P_c

计算功率 P_c 是根据所传递的功率 P,并考虑载荷性质和原动机类别、每天运行时间的长短等因素而确定的。计算功率 P_c 按照下列公式求取:

$$P_c = K_A P \tag{7-16}$$

式中,P——传动的名义功率;

K_A——工作情况系数(见表7-8)。

表7-8 工况系数 K_A(摘自GB/T 13575.1—1992)

工况	工作机	原动机					
		电动机(交流起动、三角起动、直流并励),四缸以上内燃机,装有离心式离合器、液力联轴器的动力机			电动机(联机交流起动、直流复励或串励),四缸以下的内燃机		
		每天工作小时数(h)					
		<10	10～16	>16	<10	10～16	>16
载荷变动很小	液体搅拌机、鼓风机和通风机(≤7.5 kW)、离心式水泵和压缩机、轻负荷输送机	1.0	1.1	1.2	1.1	1.2	1.3
载荷变动小	带式运输机(不均匀负荷)、通风机(<7.5 kW)、旋转式水泵和压缩机(非离心式)、发电机、金属切削机床等	1.1	1.2	1.3	1.2	1.3	1.4
载荷变动较大	制砖机、斗式提升机、往复式水泵和压缩机、起重机、冲剪机床、橡胶机械、振动筛、纺织机械、重载输送机	1.2	1.3	1.4	1.4	1.5	1.6
载荷变动很大	破碎机(旋转式、颚式等)、磨碎机(球磨、棒磨、管磨)	1.3	1.4	1.5	1.5	1.6	1.8

注:反复起动、正反转频繁、工作条件恶劣等场合,K_A应乘1.2。

2. 选择V带型号

根据计算功率 P_c 和小带轮的转速 n_1,由图7-10选取带的型号。所选带型可能会影响到传动的结构尺寸,当坐标点(P_c, n_1)处于图中两种型号分界线附近时,可按两种带型分别计算,选择较好的结果。

3．带轮的基准直径 d_1，d_2

（1）小带轮基准直径 d_1

带轮直径越小，则带的弯曲应力越大，越易于疲劳破坏。小带轮基准直径 d_1 应大于或者等于带轮的最小直径 d_{min}。选择较小直径的带轮，传动装置外廓尺寸小、重量轻；而带轮直径增大，则可提高带速、减小带的拉力，从而可能减少 V 带的根数，但这样将增大传动尺寸。设计时可参考表 7-9 中给出的带轮直径范围，按标准取值。

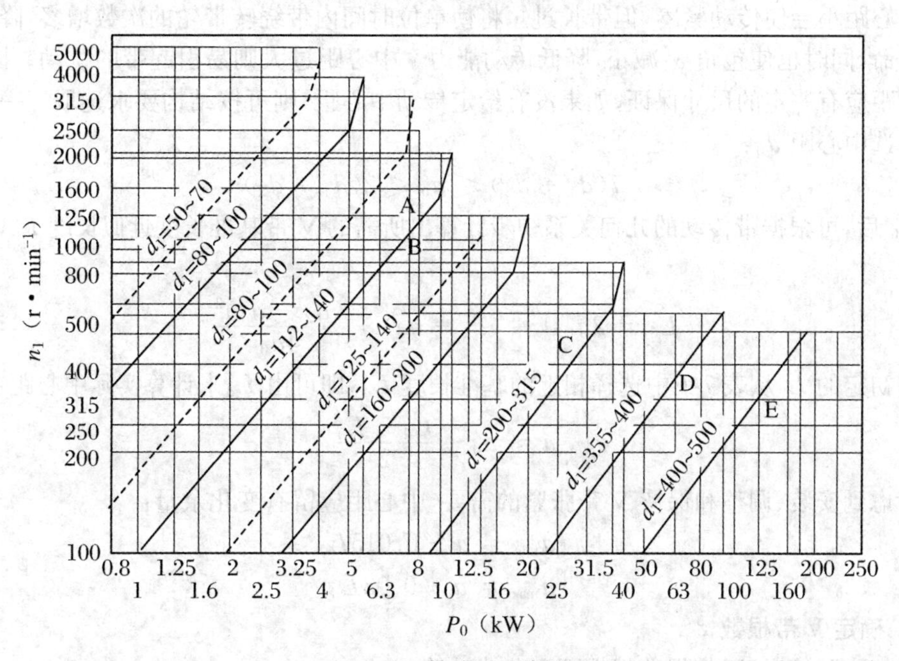

图 7-10 带的型号选择

表 7-9 带轮基准直径

单位：mm

28	31.5	35.5	40	45	50	56	63
(106)	112	(118)	125	132	140	150	160
(265)	280	(300)	315	(335)	355	(375)	100
630	(670)	716	(750)	800	(900)	1000	1050
71	75	80	85	90	(95)	100	
(170)	180	200	(210)	221	(236)	250	
(425)	450	(475)	500	(530)	560	(600)	
1120	1250	1400	1500	1600	1800	2000	

注：括号内的直径尽量不用。

（2）验算 V 带的带速 v(m/s)

一般应在 5～25 m/s，比较适宜的带速为 10～20 m/s。带速超过上述许用范围时，应重选小带轮直径 d_1。

$$v=\frac{\pi d_1 n_1}{60\times1000} \tag{7-17}$$

(3) 计算从动轮基准直径 d_2

根据式(7-18)确定从动轮基准直径 d_2,计算结果一般应按表 7-9 所示的基准直径系列圆整。

$$d_2 = \frac{n_1}{n_2} d_1 \tag{7-18}$$

4. 确定传动中心距 a 和带的基准长度 L_d

中心距小会使传动紧凑,但带长过短将使单位时间内带绕转带轮的次数增多,降低带的使用寿命,同时也使包角 α_1 减小,降低传动能力。中心距过大则易引起带的跳动。因此,传动中心距应有一定的尺寸保证,如果没有给定传动中心距,则可按结构要求选取。一般可按下式初选中心距 a_0:

$$0.7(d_1 + d_2) \leqslant a_0 \leqslant 2(d_1 + d_2) \tag{7-19}$$

初选 a_0 后,可根据带传动的几何关系初步计算出所需的 V 带基准长度近似长度 L_0,如下式所示:

$$L_0 = 2a_0 + \frac{\pi}{2}(d_1 + d_2) + \frac{(d_2 - d_1)^2}{4a_0} \tag{7-20}$$

再根据初定的 L_0 从表 7-1 中选择相近的基准长度 L_d,即可由 L_d 来计算实际中心距:

$$a \approx a_0 + \frac{L_d - L_0}{2} \tag{7-21}$$

考虑到安装、调整和保持 V 带张紧的需要,中心距应留有变化余量:

$$\begin{cases} a_{\min} = a - 0.015L_d \\ a_{\max} = a + 0.03L_d \end{cases} \tag{7-22}$$

5. 确定 V 带根数 z

根据实际情况,V 带根数根据下列公式计算:

$$z \geqslant \frac{P_c}{[P_0]} = \frac{P_c}{(P_0 + \Delta P_0)K_\alpha K_L} \tag{7-23}$$

式中,P_c——计算功率,由式(7-9)确定;

P_0——特定条件单根 V 带的额定功率,见表 7-5;

ΔP_0——考虑到 $i>1$ 时传递功率的增量,见表 7-6;

K_α——包角系数,考虑 $\alpha \neq 180^\circ$ 时对传动能力的影响系数,见表 7-7;

K_L——长度系数,考虑带长不为特定长度时对寿命的影响系数,见表 7-1。

为使各根 V 带受力较为均匀,根数不宜过多,通常为 $Z \leqslant 7$。如果超出范围,可改选 V 带型号重新计算。

6. 确定带的初拉力 F_0

使带保持适当的初拉力是带传动正常工作的必要条件。初拉力不足,则摩擦力小,容易发生打滑;初拉力过大,则使带的应力过大而降低寿命。单根 V 带适宜的初拉力可由下式计算:

$$F_0 = \frac{500P_c}{Zv}\left(\frac{2.5}{K_\alpha} - 1\right) + qv^2 \tag{7-24}$$

式中,P_c——计算功率(kW);

z——V 带的根数;

v——V 带速度(m/s);

K_α——包角修正系数；

q——V带单位长度的质量(kg/m)。

7. 计算V带对轴的压力 F_Q

如图7-11所示为设计轴和轴承，应计算出V带作用在轴上的压力 F_Q。为了简便起见，通常不考虑松边、紧边的拉力差，近似按带两边的初拉力 F_0 的合力来计算：

$$F_Q = 2ZF_0\sin\frac{\alpha_1}{2} \tag{7-25}$$

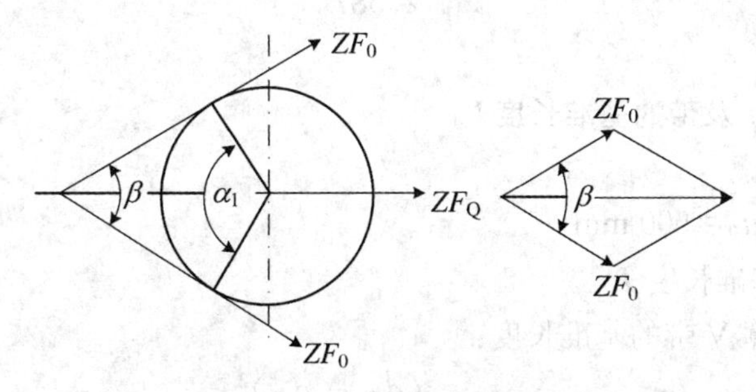

图7-11 V带对轴的压力

8. 验算小带轮上的包角 α_1

根据下式计算小带轮包角，应保证 $\alpha_1 \geqslant 120^\circ$。如果 $\alpha_1 < 120^\circ$，可增大中心距或采用张紧轮。

$$\alpha_1 \approx 180^\circ - \frac{d_{d2} - d_{d1}}{a} \times 57.3^\circ \tag{7-26}$$

任务实施

设计如图7-9所示的带式运输机的电动机与减速器之间的普通V带传动。

1. 确定计算功率

由表7-8，查取工作情况系数 $K_A = 1.1$，即有

$$P_c = K_A P = 1.1 \times 11 = 12.1(\text{kW})$$

2. 选择V带型号

根据 $P_c = 12.1$ kW 和 $n_1 = 1460$ r/min，查图7-10，选用B型带。

3. 确定带轮直径

(1) 由表7-9，取基准直径 $d_{d1} = 140$ mm。

(2) 验算带速：

$$v = \frac{\pi d_{d1} n_1}{60 \times 1000} = \frac{\pi \times 140 \times 1460}{60 \times 1000} = 10.7(\text{m/s})$$

在5～25 m/s范围内，所以合适。

(3) 确定大带轮基准直径 d_{d2}。

取 $\varepsilon = 0.02$，由式(7-12)，有

$$d_{d2} = \frac{n_1}{n_2} d_{d1}(1 - \varepsilon) = \frac{1460}{584} \times 140(1 - 0.02) = 343(\text{mm})$$

由表7-9，取 $d_{d2} = 355$ mm。

(4) 验算传动比误差。

理论传动比

$$i = n_1/n_2 = 1460/584 = 2.5$$

实际传动比

$$i' = \frac{d_{d2}}{d_{d1}(1-\varepsilon)} = \frac{355}{140\times(1-0.02)} = 2.587$$

传动比误差

$$\Delta i = \left|\frac{i-i'}{i}\right| = \left|\frac{2.587-2.5}{2.587}\right| = 3.36\% < 5\%$$

合适。

4. 确定中心距 a 及带的基准长度 L_d

(1) 初定中心距。

由题目要求,取 $a_0 = 500$ mm。

(2) 确定 V 带基准长度 L_{d0}。

由式(7-20),计算 V 带的基准长度:

$$L_{d0} = 2a_0 + \frac{\pi}{2}(d_{d1}+d_{d2}) + \frac{(d_{d2}-d_{d1})^2}{4a_0}$$

$$= 2\times500 + \frac{\pi}{2}(140+355) + \frac{(355-140)^2}{4\times500} = 1800.66(\text{mm})$$

由表 7-1,选带的基准长度 $L_d = 1800$ mm。

(3) 由式(7-21)计算实际中心距 a:

$$a \approx a_0 + (L_d - L_{d0})/2 = 500 + (11800 - 1800.66)/2 \approx 500(\text{mm})$$

5. 验算小带轮包角 α_1

由式(7-26),有

$$\alpha_1 = 180^\circ - \frac{d_{d2}-d_{d1}}{a}\times57.3^\circ = 180^\circ - \frac{355-140}{500}\times57.3^\circ = 155.36^\circ > 120^\circ$$

合适。

6. 确定 V 带根数

由表 7-5 和表 7-6,查得 $P_0 = 2.83$ kW,$\Delta P_0 = 0.46$ kW;由表 7-7,查得 $K_\alpha = 0.93$;由表 7-1,查得 $K_L = 0.95$。V 带根数为

$$Z > \frac{P_c}{(P_0+\Delta P_0)K_\alpha K_L} = \frac{12.1}{(2.82+0.46)\times0.93\times0.95} = 4.18$$

取 $Z = 5$ 根。

7. 计算预紧力 F_0 及压轴力 F_r

$$F_0 = \frac{500P_c}{Zv}\left(\frac{2.5}{K_\alpha}-1\right) + qv^2$$

由式(7-24),有

$$F_0 = \frac{500\times12.1}{5\times10.7}\left(\frac{2.5}{0.93}-1\right) + 0.17\times10.7^2 = 210.37(\text{N})$$

由式(7-25),有

$$F_Q = 2ZF_0\sin\left(\frac{\alpha_1}{2}\right) = 2\times5\times210.37\times\sin\left(\frac{155.36^\circ}{2}\right) = 2055.25(\text{N})$$

8．带轮工作图

略。

任务评价

序号	能力点	掌握情况	序号	能力点	掌握情况
1	掌握带传动设计步骤和参数选择		3	学会V带传动设计表格的查找与使用	
2	理解带传动设计参数选择依据		4	学会绘制V带轮工作图	

思考与练习

1．带传动失效形式有哪些？其计算准则如何？计算的主要内容是什么？

2．试分析小带轮基准直径 d_{d1}、中心距 a 的大小对带传动的影响，各应如何选择？

3．简述V带设计步骤与参数选择过程。

4．在推导单根V带传递的额定功率和核算包角时，为什么按小带轮进行？

5．设计带式运输机，要求采用3根B型V带传动。已知主动轮转速 $n_1 = 1450$ r/min，从动轮转速 $n_2 = 580$ r/min，主动轮基准直径 $d_{d1} = 180$ mm，传动中心距不大于500 mm。单班制工作，载荷变动小。

任务4　了解V带传动的使用和维护

任务目标

- 了解V带传动常见的张紧方法与应用场合；
- 了解V带传动的安装与维护。

任务描述

通过观察带传动，分析张紧、使用和维护的方法与注意要点。

知识与技能

一、V带传动的张紧装置

V带在使用时处于长期张紧状况，会发生塑性变形而松弛，结果使初拉力减小，传动能力下降。为了保证带传动的工常工作，应定期检查初拉力 F_0，当发现初拉力小于允许范围时，为保证带传动的正常工作，传动带必须及时张紧。常见的张紧装置有三种：

1．定期张紧装置

定期检查带的初拉力，如发现不足，则调节中心距，使带重新张紧，这是应用最广的张紧装置。如图7-12(a)所示为滑轨式张紧装置，将装有带轮的电动机安装在滑轨上，要调节带的拉力时，松开螺母，旋动调节螺栓，把电动机推到所需位置，然后固定。这种装置适合两轴处于水平或倾斜不大的传动。如图 7-12(b)所示为摆架式张紧装置，将装有带轮的电动机安装在可摆动的机座上，通过机座绕一固定轴转过一定角度使带张紧。这种装置适合垂直的或接近于垂直的传动。

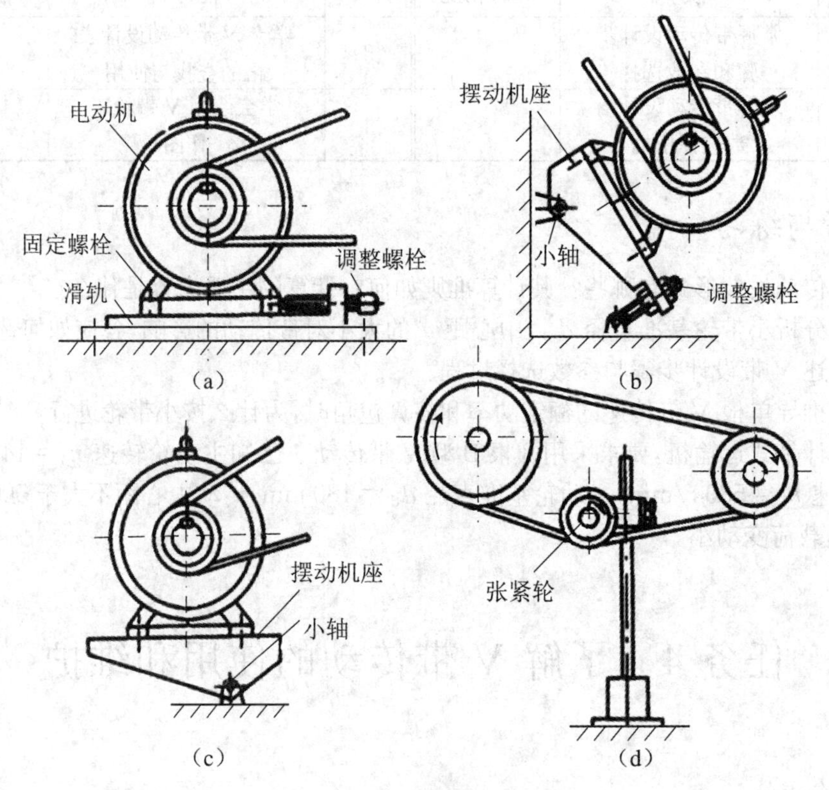

图 7-12　V 带传动的张紧装置

2. 自动张紧装置

自动张紧装置常用于中、小功率的传动，利用电动机的自重自动调节中心距，使带总保持一定程度的张紧。如图 7-12(c)所示为带的自动张紧装置：将装有带轮的电动机安装在可自由摆转的摆架上，电动机和摆架的重量 G 对转轴的力矩使带自动保持张紧力。

3. 张紧轮装置

当中心距不能调节时，可使用张紧轮把带张紧，如图 7-12(d)所示。张紧轮一般应安装于松边内侧，使带只受单向弯曲以减少寿命的损失；同时张紧轮还应尽量靠近大带轮，以减小对包角的影响。尽管如此，张紧轮的使用还是要消耗部分功率，在设计计算时应给予适当考虑。

二、V 带传动的安装与维护

1. V 带传动的安装

(1) 各轮宽的中心线，带轮、多楔带轮对应轮槽的中心线，平带轮面凸弧的中心线均应共面且与轴线垂直，否则会加速带的磨损，降低带的寿命。安装 V 带时，两带轮轴线应相互平行，各带轮相对应的轮槽的对称平面应重合，其偏角误差不得超过 20′，如图 7-13 所示。

带在轮槽中位置要正确,如图 7-14 所示,图 7-14(a)正确,图 7-14(b)、(c)不正确。

(2) 应通过调整各轮中心距的方式来装带和张紧。切忌硬将传动带从带轮上拔下扳上,严禁用撬棍等工具将带强行撬入或撬出带轮。

(3) 同组使用的带应型号相同、长度相等。不同厂家生产的带不能同时使用。新旧带不能同时混合使用,更换时,要求全部同时更换。

(4) 安装时,应按规定的初拉力张紧。对于中等中心距的带传动,也可凭经验张紧,带的张紧程度以大拇指能将带按下 15 mm 为宜,如图 7-15 所示。新带使用前,最好预先拉紧一段时间后再使用。

(5) 安装 V 带时,先将中心距缩小后将带套入,然后慢慢调整中心距,直至张紧。

2. V 带传动的维护

(1) 带传动装置外面应加保护罩,以保护安全,防止带与酸、碱或油接触而腐蚀传动带。

(2) 带传动不需润滑,禁止往带上加润滑油或润滑脂,应及时清理带轮槽内及传动带上的油污。

(3) 应定期检查胶带,如果有一根松弛或损坏,则应全部更换新带。

(4) 带传动的工作温度不应超过 60 ℃。

(5) 如果带传动装置需闲置一段时间后再使用,应将传动带放松。

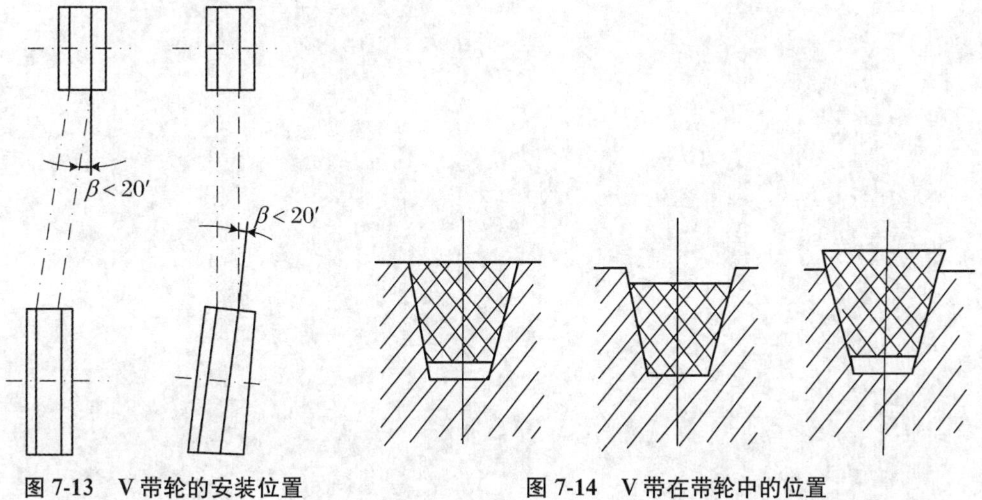

图 7-13 V 带轮的安装位置

图 7-14 V 带在带轮中的位置

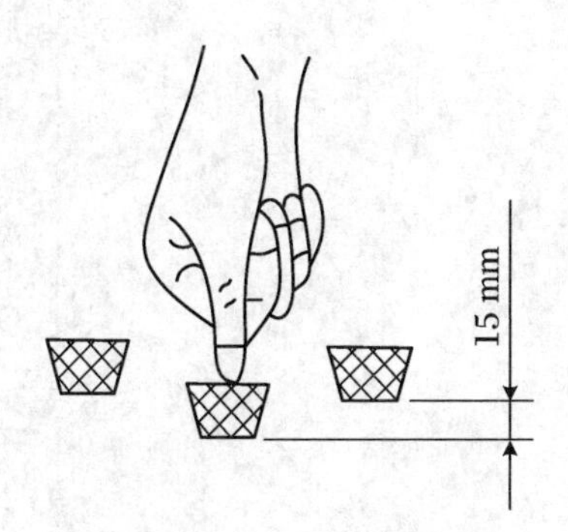

图 7-15 V 带的张紧程度

任务实施

- 观察V带传动张紧方法与应用；
- 观察V带传动的安装与维护方法。

任务评价

序号	能力点	掌握情况	序号	能力点	掌握情况
1	观察与操作带传动的能力		3	了解V带传动的安装方法	
2	理解带传动常见的张紧方法		4	了解V带传动的维护	

思考与练习

1. 简述V带传动的几种张紧装置。各有何特点？
2. 简述V带传动安装与维护的注意事项。

项目8　链　传　动

链传动是挠性传动，它是以链条作为挠性拽引元件，在同一平面的两链轮之间传递运动或动力。链传动同时具有刚、柔特点，是一种应用广泛的机械传动方式。

任务1　认识链传动

子任务1　分析链传动的组成、类型、特点和应用

任务目标

- 掌握链传动的组成和类型；
- 了解链传动的特点和应用。

任务描述

通过观察与拆装自行车上的链传动，如图8-1所示，分析链传动的组成、类型、特点和应用。

1—车座；2—前轮；3—脚蹬；
4—链轮；5—链条；6—后轮

图8-1　自行车

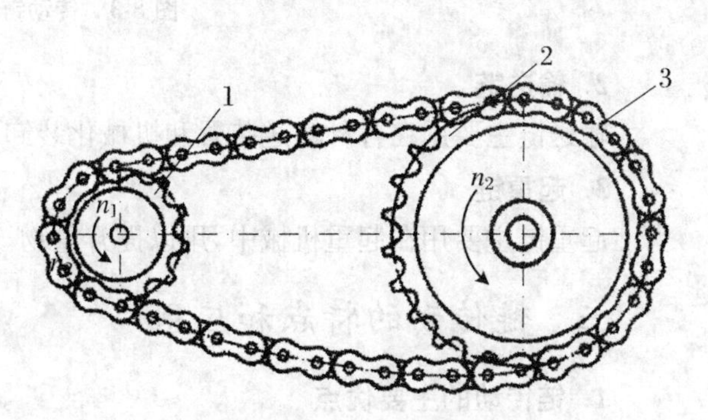

1—主动链轮；2—从动链轮；3—链条

图8-2　链传动的组成

知识与技能

一、链传动的组成

链传动由装在平行轴上的主动链轮、从动链轮和绕在两链轮上的链条组成，如图 8-2 所示。工作时，靠中间挠性件——链条与链轮轮齿的啮合来传递运动和动力。

二、链传动的类型

按照用途不同，链条可分为传动链、输送链、起重链三类。

1. 传动链

传动链是链传动中最常用的类型，主要用于一般机械中传递运动和动力。根据结构的不同，传动链又可分为滚子链、套筒链、弯板链、齿形链等多种，如图 8-3 所示。

传动链中齿形链结构最复杂，因其运转较平稳，噪声小，所以又称为无声链传动；齿形链允许的工作速度可达 40 m/s，但制造成本高，重量大，所以多用于高速或运动精度要求较高的场合。滚子链是传动链中应用最广泛的一种类型。

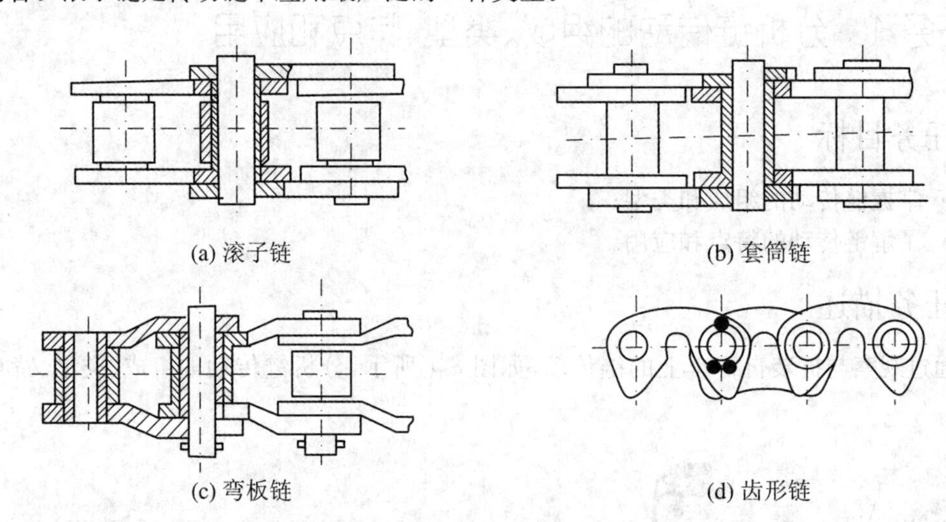
(a) 滚子链 (b) 套筒链 (c) 弯板链 (d) 齿形链

图 8-3 传动链的类型

2. 输送链

输送链主要用在各种输送装置和机械化装卸设备中，用以输送工件、物品。

3. 起重链

起重链主要用在起重机械中，用以提升重物。

三、链传动的特点和应用

1. 链传动的主要优点

和带传动相比，链传动无弹性滑动和打滑现象，能实现准确的平均传动比；链条所需的张紧力小，对轴的压力较小；传动功率大，过载能力强；能在高温、多尘、潮湿、有污染等恶劣环境中工作。和齿轮传动相比，链传动的制造和安装精度要求较低，成本较低，能实现较大中心距的传动。

2. 链传动的主要缺点

不能实现恒定的瞬时链速和瞬时传动比，传动平稳性较差；工作时有冲击和噪声；链条磨损后易发生跳齿和脱链现象；只能传递平行轴之间的同向运动，不宜用于载荷变化很大和急速反向的传动中。

通常链传动传递的功率 $P\leqslant100$ kW，中心距 $a\leqslant6$ m，传动比 $i\leqslant8$，链速 $v\leqslant15$ m/s，传动效率 $\eta\approx0.95\sim0.98$。链传动广泛应用于矿产机械、农业机械、石油机械、机床及摩托车等机械传动中。

任务实施

- 观察、使用自行车上的链传动并指出其组成部分和传动特点；
- 拆装自行车上的链传动，弄清楚链传动类型。

任务评价

序号	能力点	掌握情况	序号	能力点	掌握情况
1	操作能力		3	识别链传动类型	
2	识别链传动组成		4	理解链传动特点	

思考与练习

1. 说明链传动有哪些类型。各有什么特点？
2. 试简述链传动的特点及其主要适用场合。
3. 列举日常生活与生产中使用的链传动装置。

子任务2 分析滚子链和链轮的结构特点

任务目标

- 熟悉滚子链和链轮的结构；
- 理解滚子链的主要参数和标记。

任务描述

通过观察与拆装摩托车上的链传动，如图8-4所示，分析滚子链和链轮的结构特点。

1—前轮；2—车身；3—后轮；4—链条；5—链轮

图 8-4 摩托车

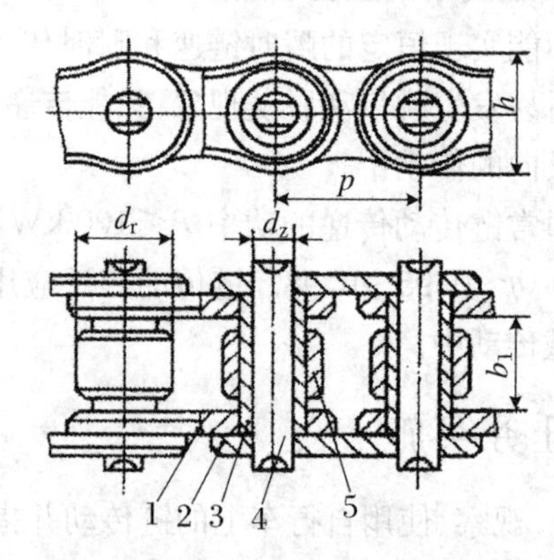

1—内链板；2—外链板；3—套筒；4—销轴；5—滚子

图 8-5 滚子链的结构

知识与技能

一、滚子链

如图 8-5 所示，滚子链是由内链板 1、外链板 2、套筒 3、销轴 4 和滚子 5 组成。内链板和套筒、外链板与销轴分别采用过盈配合固定，构成内、外链节。滚子与套筒、套筒与销轴采用间隙配合联接，可实现相互转动。当链条与链轮啮合传动时，内、外链节相对挠曲；滚子沿链轮齿廓滚动，可减轻链条和轮齿的磨损。内外链板制成“∞”字形，以减轻重量并保持链板各截面强度大致相等。

传动链首尾链节相连成环形使用，链节数通常取偶数，以便接头处正好是内、外链板相连，再用开口销或弹簧夹锁紧，如图 8-6(a)、(b)所示。如果链节数为奇数，需采用一个过渡链节才能首尾相连，如图 8-6(c)所示，链条受拉时，过渡链节要承受附加弯矩，所以应尽量避免采用。

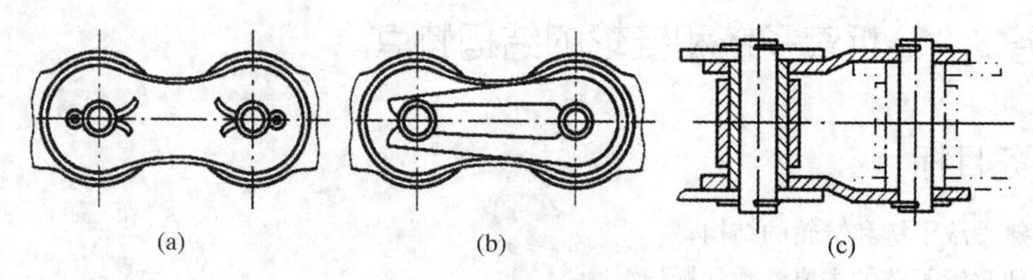

图 8-6 滚子链的接头形式

链条上相邻两销轴中心的距离称为链节距，用 p 表示，它是链条的主要参数。链节距越大，链条各零件的尺寸越大，其承载能力也越强，当链轮齿数一定时，链轮尺寸和重量将增大。因此，在保证承载能力的前提下，应尽量选取较小的链节距。当承受载荷较大时可选用双排链或多排链，如图 8-7 所示。排数越多，承载能力越强，但排数一般不超过四排，以免由于制造和安装精度的影响使各排链受载不均匀。

滚子链已标准化，部分滚子链的基本参数和主要尺寸见表 8-1。链号与相应的国际标准链号一致，链号数乘以(25.4/16) mm 即为链节距。滚子链分为 A、B 两个系列，A 系列用于重载、高速、重要的传动，B 系列用于一般的传动。

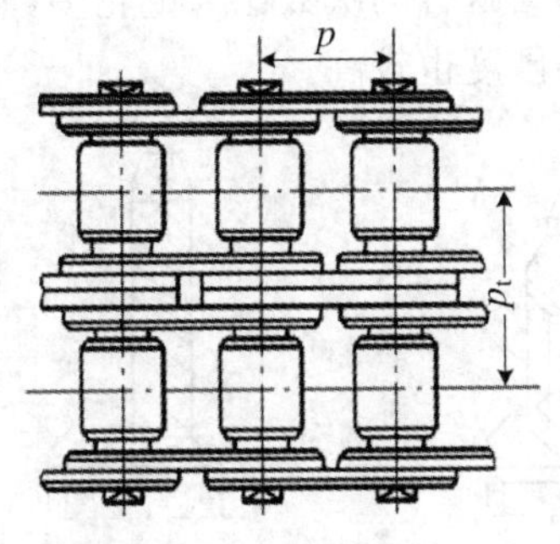

图 8-7 双排滚子链

滚子链的标记:

链号—排数×链节数 标准号

例如“10A — 1 × 88 GB 1243.1 — 2006”表示“A 系列、单排、88 节、链节距为 15.875 mm”。

表 8-1 滚子链的基本参数和主要尺寸(GB/T 1243 — 2006)

链号	链节距 P(mm)	排距 P_t(mm)	滚子外径 d_1(mm)	内链节内宽 b_1(mm)	销轴直径 d_2(mm)	内链节外宽 b_2(mm)	销轴长度 单排 b_4(mm)	销轴长度 双排 b_t(mm)	内链板高度 h_2(mm)	极限拉伸载荷 $F_{Q\min}$(N) 单排	极限拉伸载荷 $F_{Q\min}$(N) 双排	单排质量 q(kg·m^{-1})
05B	8.00	5.64	5.00	3.00	2.31	4.77	8.6	14.3	7.11	4400	7800	0.18
06B	9.252	10.24	6.35	5.72	3.28	8.53	13.5	23.8	8.26	8900	16900	0.40
08B	12.7	13.92	8.51	7.75	4.45	11.30	17.01	31.0	11.81	17800	31100	0.70
08A	12.7	14.38	7.95	7.85	3.96	11.18	17.8	32.3	12.07	13800	27600	0.6
10A	15.875	18.11	10.16	9.40	5.08	13.84	21.8	39.9	15.09	21800	43600	1.0
12A	19.05	22.78	11.91	12.57	5.94	17.75	26.9	49.8	18.08	31100	62300	1.5
16A	25.4	29.29	15.88	15.75	7.92	22.61	33.5	62.7	24.13	55600	112100	2.6
20A	31.75	35.76	19.05	18.9	9.53	27.46	41.1	77.0	30.18	86700	173500	3.8
24A	38.10	45.44	22.23	25.22	11.10	35.46	50.8	96.3	36.20	124600	249100	5.6
28A	44.45	48.87	25.4	25.22	12.70	37.19	54.9	103.6	42.24	169000	338100	7.5
32A	50.8	58.55	28.58	31.55	14.27	45.21	65.5	124.2	48.26	222400	444800	10.1
40A	63.5	71.55	39.68	37.85	19.54	54.89	80.3	151.9	60.33	347000	693900	16.1
48A	76.2	87.83	47.63	47.35	23.80	67.82	95.5	183.4	72.39	500400	1000800	22.6

二、链轮

链轮的结构形式如图 8-8 所示。小直径的链轮常采用实心式,如图 8-8(a)所示;中等直径的链轮常采用孔板式,如图 8-8(b)所示;大直径的链轮常采用组合式,通过焊接或螺栓联接组合成一体,如图 8-8(c)、(d)所示。

链轮的材料应具有足够的强度、耐磨性、耐冲击性,常用碳钢、合金钢,链轮的齿面多经热处理。工作时，小链轮轮齿参与啮合的次数比大链轮多，磨损、冲击较严重，所以小链轮的材料应优于大链轮的材料，齿面硬度也较高。

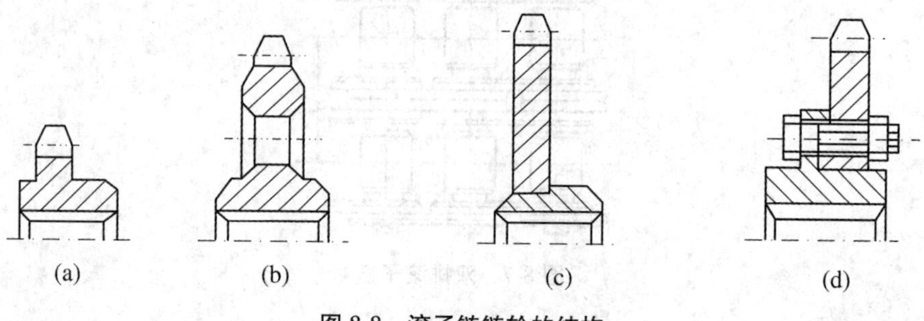

图 8-8　滚子链链轮的结构

链轮的齿形应保证链节能平稳地进入和退出啮合，不易脱链，且便于加工。如图 8-9 所示，GB/T 1243－2006 规定了滚子链链轮的端面齿形和轴面齿形，如果链轮采用标准齿形，在链轮工作图上可不必绘出端面齿形，但需绘出轴面齿形，以便车削链轮毛坯。

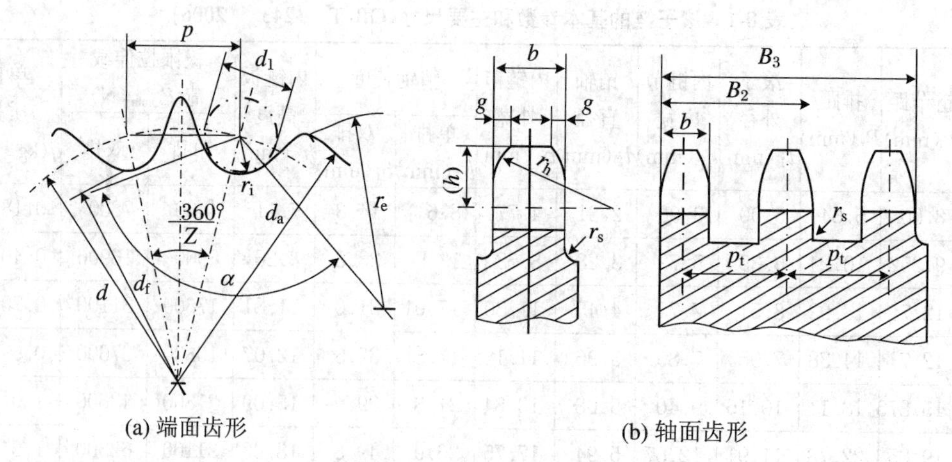

图 8-9　滚子链链轮的齿形

任务实施

- 拆装摩托车上链传动的链条，指出滚子链的组成部分、链条的长度、链条的型号；
- 观察和拆装摩托车上的链轮，指出其结构形式。

任务评价

序号	能力点	掌握情况	序号	能力点	掌握情况
1	操作能力		3	理解滚子链的标记	
2	理解滚子链的组成		4	识别链轮结构形式	

思考与练习

1. 通过分析滚子链的结构特点，解释链条为什么能环绕在链轮上。
2. 举例说明滚子链的标记含义，并指出其基本参数和长度。

3. 通过查阅资料,举出几种不同结构形式链轮的应用实例。

任务2 设计计算滚子链传动

子任务1 了解链传动失效形式

任务目标

了解链传动的失效形式。

任务描述

通过观看失效链条的图片或实物模型,如图8-10所示,了解链传动的失效形式。

知识与技能

一、链传动的失效形式

链传动的失效常指链条的失效,主要表现在以下几个方面:

1. 链条疲劳破坏

链条工作时,其松边和紧边受到的拉力不同,所以链条受变应力作用。经多次循环后,链板将发生疲劳断裂,或套筒、滚子表面出现疲劳点蚀。在润滑良好的条件下,疲劳强度是决定链传动能力的主要因素。

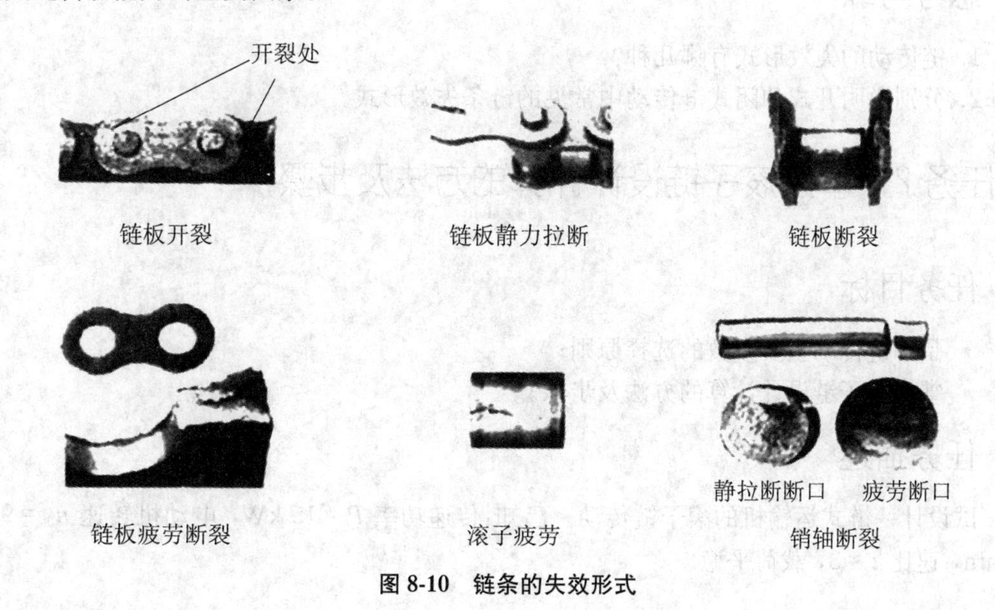

图8-10 链条的失效形式

2. 链条铰链磨损

链条传动时,其销轴与套筒之间承受较大的压力,并且相对滑动,所以在承压面上将产生磨损。磨损使链条节距增加,容易引起跳齿和脱链。这种失效形式一般发生在开式或润滑不良的链传动中。

3. 滚子、套筒的冲击疲劳破坏

链条与链轮啮合时,滚子和套筒会承受冲击。在反复多次的冲击下,经过一定的循环次数,滚子、套筒表面会发生冲击疲劳破坏。这种失效形式多发生于中、高速闭式链传动中。

4. 销轴和套筒的胶合

指当润滑不良或链轮转速过高时,销轴和套筒之间的润滑油膜破裂,造成两金属表面直接接触并产生很大的摩擦,摩擦发热引起销轴和套筒两接触面间出现黏结而又撕开的胶合现象。因而要限制链轮的极限转速。

5. 链条的过载拉断

指在低速重载或突然过载时,载荷超过链条的静强度,链条被拉断。

任务实施

- 观看失效图片或实物模型,指出链条的失效形式,并说明原因。

任务评价

序号	能力点	掌握情况	序号	能力点	掌握情况
1	识别链条的失效形式		2	分析链条的失效原因	

思考与练习

1. 链传动的失效形式有哪几种?
2. 分别说明开式和闭式链传动中常见的链条失效形式。

子任务2 掌握滚子链设计计算的方法及步骤

任务目标

- 了解链传动主要参数的选择原则;
- 掌握滚子链设计计算的方法及步骤。

任务描述

试设计一链式运输机的滚子链传动。已知:传递功率 $P=15$ kW,电动机转速 $n_1=970$ r/min,速比 $i=3$,载荷平稳。

知识与技能

一、中、高速链传动($v\geqslant 0.6$ m/s)的设计计算方法及步骤

为避免链条在中、高速条件下,在寿命期内发生链条铰链磨损、链板疲劳破坏、销轴和套筒的胶合、滚子与套筒的冲击疲劳破坏这些失效形式,通过试验获得了链条在特定条件下所能传递的额定功率 P_0 曲线,如图 8-11 所示,根据实际计算功率 $P_c\leqslant P_0$ 的原则进行链传动设计计算。

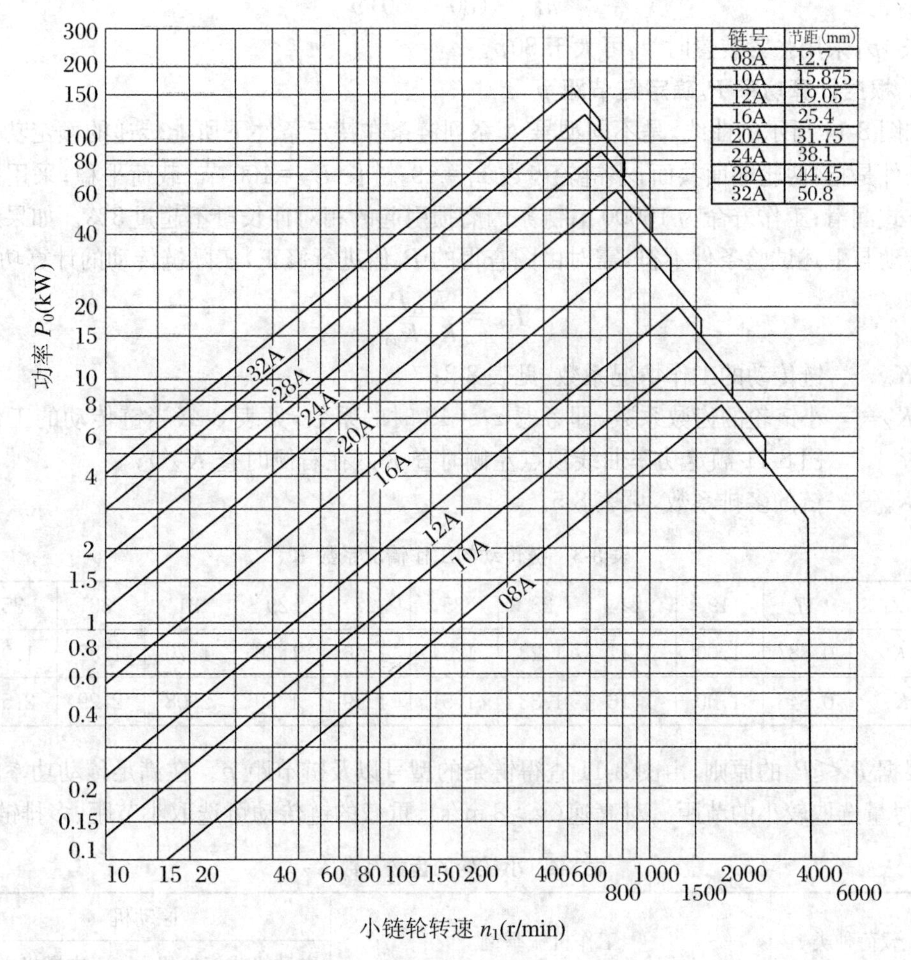

图 8-11 A 系列滚子链额定功率曲线

1. 选择链轮的齿数 z_1、z_2

为减少链传动的不均匀性和动载荷,小链轮的齿数 z_1 不宜过少,一般情况下 $z_{1\min}=17$,链速极低时,$z_{1\min}=9$,z_1 可根据链速由表 8-2 选取。大链轮齿数 $z_2=iz_1$。z_2 不宜过多,z_2 过多不仅使链传动的尺寸和重量增加,而且链节伸长后易出现跳齿和脱链现象,通常 $z_2\leqslant 120$。

链节数 L_p 常取偶数,则链轮齿数最好取奇数,以使链条磨损均匀。

一般传动比 $i\leqslant 7$;推荐 $i=2.0\sim 3.5$,低速和载荷平稳时 i 可达10。i 过大,链条在小链轮上的包角减小,啮合的轮齿数减小,轮齿的磨损加快。

表 8-2 滚子链传动的小链轮齿数

链速 v(m/s)	0.6 ~3	3~ 8	> 8
z_1	≥15~17	≥19~21	≥23

2. 初定中心距 a_0

中心距小,结构紧凑,但链节数少,单位时间里每一链节参与啮合次数过多,会加快链的磨损和疲劳。中心距大,链节数多,使用寿命长,但结构尺寸增大。当中心距过大时,会使链条松边垂度过大,发生颤动,使传动平稳性下降。一般取

$$a_0 = (30 \sim 50)p \tag{8-1}$$

$a_{max} = 80p$,采用张紧装置时 a_0可大于 $80p$。

3. 根据计算功率 P_c确定链节距 p

如图 8-11 所示的曲线,是不同型号 A 系列链条在特定条件下所能传递的额定功率 P_0。特定条件是指:两轮端面共面;小链轮齿数 $z_1 = 19$;链长 $L_p = 100$ 节;载荷平稳;采用推荐的润滑方式润滑;工作寿命为 15000 h;链条因磨损引起的相对伸长量不超过 3%。如果所设计的链传动与上述试验条件不符,需对由图查得的 P_0值进行修正,实际链传动的计算功率为

$$P_c = \frac{K_A P}{K_Z K_m} \tag{8-2}$$

式中,K_A——链传动的工作情况系数,见表 8-3;

K_Z——小链轮的齿数系数,即考虑 $z_1 \neq 19$ 时的系数,见表 8-4(当链传动的工作区在图 8-11 额定功率曲线顶点左侧时查 K_Z,在右侧时查 K_Z');

K_m——链的多排系数,见表 8-5。

表 8-3 链传动的工作情况系数 K_A

Z_1	17	19	21	23	25	27	29	31	33	35
K_Z	0.887	1.00	1.11	1.23	1.34	1.46	1.58	1.70	1.82	1.93
K_Z'	0.846	1.00	1.16	1.33	1.51	1.69	1.89	2.08	2.29	2.50

根据 $P_c \leqslant P_0$的原则,由图 8-11 查得链条的型号以及链节距 p。在满足传动功率的前提下,应尽量选取较小的节距。对高速($v > 8$ m/s)、重载的链传动可选取小节距、多排链。

表 8-4 小链轮的齿数系数 K_Z

载荷种类	工作机械举例	原动机	
		电动机或汽轮机	内燃机
载荷平稳	液体搅拌机、离心泵、离心式鼓风机、纺织机械、轻型运输机、链式运输机、发电机	1.0	1.2
中等冲击	一般机床、压气机、木工机械、食品机械、印染纺织机械、一般造纸机械、大型鼓风机	1.3	1.4
较大冲击	锻压机械、矿山机械、工程机械、石油钻井机械、振动机械、橡胶搅拌机	1.5	1.7

表 8-5 多排链系数 K_m

排数 m	1	2	3	4
K_m	1.0	1.7	2.5	3.3

4. 校核链速 v,确定润滑方式

链速计算值为

$$v = \frac{n_1 z_1 p}{60 \times 1000} \quad (8\text{-}3)$$

v 应符合选取 z_1 时所假定的链速范围。

5. 确定链节数 L_p

链节数 L_p 的计算值为

$$L_p = \frac{2a_0}{p} + \frac{z_2 + z_1}{2} + \frac{p}{a_0}\left(\frac{z_2 - z_1}{2\pi}\right)^2 \quad (8\text{-}4)$$

计算得到的 L_p 应圆整为相近的整数,并尽可能取偶数。

6. 计算实际中心距 a

$$a = \frac{p}{4}\left[\left(L_p - \frac{z_2 + z_1}{2}\right) + \sqrt{\left(L_p - \frac{z_2 + z_1}{2}\right)^2 - 8\left(\frac{z_2 - z_1}{2\pi}\right)^2}\right] \ (\text{mm}) \quad (8\text{-}5)$$

为使链条松边具有合理的垂度,以利于链与链轮顺利啮合,安装时应保证实际中心距较理论中心距 a 小 2～5 mm。

7. 计算轴压力 F_Q

$$F_Q = (1.2 \sim 1.3)F = 1000(1.2 \sim 1.3)P/v \quad (8\text{-}6)$$

式中,F 为链传动的工作拉力,$F = 1000P/v$(N)。

8. 链轮结构设计

计算大小链轮的直径,分别选择相应的结构形式,并完成链轮结构图。

二、低速链传动(v<0.6 m/s)的设计计算方法

对于低速链传动,其主要失效形式为过载拉断,所以应进行静强度校核。静强度安全系数 s 应满足下式要求:

$$s = \frac{F_Q m}{K_A F} \geqslant 4 \sim 8 \quad (8\text{-}7)$$

式中,F_Q——单排链条的极限拉伸载荷(见表 8-1);

m——链条排数;

F——链传动的工作拉力。

任务实施

设计一链式运输机的滚子链传动(传递功率 $P = 15$ kW, 电动机转速 $n_1 = 970$ r/min, 速比 $i = 3$,载荷平稳)。

设计计算过程如表 8-6 所示。

表 8-6 设计计算过程

计算项目	计算与说明	计算结果
1. 确定链轮的齿数 z_1、z_2	假定 $v=3\sim8$ m/s 查表 8-2,取 $z_1=21$ $z_2=iz_1=3\times21=63<120$	$z_1=21$ $z_2=63$
2. 初定中心距 a_0	取 $a_0=40p$	$a_0=40p$
3. 确定链节距 p	查表 8-3,得 $K_A=1$;查表 8-4,得 $K_Z=1.11$;查表 8-5,得 $K_m=1$ $P_c=\dfrac{K_A P}{K_Z\cdot K_m}=\dfrac{1\times15}{1.11\times1}=13.51(\text{kW})$ 根据 P_c和 n_1查图 8-11 得:选用 12A 号链条,$p=19.05$ mm	链号 12A $p=19.05$ mm
4. 验算链速,确定润滑方式	$v=\dfrac{n_1 z_1 p}{60\times1000}=\dfrac{970\times21\times19.05}{60\times1000}=6.47(\text{m/s})$ 符合原假设,由图 8-15 知应采用油浴或飞溅润滑	$v=6.47$ m/s 采用油浴或飞溅润滑
5. 确定链节数 L_p	$L_p=\dfrac{2a_0}{p}+\dfrac{z_2+z_1}{2}+\dfrac{p}{a_0}\left(\dfrac{z_2-z_1}{2\pi}\right)^2$ $=\dfrac{2\times40p}{p}+\dfrac{63+21}{2}+\dfrac{p}{40p}\left(\dfrac{63-21}{2\times3.14}\right)^2$ $=123.12$ 取 $L_p=124$ 节	$L_p=124$ 节
6. 确定实际中心距 a'	理论中心距: $a=\dfrac{p}{4}\left[\left(L_p-\dfrac{z_2+z_1}{2}\right)+\sqrt{\left(L_p-\dfrac{z_2+z_1}{2}\right)^2-8\left(\dfrac{z_2-z_1}{2\pi}\right)^2}\right]$ $=\dfrac{19.05}{4}\left[\left(124-\dfrac{63+21}{2}\right)\right.$ $\left.+\sqrt{\left(124-\dfrac{63+21}{2}\right)^2-8\left(\dfrac{63-21}{2\times3.14}\right)^2}\right]=770.5(\text{mm})$ 实际中心距:$a'=a-(2\sim5)$,取:$a'=770.5-2.05=768(\text{mm})$	$a'=768$ mm
7. 计算轴压力 F_Q	$F_Q=(1.2\sim1.3)F$ 工作拉力 $F=\dfrac{1000p}{v}=\dfrac{1000\times15}{6.47}=2318.39(\text{N})$ 取 $F_Q=1.25F=1.25\times2318.39=2897.99(\text{N})$	$F_Q=2897.99$ N
8. 链条标记	12A－1×124 GB/T 1243—2006	12A－1×124 GB/T 1243—2006
9. 计算链轮尺寸,绘制链轮结构图	$d_1=\dfrac{p}{\sin(180^\circ/z_1)}=\dfrac{19.05}{\sin(180^\circ/21)}=127.82\ (\text{mm})$ $d_2=\dfrac{p}{\sin(180^\circ/z_2)}=\dfrac{19.05}{\sin(180^\circ/63)}=382.18\ (\text{mm})$ 其他尺寸计算和链轮工作图略	$d_1=127.82$ mm $d_2=382.18$ mm

任务评价

序号	能力点	掌握情况	序号	能力点	掌握情况
1	链传动主要参数的选择		2	设计计算链传动	

思考与练习

1. 为提高链传动功率，一般采用大节距单排链还是小节距多排链？为什么？

2. 设计链传动的主要依据是什么？

3. 请设计一带式运输机的滚子链传动。已知条件为：电动机的额定功率 $P=7.5$ kW，转速 $n_1=970$ r/min，从动链轮转速 $n_2=300$ r/min，载荷平稳，链传动中心距不小于 550 mm，要求中心距可调整。

任务3 了解链传动的布置、张紧与润滑

任务目标

- 了解链传动的布置原则；
- 了解链传动的张紧方法；
- 了解链传动的润滑方式。

任务描述

通过观察和操作链式运输机，如图 8-12 所示，了解链传动的布置原则、张紧方法和润滑方式。

图 8-12 链式运输机

一、链传动的布置

(1) 两链轮中心连线最好布置在同一水平面内，如图 8-13(a)所示；或采用两链轮中心

连线与水平面成45°以下的倾斜布置，如图8-13(b)所示。同时两链轮的回转平面应在同一平面内，且两链轮轴线平行，否则易引起脱链和不正常磨损。

(2) 应尽量避免垂直布置，如图8-13(c)所示，防止磨损后的链条因垂度增大，与下链轮啮合的链节数减少而影响传动性能。如果必须采用垂直传动时，可将上下两链轮错开布置。

(3) 通常链条紧边在上松边在下，以免松边垂度过大使链条与轮齿干涉或松紧边相碰。

二、链传动的张紧

链传动工作时，如果松边垂度过大，将引起啮合不良或振动现象，所以需适当张紧。最常见的张紧方法是调整中心距法；当中心距不可调整时，可采用张紧轮张紧，张紧轮可以是链轮也可以是滚轮，其直径与小链轮相近，常将张紧轮设置在松边靠近小链轮的地方，如图8-13(b)、(c)所示；也可采用把磨损变长的链条拆去1～2个链节，来恢复原来的长度进行张紧。

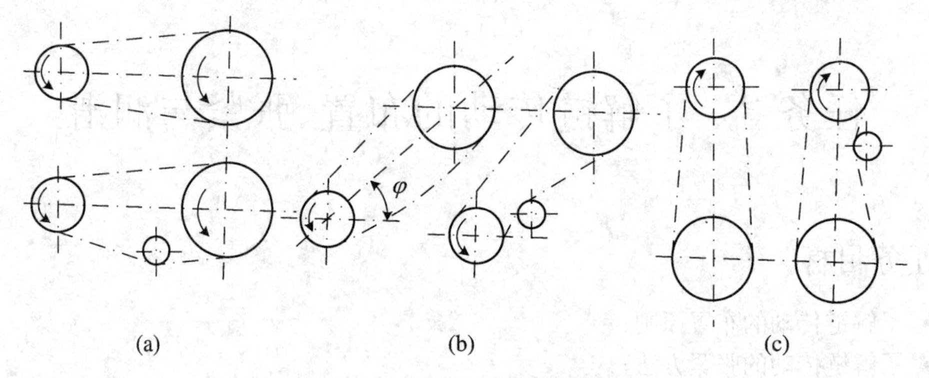

图8-13 链传动的布置和张紧

三、链传动的润滑

良好的润滑能减少链传动的摩擦和磨损、缓和冲击，有利于散热、延长链条使用寿命，是链传动正常工作的必要条件。如图8-14所示，链传动的润滑方式主要有人工润滑、滴油润滑、油浴润滑、飞溅润滑和压力润滑，具体使用时可根据链速和链节距由图8-15选定适合的润滑方式。

润滑油推荐采用牌号为L-AN32、L-AN46、L-AN68的全损耗系统用油。环境温度高或承载大时宜选用黏度高的牌号。对使用润滑油不便的场合，可涂抹润滑脂，但应定期清洗与涂抹。滚子链的润滑方式和供油量见表8-7。

表8-7 滚子链的润滑方式和供油量

方　式	润滑方法	供油量
人工润滑	用刷子或油壶定期往链条松边内外链板间隙中注油	每班注油一次
滴油润滑	装有简单外壳，用油标滴油	单排链，每分钟供油5～20滴，速度高时取大值

续表

方 式	润滑方法	供油量
油浴润滑	采用不滴油外壳,使链条从油槽中通过	浸油深度为6～12 mm
飞溅润滑	采用不滴油外壳,在链条侧边安装甩油盘,飞溅润滑。甩油盘圆周速度 $v>3$ m/s。当链条宽度大于125 mm时,链轮两侧各安装一个甩油盘	甩油盘浸油深度为12～35 mm
压力润滑	采用不滴油外壳,油泵强制供油,喷油管口设在链条啮入处,循环油可起冷却作用	每个喷油口供油量可根据链节距及链速大小查阅有关手册确定

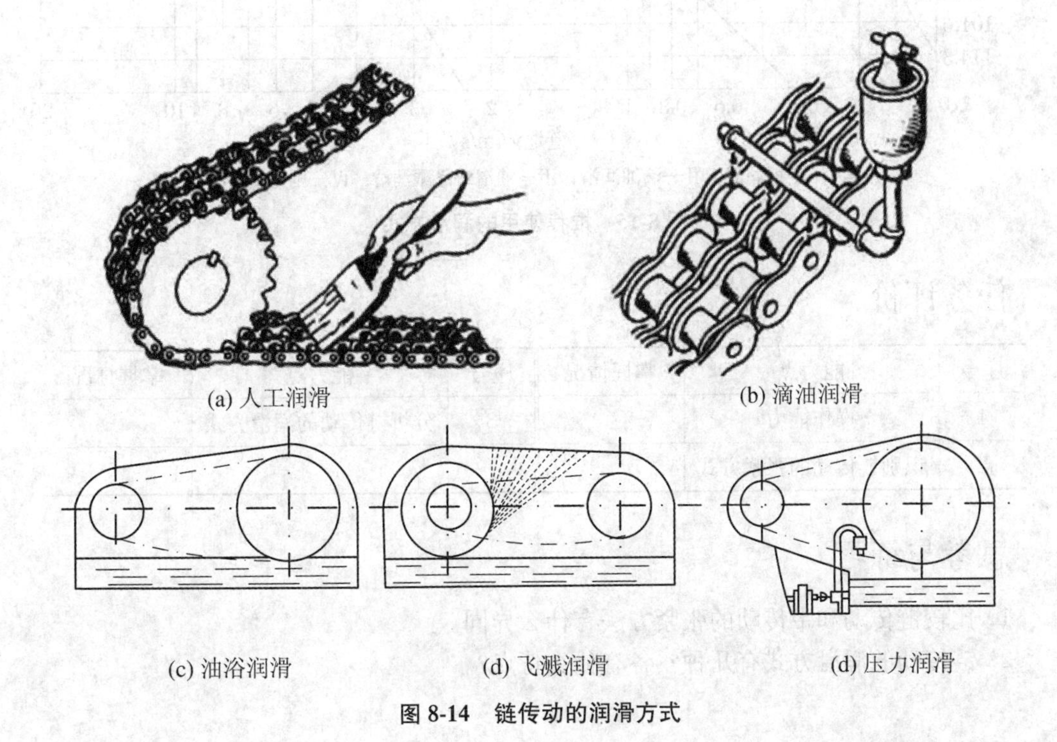

图 8-14 链传动的润滑方式

任务实施

- 观察链式运输机的安装布置,了解链传动的布置原则;
- 调整链式运输机的张紧装置,了解链传动的张紧方式;
- 根据链速选择润滑方式,了解链传动的润滑方法。

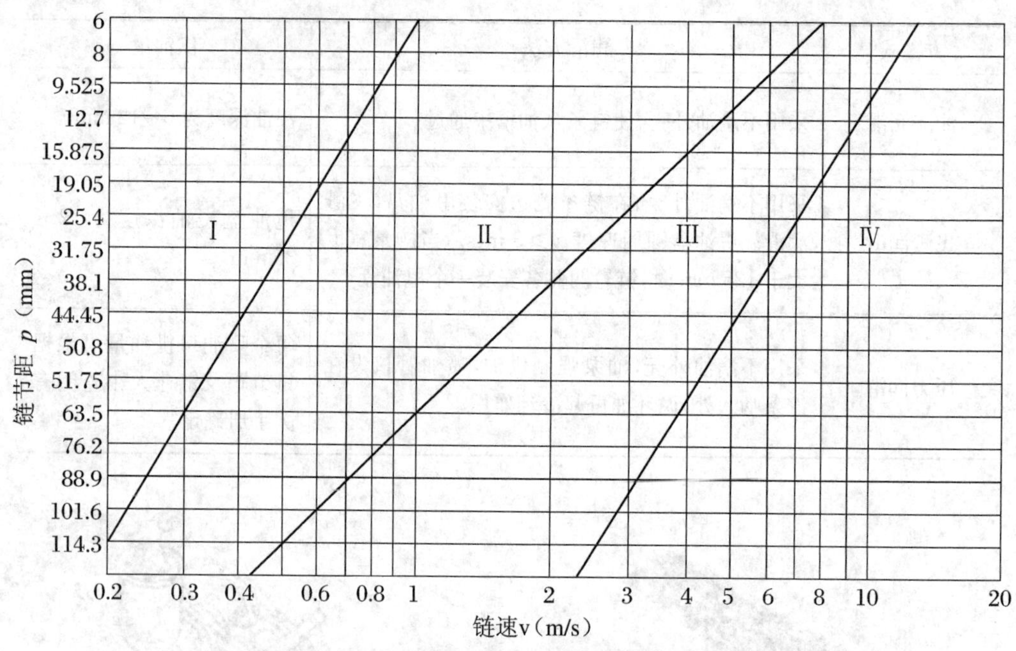

Ⅰ—人工定期润滑；Ⅱ—滴油润滑；Ⅲ—油浴或飞溅润滑；Ⅳ—压力喷油润滑

图 8-15　推荐使用的润滑方式

任务评价

序号	能力点	掌握情况	序号	能力点	掌握情况
1	操作能力		3	分析链传动的润滑方式	
2	识别链传动的张紧方式				

思考与练习

1. 比较链传动和带传动的张紧方法有什么异同。
2. 链传动的润滑方式有几种？各有什么特点？

项目9 齿 轮 传 动

齿轮传动是所有机械传动中应用最广泛的传动形式之一，它依靠两轮的轮齿间的啮合来传递任意两轴间的运动和动力。齿轮传动由主动齿轮、从动齿轮和机架组成。本项目主要介绍齿轮传动的特点和类型，常见的齿轮传动，齿轮的加工，齿轮的失效形式与齿轮传动的设计准则和选择材料依据，齿轮的结构，齿轮的受力分析等。既为后续课程作铺垫，也为今后的工作打下基础。

任务1 掌握齿轮传动基本知识

子任务1 了解齿廓啮合基本定律及渐开线齿廓啮合特点

任务目标

- 了解齿轮传动的特点、分类；
- 掌握渐开线的特性、应用。

任务描述

- 观察机械传动，了解齿轮传动的分类与特点；
- 分析渐开线直齿圆柱齿轮齿形特点。

知识与技能

一、齿轮传动的特点

齿轮传动是现代机械中应用最为广泛的一种传动。齿轮传动的主要优点：可以用来传递空间任意两轴之间的运动和动力；传递的载荷与速度范围广；结构紧凑；机械效率高；能保证恒定的瞬时传动比，传动准确、平稳，使用寿命长，传动比准确，工作安全可靠。缺点是：对制造及安装精度要求较高；需专用机床制造，成本高；不宜用于大中心距传动；精度低时振动、噪声大。

二、齿轮传动的分类

按照一对齿轮传动的角速比是否恒定可以分为：

① 定传动比齿轮传动,如图 9-1(a)～(i)所示。

② 变角速比齿轮传动。当主动轮作匀角速度转动时,从动轮按一定角速度作变速运动。

按照一对齿轮传动时两轮轴线的相对位置可以分为:

① 两平行轴齿轮传动。如直齿、斜齿、人字齿圆柱齿轮传动,如图 9-1(a)～(e)所示,此外还有内齿圆柱齿轮传动和齿轮齿条传动。

② 两轴相交的齿轮传动。如直齿、曲齿圆锥齿轮传动,如图 9-1(f)～(i)所示。

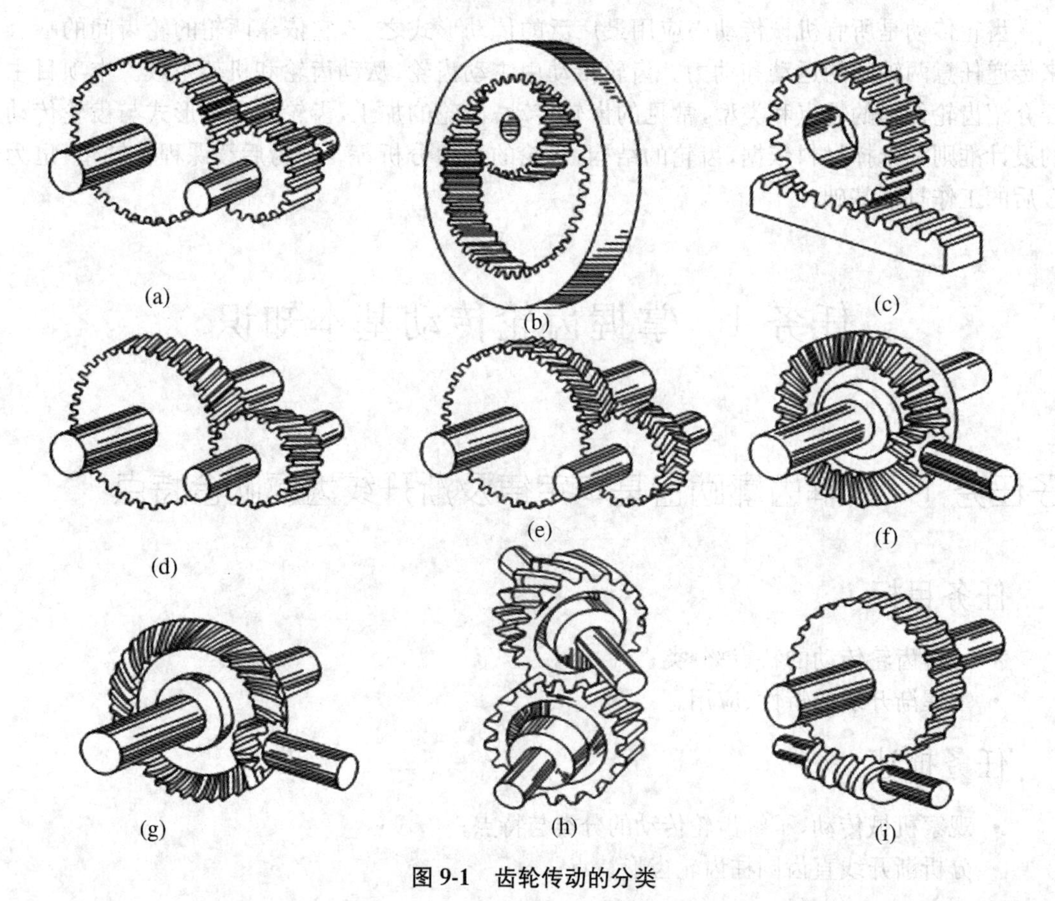

图 9-1　齿轮传动的分类

按齿廓曲线不同可以分为渐开线齿轮传动、摆线齿轮传动、圆弧齿轮传动。渐开线齿轮传动应用最为广泛。

按齿轮传动机构的工作条件不同可以分为闭式齿轮传动、开式齿轮传动、半开式齿轮传动。

按齿面硬度不同可以分为软齿面(≤350 HBS)齿轮传动、硬齿面(>350 HBS)齿轮传动。

按齿轮齿向不同可以分为直齿、斜齿、人字齿、曲齿。

三、渐开线及渐开线齿廓

1. 渐开线的形成

如图 9-2 所示,以 r_b为半径画一个圆,这个圆称为基圆。当一直线 *NK* 沿基圆圆周作纯滚动时，该直线上任一点 K 的轨迹 KA，就称为该基圆的渐开线，直线 NK 称为发生线。渐开线齿轮上每个齿轮的齿廓由同一基圆产生的两条对称的渐开线组成，如图 9-3 所示。

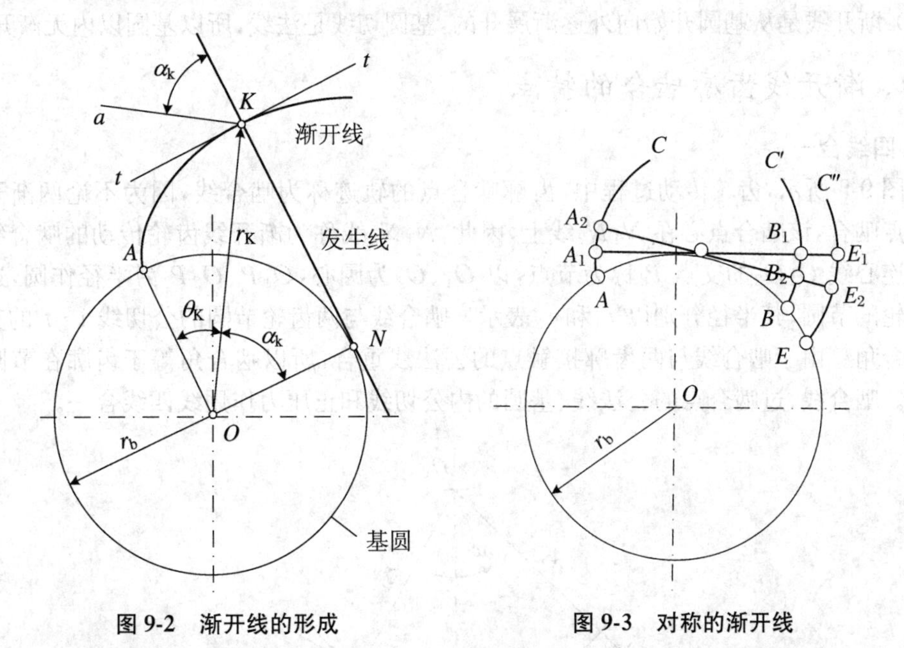

图 9-2　渐开线的形成　　图 9-3　对称的渐开线

2．渐开线的特性

(1) 发生线在基圆上滚过的一段长度等于基圆上相应被滚过的一段弧长，即 $AB = BK$。

(2) 因 N 点是发生线沿基圆滚动时的速度瞬心，故发生线 KB 是渐开线在 K 点的法线。又因发生线始终与基圆相切，所以渐开线上任一点的法线必与基圆相切。

(3) 发生线与基圆的切点 N 即为渐开线上 K 点的曲率中心，线段 NK 为 K 点的曲率半径。随着 K 点离基圆愈远，相应的曲率半径愈大；而 K 点离基圆愈近，相应的曲率半径愈小。

(4) 渐开线的形状取决于基圆的大小。如图 9-4 所示，基圆半径愈小，渐开线愈弯曲；基

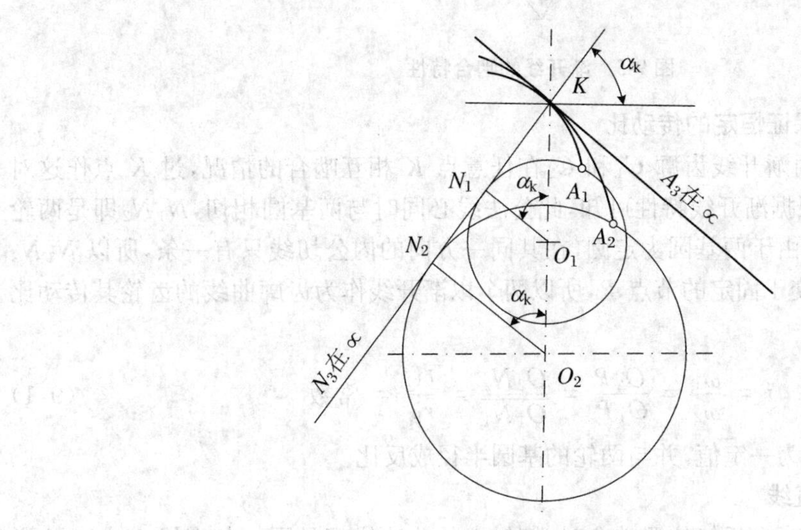

图 9-4　不同基圆的渐开线

圆半径愈大，渐开线愈趋平直。当基圆半径趋于无穷大时，渐开线便成为直线。所以渐开线齿条（直径为无穷大的齿轮）具有直线齿廓。

(5) 渐开线是从基圆开始向外逐渐展开的，基圆切线是法线，所以基圆以内无渐开线。

四、渐开线齿廓啮合的特点

1. 四线合一

如图 9-5 所示，齿轮传动过程中，齿廓啮合点的轨迹称为啮合线，因为不论两渐开线齿廓在何点啮合，该啮合点必在 N_1N_2 线上，因此，N_1N_2 线称为渐开线齿轮传动的啮合线。公法线与连心线 O_1O_2 的交点 P 称为节点，以 O_1、O_2 为圆心，O_1P、O_2P 为半径作圆，这对圆称为齿轮的节圆，其半径分别以 r_1 和 r_2 表示。啮合线与两齿轮节圆的公切线 $t-t$ 的夹角 α' 称为啮合角。由于啮合线与两齿廓接触点的公法线重合，所以啮合角等于齿廓在节圆上的压力角。啮合线、过啮合点的公法线、基圆的内公切线和正压力作用线四线合一。

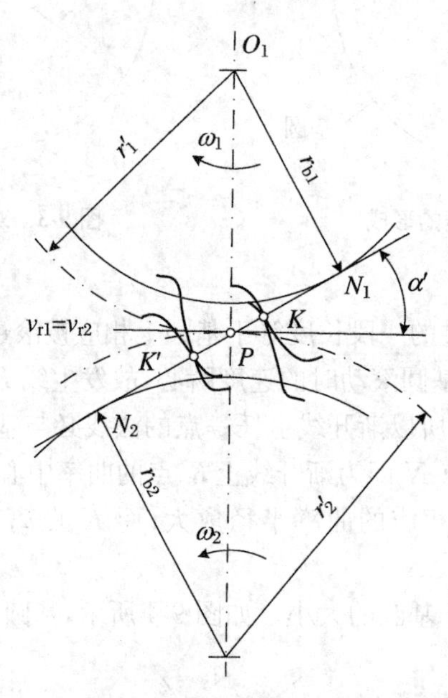

图 9-5　渐开线的啮合特性

2. 渐开线齿廓能保证恒定的传动比

如图 9-5 所示，为两渐开线齿廓 C_1 和 C_2 在任意点 K 相互啮合的情况，过 K 点作这对齿廓的公法线 N_1N_2，根据渐开线特性可知，此公法线必同时与两基圆相切，N_1N_2 即是两轮基圆的一条内公切线。由于两基圆为定圆，在其同一方向的内公切线只有一条，所以 N_1N_2 为一定线，它与连心线交于固定的节点 P，所以两个以渐开线作为齿廓曲线的齿轮其传动比为一常数，即

$$i = \frac{\omega_1}{\omega_2} = \frac{O_2P}{O_1P} = \frac{O_2N_2}{O_1N_1} = \frac{r_{b_2}}{r_{b_1}} = 常数 \tag{9-1}$$

上式表明两轮的传动比为一定值，并与两轮的基圆半径成反比。

3. 啮合线为一定直线

既然一对渐开线齿廓在任何位置啮合时，接触点的公法线都是同一条直线 N_1N_2，这说明所有啮合点均在 N_1N_2 直线上，因此 N_1N_2 又是齿轮传动的啮合线。该特性对传动的平稳性有利。从图9-5中可知,一对齿轮传动相当于一对节圆的纯滚动,而且两齿轮的传动比也等于其节圆半径的反比。

4. 渐开线齿轮的可分性

一对渐开线齿轮传动由于制造、安装、轴的变形及轴承磨损等原因,使实际中心距比理论中心距稍有增大时,两轮的瞬时传动比能保持不变,称为中心距可分性。两渐开线齿轮啮合时,其传动比取决于两轮基圆半径的反比,而在渐开线齿轮的齿廓加工完成后,其基圆大小就已完全确定。所以,即使两轮的实际中心距与设计中心距略有偏差,也不会影响两轮的传动比。由于上述特性,工程上广泛采用渐开线齿廓曲线。

下面讨论分度圆与节圆、压力角与啮合角的区别:

(1) 就单独一个齿轮而言,只有分度圆和压力角,而无节圆和啮合角;只有当一对齿轮互相啮合时,才有节圆和啮合角。

(2) 当一对标准齿轮啮合时,分度圆与节圆是否重合、压力角与啮合角是否相等,取决于两齿轮是否为标准安装。如果是标准安装,则两圆重合、两角相等;否则均不相等。

任务实施

- 拆卸减速器,观察齿轮传动的情况,观察齿轮齿形;
- 分析渐开线直齿圆柱齿轮齿形特点。

任务评价

序号	能力点	掌握情况	序号	能力点	掌握情况
1	观察与操作齿轮机构能力		3	理解渐开线的形成、特点	
2	了解齿轮传动的特点、分类		4	掌握渐开线齿廓啮合的特点	

思考与练习

1. 齿轮传动有哪些特点?分为哪些类?
2. 渐开线是怎样形成的?性质有哪些?

子任务2　计算渐开线标准直齿圆柱齿轮的尺寸

任务目标

- 掌握齿轮主要参数的含义与作用;
- 识记齿轮各部分的名称及代号,学会计算标准直齿圆柱齿轮的几何尺寸。

任务描述

- 观察一直齿圆柱齿轮,识记齿轮各部分的名称及代号;
- 分析齿轮主要参数;
- 计算标准直齿圆柱齿轮几何尺寸。

知识与技能

一、齿轮各部分的名称及代号

如图 9-6 所示为一渐开线直齿圆柱齿轮,其各部分名称和符号如下:

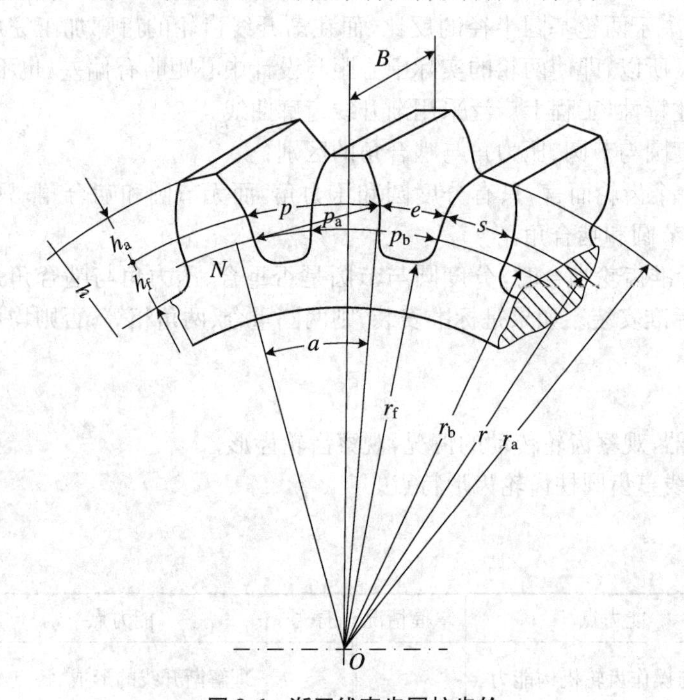

图 9-6 渐开线直齿圆柱齿轮

1. 齿顶圆

齿顶端所确定的圆称为齿顶圆,其直径用 d_a 表示。

2. 齿根圆

齿槽底部所确定的圆称为齿根圆,其直径用 d_f 表示。

3. 齿槽

相邻两齿之间的空间称为齿槽。齿槽两侧齿廓之间的弧长称为该圆上的齿槽宽,用 e 表示。

4. 齿厚

在圆柱齿轮的端面上,轮齿两侧齿廓之间的弧长称为该圆上的齿厚,用 s 表示。

5. 齿距

在圆柱齿轮的端面上,相邻两齿同侧齿廓之间的弧长称为该圆上的齿距,用 p 表示。

6. 分度圆

标准齿轮上齿厚和齿槽宽相等的圆称为齿轮的分度圆,用 d 表示其直径。

7. 齿顶高

在轮齿上介于齿顶圆和分度圆之间的部分称为齿顶,其径向高度称为齿顶高,用 h_a 表示。

8. 齿根高

齿根圆和分度圆之间的部分称为齿根,其径向高度称为齿根高,用 h_f 表示。

9. 全齿高

齿顶圆与齿根圆之间轮齿的径向高度称为全齿高(齿全高),用 h 表示。

二、齿轮主要参数

1. 齿数

在齿轮整个圆周上轮齿的总数称为齿数，用 z 表示。

2. 模数

由齿距的定义，对任意分度圆圆周有 $pz = d\pi$，则 $d = pz/\pi$。式中 π 是一个无理数，用此式来计算分度圆直径很不方便，所以工程上把 p/π 取成有理数，这个比值就称为该圆上的模数。对分度圆，其模数为 $m = p/\pi$。模数是计算齿轮几何尺寸的一个基本参数，单位为mm。齿轮的模数已经标准化，我国规定的模数系列见表9-1。

表9-1　模数系列

第一系列	1	1.25	1.5	2	3	4	5	6	8	10	12	16	20	25	32	40	50	
第二系列	2.25	2.75	(3.25)	3.5	(3.75)	4.5	5.5	(6.5)	7	9	(11)	14	18	22	28	(30)	36	45

注：优先采用第一系列，括号内的模数尽量不要用。

3. 压力角

同一渐开线上各点的压力角是不相等的，离基圆愈远，压力角愈大。压力角太大对传动不利，所以用作齿廓那段渐开线的压力角不能太大。为了便于设计、制造和维修，渐开线齿廓在分度圆处的压力角已经标准化。我国标准(GB/T　1357—1987)规定分度圆上齿廓的压力角为20°，用 α 表示，称为标准压力角。

4. 齿顶高系数和顶隙系数

如图9-6所示，介于齿顶圆与分度圆之间的部分称为齿顶，用 h_a 表示；介于齿根圆与分度圆之间的部分称为齿根，用 h_f 表示；轮齿在齿顶圆与齿根圆之间的部分称为全齿高，用 h 表示。h_a^* 和 c^* 分别称为齿顶高系数和顶隙系数。齿顶高、齿根高和全齿高可表示为

$$\text{齿顶高}\quad h_a = h_a^* m \tag{9-2}$$

$$\text{齿根高}\quad h_f = (h_a^* + c^*)m \tag{9-3}$$

$$\text{全齿高}\quad h = (2h_a^* + c^*)m \tag{9-4}$$

对于圆柱齿轮，其标准值按正常齿制和短齿制规定，见表9-2。

表9-2　圆柱齿轮标准齿顶高系数和顶隙系数

系数	正常齿	短齿
h_a^*	1	0.8
c^*	0.25	0.3

顶隙 $c = c^* m$，它是指一对齿轮啮合时，一个齿轮的齿顶圆到另一个齿轮的齿根圆之间的径向距离。在齿轮传动中，为避免齿轮的齿顶端与另一个齿轮的齿槽底相接触，应留有顶隙以利于储存润滑油便于润滑，补偿在制造和安装中造成的齿轮中心距的误差以及齿轮变形等。

三、标准直齿圆柱齿轮的几何尺寸

标准直齿圆柱齿轮的几何尺寸计算公式列于表9-3。

表 9-3　标准直齿圆柱齿轮几何尺寸计算公式

序号	名称	符号	计算公式
1	齿顶高	h_a	$h_a = h_a{}^* m = m$
2	齿根高	h_f	$h_f = (h_a{}^* + c^*)m = 1.25m$
3	齿全高	h	$h = (2h_a{}^* + c^*)m = 2.25m$
4	顶隙	c	$c = c^* m = 0.25m$
5	分度圆直径	d	$d = mz$
6	基圆直径	d_b	$d_b = d\cos\alpha$
7	齿顶圆直径	d_α	$d_\alpha = d \pm 2h_a = m(z \pm 2h_a{}^*)$
8	齿根圆直径	d_f	$d_f = d \pm 2d_f = m(z \pm 2h_a{}^* \pm 2c^*)$
9	齿距	p	$P = \pi m$
10	齿厚	s	$S = \pi m/2$
11	齿槽宽	e	$e = \pi m/2$
12	标准中心距	a	$a = m(z_1 + z_2)/2$

任务实施

- 观察一直齿圆柱齿轮，识记齿轮各部分的名称及代号；
- 测量一直齿圆柱齿轮，计算齿轮主要尺寸。

任务评价

序号	能力点	掌握情况	序号	能力点	掌握情况
1	观察与操作能力		3	理解模数的定义	
2	识记齿轮各部分的名称及代号		4	计算齿轮几何尺寸能力	

思考与练习

1. 简述齿轮的基本参数与意义。

2. 某传动装置中有一对渐开线标准直齿圆柱齿轮（正常齿），大齿轮已损坏，小齿轮的齿数 $z_1 = 24$，齿顶圆直径 $d_{a1} = 78$ mm，中心距 $a = 135$ mm，试计算大齿轮的主要几何尺寸及这对齿轮的传动比。

3. 已知一对外啮合标准直齿圆柱齿轮传动的标准中心距 $a = 150$ mm，传动比 $i_{12} = 4$，小齿轮齿数 $z_1 = 20$。试确定这对齿轮的模数 m 和大齿轮的齿数 z_2、分度圆直径 d_2、齿顶圆直径 d_{a2}、齿根圆直径 d_{f2}。

子任务3　分析渐开线标准直齿圆柱齿轮啮合传动

任务目标

- 掌握渐开线标准直齿圆柱齿轮正确啮合的条件；
- 掌握渐开线齿轮连续传动的条件。

任务描述

- 分析渐开线标准直齿圆柱齿轮正确啮合的条件；
- 分析渐开线齿轮连续传动的条件。

知识与技能

一、渐开线标准直齿圆柱齿轮正确啮合的条件

如图9-7所示，一对渐开线标准直齿圆柱齿轮传动时，当它前一对齿脱离啮合（或尚未脱离啮合）时，后一对齿应进入啮合（或刚好进入啮合），而且两对齿的廓啮合点都应在啮合线 N_1N_2 上。设 K_1、K_1' 和 K_2、K_2' 为两对齿廓的啮合点，为保证啮合点都在啮合线上，必须有 $K_1K_1' = K_2K_2'$，即两齿轮的法线齿距（沿法线方向的齿距称为法线齿距）应相等，根据渐开线的性质可知，法线齿距等于两齿轮的基圆齿距 p_{b1} 和 p_{b2}，由此，要使两齿轮正确啮合，则要求 $p_{b1} = p_{b2}$。由此，要使两齿轮正确啮合，则要求：

$$p_{b1} = p_{b2} \tag{9-5}$$

$$p_b = p\cos\alpha = \pi m\cos\alpha \tag{9-6}$$

$$p_{b1} = p_1\cos\alpha_1 = \pi m_1\cos\alpha_1$$

$$p_{b2} = p_2\cos\alpha_2 = \pi m_2\cos\alpha_2$$

由此可得

$$m_1\cos\alpha_1 = m_2\cos\alpha_2 \tag{9-7}$$

由于模数和压力角已经标准化，为满足上式，应使

$$m_1 = m_2 = m,\quad \alpha_1 = \alpha_2 = \alpha \tag{9-8}$$

上式表明，渐开线齿轮的正确啮合条件是两轮的模数和压力角必须分别相等。

二、渐开线齿轮连续传动的条件

如图9-8所示，为一对相互啮合的齿轮，设轮1为主动轮，轮2为从动轮。齿廓的啮合是由主动轮1的齿根部推动从动轮2的齿顶开始的，因此，从动轮齿顶圆与啮合线的交点 B_2 即为一对齿廓进入啮合的开始。随着轮1推动轮2转动，两齿廓的啮合点沿着啮合线移动。当啮合点移动到齿轮1的齿顶圆与啮合线的交点 B_1 时，这对齿廓终止啮合，两齿廓即将分离。所以啮合线 N_1N_2 上的线 B_1B_2 为齿廓啮合点的实际轨迹，称为实际啮合线，而线段 N_1N_2 称为理论啮合线。当一对轮齿在 B_2 点开始啮合时，前一对轮齿仍在 K 点啮合，则传动就能连续进行。由图可见，这时实际啮合线段 B_1B_2 的长度大于齿轮的法线齿距。如果前一

对轮齿已于 B_1 点脱离啮合，而后一对轮齿仍未进入啮合，则这时传动发生中断，将引起冲击。所以，保证连续传动的条件是使实际啮合线长度大于或至少等于齿轮的基圆齿距 p_b。通常将实际啮合线长度与基圆齿距之比称为齿轮的重合度，用 ε 表示，即

$$\varepsilon = \frac{B_1B_2}{p_b} \geqslant 1 \tag{9-9}$$

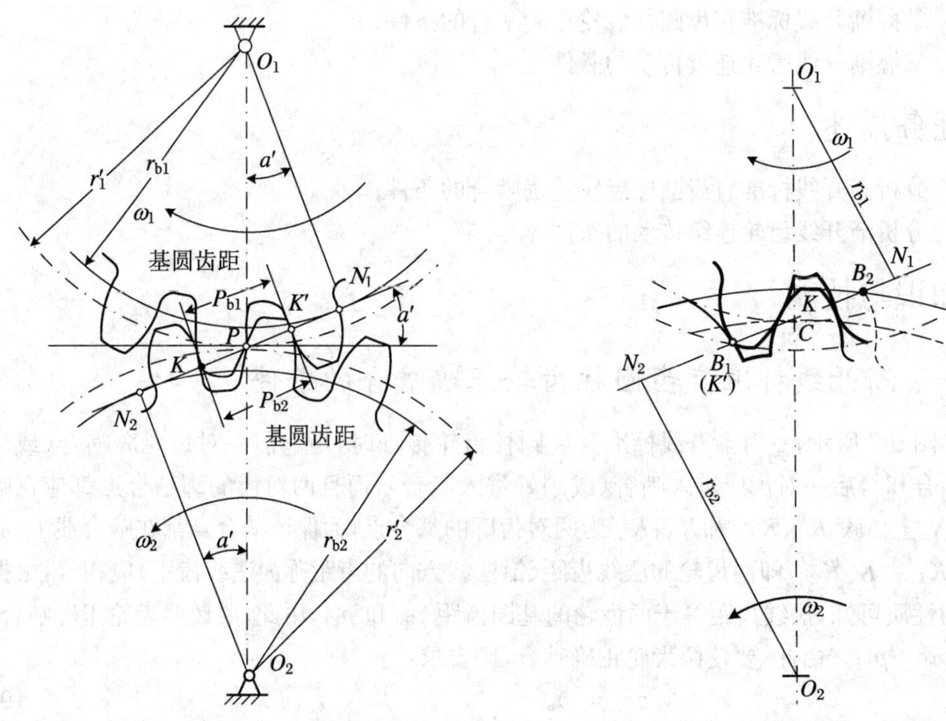

图 9-7 渐开线标准直齿圆柱齿轮正确啮合的条件 **图 9-8 渐开线齿轮连续传动的条件**

理论上当 ε=1 时，就能保证一对齿轮连续传动，但考虑齿轮的制造、安装误差和啮合传动中轮齿的变形，实际上应使 ε>1。一般机械制造中，常使 ε≥1.1～1.4。重合度越大，表示同时啮合的齿的对数越多。对于标准齿轮传动，其重合度都大于 1，所以通常不必进行验算。

三、齿轮传动的标准中心距

由前述已知，标准齿轮分度圆的齿厚和齿槽宽相等，一对正确啮合的渐开线齿轮的模数相等，即 $s_1 = e_1 = s_2 = e_2 = \pi m/2$。因此，当分度圆和节圆重合时，便可满足无侧隙啮合条件。安装时使分度圆与节圆重合的一对标准齿轮的中心距称为标准中心距，用 a 表示：

$$a = r_1 + r_2 = \frac{m}{2}(z_1 + z_2) \tag{9-10}$$

显然，此时的啮合角 α 就等于分度圆上的压力角。应当指出，分度圆和压力角是单个齿轮本身所具有的，而节圆和啮合角是两个齿轮相互啮合时才出现的。标准齿轮传动只有在分度圆与节圆重合时，压力角和啮合角才相等。此时渐开线标准直齿圆柱齿轮的传动比为

$$i = \frac{\omega_1}{\omega_2} = \frac{n_1}{n_2} = \frac{d_2}{d_1} = \frac{z_2}{z_1} \tag{9-11}$$

任务实施

- 分析渐开线标准直齿圆柱齿轮正确啮合的条件；
- 分析渐开线齿轮连续传动的条件。

任务评价

序号	能力点	掌握情况	序号	能力点	掌握情况
1	观察与操作能力		3	熟悉渐开线齿轮连续传动的条件	
2	理解渐开线标准直齿圆柱齿轮正确啮合的条件				

思考与练习

1. 重合度的基本概念是什么？
2. 渐开线直齿圆柱齿轮正确啮合的条件是什么？

子任务4　认识齿轮加工原理和根切现象

任务目标

- 了解齿轮轮齿的加工方法；
- 分析并掌握轮齿的根切现象原因与齿轮的最小齿数的确定。

任务描述

- 了解齿轮轮齿的加工方法；
- 分析轮齿的根切现象原因与齿轮的最小齿数的确定。

知识与技能

一、齿轮轮齿的加工方法

轮齿加工的基本要求是齿形准确和分齿均匀。轮齿的加工方法很多，最常用的是切削加工法，此外还有铸造法、热轧法等。轮齿的切削加工方法按其原理分为仿形法和范成法两类。

1. 仿形法

仿形法是用与齿轮齿槽形状相同的圆盘铣刀（如图9-9(a)所示）或指状铣刀（如图9-9(b)所示）在铣床上进行加工。加工时，铣刀绕本身的轴线旋转，同时轮坯沿自身的轴线方向移动，铣完一个齿槽后，将轮坯转过$2\pi/z$，再铣第二个齿槽，其余依此类推。这种加工方法简单，不需要专用机床，但精度差，而且是逐个齿切削，切削不连续，所以生产率低，仅适用于单件生产及精度要求不高的轮齿加工。

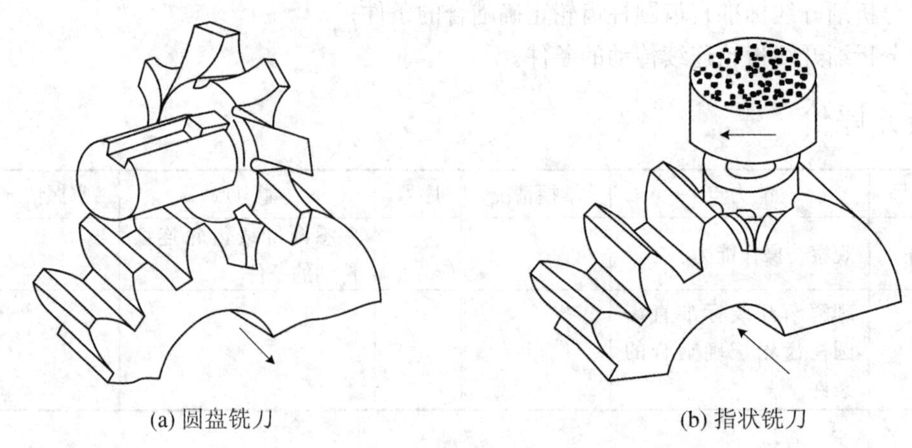

(a) 圆盘铣刀　　(b) 指状铣刀

图 9-9　仿形法加工轮齿

2. 范成法

如图 9-10 所示，范成法是利用一对齿轮与齿条互相啮合时其共轭齿廓互为包络线的原理来切齿的。如果把其中一个齿轮(或齿条)做成刀具，就可以切出与它共轭的渐开线齿廓。范成法种类很多，有插齿、滚齿、剃齿、磨齿等，其中最常用的是插齿和滚齿，剃齿和磨齿常用于精度和粗糙度要求较高的场合。

(1) 插齿

如图 9-11 所示为用齿条插刀加工轮齿时的情形。齿轮插刀的形状和齿轮相似，其模数和压力角与被加工齿轮相同。加工时，插齿刀沿轮坯轴线方向作上下往复的切削运动；同时，机床的传动系统严格地保证插齿刀与轮坯之间的范成法加工运动。齿轮插刀刀具顶部比正常齿高出 $C^* m$，以便切出顶隙部分。齿轮插刀的齿数增加到无穷多时，其基圆半径变为无穷大，插刀的齿廓变成直线齿廓，齿轮插刀就变成齿条插刀，如图 9-11 为齿条插刀加工轮齿的情形。

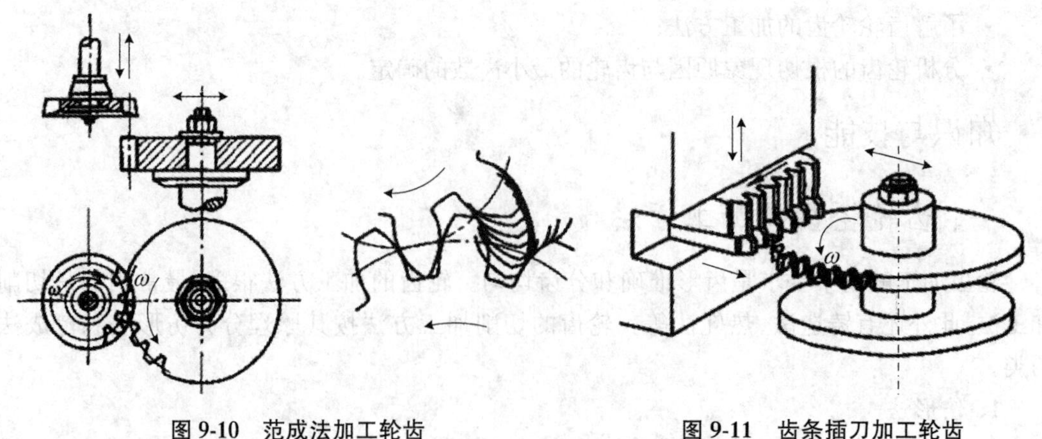

图 9-10　范成法加工轮齿　　**图 9-11　齿条插刀加工轮齿**

(2) 滚齿

齿轮插刀和齿条插刀都只能间断地切削，生产率低。目前广泛采用齿轮滚刀在滚齿机上进行轮齿的加工。滚齿加工方法基于齿轮与齿条相啮合的原理。如图9-12所示为滚刀加工轮齿的情形。滚刀的外形类似沿纵向开了沟槽的螺旋，其轴向剖面齿形与齿条相同。当滚刀转动时，相当于这个假想的齿条连续地向一个方向移动，轮坯又相当于与齿条相啮合的齿轮，从而滚刀能按照范成法原理在轮坯上加工渐开线齿廓。滚刀除旋转外，还沿轮坯的轴向逐渐移动，以便切出整个齿宽。

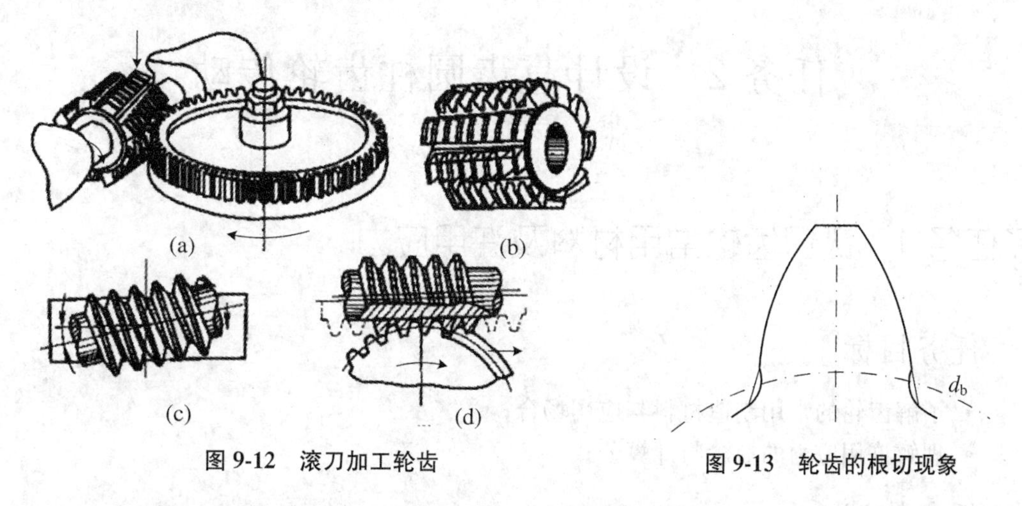

图9-12　滚刀加工轮齿

图9-13　轮齿的根切现象

二、轮齿的根切现象与齿轮的最小齿数

1. 轮齿的根切现象

用范成法加工齿数较少的齿轮时，常会将轮齿根部的渐开线齿廓切去一部分，如图9-13所示，这种现象称为根切。轮齿发生根切后，齿根厚度减薄，轮齿的抗弯曲能力下降，重合度减少，影响了传动的平稳性，所以必须设法避免。用滚刀加工压力角为20°的正常齿制标准直齿圆柱齿轮时，根据计算，可得出不发生根切的最小齿数 $z_{min}=17$。某些情况下，为了尽量减少齿数以获得比较紧凑的结构，在满足轮齿弯曲强度条件下，允许齿根部有轻微根切时，$Z_{min}=14$。

2. 避免根切的方法

为了保证切齿过程中不发生根切，所设计齿轮的齿数 Z 必须大于或等于不发生根切的最小齿数 Z_{min}。当 $\alpha=20^\circ, h^*=1$ 时，$Z_{min}=17$；当 $\alpha=20^\circ, h^*=0.8$ 时，$Z_{min}=14$。

任务实施

- 实地观察齿轮轮齿的加工方法；
- 分析轮齿的根切现象原因与齿轮的最小齿数的确定。

任务评价

序号	能力点	掌握情况	序号	能力点	掌握情况
1	观察、操作能力		3	辨别仿形法和范成法的区别	
2	理解齿轮加工方法		4	理解轮齿的根切现象与齿轮的最小齿数	

思考与练习

1. 为什么要限制标准齿轮的最小齿数?
2. 常见的渐开线齿廓的切齿方法有哪几种? 各有什么特点?

任务2　设计直齿圆柱齿轮传动

子任务1　认识齿轮常用材料及许用应力

任务目标

- 了解齿轮的常用制造材料与应用场合;
- 理解许用应力的概念与计算公式。

任务描述

- 查阅资料并实地观察齿轮的常用材料;
- 分析许用应力。

知识与技能

一、齿轮的常用材料

对齿轮材料的要求:齿面有足够的硬度和耐磨性,轮齿芯部有较强韧性,以承受冲击载荷和变载荷。常用的齿轮材料是各种牌号的优质碳素钢、合金结构钢、铸钢和铸铁等,一般多采用锻件或轧制钢材。当齿轮直径在400~600 mm时,可采用铸钢;低速齿轮可采用灰铸铁。表9-4列出了常用齿轮材料及其热处理方法、热处理后的硬度。

表9-4　齿轮的常用材料及其热处理方法、热处理后的硬度

材料	机械性能(MPa)		热处理方法	硬度	
	σ_b	σ_s		HBS	HRC
45	580	290	正火	160~217	
	640	350	调质	217~255	
			表面淬火		40~50
40Cr	700	500	调质	240~286	
			表面淬火		48~55
35SiMn	750	450	调质	217~269	
42SiMn	785	510	调质	229~286	

续表

材料	机械性能(MPa)		热处理方法	硬度	
	σ_b	σ_s		HBS	HRC
20Cr	637	392	渗碳、淬火、回火		56～62
20CrMnTi	1100	850	渗碳、淬火、回火		56～62
40MnB	735	490	调质	241～286	
ZG45	569	314	正火	163～197	
ZG35SiMn	569	343	正火、回火	163～217	
	637	412	调质	197～248	
HT200	200			170～230	
HT300	300			187～255	
QT500-5	500			147～241	
QT600-2	600			229～302	

1. 钢

(1) 软齿面齿轮

软齿面齿轮的齿面硬度≤350 HBS，常用中碳钢或中碳合金钢，如45号钢、40Cr、35SiMn等材料，进行调质或正火处理。这种齿轮适用于强度、精度要求不高的场合，轮坯经过热处理后进行插齿或滚齿加工，生产便利、成本较低。在确定大、小齿轮硬度时应注意使小齿轮的齿面硬度比大齿轮的齿面硬度高30～50 HBS，这是因为小齿轮受载荷次数比大齿轮多，且小齿轮齿根较薄，为使两齿轮的轮齿接近等强度，小齿轮的齿面要比大齿轮的齿面硬一些。

(2) 硬齿面齿轮

硬齿面齿轮的齿面硬度＞350 HBS，常用的材料为中碳钢或中碳合金钢经表面淬火处理。当齿轮的尺寸较大(大于400～600 mm)而不便于锻造时，可用铸造方法制成铸钢齿坯，再进行正火处理以细化晶粒。

2. 铸铁

铸铁的抗弯曲和耐冲击性能较差，但价格低廉、浇铸简单、加工方便，主要用于低速、工作平稳、传递功率不大和对尺寸与质量无严格要求的开式齿轮。常用材料有HT300、HT350和QT500-7等。

3. 非金属材料

对高速、小功率、精度要求不高及要求低噪声的齿轮传动，常用非金属材料(如夹布胶木、尼龙等)做小齿轮，大齿轮仍用钢或铸铁制造。

二、许用应力

1. 许用接触应力

$$[\sigma_H] = \frac{\sigma_{Hlim}}{S_H} \tag{9-12}$$

式中，σ_{Hlim}——实验齿轮的接触抗疲劳极限，该数值由实验获得，按照图9-14查取；

S_H——接触抗疲劳强度的安全系数，按照表 9-5 选取。

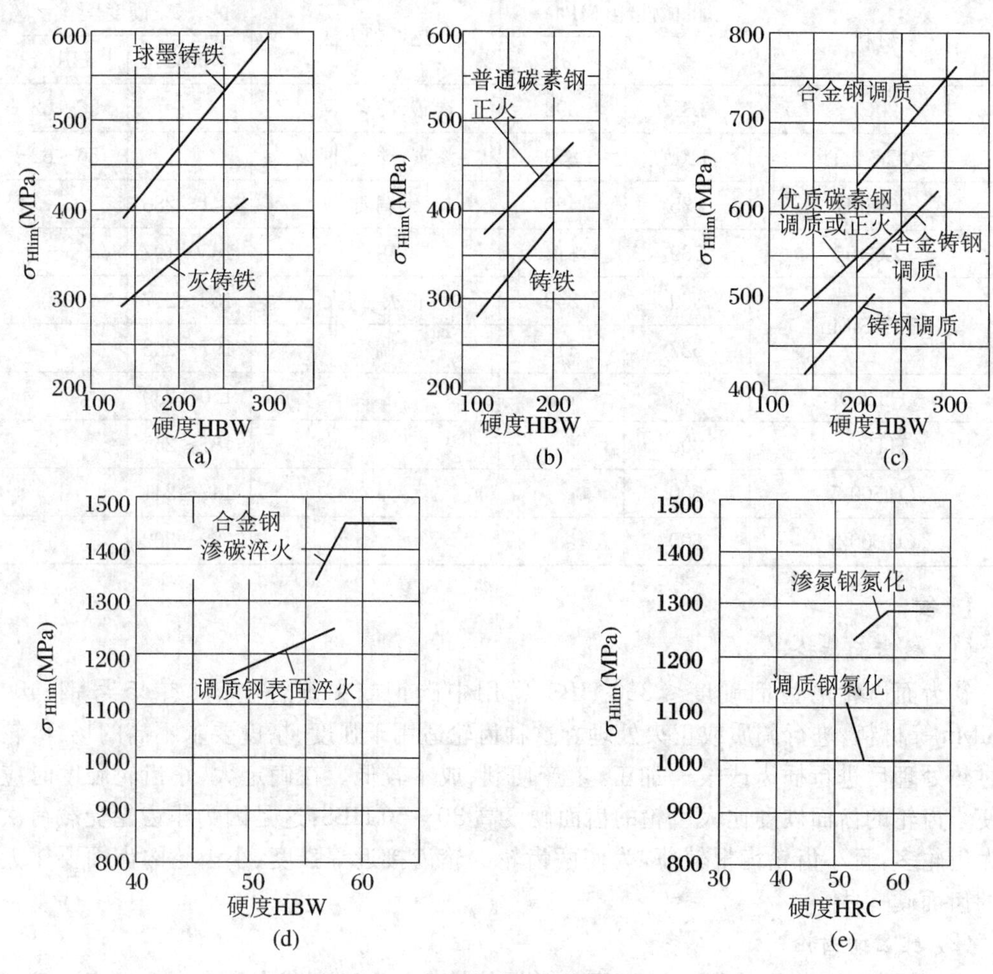

图 9-14　齿面接触抗疲劳极限 σ_{Hlim}

表 9-5　安全系数 S_H 和 S_F

安全系数	软齿面(<350 HBS)	硬齿面(>350 HBS)	重要的传动、渗碳淬火齿轮或铸铁齿轮
S_H	1.0~1.1	1.1~1.2	1.3
S_F	1.3~1.4	1.4~1.6	1.6~2.2

2. 许用齿根弯曲应力

$$[\sigma_F] = \frac{\sigma_{Flim}}{S_F} \tag{9-13}$$

式中，σ_{Flim}——实验齿轮的弯曲抗疲劳极限，该数值由实验获得，按照图 9-15 查取；

S_F——弯曲抗疲劳强度的安全系数，按照表 9-5 选取。

任务实施

- 查阅资料并总结齿轮的常用材料；

• 分析许用应力的计算公式。

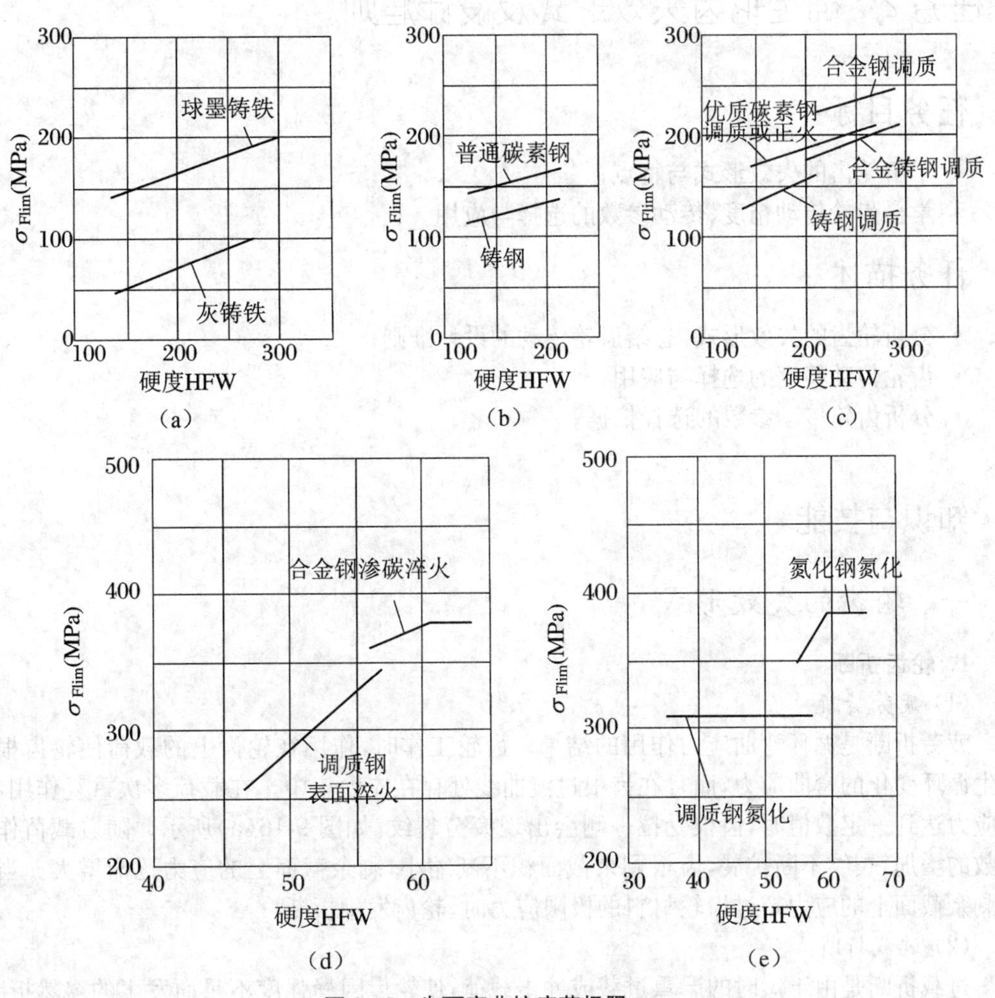

图 9-15　齿面弯曲抗疲劳极限 σ_{Flim}

任务评价

序号	能力点	掌握情况	序号	能力点	掌握情况
1	查阅资料与实地观察齿轮的常用材料		3	分析许用应力公式、查表能力	
2	了解制造齿轮的常用材料		4	学会齿轮强度校核	

思考与练习

1. 齿轮传动常用哪些材料？选择齿轮材料的依据是什么？设计齿轮时，小齿轮硬度根据什么原则选取？

2. 许用应力分为哪两种？校核公式各是什么？

子任务 2 确定轮齿失效形式及设计准则

任务目标

- 了解轮齿的失效形式与特点；
- 学会齿轮传动精度、传动参数的选择与应用。

任务描述

- 分析轮齿的失效形式，总结齿轮传动的设计准则；
- 齿轮传动精度的选择与应用；
- 分析齿轮传动参数的选择依据。

知识与技能

一、轮齿的失效形式

1. 轮齿折断

(1) *疲劳折断*

疲劳折断是循环弯曲应力作用的结果。齿轮工作时，作用在轮齿上的载荷使轮齿根部产生循环变化的弯曲应力，而且在齿根过渡曲线处存在应力集中。在载荷多次重复作用下，当应力达到一定数值时，齿根受拉一侧会出现疲劳裂纹，如图 9-16(a)所示。随着载荷作用次数的增加，裂纹不断扩展，齿根剩余截面积不断缩小，剩余截面上的应力逐渐增大。当齿根剩余截面上的应力超过齿轮材料的极限应力时，轮齿发生折断。

(2) *过载折断*

过载折断是由于短时的严重过载或冲击载荷，使轮齿因静强度不足而发生的突然折断，如图 9-16(b)所示。

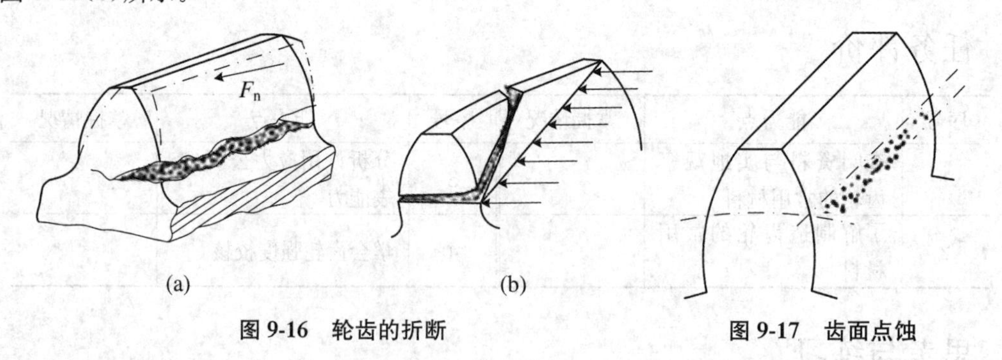

图 9-16 轮齿的折断

图 9-17 齿面点蚀

2. 齿面点蚀

在润滑良好的闭式齿轮传动中，当齿轮工作一定时间后，在轮齿工作表面上会产生一些细小的凹坑，称为点蚀。轮齿工作时齿廓曲面上将产生循环变化的接触应力，当接触应力超过表层材料的接触疲劳极限时，齿面就会出现疲劳点蚀。从观察实际失效齿轮得知，疲劳点蚀一般多出现在齿根表面靠近节线处，如图 9-17 所示。齿面疲劳点蚀是闭式软齿面齿轮传动的主要失效形式。在开式传动中，由于齿面磨损较快，在没有形成疲劳点蚀之前，部分齿面已被磨掉，因而一般看不到点蚀现象。

3．齿面胶合

在高速重载传动中，由于齿面啮合区的压力很大，润滑油膜因温度升高容易破裂，造成齿面金属直接接触，其接触区产生瞬时高温，致使两轮齿表面粘接在一起，当两齿面相对运动时，较软的齿面金属被撕下，在轮齿工作表面形成与滑动方向一致的沟痕，如图9-18所示，这种现象称为齿面胶合。

4．齿面磨损

互相啮合的两齿廓表面间有相对滑动，在载荷作用下会引起齿面的磨损，如图9-19所示。尤其在开式齿轮传动中，由于灰尘、砂粒等硬颗粒容易进入齿面间而发生磨损。齿面严重磨损后，轮齿将失去正确的齿形，会导致严重噪音和振动，影响轮齿正常工作，最终使传动失效。

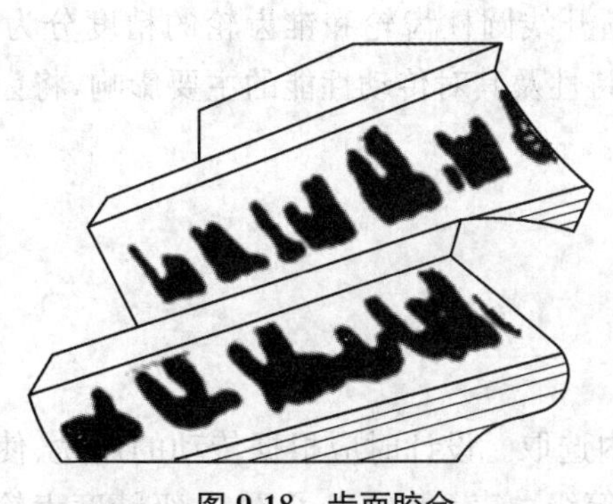

图9-18　齿面胶合

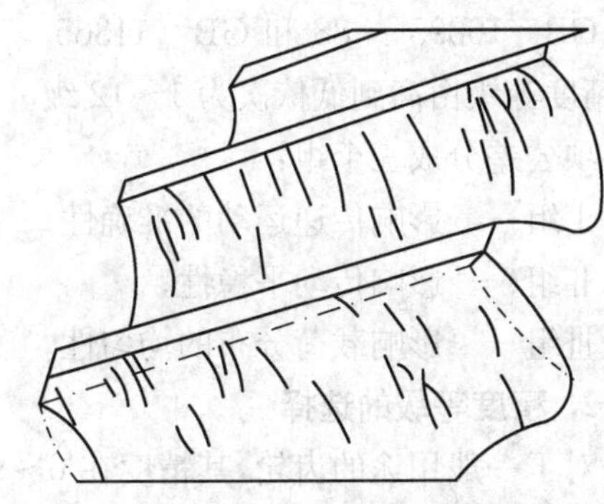

图9-19　齿面磨损

5．齿面塑性变形

如图9-20所示，在低速、重载的条件下，较软的齿面上表层金属可能沿滑动方向滑移，出现局部金属流动现象，使齿面产生塑性变形，齿廓失去正确的齿形。在起动和过载频繁的传动中较易产生这种失效形式。

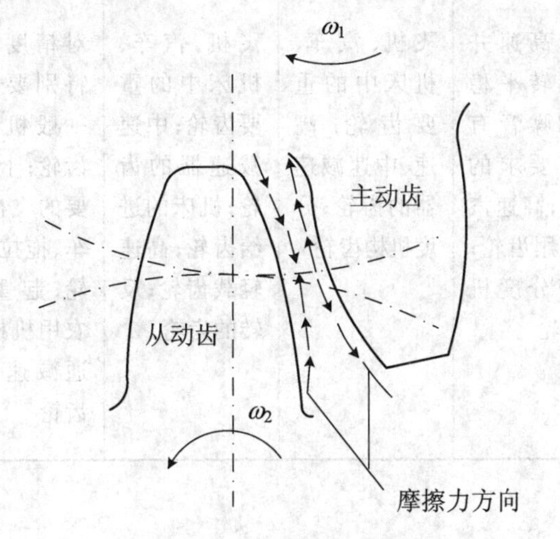

图9-20　齿面塑性变形

二、齿轮传动的设计准则

齿轮传动的设计准则是根据齿轮可能出现的失效形式来进行的，但是对于齿面磨损、塑性变形等，尚未形成相应的设计准则，所以目前在齿轮传动设计中，通常只按保证齿根弯曲抗疲劳强度和齿面接触抗疲劳强度进行计算。而对于高速重载齿轮传动，还要按保证齿面抗胶合能力的准则进行计算。由工程实际得知，在闭式齿轮传动中，对于软齿面（HBS≤350）齿轮，按接触抗疲劳强度进行设计，按弯曲抗疲劳强度校核；而对于硬齿面（HBS>350）齿轮，按弯曲抗疲劳强度进行设计，按接触抗疲劳强度校核。开式（半开式）齿轮传动，按弯曲抗疲劳强度进行设计，不必校核齿面接触抗疲劳强度。

三、齿轮传动精度

1. 精度等级

GB 10095—88 和 GB 11365—89 规定渐开线圆柱齿轮和锥齿轮的精度分为 12 级，精度等级由高到低依次为 1～12 级。按照误差特性及其对传动性能的主要影响，将齿轮的各项公差分成三个组：

Ⅰ组——影响传递运动的准确性；

Ⅱ组——影响传动平稳性；

Ⅲ组——影响载荷分布的均匀性。

2. 精度等级的选择

对于一般用途的齿轮，其精度在 6～9 级范围内选取。设计时应根据传动的用途、使用条件、传递功率、圆周速度等，合理确定齿轮的精度等级。表 9-6 给出了 6～9 级精度齿轮的推荐应用场合。

表 9-6 常用精度等级圆柱齿轮的应用范围和加工方法

精度等级	5级（精密级）	6级（高精度级）	7级（较高精度级）	8级（中等精度级）	9级	10级
					（低精度级）	
应用范围	用于高速并对运转平稳性和噪音有较高要求的齿轮；高速汽轮机用齿轮；精密分度机构齿轮	飞机、汽车、机床中的重要齿轮；高速、中速减速器的齿轮；分度机构齿轮	飞机、汽车、机床中的重要齿轮；中速减速器的齿轮；机床的进给齿轮；高速轻载齿轮；反转的齿轮	对精度没有特别要求的一般机械用齿轮；十分重要的飞机、汽车、拖拉机齿轮；起重机、农用机械、普通减速器用齿轮	用于精度要求不高，并且在低速下工作的齿轮	

续表

精度等级	5级 (精密级)	6级 (高精度级)	7级 (较高精度级)	8级 (中等精度级)	9级	10级
					(低精度级)	
加工方法	在周期性误差非常小的精密齿轮机床上展成加工	在高精度齿轮机床上展成加工	在高精度齿轮机床上展成加工	用展成法或仿形法加工	用任意方法切齿	
齿面最终精加工	精密磨齿;大型齿轮用精密滚齿机滚切后,再研磨或剃齿	精密磨齿或剃齿	不淬火的齿轮用高精度刀具切制即可,淬火齿轮要经过磨齿、研齿、珩齿等	不磨齿,必要时剃齿或研齿	不需要精加工	
齿面粗糙度	0.8	0.8	1.6	3.2～6.3	6.3	12.5
效率	99(98.5)以上	99(98.5)以上	98(98.5)以上	97(96.5)以上	96(95)以上	

四、参数的选择

1. 齿数和模数

对于闭式软齿面齿轮传动,传动的尺寸主要取决于齿面接触抗疲劳强度。因此,在保持分度圆直径不变并满足弯曲抗疲劳强度要求的前提下,可选用较多的齿数。这样有利于增大重合度,使传动平稳。同时由于模数的减小,又可减少齿轮毛坯的金属切削量,降低齿轮制造成本。通常取对于闭式硬齿面齿轮传动和开式齿轮传动,传动的尺寸主要取决于轮齿的弯曲抗疲劳强度,故可采用较少的齿数以增加模数。但对于标准齿轮,注意避免切齿干涉。

2. 传动比

一对齿轮的传动比 i 不宜过大,否则将增加传动装置的结构尺寸,且使两齿轮轮齿的应力循环次数差别太大。因此,一般取直齿圆柱齿轮的传动比 $i \leqslant 5$。

任务实施

- 观察已经损坏的齿轮,判断轮齿的失效形式,总结齿轮传动的设计准则;
- 分析齿轮传动精度、参数的选择与应用。

任务评价

序号	能力点	掌握情况	序号	能力点	掌握情况
1	观察分析能力		3	了解齿轮传动的设计准则	
2	理解齿轮失效形式		4	学会齿轮精度与参数选择	

思考与练习

1. 常见的齿轮失效形式有哪些？失效的原因是什么？齿轮传动的设计准则通常是由哪些失效形式决定的？

2. 在齿轮传动的强度计算中，为什么要引入载荷系数 K？试述齿宽系数的大小对齿轮传动的传动性能和承载能力的影响。

子任务 3　设计计算直齿圆柱齿轮传动

任务目标

- 分析并掌握轮齿受力情况和计算载荷；
- 掌握齿面接触抗疲劳强度、弯曲抗疲劳强度计算公式和方法；
- 掌握直齿圆柱齿轮传动设计步骤。

任务描述

- 设计单级标准直齿圆柱齿轮减速器的齿轮传动。已知传递的功率 $P=6\ \text{kW}$，主动轮转速 $n_1=960\ \text{r/min}$，齿数比 $\mu=2.5$，单向运转，载荷平稳，单班制工作，原动机为电动机。

知识与技能

一、轮齿受力分析和计算载荷

为了计算齿轮的强度，设计轴和轴承，首先应对齿轮的受力进行分析。如图 9-21 所示为直齿圆柱齿轮啮合传动时的受力状况。按力作用在分度圆上分析，由于齿面上的摩擦力通常很小，在受力分析时可忽略不计，并将沿齿宽的分布载荷简化为一集中载荷，则轮齿间的相互作用力为法向力 F_n，其方向垂直于齿面且与啮合线方向相同。法向力 F_n 可以分解为两个相互垂直的分力：圆周力 F_t（又称切向力）和径向力 F_r。

各力的计算公式为

$$\text{圆周力}\quad F_t = \frac{2000T_1}{d_1} \tag{9-14}$$

$$\text{径向力}\quad F_r = F_t\tan\alpha \tag{9-15}$$

$$法向力\quad F_n = \frac{F_t}{\cos\alpha} \tag{9-16}$$

式中，T_1——主动轮传递的名义转矩(N·m)，可以根据所传递的功率 P_1 和主动轮的转速 n_1 求得：

$$T_1 = 9550\frac{P_1}{n_1} \tag{9-17}$$

d_1——主动轮的分度圆直径(mm)；

α——齿轮分度圆压力角(°)。

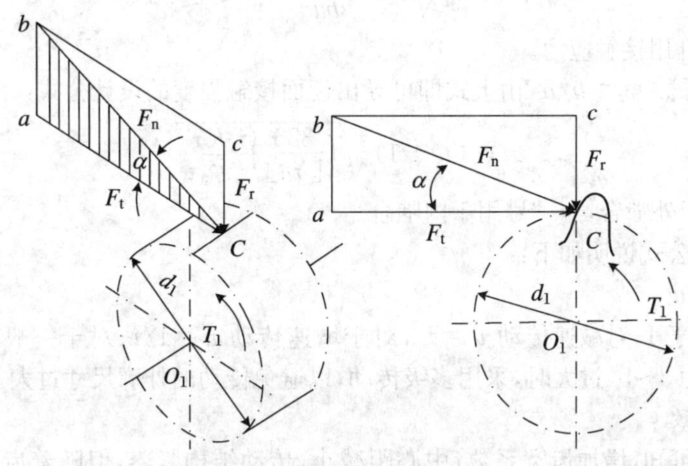

图 9-21　直齿圆柱齿轮受力分析

作用在主动齿轮和从动齿轮上的各对作用力的大小相等，方向相反。主动齿轮所受的圆周力的方向与主动齿轮的圆周速度方向相反，从动齿轮所受的圆周力的方向与从动齿轮的圆周速度方向相同。径向力的方向指向各自的轮心。

上述法向力 F_n 是指作用在齿轮上的名义载荷，实际强度计算时，由于齿轮传动存在一定的不平稳因素，通常引入计算载荷。法向力的计算载荷为 $F_{nc}=KF_n$，其中载荷系数 K 可根据动力源和工作机械的工作状况由表 9-7 选取。

表 9-7　载荷系数 K

动力源状况	工作机械的载荷特性		
	平稳和比较平稳	中等冲击	严重冲击
工作平稳(电机或汽轮机)	1.0～1.2	1.2～1.6	1.6～1.8
轻度冲击(多缸内燃机)	1.2～1.6	1.6～1.8	1.9～2.1
中等冲击(单缸内燃机)	1.6～1.8	1.8～2.0	2.2～2.4

注：斜齿圆柱齿轮、圆周速度较低、精度高、齿宽系数较小时，取小值。齿轮在两轴承之间且对称布置，取小值；齿轮在两轴承之间且不对称布置，取大值。

二、齿面接触抗疲劳强度计算

齿面接触抗疲劳强度计算是针对齿面点蚀失效进行的。

一对渐开线齿轮啮合时，其齿面接触状况可近似认为与两圆柱体的接触相当，所以其齿面接触应力 σ_H 可近似地用赫兹公式计算：

$$\sigma_H = 0.418\sqrt{\frac{F_n E}{b\rho}} \tag{9-18}$$

式中，σ_H——最大接触应力或赫兹应力；

E——两圆柱体材料的弹性模量；

b——两圆柱体接触线的长度；

ρ——综合曲率半径。

经过代入分析计算得到，对于一对钢制的标准齿轮，齿面接触强度的验算公式为

$$\sigma_H = 335\sqrt{\frac{(u \pm 1)^3 KT_1}{\mu ba^2}} \leqslant [\sigma_H] \tag{9-19}$$

式中，$[\sigma_H]$——许用接触应力。

如取齿宽系数 $\varphi_a = b/a$，由上式即可导出齿面接触强度的设计公式：

$$a \geqslant (u \pm 1)\sqrt[3]{\left(\frac{335}{[\sigma_H]}\right)^2 \frac{KT_1}{\varphi_a u}} \tag{9-20}$$

式中，"+"号用于外啮合，"-"号用于内啮合。

参数选择和公式说明如下：

(1) 齿数比 u

齿数比恒大于1，对减速传动 $u = i$，对于增速传动 $u = 1/i$；对于一般单级减速传动，$i \leqslant 8$，常用范围为3～5，过大时，采用多级传动，以避免传动的外廓尺寸过大。

(2) 齿宽系数 φ_a

由式(9-20)可知，增加齿宽系数，中心距减小，传动结构紧凑，但随着齿宽系数的增加，齿轮宽度增加，轮齿上载荷集中现象也更严重。实践中推荐：轻型减速器可取 $\varphi_a = 0.2$～0.4；一般减速器可取 $\varphi_a = 0.4$；中型、重型减速器可取 $\varphi_a = 0.4$～1.2；$\varphi_a > 0.4$ 时通常采用斜齿或人字齿；对于变速箱中的齿轮一般可取 $\varphi_a = 0.1$～0.2。

三、齿面弯曲抗疲劳强度计算

齿根弯曲抗疲劳强度的验算公式为

$$\sigma_F = \frac{KF_t Y_F}{bm} = \frac{2KT_1 Y_F}{bd_1 m} = \frac{2KT_1 Y_F}{bm^2 z_1} \leqslant [\sigma_F] \tag{9-21}$$

引入齿宽系数 $\varphi_a = b/a$，代入上式得齿根弯曲抗疲劳强度的设计公式：

$$m \geqslant \sqrt[3]{\frac{4KT_1 Y_F}{\varphi_a (u \pm 1) z_1^2 [\sigma_F]}} \tag{9-22}$$

式中，"+"号用于外啮合，"-"号用于内啮合；Y_F 的选择见图 9-22。

参数的选择和公式的说明如下：

(1) 齿数 z

对于软齿面(≤350 HBS)的闭式传动，容易产生齿面点蚀，在满足弯曲强度条件下，中心距不变，适当增加齿数，减小模数，能加大重合度，对传动的平稳有利，并减小了轮坯直径和齿高，减少加工工时和提高加工精度。一般推荐 $z = 20$～40。

对于开式传动及硬齿面(>350 HBS)或铸铁齿轮的闭式传动，容易发生轮齿折断，应适当减小齿宽，以增大模数。为了避免发生根切，对于标准齿轮一般不少于17齿。

(2) 模数 m

设计求出的模数应圆整为标准值。模数影响轮齿的齿根弯曲抗疲劳强度，一般在满足

轮齿弯曲抗疲劳强度的条件下，宜取较小的模数，以利增多齿数。对于传递动力的齿轮，模数不宜小于1.5～2 mm。

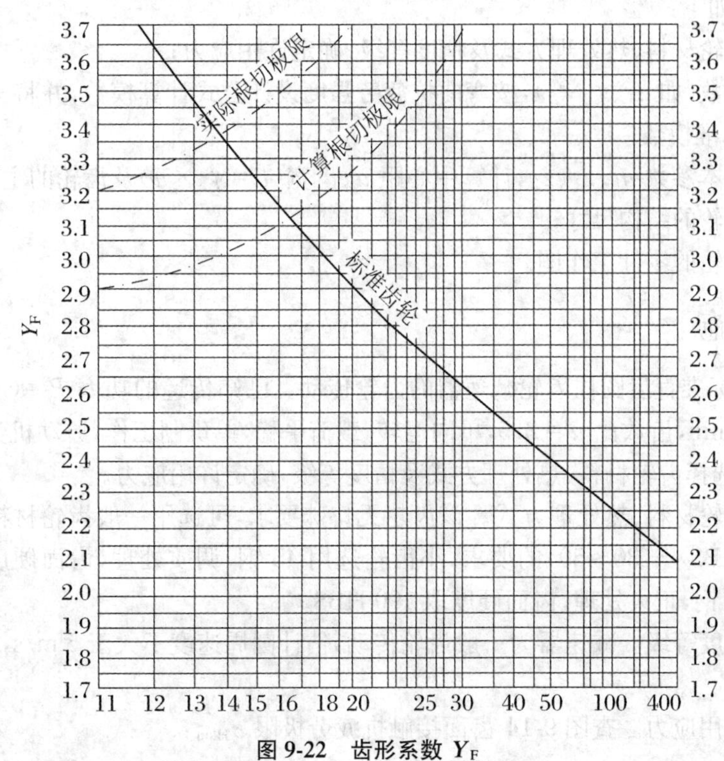

图 9-22　齿形系数 Y_F

四、直齿圆柱齿轮传动设计

齿轮传动的设计主要内容包括：选择齿轮材料和热处理方式，确定主要参数、几何尺寸、结构形式、精度等级，最后绘出零件工作图。

(1) 软齿面(硬度≤350 HBS)闭式齿轮传动

设计步骤如下：

① 选择齿轮材料、热处理方式及精度等级，确定许用应力；

② 选择参数(如 φ_a)，按接触抗疲劳强度设计公式计算中心距；

③ 按中心距公式 $a=[m(z_1+z_2)]/2$，确定齿轮基本参数和主要尺寸；

④ 验算所设计的齿轮传动的齿根弯曲抗疲劳强度；

⑤ 确定齿轮的结构尺寸；

⑥ 绘制齿轮的零件工作图。

(2) 硬齿面(硬度>350 HBS)闭式齿轮传动

设计步骤如下：

① 选择齿轮材料、热处理方式及精度等级，确定许用应力；

② 选择参数(如 z_1、φ_a 等)，按弯曲抗疲劳强度设计公式计算模数，并取为标准值；

③ 确定基本参数 m、z_1、z_2，计算中心距 a、齿宽($b=\varphi_a\times a$)及齿轮的主要尺寸；

④ 验算所设计的齿轮传动的齿面接触抗疲劳强度；

⑤ 确定齿轮的结构尺寸；

⑥ 绘制齿轮的零件工作图。

(3) 开式齿轮传动

设计步骤如下：

① 选择齿轮材料、热处理方式及精度等级，确定许用应力；

② 选择参数(如 z_1、φ_α 等)，按弯曲抗疲劳强度设计公式计算模数，并将其加大 10% ～20%，再取成标准模数；

③ 确定基本参数 m、z_1、z_2，计算中心距 a、齿宽($b=\varphi_a \times a$)及齿轮的主要尺寸；

④ 确定齿轮的结构尺寸；

⑤ 绘制齿轮的零件工作图。

任务实施

设计单级标准直齿圆柱齿轮减速器的齿轮传动。已知传递的功率 $P=6$ kW，主动轮转速 $n_1=960$ r/min，齿数比 $u=2.5$，单向运转，载荷平稳，单班制工作，原动机为电动机。

解 (1) 选择齿轮材料、热处理方式及精度等级，确定许用应力。

① 选择齿轮材料、热处理方式。该齿轮无特殊要求，可选用一般齿轮材料，由表 9-4，并考虑 $HBS_1=HBS_2+(30\sim50)$ 的要求，小齿轮选用 45 钢，调质处理，齿面硬度取 230 HBS；大齿轮选用 45 钢，正火处理，齿面硬度取 190 HBS。

② 确定精度等级。减速器为一般齿轮传动，估计圆周速度不大于 5 m/s，根据表 9-6，初选 8 级精度。

③ 确定许用应力。查图 9-14 齿面接触抗疲劳极限 σ_{Hlim}：

$$\sigma_{Hlim1}=560\ \text{MPa},\quad \sigma_{Hlim2}=530\ \text{MPa}$$

查图 9-15 齿根弯曲抗疲劳极限 σ_{Flim}：

$$\sigma_{Flim1}=195\ \text{MPa},\quad \sigma_{Flim2}=180\ \text{MPa}$$

查表 9-5 安全系数 S_H 和 S_F：

$$S_H=1.1,\quad S_F=1.4$$

可得

$$[\sigma_H]_1=\frac{\sigma_{Hlim1}}{S_H}=\frac{560}{1.1}=509.1\ (\text{MPa})$$

$$[\sigma_H]_2=\frac{\sigma_{Hlim2}}{S_H}=\frac{530}{1.1}=481.8\ (\text{MPa})$$

$$[\sigma_F]_1=\frac{\sigma_{Flim1}}{S_F}=\frac{195}{1.4}=139.3\ (\text{MPa})$$

$$[\sigma_F]_2=\frac{\sigma_{Flim2}}{S_F}=\frac{180}{1.4}=128.6\ (\text{MPa})$$

(2) 按齿面接触抗疲劳强度进行设计。

因齿面硬度小于 350 HBS，属软齿面，所以按齿面接触抗疲劳强度进行设计：

$$a \geqslant (u\pm1)\sqrt[3]{\left(\frac{335}{[\sigma_H]}\right)^2\frac{KT_1}{\varphi_a u}}$$

① 取 $[\sigma_H]=[\sigma_H]_2=481.8$ MPa。

② 小齿轮转矩：

$$T_1 = 9.55 \times 10^6 \frac{P}{n_1} = 9.55 \times 10^6 \times \frac{6}{960} = 59687.5(\text{N} \cdot \text{mm})$$

③ 齿宽系数：

$$\varphi_a = 0.4, \quad u = 2.5$$

④ 由于原动机为电动机，载荷平稳，支承为对称布置，查表9-7载荷系数 K，选 $K=1.15$。将上述数据代入，得初算中心距：

$$a_0 \geqslant (2.5+1) \times \sqrt[3]{\left(\frac{335}{481.8}\right)^2 \times \frac{1.15 \times 59687.5}{0.4 \times 2.5}} = 112.4(\text{mm})$$

(3) 确定基本参数，计算齿轮的主要尺寸。

① 选择齿数：取 $z_1=26$，则 $z_2=iz_1=65$。

② 确定模数：

$$m = \frac{2a_0}{z_1+z_2} = \frac{2 \times 112.4}{26+65} = 2.47(\text{mm})$$

取 $m=2.5$ mm。

③ 确定中心距：

$$a = \frac{m(z_1+z_2)}{2} = \frac{2.5 \times (26+65)}{2} = 113.75(\text{mm})$$

④ 确定齿宽：

$$b = \varphi_a a = 0.4 \times 113.75 = 45.5(\text{mm})$$

为了补偿两轮轴向尺寸的误差，使小轮宽度略大于大轮，故取 $b_2=46$ mm，$b_1=50$ mm。

⑤ 分度圆直径：

$$d_1 = mz_1 = 2.5 \times 26 = 65(\text{mm})$$

$$d_2 = mz_2 = 2.5 \times 65 = 162.5(\text{mm})$$

其余尺寸计算略。

(4) 验算齿根弯曲抗疲劳强度。

① 由下列公式验算齿根弯曲抗疲劳强度：

$$\sigma_{F1} = \frac{2KT_1 Y_{F1}}{bm^2 z_1}$$

$$\sigma_{F2} = \frac{2KT_1 Y_{F2}}{bm^2 z_1} = \sigma_{F1} \frac{Y_{F2}}{Y_{F1}}$$

取 $z_1=26$，则 $z_2=65$。由图9-22查得 $Y_{F1}=2.68$，$Y_{F2}=2.27$，代入上式，得

$$\sigma_{F1} = \frac{2 \times 1 \times 59687.5 \times 2.68}{46 \times 2.5^2 \times 26} = 42.8(\text{MPa}) < [\sigma_F]_1$$

$$\sigma_{F2} = 42.8 \times \frac{2.27}{2.68} = 36.3(\text{MPa}) < [\sigma_F]_2$$

校核安全。

② 验算圆周速度：

$$v = \frac{\pi d_1 n_1}{60 \times 1000} = \frac{\pi \times 65 \times 960}{60 \times 1000} = 3.27(\text{m/s})$$

由表9-6知，选8级精度合适。

(5) 确定齿轮的结构尺寸及绘制齿轮的零件工作图(略)。

任务评价

序号	能力点	掌握情况	序号	能力点	掌握情况
1	分析计算能力		3	辨别疲劳、弯曲强度计算区别	
2	查表、数据处理能力		4	学会直齿圆柱齿轮传动设计	

思考与练习

已知开式齿轮传动，小齿轮材料 45 钢调质处理，大齿轮材料 45 钢正火处理，传递功率 $P_1 = 4\ \mathrm{kW}$，$n_1 = 960\ \mathrm{r/min}$，$i = 4$，$z_1 = 21$，单向运转，齿轮对称布置，载荷均匀，电动机驱动，试设计该齿轮传动。

任务3 斜齿圆柱齿轮传动

子任务1 认识斜齿圆柱齿轮传动

任务目标

- 了解斜齿圆柱齿轮齿廓曲面的形成过程；
- 识记并掌握斜齿圆柱齿轮啮合特点、斜齿圆柱齿轮的基本参数；
- 掌握斜齿圆柱齿轮的正确啮合条件。

任务描述

- 分析斜齿圆柱齿轮齿廓曲面的形成过程；
- 分析斜齿圆柱齿轮啮合特点、斜齿圆柱齿轮的基本参数；
- 掌握斜齿圆柱齿轮的正确啮合条件。

知识与技能

一、斜齿圆柱齿轮齿廓曲面的形成

直齿圆柱齿轮的齿廓不仅是在轮齿的端面上，实际齿轮有一定的宽度，所以直齿轮的齿廓曲面应该是发生面在基圆柱上作纯滚动时，一条平行于基圆柱母线的直线 KK 在空间展成新渐开线曲面，如图 9-23(a)所示。

斜齿圆柱齿轮齿廓形成与此相仿，只是齿廓发生面的边缘 KK 与齿轮回转轴线成一夹

角β_b,如图 9-23(b)所示。当发生面绕基圆柱作纯滚动时,直线 KK 就展成一螺旋形的渐开螺旋面,即斜齿轮齿廓曲面。角度 β_b为基圆柱上的螺旋角。角度 β_b越大,轮齿越倾斜;当 $\beta_b=0$ 时,即为直齿轮。因此,直齿圆柱齿轮可以看成是斜齿圆柱齿轮的特例。

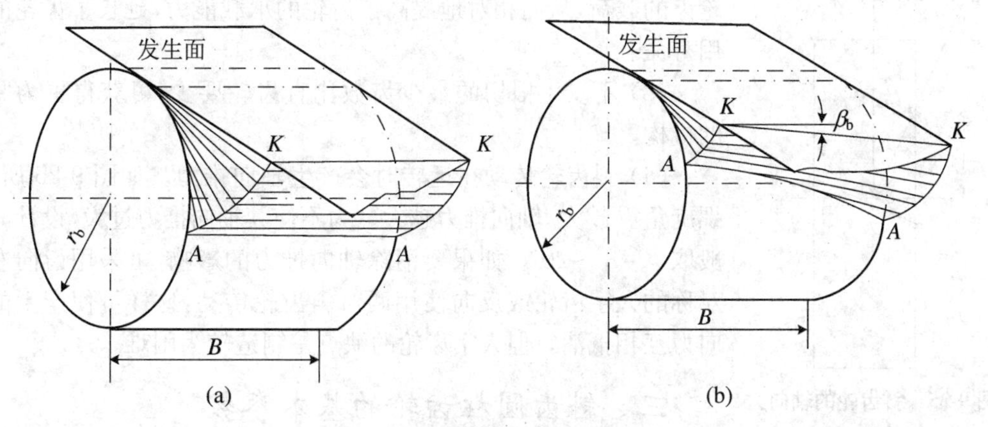

图 9-23　渐开线齿轮齿面的形成

与齿廓曲面的形成原理相同,由于直齿圆柱齿轮每个瞬时的接触线都是平行于齿轮轴线的,如图 9-24(a)所示,直齿轮在啮合开始和终了时,一对齿轮在整个齿宽上同时进入啮合或同时退出啮合,所以使轮齿的承载和卸载具有突然性,导致传动的平稳性较差,啮合过程容易产生振动和噪声。而斜齿轮的一对轮齿啮合时,其接触线是斜直线,如图 9-24(b)所示,并且从啮合开始到啮合结束的过程中,齿面上的接触线由短变长,再由长变短,直至退出啮合,因此,斜齿轮是逐渐进入啮合,又逐渐退出啮合,所以传动平稳,振动和噪声都比较小。此外,由于斜齿轮传动的啮合过程较长,所以其重合度较大,承载能力也较大,适用于高速、重载传动。但传动过程会产生轴向力。

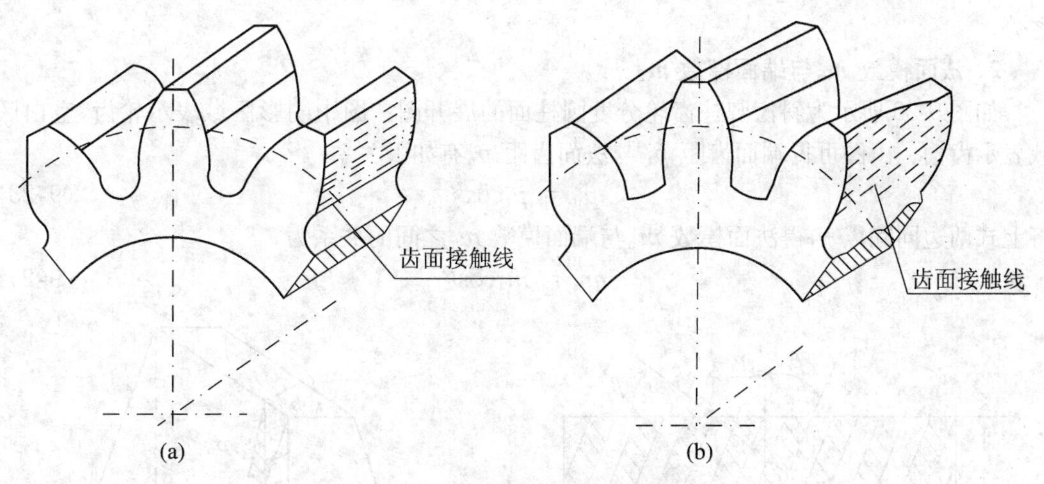

图 9-24　渐开线齿轮啮合齿面接触线

二、斜齿圆柱齿轮啮合特点

与直齿轮传动比较,斜齿轮传动有以下特点:

(1) 传动平稳。在斜齿轮传动中,轮齿的接触线是与齿轮轴线倾斜的直线,轮齿从开始啮合到脱离啮合是逐渐从一端过渡到另一端的，冲击和噪声小。这种啮合方式也减小了轮齿制造误差对传动的影响。

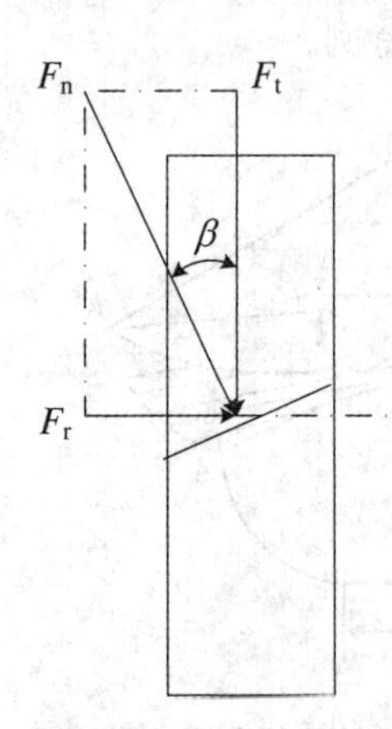

图 9-25 斜齿轮的轴向力

(2) 承载能力高。由于斜齿圆柱齿轮重合度大，降低了每对轮齿的载荷，从而相对地提高了齿轮的承载能力，延长了齿轮的使用寿命。

(3) 不发生根切的最少齿数比直齿轮要少，可获得更为紧凑的机构。

(4) 斜齿轮传动在运转时会产生轴向推力。如图 9-25 所示，螺旋角 β 越大，轴向推力越大。为不使其轴向推力过大，设计时一般取 $\beta=8^\circ\sim20^\circ$。如果要消除轴向推力的影响，可采用齿向左右对称的人字齿轮或反向使用两对斜齿轮传动，这样可使产生的轴向力互相抵消。但人字齿轮的缺点是制造较为困难。

三、斜齿圆柱齿轮的基本参数

由于斜齿轮轮齿倾斜，分为垂直于轴线的端面和垂直于齿向(螺旋线切线方向)的法面。根据齿面形成原理，轮齿端面齿形为渐开线，而法面齿形不是渐开线，因此，两面上的参数不同；由于加工斜齿轮时，常用齿条型刀具或盘形齿轮铣刀来切齿，且刀具沿齿轮的螺旋线方向进刀，所以必须按斜齿轮法面参数选择刀具，所以规定斜齿轮法面参数为标准值。而斜齿轮几何尺寸按端面参数计算，因此必须建立法面参数与端面参数的换算关系。

1. 螺旋角 β

斜齿轮螺旋面与分度圆柱的交线是一条螺旋线，该螺旋线的螺旋角用 β 表示，β 称为分度圆柱上的螺旋角，通称斜齿轮的螺旋角 β。根据该螺旋线的左、右旋向，β 有正、负之分。

2. 法面模数 m_n 与端面模数 m_t

如图 9-26 所示为斜齿圆柱齿轮分度圆柱面的展开图。图中阴影区域表示轮齿，空白区域表示齿槽。由图可得端面齿距 p_t 与法面齿距 p_n 有如下关系：

$$p_n = p_t\cos\beta \tag{9-23}$$

将上式两边同除以 π，得法面模数 m_n 与端面模数 m_t 之间的关系为

$$m_n = m_t\cos\beta \tag{9-24}$$

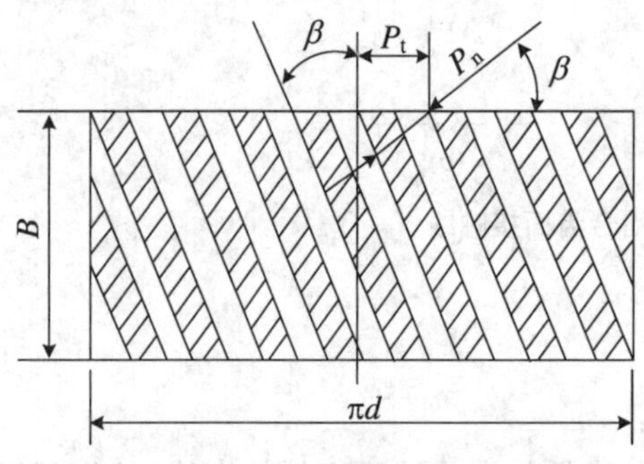

图 9-26 端面参数与法面参数的关系

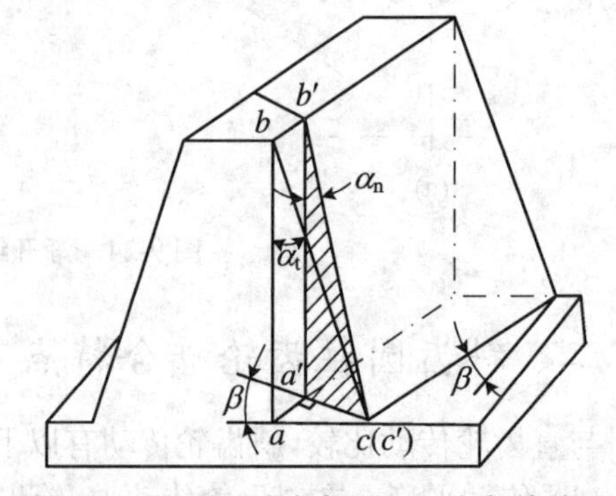

图 9-27 法面压力角与端面压力角的关系

3．法面压力角 α_n 与端面压力角 α_t

如图 9-27 所示，为便于分析斜齿轮的法面压力角和端面压力角的关系，用斜齿条来说明，有

$$\tan\alpha_n = \tan\alpha_t\cos\beta \tag{9-25}$$

4．齿顶高系数和顶隙系数

由于斜齿轮的径向尺寸无论是在法面还是在端面都不变，所以其法面和端面的齿顶高与顶隙都相等，即

$$\begin{cases} h_a = h_{at}^* m_t = h_{an}^* m_n = h_{an}^* m_t\cos\beta \\ c = c_n^* m_n = c_t^* m_t = c_n^* m_t\cos\beta \end{cases} \tag{9-26}$$

为了计算方便，现将斜齿圆柱齿轮的几何尺寸计算公式列于表 9-8 中。

表 9-8　斜齿圆柱齿轮的几何尺寸计算公式

名称	代号	计算公式	名称	代号	计算公式
螺旋角	β	一般取 8°～20°	齿顶高	h_a	$h_a = h_{an}^* m_n$
法面模数	m_n	取为标准值	齿根高	h_f	$h_f = (h_{an}^* + c_n^*)m_n$
端面模数	m_t	$m_t = m_n/\cos\beta$	齿全高	h	$h = h_a + h_f = (2h_{an}^* + c_n^*)m_n$
法面压力角	α_n	取为标准值	齿顶间隙	c	$c = h_f - h_a = c_n^* m_n$
端面压力角	α_t	$\tan\alpha_t = \tan\alpha_n/\cos\beta$	齿顶圆直径	d_a	$d_a = d + 2h_a$
分度圆直径	d	$d = m_t z = m_n z/\cos\beta$	齿根圆直径	d_f	$d_f = d - 2h_f$

四、斜齿圆柱齿轮的正确啮合条件

平行轴斜齿轮在端面内的啮合相当于直齿轮的啮合，所以其端面正确啮合条件与直齿圆柱齿轮的正确啮合条件相同。同时，为了使相互啮合的两齿廓渐开线螺旋面相切，当为外啮合传动时，两轮的螺旋角 β 应大小相等，方向相反，即 $\beta_1 = -\beta_2$；当为内啮合传动时，两轮的螺旋角 β 应大小相等，方向相同，即 $\beta_1 = \beta_2$。因为相互啮合的两轮的螺旋角 β 大小相等，所以两轮的法向模数和压力角应分别相等。

综上所述，斜齿圆柱齿轮的正确啮合条件为

$$\begin{cases} m_{n1} = m_{n2} = m_n \\ \alpha_{n1} = \alpha_{n2} = \alpha_n \\ \beta_1 = \pm\beta_2 \end{cases} \tag{9-27}$$

式中，"+"为内啮合，"−"为外啮合。

五、斜齿圆柱齿轮的当量齿数

斜齿轮在端面上是渐开线齿形，而法面上则不是。有时需要了解斜齿轮的法面齿形，例如用仿形法切制斜齿圆柱齿轮时，由于刀具是沿着轮齿的螺旋线方向进给，因此在选择刀具时，不仅应使被切斜齿轮的法向模数和压力角与刀具的分别相等，还需按照一个与斜齿轮法

面齿形相当的直齿轮的齿数来选择铣刀号数，这个齿形与斜齿轮法面齿形相当的直齿轮称为斜齿轮的当量齿轮。当量齿轮的齿数称为当量齿数，用 z_v 表示：

$$z_v = \frac{z}{\cos^3 \beta} \tag{9-28}$$

任务实施

- 拆卸汽车变速箱，观察并分析斜齿圆柱齿轮齿廓曲面的形成过程；
- 分析斜齿圆柱齿轮啮合特点、斜齿圆柱齿轮的基本参数；
- 总结斜齿圆柱齿轮的正确啮合条件。

任务评价

序号	能力点	掌握情况	序号	能力点	掌握情况
1	观察、操作能力		3	理解斜齿圆柱齿轮啮合特点、基本参数	
2	辨别直齿、斜齿齿廓形成过程的能力		4	分析斜齿圆柱齿轮的正确啮合条件	

思考与练习

1. 一对斜齿圆柱齿轮的正确啮合条件是什么？与直齿轮相比，斜齿轮传动有哪些优缺点？斜齿轮为什么要区别端面和法面？端面齿距、模数与法面齿距、模数有何关系？哪一个模数是标准值？

2. 斜齿圆柱齿轮的当量齿数的含义是什么？它们与实际齿数有何关系？研究当量齿数的目的何在？

3. 已知一对外啮合标准斜齿圆柱齿轮，$z_1 = 23$，$z_2 = 98$，$m = 4$ mm，$h_a^* = 1$，$a = 250$ mm，$\alpha = 20°$，试计算该对齿轮的 m_t、β、z_v 及其几何尺寸。

子任务2 计算斜齿圆柱齿轮的强度

任务目标

- 理解斜齿圆柱齿轮轮齿受力情况；
- 分析并掌握斜齿圆柱齿轮轮齿强度计算；
- 了解斜齿圆柱齿轮参数的选择。

任务描述

- 分析斜齿圆柱齿轮轮齿受力；
- 分析斜齿圆柱齿轮轮齿强度计算；
- 熟悉斜齿圆柱齿轮参数的选择。

知识与技能

一、轮齿受力分析

如图 9-28(a)所示为斜齿圆柱齿轮在节点 C 处的受力情况。如果略去齿面间的摩擦力,作用在与齿面垂直的法向平面内的法向力 F_n可分解为三个互相垂直的分力,即圆周力 F_t、径向力 F_r和轴向力 F_a。由图 9-28 可知主动轮各力的大小为

$$\begin{cases} F_{t1} = \dfrac{2T_1}{d_1} \\ F_{r1} = \dfrac{F_{t1}\tan\alpha_n}{\cos\beta} \\ F_{a1} = F_{t1}\tan\beta \end{cases} \tag{9-29}$$

式中,α_n——法向压力角,对标准斜齿轮 $\alpha_n = 20^\circ$;

β——分度圆柱上的螺旋角。

作用在主、从动轮上的各对分力大小相等。各分力的方向可用下列方法来判断,如图 9-28所示。

(1) 圆周力 F_t

主动轮上的圆周力 F_{t1}是阻力,其方向与主动轮回转方向相反;从动轮上的圆周力 F_{t2}是驱动力,其方向与从动轮回转方向相同。

(2) 径向力 F_r

两轮的径向力 F_{r1}和 F_{r2},其方向分别指向各自的轮心(内齿轮为远离轮心方向)。

(3) 轴向力 F_a

轴向力 F_{a1}和 F_{a2}均平行于轴线方向。

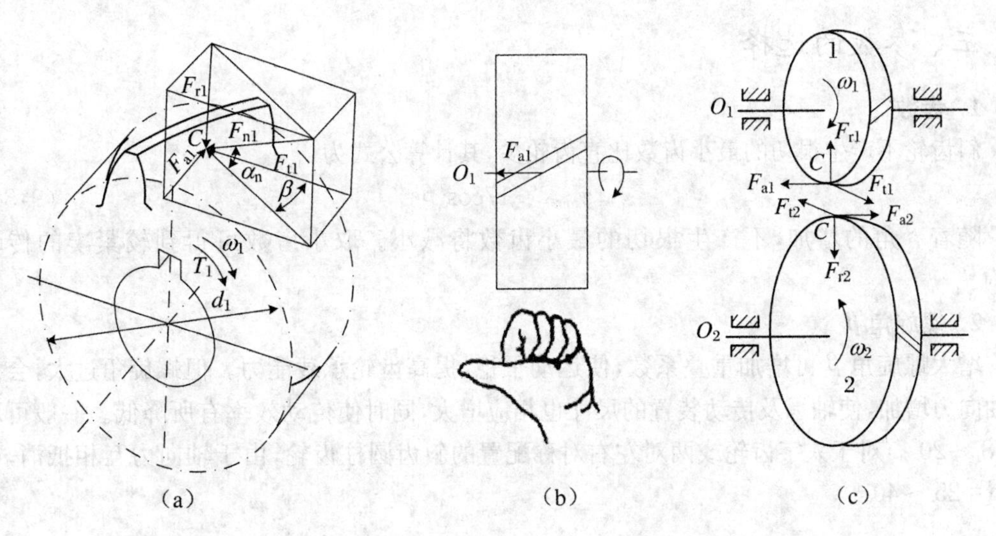

图 9-28 斜齿圆柱齿轮传动的受力分析

二、强度计算

由于在斜齿圆柱齿轮传动中,作用于齿面上的力仍垂直于齿面,因而斜齿圆柱齿轮的强

度计算是按法向进行分析的。因此,可以通过其当量直齿轮来对斜齿圆柱齿轮进行强度分析和计算。

1. 齿面接触抗疲劳强度计算

一对钢制标准斜齿圆柱齿轮传动的齿面接触强度验算公式为

$$\sigma_H = 305\sqrt{\frac{(u \pm 1)^3 KT_1}{uba^2}} \leqslant [\sigma_H] \tag{9-30}$$

将 $\varphi_n = \frac{b}{a}$ 代入上式,可导出齿面接触强度的设计公式:

$$a \geqslant (u \pm 1)\sqrt[3]{\left(\frac{305}{[\sigma_H]}\right)^2 \frac{KT_1}{\varphi_n u}} \tag{9-31}$$

式中参数的意义同直齿圆柱齿轮。

2. 齿根弯曲抗疲劳强度计算

斜齿圆柱齿轮齿根弯曲抗疲劳强度验算公式为

$$\sigma_F = \frac{1.6KT_1 Y_F \cos\beta}{bm_n^2 z_1} \leqslant [\sigma_F] \tag{9-32}$$

将 $\varphi_n = \frac{b}{a}$ 代入上式,可导出弯曲抗疲劳强度的设计公式:

$$m_n \geqslant \sqrt[3]{\frac{3.2KT_1 Y_F \cos^2\beta}{\varphi_n (u \pm 1) z_1^2 [\sigma_F]}} \tag{9-33}$$

式中,m_n——法向模数;

Y_F——齿形系数,斜齿圆柱齿轮应根据当量齿数 $z_v = \frac{z}{\cos^3\beta}$,由图 9-22 查取。

其他参数的意义同直齿圆柱齿轮。

三、参数的选择

1. 齿数

斜齿轮不产生根切的最小齿数比直齿轮少,其计算公式为

$$z_{\min} \geqslant 17\cos^3\beta \tag{9-34}$$

随着 β 角的增加,不产生根切的最小齿数将减小。取小齿数可得到较紧凑的传动结构。

2. 螺旋角 $\boldsymbol{\beta}$

增大螺旋角 β 可增加重叠系数,使运动平稳,提高齿轮承载能力。但螺旋角过大,会导致轴向力增加,使轴承及传动装置的尺寸也相应增大,同时使传动效率有所降低。一般可取 $\beta = 8^\circ \sim 20^\circ$。对于人字齿轮或两对左右对称配置的斜齿圆柱齿轮,由于轴向力互相抵消,可取 $\beta = 25^\circ \sim 40^\circ$。

任务实施

- 分析斜齿圆柱齿轮轮齿受力;
- 进行斜齿圆柱齿轮轮齿强度校核计算;
- 根据实际进行斜齿圆柱齿轮参数的选择。

任务评价

序号	能力点	掌握情况	序号	能力点	掌握情况
1	分析轮齿受力能力		3	学会齿轮参数的选择	
2	理解轮齿强度校核公式		4	学会轮齿强度校核计算	

思考与练习

设计单级斜齿圆柱齿轮减速器。已知小齿轮传递功率 $P = 15$ kW，转速 $n_1 = 1460$ r/min，传动比 $i = 3.5$，载荷平稳，单向转动，小齿轮材料为 40 MnB，调质，大齿轮材料为 45，调质，$z_1 = 21$。

任务 4　齿轮的结构设计方法

任务目标

了解齿轮常见的结构形式与应用。

任务描述

介绍齿轮的结构形式。

知识与技能

通过齿轮传动的强度计算，只能确定齿轮的主要参数和尺寸，而齿圈、轮毂、轮辐等的结构形式及尺寸大小，通常由结构设计决定。齿轮的结构形式主要由毛坯材料、几何尺寸、加工工艺、生产批量、经济等因素确定，各部分尺寸由经验公式求得。

齿轮的结构形式通常有以下几种：

1. 齿轮轴

对于直径较小的钢制圆柱齿轮，当齿轮的齿根圆至键槽底部的距离 $x \leqslant (2\sim2.5)m_n$（$m_n$为法面模数）时，对于圆锥齿轮，如果小端齿根圆至键槽底部的距离 $x \leqslant (1.6\sim2)m$（m为大端模数）时，则应将齿轮与轴做成一体，称为齿轮轴，如图 9-29 所示。此种齿轮常用锻造毛坯。当 x 值超过上述尺寸时，则应将齿轮与轴分开制造。

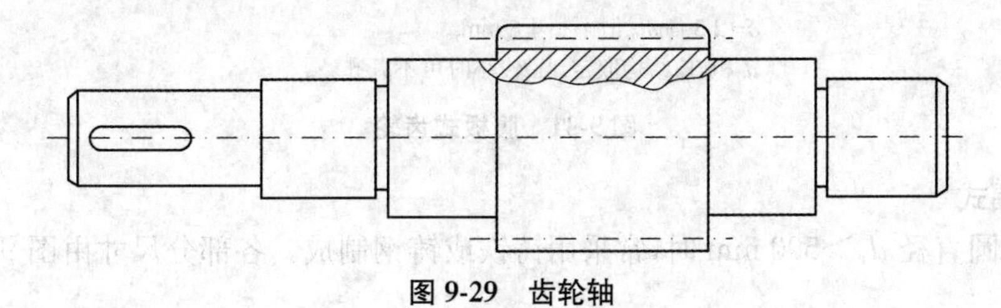

图 9-29　齿轮轴

2．实心式齿轮

当齿轮齿顶圆直径 $d_a \leqslant 200$ mm 时，可采用实体式结构，如图 9-30 所示。此种齿轮常用锻钢制造。

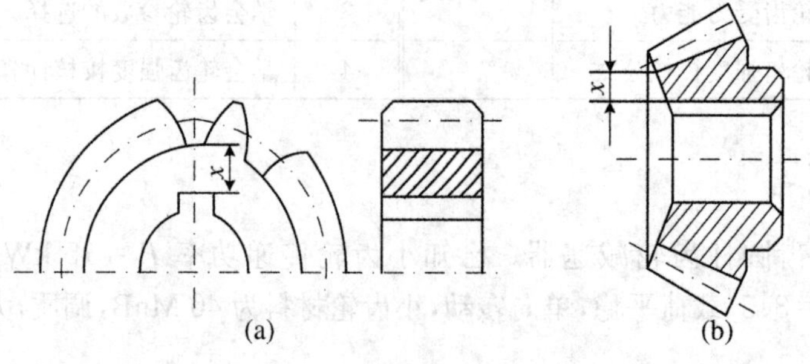

图 9-30　实心式齿轮

3．辐板式

当齿顶圆直径为 150 mm$< d_a \leqslant$500 mm 时，通常经锻造或铸造而成，可制成腹板式的结构，如图 9-31 所示。腹板上的圆孔是为了减轻重量和满足加工运输等的需要。此种齿轮中各部分尺寸由图中经验公式确定。

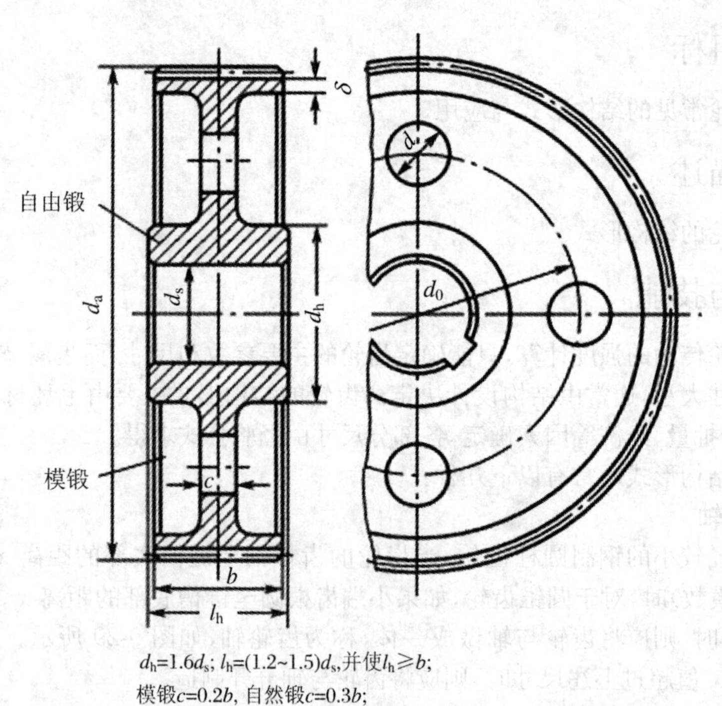

图 9-31　腹板式齿轮

4．轮辐式

当齿顶圆直径 $d_a >$500 mm 时，常采用铸铁或铸钢制成。各部分尺寸由图 9-32 中经验公式确定。

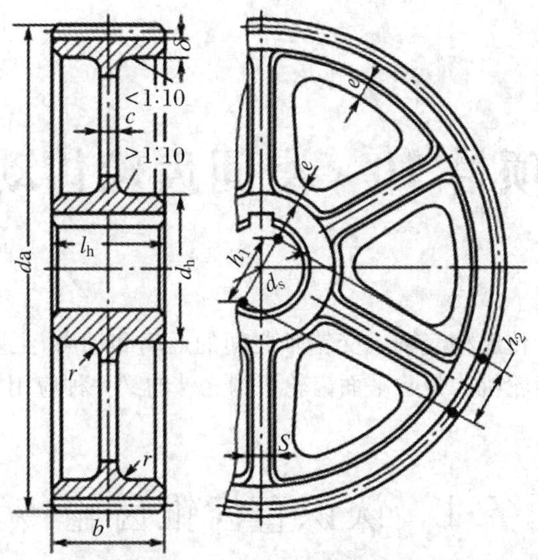

d_h=1.6d_s（铸钢），d_h=1.8d_s（铸铁）；
l_h=(1.2~1.5)d_s，并使$l_h \geqslant b$；
模锻c=0.2b，但不小于10 mm；
δ=(2.5~4)m_n，但不小于8 mm；
h_1=0.8 d_s，h_2=0.8 h_1；
s=0.15 h_1，但不小于10 mm；
e=0.8δ

图 9-32　辐板式齿轮结构

任务实施

观察齿轮的结构形式，并分析其应用。

任务评价

序号	能力点	掌握情况	序号	能力点	掌握情况
1	观察、总结能力		3	辨别齿轮结构形式的区别	
2	理解齿轮结构形式		4	理解齿轮的结构形式的应用	

思考与练习

简述齿轮的结构形式，并分析其应用场合。

项目 10　空间齿轮传动

空间齿轮传动用于传递相交轴或交错轴之间的运动和动力，主要包括锥齿轮传动和蜗杆传动等形式。空间齿轮机构是除平面齿轮机构之外的又一种应用极广泛的机械机构。

任务 1　认识直齿锥齿轮传动

任务目标

- 了解圆锥齿轮传动的特点和应用；
- 掌握直齿锥齿轮传动的基本参数和几何尺寸计算；
- 学会直齿锥齿轮传动设计方法。

任务描述

观察汽车后桥齿轮传动，理解圆锥齿轮传动的特点、应用，分析其基本参数和尺寸计算。

知识与技能

一、圆锥齿轮传动的特点和应用

如图 10-1 所示，锥齿轮传动是用来传递空间两相交轴之间的运动和动力，轴交角最常用的是 Σ。锥齿轮分为直齿、斜齿和曲齿三种。直齿锥齿轮设计、制造和安装较简单，应用较广。曲齿锥齿轮传动平稳、承载能力强，但设计、制造较复杂，常用于高速重载传动。斜齿锥齿轮应用较少。本章只讨论直齿锥齿轮传动。

一对锥齿轮传动相当于一对节圆锥作相切纯滚动。锥齿轮有分度圆锥、齿顶圆锥、齿根圆锥和基圆锥。直齿圆锥齿轮的齿廓与直齿圆柱齿轮的齿廓相同，也是渐开线齿廓。标准直齿锥齿轮传动，节圆锥与分度圆锥重合。如图 10-2 所示，两轮分度圆锥角分别为 δ_1 和 δ_2，两轮齿数分别为 z_1 和 z_2，当 $\Sigma = 90^\circ$ 时，其传动比

$$i = \frac{n_1}{n_2} = \frac{r_2}{r_1} = \frac{z_2}{z_1} = \frac{OA\sin\delta_2}{OA\sin\delta_1} = \cot\delta_1 = \tan\delta_2 \tag{10-1}$$

当已知传动比 i 时，可由上式求出两轮的分度圆锥角。

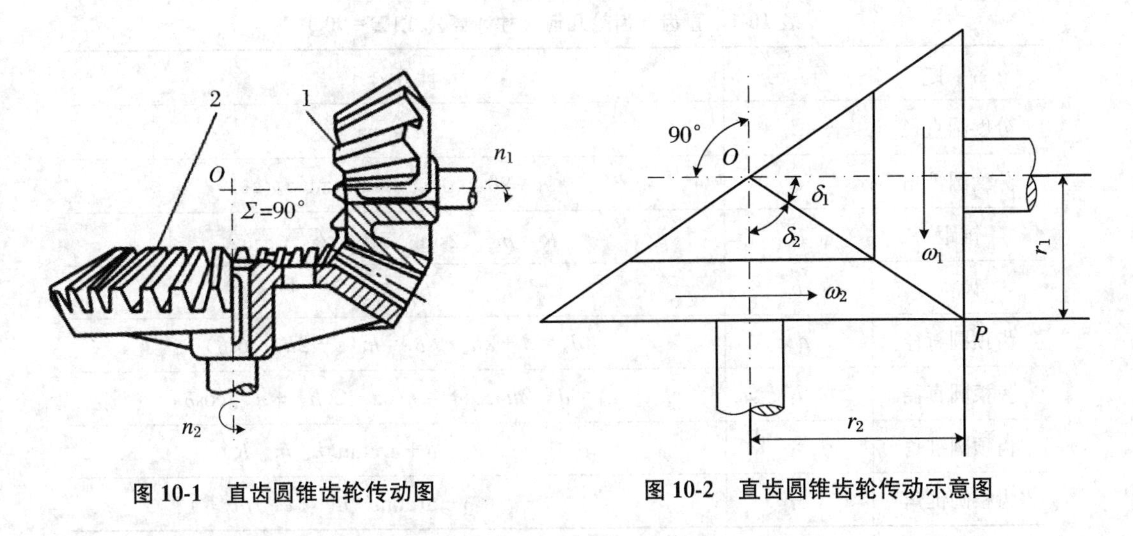

图 10-1　直齿圆锥齿轮传动图　　　　图 10-2　直齿圆锥齿轮传动示意图

二、直齿锥齿轮传动的基本参数和几何尺寸计算

锥齿轮的轮齿从大端向齿顶方向收缩变小，其齿厚、齿高和模数均不相同，为了便于尺寸计算和测量，规定大端参数为标准值。标准直齿锥齿轮传动的主要几何尺寸见图 10-3。各几何尺寸计算公式如表 10-1 所示。

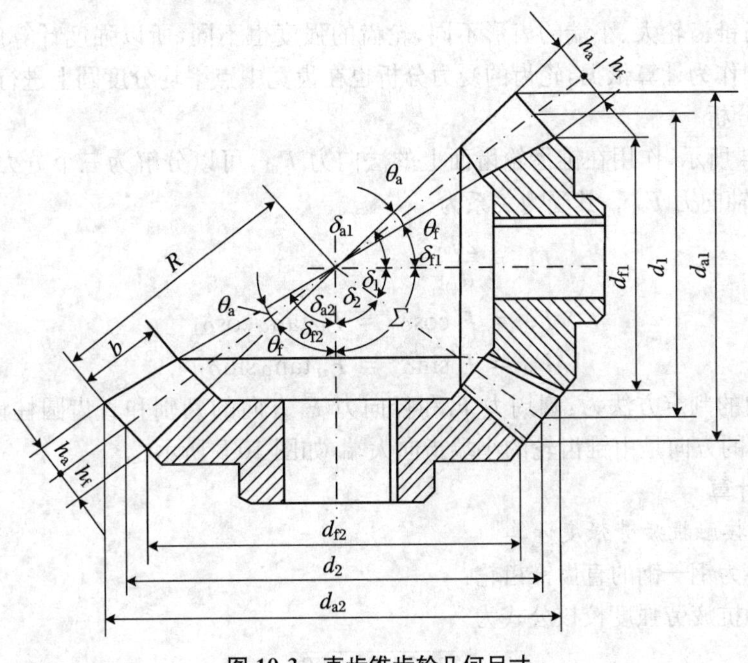

图 10-3　直齿锥齿轮几何尺寸

表 10-1 直齿锥齿轮几何尺寸计算公式($\Sigma = 90^\circ$)

名 称	符 号	计算公式
分度圆直径	d	$d = mz$
分度圆锥角	δ	$\delta_1 = 90^\circ - \delta_2$;$\delta_2 = \arctan(z_2/z_1)$
锥距	R	$R = mz/(2\sin\delta) = m\sqrt{z_1^2 + z_2^2}/2$
齿宽	b	$b \leqslant R/3$
齿顶圆直径	d_a	$d_a = d + 2h_a\cos\delta = m(z + 2h_a^*\cos\delta)$
齿根圆直径	d_f	$d_f = d - 2h_f\cos\delta = m(z - 2(h_a^* + c^*)\cos\delta)$
齿顶圆锥角	δ_a	$\delta_a = \delta + \theta_a = \delta + \arctan(h_a^* m/R)$
齿根圆锥角	δ_f	$\delta_f = \delta - \theta_f = \delta - \arctan((h_a^* + c^*)m/R)$

国家标准规定分度圆上的模数为标准值,大端压力角 $\alpha = 20^\circ$,分度圆锥角 δ_1、δ_2,齿顶高系数 $h_a^* = 1$,顶隙系数 $c^* = 0.25$。

一对直齿锥齿轮传动的正确啮合条件为:两轮大端模数和大端压力角分别相等。

三、直齿锥齿轮传动设计

由于直齿锥齿轮大、小端的齿形不同,轮齿的强度也不同,所以强度计算应以齿宽中点处平均分度圆作为计算依据,轮齿的受力分析也在齿宽中点平均分度圆上进行。

1. 受力分析

如图 10-4 所示,作用在锥齿轮齿面上的法向力 F_{n1},可以分解为三个分力:圆周力 F_{t1}、径向力 F_{r1}和轴向力 F_{a1}。其受力关系为

$$F_{t1} = \frac{2T_1}{d_{m1}} \tag{10-2}$$

$$F_{r1} = F'\cos\delta_1 = F_{t1}\tan\alpha\cos\delta_1 \tag{10-3}$$

$$F_{a1} = F'\sin\delta_1 = F_{t1}\tan\alpha\sin\delta_1 \tag{10-4}$$

各力方向的判定方法为:圆周力 F_t和径向力 F_r方向的判别和直齿圆柱齿轮的方法相同,轴向力 F_a的方向是由锥齿轮的小端指向大端,如图 10-5 所示。

2. 强度计算

(1) 齿面接触抗疲劳强度计算

对于材料为钢—钢的直齿锥齿轮:

齿面接触抗疲劳强度校核公式为

$$\sigma_H = \sqrt{\left(\frac{195.1}{d_1}\right)^3 \frac{KT_1}{i}} \leqslant [\sigma_H] \tag{10-5}$$

齿面接触抗疲劳强度设计公式为

$$d \geqslant 195.1\sqrt[3]{\frac{KT_1}{i[\sigma_H]^2}} \tag{10-6}$$

式中各项含义同直齿圆柱齿轮。如果材料为钢-铸铁,系数 195.1 改为 175.6;如果材料为铸铁-铸铁,系数 195.1 改为 163.9。

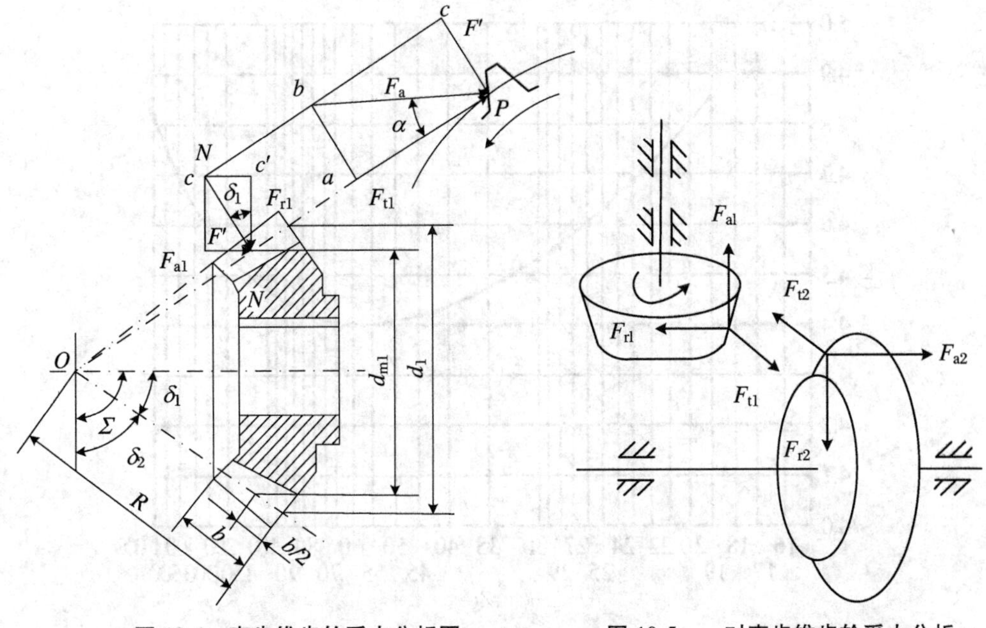

图 10-4　直齿锥齿轮受力分析图　　图 10-5　一对直齿锥齿轮受力分析

(2) 齿根弯曲强度计算

齿根弯曲强度校核公式：

$$\sigma_F = \frac{3.2}{m}\sqrt[3]{\frac{KT_1 Y_{FS}}{z_1^2\sqrt{i^2+1}}} \leqslant [\sigma_F] \tag{10-7}$$

齿根弯曲强度设计公式：

$$m \geqslant 3.2\sqrt[3]{\frac{KT_1 Y_{FS}}{z_1^2\sqrt{i^2+1}[\sigma_F]}} \tag{10-8}$$

复合齿形系数 Y_{FS}，根据 Z_v，由图 10-6 查取，其余各项含义同直齿圆柱齿轮。

任务实施

- 拆卸并观察汽车后桥齿轮传动；
- 理解圆锥齿轮传动的特点、应用，分析其基本参数和尺寸计算。

思考与练习

1. 简述圆锥齿轮传动的特点和应用场合。

2. 已知一对直齿锥齿轮传动的 $m=5$ mm，$z_1=20$，$z_2=40$，$\Sigma=90^\circ$，试求该对锥齿轮的分锥角 δ_1、δ_2，分度圆直径 d_1、d_2，齿顶圆直径 d_{a1}、d_{a2}。

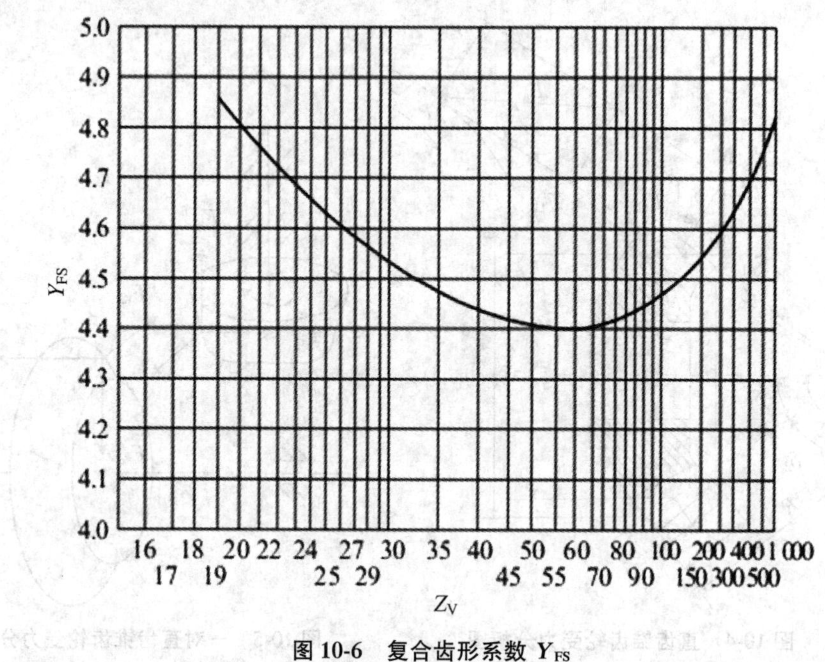

图 10-6 复合齿形系数 Y_{FS}

任务 2 认识蜗杆传动

子任务 1 分析蜗杆的传动、尺寸、结构

任务目标

- 掌握蜗杆传动的特点、类型与主要参数；
- 了解蜗杆和蜗轮的结构，普通圆柱蜗杆传动的几何尺寸计算；
- 学会蜗杆机构中蜗轮转动方向的判定；
- 理解蜗杆蜗轮正确啮合条件。

任务描述

观察如图 10-7 所示 FW125 型万能分度头，分析蜗杆传动的特点、基本参数和应用设计。

知识与技能

一、蜗杆传动的特点和类型

如图10-8所示，蜗杆传动由蜗杆和蜗轮组成，是传递空间交错两轴之间运动和动力的一种传动机构，两轴线交错的夹角可为任意值，通常交错角 $\Sigma=90^{\circ}$。蜗杆传动通常用蜗杆作主动件。

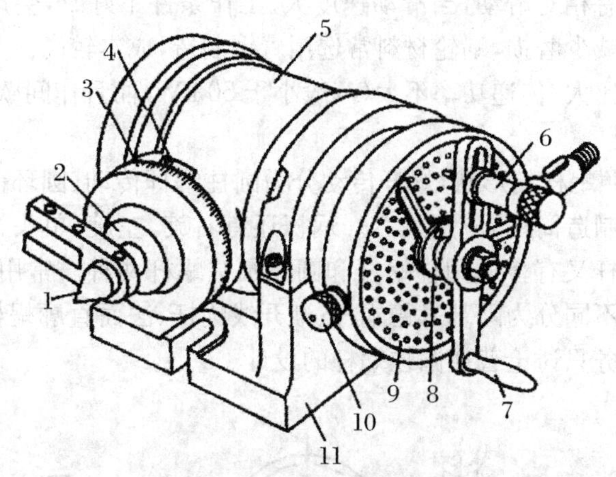

1—顶尖；2—主轴；3—刻度盘；4—游标；5—鼓形壳体；6—插销；
7—手柄；8—分度仪；9—分度盘；10—锁紧螺钉；11—底座

图10-7 FW125型万能分度头

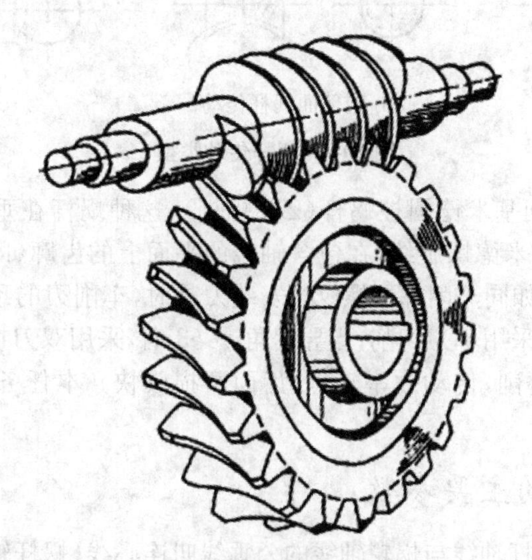

图10-8 圆柱蜗杆传动

1. 蜗杆传动的特点

(1) 传动比大，结构紧凑

在动力传动中，一般传动比 $i=5\sim80$；在分度机构的传动中，传动比可达1000。

(2) 冲击载荷小,传动平稳,噪声低

蜗杆的齿是连续不断的螺旋齿,和蜗轮啮合是逐渐进入、逐渐退出的,因此传动平稳。

(3) 具有自锁性

蜗杆传动具有自锁性,即只能蜗杆带动蜗轮,蜗轮不能带动蜗杆。

(4) 效率低

一般传动效率为 0.7～0.8,具有自锁性的蜗杆传动的效率小于 0.5。

(5) 磨损大

蜗杆传动在啮合处有相对滑动,当滑动速度大、工作条件不好时,会产生较大的摩擦和磨损。为了减轻摩擦和减少磨损,蜗轮材料常选用青铜制造,成本较高。

蜗杆传动适合传动比大、传递功率不大(一般小于 50 kW)而且作间歇运动的机构。

2. 蜗杆传动的类型

如图 10-9 所示,按照蜗杆的形状,蜗杆传动分为圆柱蜗杆传动、圆环面蜗杆传动和锥蜗杆传动三种。圆柱蜗杆制造简单,应用最广。蜗杆还有右旋、左旋,单头、多头之分,最常用的是右旋蜗杆。圆柱蜗杆又有普通圆柱蜗杆和圆弧圆柱蜗杆两种。常用的普通圆柱蜗杆,按照刀具及安装位置的不同分为阿基米德蜗杆、渐开线蜗杆、法面直廓蜗杆和锥面包络圆柱蜗杆等几种类型。本任务只讨论普通圆柱蜗杆的设计。

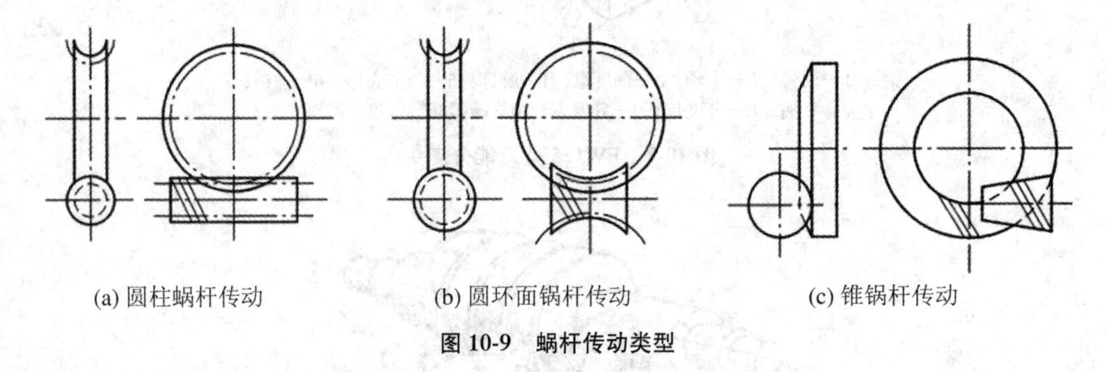

(a) 圆柱蜗杆传动　(b) 圆环面锅杆传动　(c) 锥锅杆传动

图 10-9　蜗杆传动类型

如图 10-10 所示为阿基米德圆柱蜗杆(ZA 蜗杆),这种蜗杆在垂直于蜗杆轴线的平面(即端面)上,齿廓为阿基米德螺旋线,在包含轴线的平面上的齿廓(即轴向齿廓)为直线,其齿形角 $\alpha=20^{\circ}$。车削时如同车削梯形螺纹。安装刀具时,车削刃的顶面必须通过蜗杆的轴线。当导程角 $\gamma\leqslant3^{\circ}$时,采用单刀切削;当导程角 $\gamma>3^{\circ}$时,采用双刀切削。所以导程角大时加工较为困难,且不易磨削,传动效率较低,齿面磨损较快。本任务只介绍阿基米德圆柱蜗杆。

二、蜗杆传动的主要参数

如图 10-11 所示,蜗杆轴线与蜗轮轴线的公垂线叫连心线,蜗杆轴线与连心线构成的平面,叫中间平面。在中间平面内,蜗杆齿廓与齿条相同,两侧边为直线。根据啮合原理,与蜗杆相啮合的蜗轮在中间平面内的齿廓为渐开线。所以在中间平面内蜗轮与蜗杆的啮合就相当于渐开线齿轮和齿条的啮合。所以在进行蜗杆传动的设计计算时,均取中间平面上的参数和尺寸为标准值,并沿用齿轮传动的计算关系。

1．模数 m 和压力角 α

蜗杆传动的几何尺寸也以模数为主要计算参数。蜗杆的轴向模数 m_{a1} 与蜗轮的端面模数 m_{t2} 相等，蜗杆的轴向压力角 α_{a1} 等于蜗轮端面压力角 α_{t2}，均为标准压力角，即

$$m_{a1} = m_{t2} = m$$

$$\alpha_{a1} = \alpha_{t2} = \alpha = 20^{\circ}$$

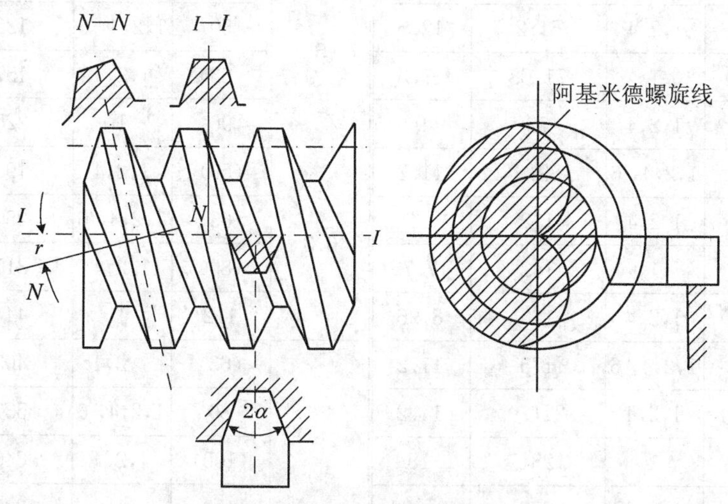

图 10-10　阿基米德圆柱蜗杆传动

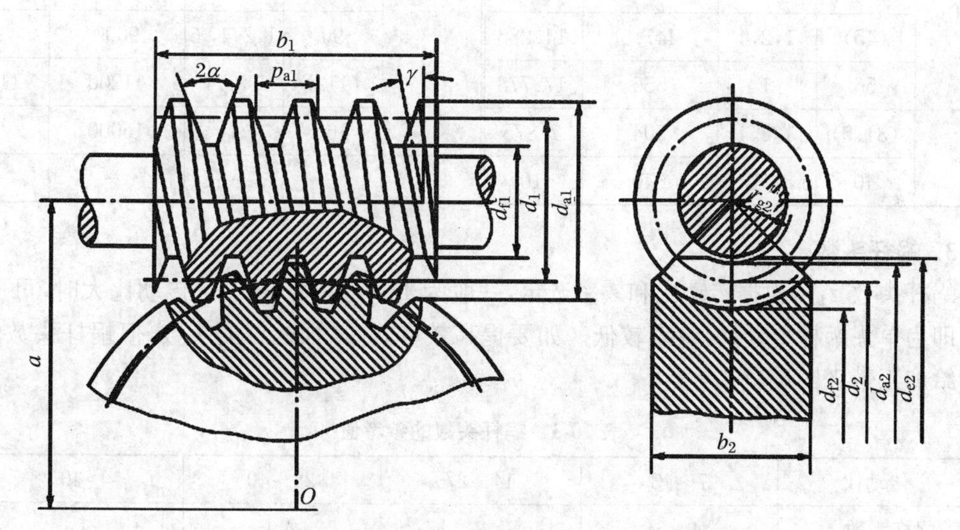

图 10-11　蜗杆传动的主要参数和几何尺寸

2．蜗杆分度圆直径 d_1 和蜗杆直径系数 q

在蜗杆传动中，为了保证蜗杆与配对蜗轮的正确啮合，要采用与蜗杆尺寸相同的滚刀来加工与之配对的蜗轮。这样，只要有一种尺寸的蜗杆，就得有一种对应的蜗轮滚刀。加工同一模数的蜗轮，就要配备多把蜗轮滚刀，会增加制造成本。为了限制蜗轮滚刀的数量及便于滚刀的标准化，规定蜗杆分度圆直径 d_1 为标准值，对每一标准模数 m 规定了一定数量的蜗杆分度圆直径 d_1，并把 d_1 与 m 的比值称为蜗杆直径系数 q，即 $q = d_1/m$。常用的标准模数 m、蜗杆分度圆直径 d_1 及蜗杆直径系数 q 如表 10-2 所示。

表 10-2 蜗杆的模数 m、直径系数 q 与分度圆直径 d_1(GB 10085—1988)

m(mm)	d_1(mm)	z_1	m^2d_1(mm³)	q	m(mm)	d_1(mm)	z_1	m^2d_1(mm³)	q
1	18	1	18	18	4	(50)	1,2,4	800	12.5
1.25	20	1	31.25	16		71	1	1136	17.75
	22.4	1	35	17.92	5	(40)	1,2,4	1000	8
1.6	200	1,2,4	51.2	12.5		50	1,2,4, 6	1250	10
	28	1	71.68	17.5		(63)	1,2,4	1575	12.6
2	(18)	1,2,4	72	9		90	1	2250	18
	22.4	1,2,4, 6	89.6	11.2	6.3	(50)	1,2,4	1985	7.936
	(28)	1,2,4	112	14		63	1,2,4, 6	2500	10
	35.5	1	142	17.75		(80)	1,2,4	3175	12.698
2.5	(22.4)	1,2,4	140	8.96		112	1	4445	17.778
	28	1,2,4, 6	175	11.2	8	(63)	1,2,4	4032	7.875
	(35.5)	1,2,4	221.9	14.2		80	1,2,4, 6	5376	10
	45	1	281	18		(100)	1,2,4	6400	12.5
3.15	(28)	1,2,4	278	8.889		140	1	8960	17.5
	35.5	1,2,4, 6	352	11.27	10	(71)	1,2,4	7100	7.1
	(45)	1,2,4	447.5	14.286		90	1,2,4, 6	9000	9
	56	1	556	17.778		(112)	1,2,4	11200	11.2
4	(31.5)	1,2,4	504	7.875		160	1	16000	16
	40	1,2,4, 6	640	10	—	—	—	—	—

3. 蜗杆头数 z_1

蜗杆头数 z_1 可根据传动比和效率选定，一般为 1～4(见表 10-3)。传动比大时，可取 $z_1=1$，即为单头蜗杆传动，但效率较低。如要提高效率，应增加蜗杆的头数，但蜗杆头数过多又会给加工带来困难。

表 10-3 蜗杆头数的参考值

传动比	7～13	14～27	28～40	>40
蜗杆头数 z_1	4～6	2	2.1	1

4. 蜗杆分度圆柱导程角 γ

蜗杆的分度圆直径 d_1 和蜗杆直径系数 q 选定后，蜗杆分度圆柱上的导程角 γ 也就确定了。蜗杆分度圆柱上的导程角 γ 与蜗轮的螺旋角 β 相等。如图 10-12、图 10-13 所示。

$$\tan\gamma = z_1 p_{a1}/(\pi d_1) = z_1 \pi m/(\pi d_1) = z_1 m/d_1 = z_1/q \tag{10-9}$$

式中，p_{a1}——蜗杆轴向齿距(mm)。

蜗杆传动的效率与导程角有关：导程角大，传动效率高；导程角小，传动效率低。作动力传动时，要求效率高，γ 应取得大些，通常为 15°～30°。

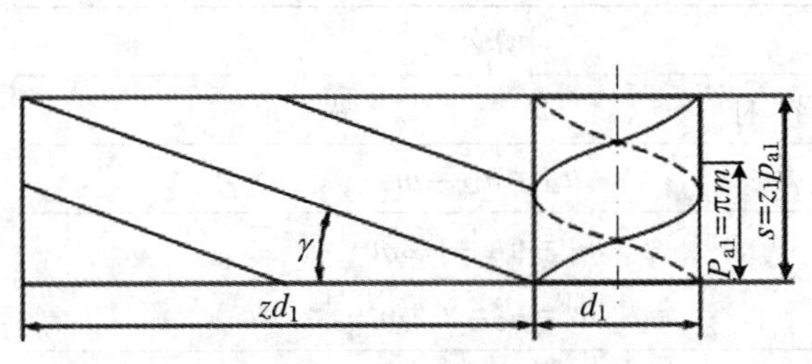

图 10-12　蜗杆的导程角

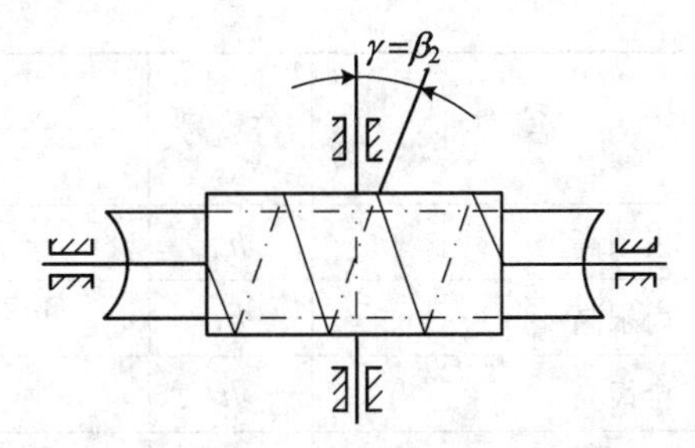

图 10-13　蜗杆的导程角和蜗轮的螺旋角

5．蜗轮齿数 z_2

蜗轮齿数 z_2 主要根据传动比来确定。为了保证传动的平稳性，通常 z_2 应大于 28，但也不可过大，z_2 过大将使蜗轮尺寸增大，蜗杆的长度也随之增加，从而降低蜗杆的刚度，影响啮合精度，所以通常取 $z_2=28\sim80$。

6．传动比 i

蜗杆传动的传动比 i 为主动的蜗杆（蜗轮）的转速 n_1 与从动的蜗轮（蜗杆）的转速 n_2 的比值，当蜗杆为主动时，也等于蜗轮与蜗杆的齿数比，即

$$i_{12} = \frac{n_1}{n_2} = \frac{z_2}{z_1}$$

值得注意的是：因为

$$z_2 = \frac{d_2}{mz_1} = \frac{d_1\tan\gamma}{m}$$

所以

$$i = d_2/(d_1\tan\gamma) \neq d_2/d_1$$

7．中心距 a

蜗杆传动的标准中心距为

$$a = \frac{d_1 + d_2}{2} = \frac{m(q + z_2)}{2} \tag{10-10}$$

式中，d_2——蜗轮分度圆直径（mm）。

三、普通圆柱蜗杆传动的几何尺寸计算

普通圆柱蜗杆传动的几何尺寸及其计算公式见表 10-4。

表 10-4　普通圆柱蜗杆传动的几何尺寸计算

名　称	符　号	计算公式	
		蜗　杆	蜗　轮
分度圆直径	d	$d_1=mq$	$d_2=mz_2$
齿顶圆直径	d_a	$d_{a1}=m(q+2)$	$d_{a2}=m(z_2+2)$
齿根圆直径	d_f	$d_{f1}=m(q-2.4)$	$d_{f2}=m(z_2-2.4)$
顶隙	c	$c=0.2\,m$	

续表

名 称	符 号	计算公式	
		蜗 杆	蜗 轮
齿顶高	h_a	$h_{a1}=h_{a2}=m$	
齿根高	h_f	$h_{f1}=h_{f2}=1.2m$	
全齿高	h	$h_1=h_2=2.2m$	
蜗杆轴向齿距	P_{a1}	$P_{a1}=\pi m$	
蜗轮端面齿距	p_{t2}		$p_{t2}=\pi m$
蜗杆分度圆导程角	γ	$\gamma=\arctan(z_1/q)$	
蜗轮分度圆柱螺旋角	β		$\beta=\gamma$
中心距	a	$a=\frac{m}{2}(q+z_2)$	
蜗杆螺纹部分长度	b_1	$z_1=1$、2 时，$b_1\geqslant(11+0.06z_2)m$ $z_1=3$、4 时，$b_1\geqslant(12.5+0.09z_2)m$	
蜗轮咽喉母圆半径	r_{g2}		$r_{g2}=a-\frac{1}{2}d_{a2}$
蜗轮最大外圆直径	d_{e2}		$z_1=1$ 时，$d_{e2}\leqslant d_{a2}+2m$ $z_1=2$、3 时，$d_{e2}\leqslant d_{a2}+1.5m$ $z_1=4\sim6$ 时，$d_{e2}\leqslant d_{a2}+m$
轮缘宽度	b_2		$z_1=1$、2 时，$b_2\leqslant0.75\ d_{a1}$ $z_1=4\sim6$ 时，$b_2\leqslant0.67\ d_{a1}$

四、蜗杆和蜗轮的结构

蜗杆螺旋部分的直径不大，所以常和轴做成一体，称为蜗杆轴。常见的蜗杆轴结构如图 10-14 所示，其中图 10-14(a)、(b)的结构既可以车制，也可以铣制，图 10-14(c)的结构由于齿根圆直径小于相邻轴段直径，因此只能铣制。图 10-14(b)的刚度较其他两种差。

蜗轮常见的结构有整体式和组合式两种。铸铁蜗轮和小尺寸青铜蜗轮常采用整体式结构，如图 10-15 所示。较大尺寸的蜗轮，为了节省有色金属，常采用青铜齿圈和铸铁轮芯的组合结构。如图 10-16(a)所示是在铸铁轮芯上加铸青铜齿圈，然后切齿，常用于成批制造的蜗轮；如图 10-16(b)所示是用过盈配合将齿圈装在铸铁的轮芯上，为了增加联接的可靠性，常在结合缝处拧上螺钉，螺钉孔中心线要偏向铸铁一边，以易于钻孔；当蜗轮直径较大时，齿圈和轮芯可采用铰制孔用螺栓联接，如图 10-16(c)所示。

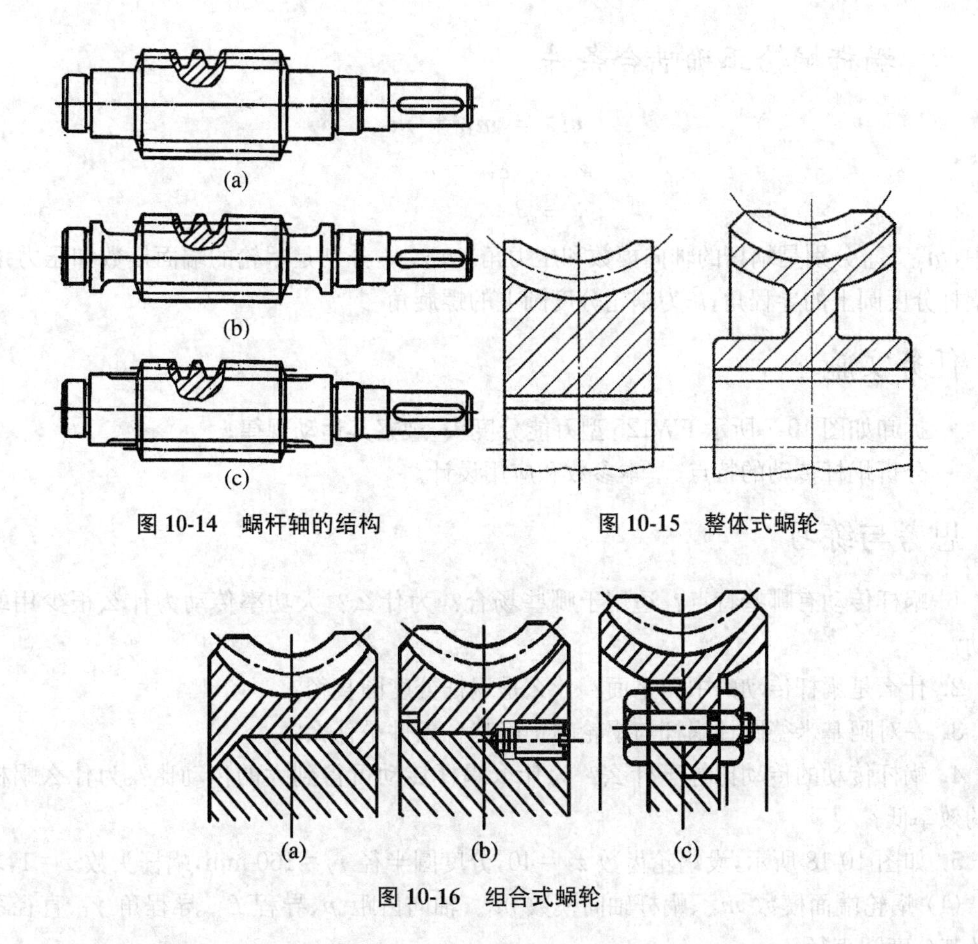

图 10-14　蜗杆轴的结构　　图 10-15　整体式蜗轮

图 10-16　组合式蜗轮

五、蜗杆机构中蜗轮转动方向的判定

蜗杆机构中蜗轮转动的方向可按照蜗杆的旋向和转向用左、右手定则判定。如图 10-17(a)所示，蜗杆为右旋，用右手四指绕蜗杆的转向，大拇指沿蜗杆轴线所指的相反方向，就是蜗轮节点的线速度方向，由此可判定蜗轮的转向为逆时针方向；如果蜗杆为左旋，同理可用左手判断蜗轮的转向，如图 10-17(b)所示为顺时针方向。

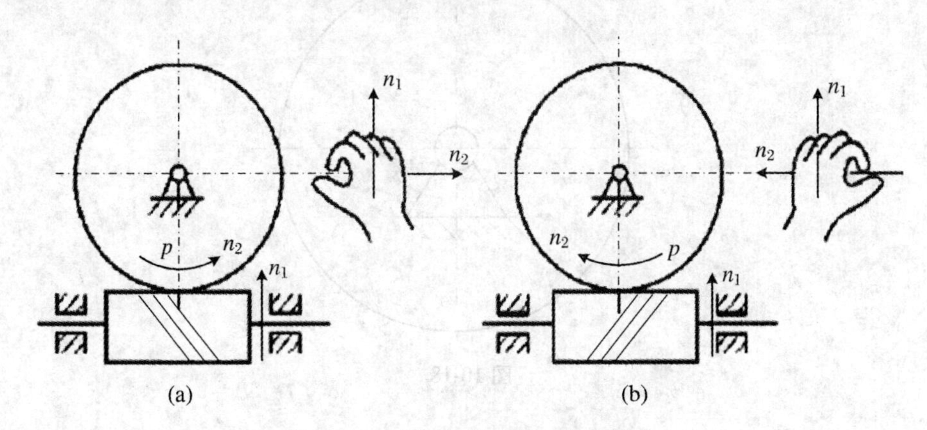

图 10-17　蜗杆蜗轮转动方向的判断

六、蜗杆蜗轮正确啮合条件

$$m_{a1} = m_{t2} = m$$

$$\alpha_{a1} = \alpha_{t2} = \alpha$$

$$\gamma = \beta_2$$

式中，m_{a1}、α_{a1}分别是蜗杆的轴向模数和压力角；m_{t2}、α_{t2}分别是蜗轮的端面模数和压力角；γ为蜗杆分度圆上的导程角；β为蜗轮分度圆上的螺旋角。

任务实施

- 拆卸如图 10-7 所示 FW125 型万能分度头，观察其运动规律；
- 分析蜗杆传动的特点、基本参数和应用设计。

思考与练习

1. 蜗杆传动有哪些特点？适用于哪些场合？为什么？大功率传动为什么很少用蜗杆传动？

2. 什么是蜗杆传动的中间平面？什么是蜗杆分度圆直径？

3. 一对阿基米德圆柱蜗杆与蜗轮的正确啮合条件是什么？

4. 蜗杆传动的传动比等于什么？为什么蜗杆传动可得到大的传动比？为什么蜗杆传动的效率低？

5. 如图 10-18 所示，设蜗轮齿数 $z_2 = 40$，分度圆半径 $r_2 = 160$ mm，蜗杆头数 $z = 1$，求：

(1) 蜗轮端面模数 m_{t2}、蜗杆轴向模数 m_{a2}、轴向齿距 p、导程 L_1、导程角 γ_1、直径系数 q 及其分度圆直径 d_1；

(2) 如果蜗杆为左旋，置于蜗轮之上，转动方向如图 10-18 所示，试求蜗轮的转向。

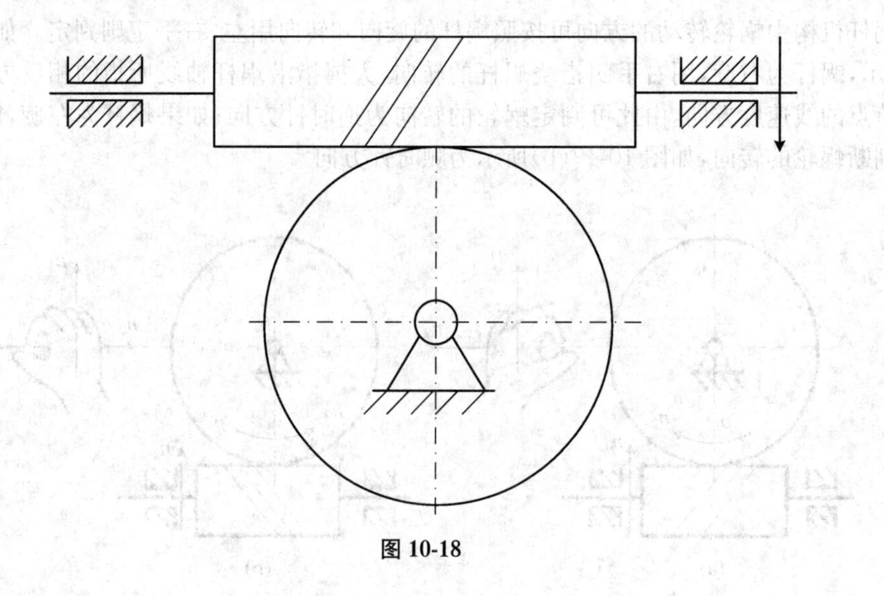

图 10-18

子任务2　计算蜗杆传动的强度

任务目标

- 了解蜗杆和蜗轮的常用材料；
- 学会对蜗杆传动的受力分析；
- 掌握蜗杆传动强度计算步骤。

任务描述

观察蜗杆减速器，判断蜗杆与蜗轮的材料，并查找相关资料给予总结，分析蜗杆传动的受力，基本了解设计过程。

知识与技能

一、轮齿的失效形式和设计准则

蜗杆传动的失效形式有齿面点蚀、齿面胶合、齿根折断、磨损。但蜗杆传动轮齿的胶合、磨损现象比齿轮传动要严重，这是因为蜗杆传动轮齿齿面间有较大的滑动速度，温升高，从而增加了轮齿胶合和磨损的可能性，当润滑和散热不好时，极容易出现胶合现象。由于材料和结构的原因，失效总是发生在蜗轮轮齿上，所以只对蜗轮轮齿进行强度计算。开式蜗杆传动经常发生齿面磨损和齿根折断，要以保证蜗轮轮齿的齿根弯曲抗疲劳强度作为设计准则。闭式蜗杆传动经常发生齿面点蚀和齿面磨损，通常按齿面接触抗疲劳强度进行设计，按齿根弯曲抗疲劳强度进行校核。由于闭式蜗杆传动散热较为困难，还要进行热平衡计算。蜗杆一般与轴制成一体，设计时，可按一般轴对蜗杆强度进行计算，必要时进行刚度计算。

二、蜗杆和蜗轮的常用材料

蜗杆的常用材料为碳素钢和合金钢，蜗轮的常用材料为青铜和铸铁。推荐选用材料见表10-5。

表10-5　蜗杆、蜗轮材料选用推荐

名　称	材料牌号	使用特点	应用范围
蜗杆	20、15Cr、20Cr、20CrNi、20MnVB、20SiMnVB、20CrMnTi、20CrMnMo	渗碳淬火（56～62 HRC）并磨削	用于高速重载传动
	45、40Cr、40CrNi、35SiMn、42SiMn、35CrMo、37SiMn2MoV、38SiMnMo	淬火（45～55 HRC）并磨削	
	45	调质处理	用于低速轻载传动

续表

名　称	材料牌号	使用特点	应用范围
蜗 轮	ZCuSn10P1、ZCuSn5Pb5Zn5	抗胶合能力强，价格贵	用于滑动速度较大（$v_s=5\sim15$ m/s）及长期连续工作处
	ZCuAl10Fe3、ZCuZn38Mn2Pb2	抗胶合能力较差，价格廉	用于中等滑动速度（$v_s\leqslant8$ m/s）
	HT150、HT200	加工容易，价格低廉	用于低速轻载传动（$v_s<2$ m/s）

三、蜗杆传动的受力分析

蜗杆传动的受力分析和斜齿圆柱齿轮相似。对蜗杆传动作受力分析时，通常不考虑摩擦力的影响。如图 10-19(a)所示，F_n为集中作用于蜗杆齿面的法向力，可分解为三个互相垂直的分力：圆周力 F_t、径向力 F_r和轴向力 F_a。

根据作用力与反作用力的原理，蜗杆圆周力 F_{t1}与蜗轮轴向力 F_{a2}大小相等，方向相反；蜗杆径向力 F_{r1}与蜗轮径向力 F_{r2}大小相等，方向相反；蜗杆轴向力 F_{a1}与蜗轮圆周力 F_{t2}大小相等，方向相反。如图 10-19(b)所示。

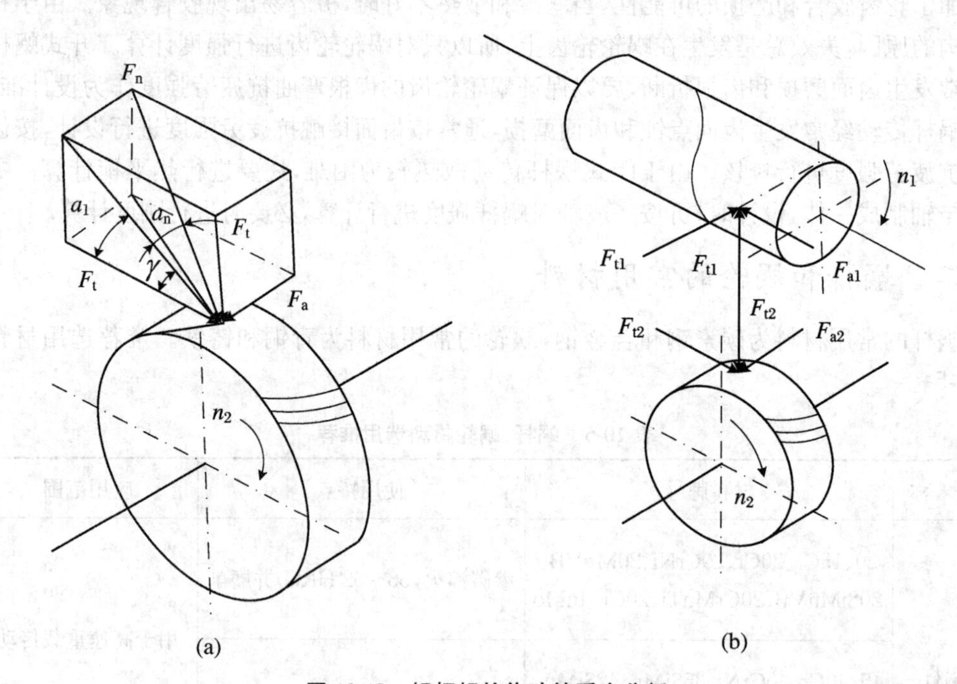

图 10-19　蜗杆蜗轮传动的受力分析

由图可知各力的大小为

$$F_{t1}=\frac{2T_1}{d_1}=-F_{a2} \tag{10-11}$$

$$F_{t2} = \frac{2T_2}{d_2} = -F_{a1} \tag{10-12}$$

$$F_{r2} = F_{t2}\tan\alpha = -F_{r1} \tag{10-13}$$

式中，T_1、T_2——分别是作用在蜗杆和蜗轮上的转矩（N·mm）

d_1、d_2——分别是蜗杆和蜗轮的分度圆直径（mm）；

α——压力角，通常 $\alpha = 90^\circ$；

-——负号表示方向相反。

例 10-1　在如图 10-20(a)所示的蜗杆传动中，已知模数 $m = 8$ mm，蜗杆头数 $z_1 = 2$（右旋），蜗杆分度圆直径 $d_1 = 80$ mm，传动比 $i = 20.5$，蜗杆轴输入功率 P = 7.5 kW，转速 $n_1 = 960$ r/min，转动方向如图中所示。要求：

(1) 确定蜗轮的螺旋线方向和转动方向；

(2) 计算并在啮合点处画出各分力。

具体求解过程如下表所示：

计算与说明		主要结果
1. 确定蜗轮的螺旋线方向和转动方向		
因为蜗杆为右旋，所以蜗轮也为右旋； 应用主动轮左右手定则，可确定蜗杆轴向力 F_{a1} 向右，则蜗轮切向力 F_{t2} 向左，所以蜗轮沿顺时针方向转动		右旋，顺时针方向转动
2. 确定蜗杆蜗轮各分力方向		如图 10-20(b)所示
3. 计算各分力		
蜗杆轴的转矩	$T_1 = 9.55\times10^6\frac{P_1}{n_1} = \frac{9.55\times10^6\times7.5}{960}$（N·mm）	$T_1 = 7.46\times10^4$ N·mm
啮合效率	由 $z_1 = 2$，参考表 10-7 估取 $\eta_1 = 0.81$	
蜗轮轴转矩	$T_2 = T_1 i\eta_1 = 7.46\times10^4\times20.5\times0.81$ N·mm	$T_2 = 1.24\times10^6$ N·mm
蜗轮分度圆直径	$d_2 = mz_2 = mz_1 i = 8\times2\times20.5$ mm	$d_2 = 328$ mm
蜗杆切向力和蜗轮轴向力	$F_{t1} = F_{a2} = \frac{2T_1}{d_1} = \frac{2\times7.64\times10^4}{80}$ N	$F_{t1} = F_{a2} = 1865$ N
蜗杆轴向力和蜗轮切向力	$F_{a1} = F_{t2} = \frac{2T_2}{d_2} = \frac{2\times1.24\times10^6}{328}$ N	$F_{a1} = F_{t2} = 7561$ N
蜗杆和蜗轮的径向力	$F_{r1} = F_{r2} = F_{t2}\tan\alpha = 7561\times\tan20^\circ$ N	$F_{r1} = F_{r2} = 2752$ N

四、蜗杆传动强度计算

1. 蜗轮的齿面接触抗疲劳强度计算

蜗杆传动可以近似地看作齿条与斜齿圆柱齿轮的啮合传动，利用赫兹公式，考虑蜗杆和蜗轮齿廓特点，可得齿面接触抗疲劳强度的校核公式和设计公式。

(1) 校核公式：

$$\sigma_H = 500\sqrt{\frac{KT_2}{d_1 d_2^2}} = 500\sqrt{\frac{KT_2}{m^2 d_1 z_2^2}} \leqslant [\sigma_H] \tag{10-14}$$

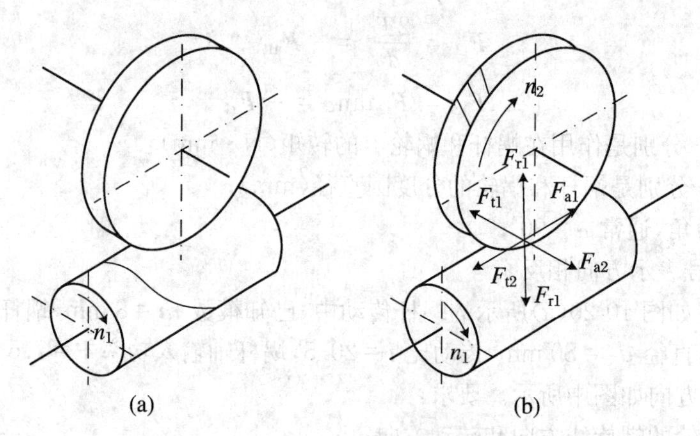

图 10-20 例题图

（2）设计公式：

$$m^2 d_1 \geqslant \left(\frac{500}{z_2[\sigma_H]}\right)^2 KT_2 \tag{10-15}$$

式中，K——载荷系数，$K=1.1\sim1.4$，载荷平稳、滑动速度 $v_s \leqslant 3$ m/s、传动精度高时取小值；

m——模数(mm)；

z_2——蜗轮齿数；

$[\sigma_H]$——许用接触应力(MPa)，见表 10-6。

表 10-6 蜗轮常用材料与许用应力

材料牌号	铸造方法	适用的滑动速度 v_s(m/s)	许用接触应力$[\sigma_H]$(MPa)						
			滑动速度 v_s(m/s)						
			0.5	1	2	3	4	6	8
ZCuSn10P1	砂模 金属模	≤25	134 200						
ZCuSn5Pb5Zn5	砂模 金属模 离心浇铸	≤10	108 134 174						
ZCuAl10Fe3	砂模 金属模 离心浇铸	≤10	250	230	210	180	160	100	90
HT150(100～150 HBS) HT200(100～150 HBS)	砂模	≤2	130	115	90	—	—	—	—

注：① 表中$[\sigma_H]$是蜗杆齿面硬度>350 HBS 条件下的值，如果$[\sigma_H]$≤350 HBS 需降低 15%～20%；

② 当传动短时工作时，可将表中锡青铜的$[\sigma_H]$值增加 40%～50%。

表 10-7　蜗杆传动总效率

闭式传动			开式传动	自锁现象
蜗杆头数 z_1				
1	2	4	1～2	<0.5
0.7～0.75	0.7～0.82	0.87～0.92	0.6～0.7	

2. 蜗轮轮齿的弯曲抗疲劳强度

由于蜗轮轮齿很少发生弯曲折断的情况，所以一般不进行轮齿弯曲强度计算。只是在受强烈冲击或重载的蜗杆传动或蜗轮采用脆性材料或蜗轮齿数 $z_2>80\sim100$ 时，才进行弯曲强度校核。另外，当蜗杆作传动轴时，必须进行刚度校核。相关的计算公式可参阅《机械设计手册》。

3. 蜗杆传动设计步骤

设计时，通常给出传递的功率 P_1、转速 n_1 等条件。具体设计步骤如下：

(1) 成对选择蜗杆、蜗轮材料，确定许用应力。

(2) 按蜗轮齿面接触强度，计算 m^2d_1 值。

① 选定参数 z_1、z_2。按传动比，由表 10-3 选蜗杆头数 z_1，计算 $z_2=iz_1$，并取整数。

② 计算蜗轮转矩 T_2。按蜗杆头数 z_1，估计总效率 η(参考表 10-7)，计算蜗轮转矩。

$$T_2 = 9.55\times10^6\,\frac{P_2\eta}{n_2}\quad(\text{单位取 N·mm})$$

③ 将 z_2、T_2 等数值代入式(10-15)，求得 m^2d_1。

(3) 确定传动的基本参数，计算蜗杆传动尺寸。

① 按求得的 m^2d_1，由表 10-2 查出 m、d_1。

② 计算中心距 a：

$$a=\frac{1}{2}(d_1+d_2)=\frac{1}{2}(d_1+mz_2)$$

③ 计算蜗杆传动尺寸。

(4) 热平衡计算(略)。

任务实施

- 拆卸并观察蜗杆减速器，判断蜗杆与蜗轮的材料；
- 分析蜗杆传动的受力与设计过程；
- 查找相关资料给予总结。

思考与练习

1. 试标出图 10-21 中斜齿轮的旋向和蜗轮的转向，并画出各啮合点处的受力图(F_t、F_r、F_a)。

2. 已知蜗杆传动的数据：蜗杆传递功率 $P_1=2.8$ kW，转速 $n_1=960$ r/min，蜗杆头数 $z_1=2$，分度圆直径 $d_1=90$ mm，蜗轮分度圆直径 $d_2=200$ mm，齿数 $z_2=40$，传动效率 $\eta=0.76$，试计算作用力 F_t、F_r、F_a 的大小。

3. 试设计一运料用单级普通圆柱蜗杆传动减速器，已知：蜗杆下置，蜗轮材料依据速度选取，用 YD132M-4 型电动机（$P=6.5\ \mathrm{kW}$，$n=1450\ \mathrm{r/min}$）直接驱动，传动比 $i=20$，不反转，载荷基本稳定，一班制工作（每天 8 小时），使用寿命 15000 小时。

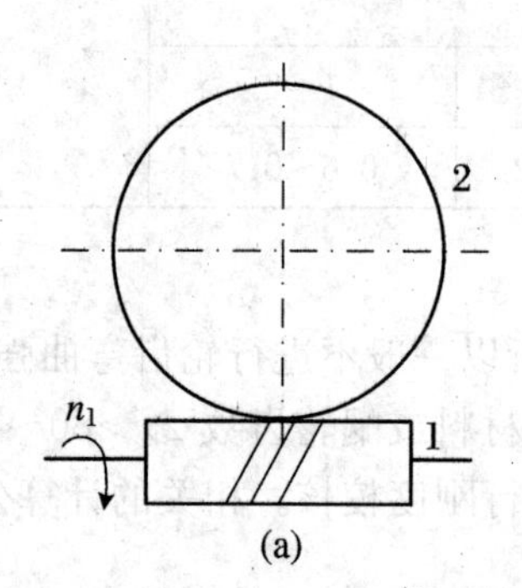

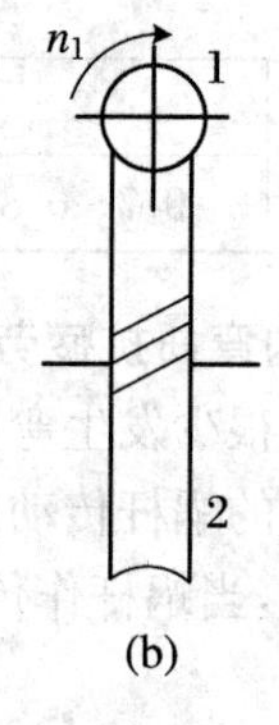

图 10-21 蜗杆蜗轮传动

项目 11　轮　　系

齿轮传动中最简单的形式是由两个齿轮相啮合组成的传动，但是在实际机械传动中，仅用一对齿轮往往不能满足生产上的多种要求，经常采用一系列相互啮合的齿轮来传递运动和动力。这种由一系列齿轮所组成的传动系统称为轮系。

任务 1　认识轮系的类型和功用

如果轮系中各齿轮的轴线互相平行，则称为平面轮系，否则称为空间轮。根据轮系运转时，齿轮的几何轴线相对于机架是否固定，可以将轮系分为定轴轮系和周转轮系两大类。

任务目标

- 认识轮系类型；
- 掌握轮系的图形符号表示法；
- 认识轮系的各种功用。

任务描述

观察机械设备中的各种轮系实物，查阅资料，辨别定轴轮系、行星轮系和差动轮系，认识轮系类型和功用。

知识与技能

一、轮系的类型

1. 定轴轮系

当轮系运转时，如果轮系中所有齿轮的几何轴线相对机架都是固定的，则这种轮系称为定轴轮系，如图 11-1 所示。

2. 周转轮系

当轮系运转时，组成轮系的各齿轮中至少有一个齿轮的几何轴线相对机架是不固定的，而是绕着另一齿轮轴线转动，则这种轮系称为周转轮系（也称为行星轮系），如图 11-2 所示。

（1）周转轮系的组成

周转轮系由太阳轮、行星轮、系杆（行星架）组成。其中，绕固定几何轴线转动或不动的齿轮称为太阳轮，如图 11-2 中所示的齿轮 1 和齿轮 3；既绕自身几何轴线转动（自转），又随构件 H 绕太阳轮的几何轴线转动（公转）的齿轮称为行星轮，如图 11-2 中的齿轮 2；支持行星轮做公转的构件 H 称为行星架(系杆)。行星架与太阳轮的几何轴线必须重合。

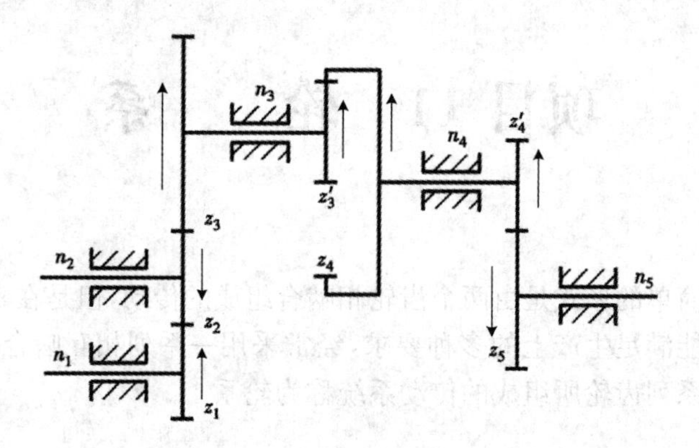

图 11-1 定轴轮系

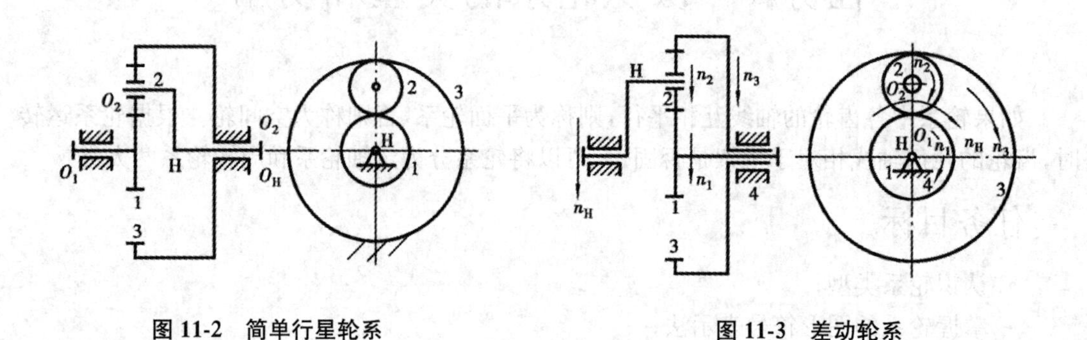

图 11-2 简单行星轮系

图 11-3 差动轮系

(2) 周转轮系的分类

按照周转轮系的自由度数目,可以将周转轮系分为行星轮系和差动轮系。

① 行星轮系

在如图 11-2 所示的周转轮系中,太阳轮 3 固定,其活动构件数为 3,运动副 $P_L=3$,$P_H=2$,其自由度数为

$$F = 3n - 2P_L - P_H = 3\times3 - 2\times3 - 2 = 1$$

自由度数为 1,即只需要一个原动件,机构就具有确定的相对运动,这种周转轮系称为行星轮系。

② 差动轮系

在如图 11-3 所示的周转轮系中,太阳轮 1、3 均能转动,其活动构件数为 4,运动副 $P_L=4$,$P_H=2$,其自由度数为

$$F = 3n - 2P_L - P_H = 3\times4 - 2\times4 - 2 = 2$$

自由度数为 2,即需要两个原动件,机构才具有确定的相对运动,这种周转轮系称为差动轮系。

二、轮系的功用

1. 实现分路传动

如图 11-4 所示的定轴轮系,可以由 1 个主动轴带动 7 个从动轴同时转动,实现 7 路

输出。

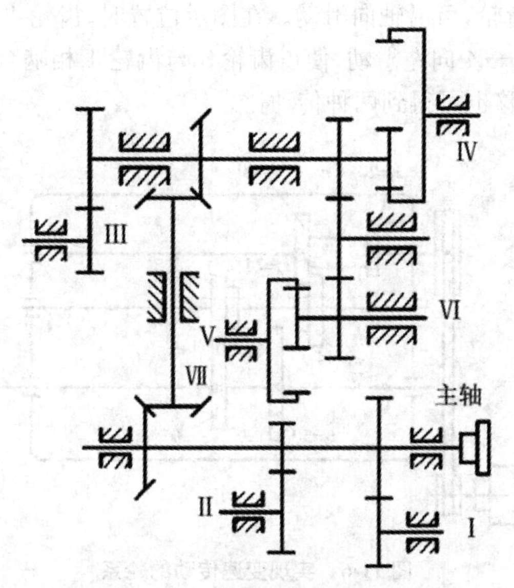

图11-4　轮系实现分路传动

2. 可获得大的传动比

当两轴之间需要较大的传动比时，如果仅用一对齿轮传动，不仅外廓尺寸大，且小齿轮易损坏，一般一对定轴齿轮的传动比不宜大于5～8。因此，当需要获得较大的传动比时，可用几个齿轮组成行星轮系来达到目的，如图11-2所示的行星轮系。

3. 实现变向传动

主动轴转向不变的情况下，利用轮系可以改变从动轴的转向。如图11-5所示为车床走刀丝杠的三星轮换向机构，当齿轮2与齿轮1啮合时，齿轮4逆时针转动，与轮1相反；扳动手柄，使轮3与轮1啮合，轮4顺时针转动，与轮1相同。

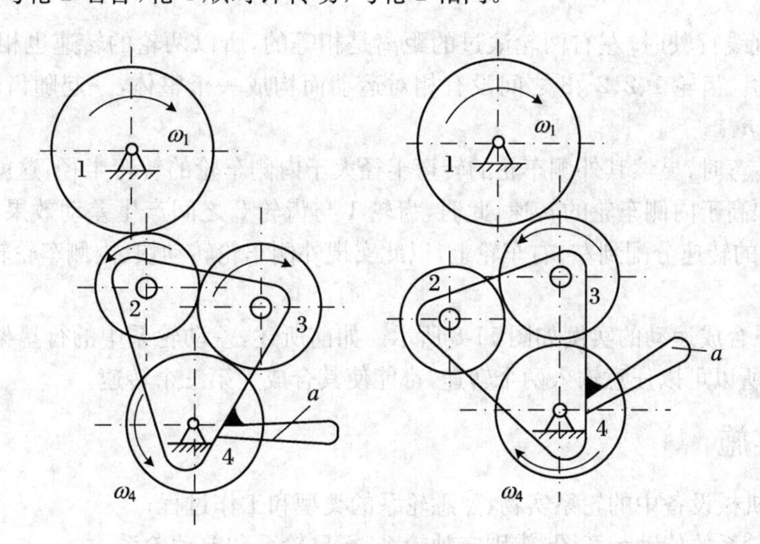

图11-5　三星轮换向机构

4. 可实现变速传动

在主动轴转速不变的条件下，应用轮系可使从动轴获得多种转速，此种传动称为变速传动。汽车、机床、起重设备等多种机器设备都需要变速传动。在如图 11-6 所示的轮系中，齿轮 3 — 4、5 — 6 为双联齿轮，可沿轴向滑动。在图示位置时，齿轮 4 和齿轮 2 相啮合，得到一种传动比；当双联齿轮 3 — 4 向左滑动，使得齿轮 3 与齿轮 1 相啮合时，得到另一种传动比。同理，5 — 6 双联齿轮滑移也可得到两种传动比。

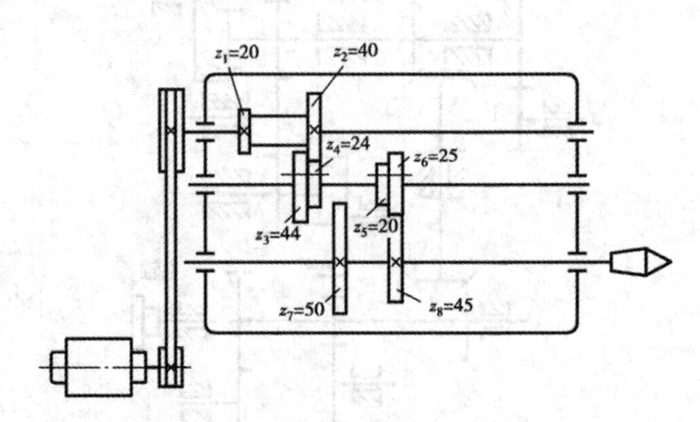

图 11-6 实现变速传动的轮系

4. 合成与分解运动

差动轮系不仅能将两个独立的运动合成为一个运动，而且还可将一个基本构件的主动转动按所需比例分解成另两个基本构件的不同运动。汽车后桥差速器就是用差动轮系的这一特性来实现运动分解的实例。

汽车后桥差速器如图 11-7 所示，汽车发动机的动力经传动轴带动圆锥齿轮 5，使运动传递给活套在后半轴上的圆锥齿轮 4。轮 5 和轮 4 的几何轴线相对于后桥的壳体是固定不动的，所以它们构成一定轴轮系。圆锥齿轮 2 活套在轮 4 侧面突出的小轴上，它的几何轴线可随轮 4 一起转动，所以轮 2 为行星轮，同时轮 4 又是行星架。所以齿轮 1、2、3 和 4 构成一差动轮系。

当汽车直线行驶时，左右两轮滚过的距离是相等的，所以两轮的转速也相等，行星轮 2 没有自转运动。齿轮 1、2、2′、3 之间没有相对运动而构成一个整体，一起随齿轮 4 转动，此时，$n_1 = n_3 = n_4$。

当汽车转弯时，显然其外侧车轮的转弯半径大于内侧车轮的转弯半径，这就要求外侧车轮的转速必须高于内侧车轮的转速，此时，齿轮 1 与齿轮 3 之间产生差动效果，于是将行星架(即齿轮 4)的转速分配到左、右车轮上，以此实现外侧车轮转动快、内侧车轮转动慢而顺利转弯的目的。

差动轮系合成运动的实例如图 11-8 所示。如前所述，差动轮系中的行星架和两个太阳轮均可转动，所以可以任意输入两个转速，都能使其合成为第三个转速。

任务实施

- 拆装机械设备中的轮系实物，熟悉轮系的类型和工作过程；
- 绘制轮系的传动示意图，辨别定轴轮系、行星轮系和差动轮系；
- 熟悉轮系的各种功用。

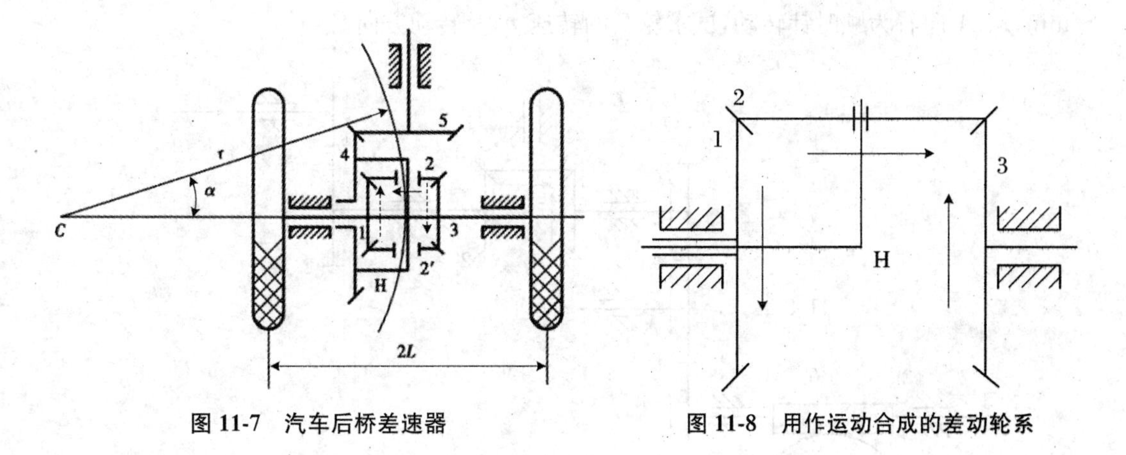

图 11-7 汽车后桥差速器　　图 11-8 用作运动合成的差动轮系

任务评价

序号	能力点	掌握情况	序号	能力点	掌握情况
1	安全操作		4	熟悉轮系的类型和工作过程	
2	拆装能力		5	认识轮系各种功用的能力	
3	辨别能力				

思考与练习

1. 什么是轮系？轮系如何分类？
2. 如何区别周转轮系中的行星轮系和差动轮系？
3. 轮系有哪些功用？

任务2 计算定轴轮系的传动比

轮系的传动比是首轮和末轮角速度之比，用 i_{1N} 表示。

任务目标

- 掌握定轴轮系传动比的概念；
- 能够在轮系的传动示意图中确定首、末轮转向关系；
- 掌握定轴轮系传动比的计算方法。

任务描述

在如图 11-9 所示的定轴轮系中，设已知 $z_1=15$，$z_2=25$，$z_{2'}=14$，$z_3=20$，$z_4=14$，$z_{4'}=20$，$z_5=30$，$z_6=40$，$z_{6'}=2$，$z_7=60$，均为标准齿轮传动。如果已知轮 1 的转速为 $n_1=200$

r/min,从 A 向看为顺时针转动,试求轮 7 的转速 n_7及转动方向。

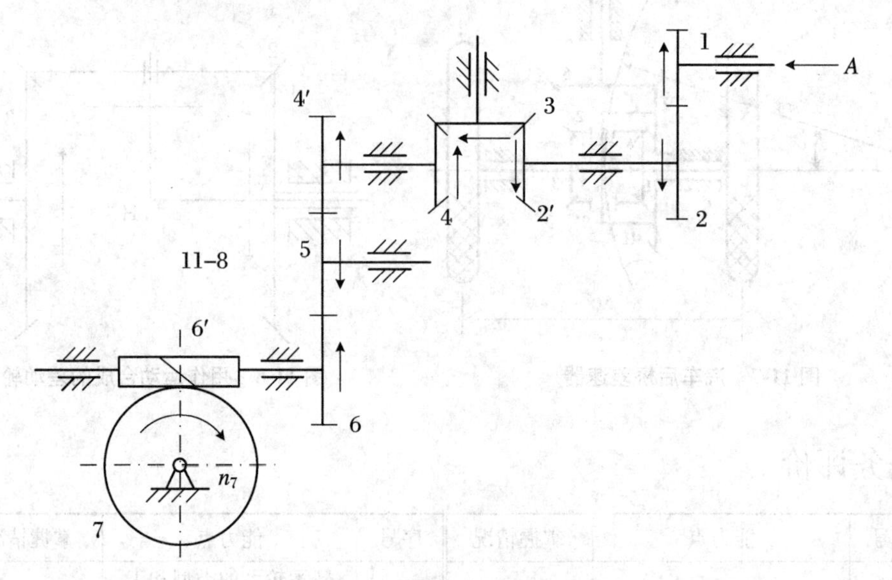

图 11-9 定轴轮系的传动示意图

知识与技能

一、定轴轮系传动比的概念

在轮系中,输入轴和输出轴角速度(或转速)之比,称为轮系的传动比,常用字母 i 表示。如果已知齿轮 1 的旋转角速度为 ω_1,转速为 n_1,齿数为 z_1;齿轮 2 的旋转角速度为 ω_2,转速为 n_2,齿数为 z_2,则一对齿轮的传动比为

$$i_{12} = \frac{\omega_1}{\omega_2} = \frac{n_1}{n_2} = \pm \frac{z_2}{z_1}$$

对一对外啮合直齿圆柱齿轮传动,上式取负号,表示主、从动轮转向相反,如图 11-10(a)所示;对一对内啮合直齿圆柱齿轮传动,上式取正号,表示主、从动轮转向相同,如图 11-10(b)所示。

二、定轴轮系的传动比

轮系的传动比是首轮和末轮角速度之比,用 i_{1N}表示。

在如图 11-11 所示的定轴轮系中,设各轮的齿数分别为 z_1、z_2、$z_{2'}$、z_3、$z_{3'}$、z_4、z_5,各轴的转速分别为 n_1、n_2、n_3、n_4、n_5,则各对相互啮合的齿轮传动比为

$$i_{12} = \frac{n_1}{n_2} = -\frac{z_2}{z_1}$$

$$i_{2'3} = \frac{n_{2'}}{n_3} = \frac{z_3}{z_{2'}}$$

$$i_{3'4} = \frac{n_{3'}}{n_4} = -\frac{z_4}{z_{3'}}$$

$$i_{45} = \frac{n_4}{n_5} = -\frac{z_5}{z_4}$$

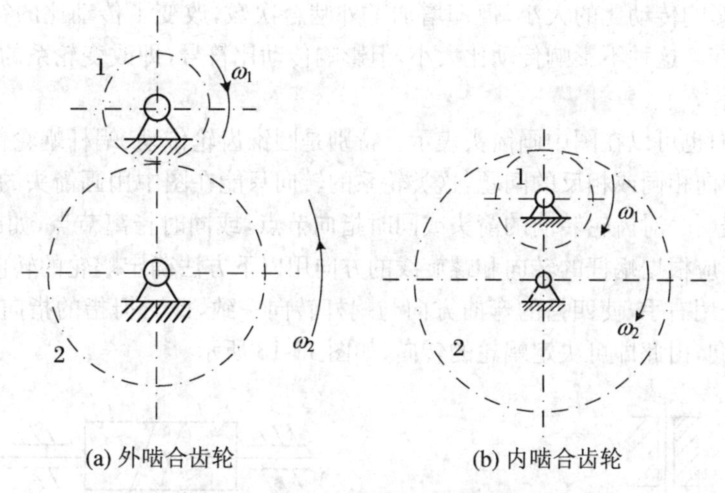

图 11-10 一对啮合直齿圆柱齿轮的转向关系

将以上各式分别连乘，并考虑到有 $n_2 = n'_2, n_3 = n'_3$，可得

$$i_{12} \cdot i_{2'3} \cdot i_{3'4} \cdot i_{45} = \frac{n_1}{n_2} \cdot \frac{n_{2'}}{n_3} \cdot \frac{n_{3'}}{n_4} \cdot \frac{n_4}{n_5} = \frac{n_1}{n_5} = i_{15}$$

由上式可知，定轴轮系总传动比的大小等于组成该定轴轮系的各对齿轮传动比的连乘积，其数值等于各对啮合齿轮中所有从动轮齿数的连乘积与所有主动轮齿数的连乘积之比。

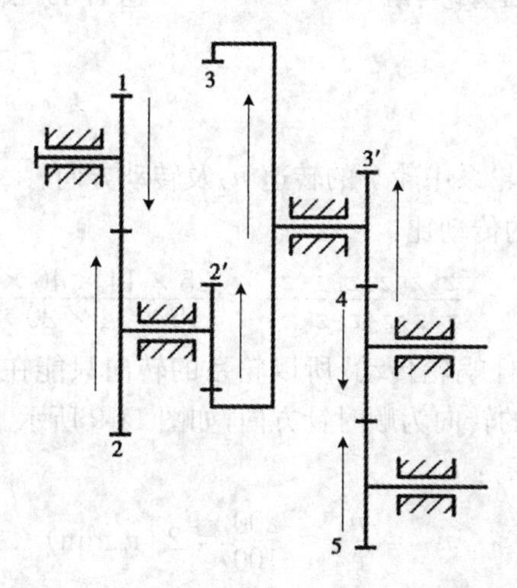

图 11-11 定轴轮系传动比计算

转向可以这样确定：设轮系中有 m 对外啮合齿轮，那么从第一主动轮到最末一个从动轮，其转动方向必经过 m 次变化，所以总传动比的正负号可以用$(-1)^m$来确定。图 11-1 中的轮系有三对外啮合齿轮，所以总传动比的正负号由$(-1)^3$确定。

综上，假设平面定轴轮系的齿轮 1 为首轮，齿轮 K 为末轮，其间共有 m 对外啮合齿轮，则传动比的计算公式为

$$i_{1K} = \frac{n_1}{n_K} = (-1)^m \frac{\text{轮系中所有从动轮齿数的连乘积}}{\text{轮系中所有主动轮齿数的连乘积}} \tag{11-1}$$

在图 11-11 中，齿轮 4 同时与齿轮 3′、齿轮 5 相啮合，它既是前一级的从动轮（对齿轮 3′而言），又是后一级的主动轮（对齿轮 5 而言），在计算式中分子、分母同时出现而被约去，因

而它的齿数不影响传动比的大小，但却增加了外啮合次数，改变了传动比的符号，使轮系的从动轮转向改变。这种不影响传动比大小，但影响传动比符号，即改变轮系的从动轮转向的齿轮，称为惰轮。

齿轮的转向也可以在图中画箭头表示。特别是圆锥齿轮传动、蜗杆蜗轮传动，其轴线不平行，不存在转向相同或相反的问题，这类轮系的转向只能在图中用画箭头的方法表示。对于圆锥齿轮，表明一对齿轮转向的箭头或同时指向节点，或同时指离节点，如图 11-12 所示。对于蜗轮蜗杆，应根据蜗杆的转向和螺旋线的方向用以下方法确定蜗轮的转向：右旋蜗杆用左手，左旋蜗杆用右手，使四指的弯曲方向与蜗杆转向一致，此时拇指的指向即为蜗轮啮合处线速度的方向，由此即可决定蜗轮的转向，如图 11-13 所示。

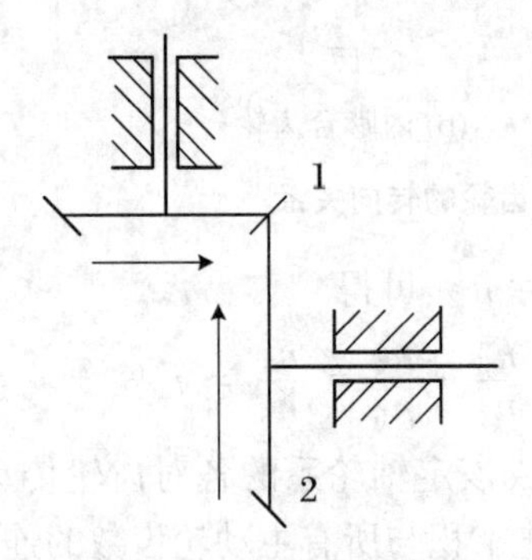

图 11-12 圆锥齿轮传动

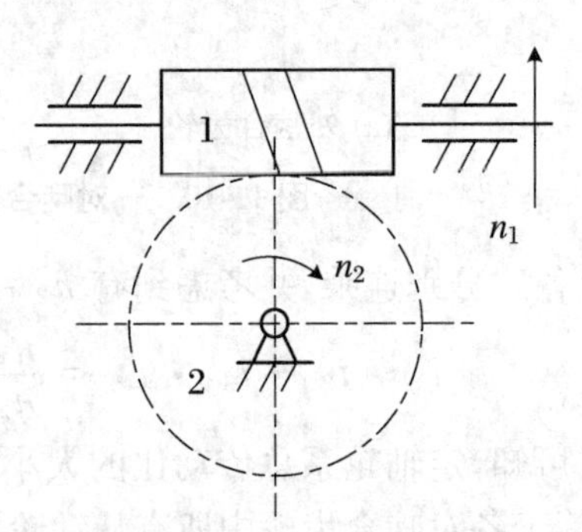

图 11-13 蜗轮蜗杆传动

任务实施

求图 11-9 所示的定轴轮系中轮 7 的转速 n_7及转动方向。

解 (1) 计算该轮系的传动比：

$$i_{17} = \frac{n_1}{n_7} = \frac{z_2 z_3 z_4 z_5 z_6 z_7}{z_1 z_{2'} z_3 z_{4'} z_5 z_{6'}} = \frac{25 \times 14 \times 40 \times 60}{15 \times 14 \times 20 \times 2} = 100$$

(2) 由于轮系中有蜗杆蜗轮传动，所以轮系的转向只能在图中用画箭头的方法表示。用画箭头的方法判断蜗杆的转向为顺时针方向，如图 11-9 所示。

(3) 计算轮 7 的转速 n_7：

$$n_7 = \frac{n_1}{i_{17}} = \frac{200}{100} = 2\ (\text{r/min})$$

所以轮 7 以 2 r/min 的转速沿顺时针方向转动。

任务评价

序号	能力点	掌握情况	序号	能力点	掌握情况
1	分析能力		3	举一反三的能力	
2	计算能力				

思考与练习

1. 轮系传动比的含义是什么？

2．一对圆锥齿轮传动和一对蜗杆蜗轮传动的转向各是如何确定的？

3．如图11-14所示为车床溜板箱进给刻度盘轮系，运动由齿轮1输入，齿轮4输出，已知各轮齿数为：$z_1=18$，$z_2=87$，$z_{2'}=28$，$z_3=20$，$z_4=84$，求传动比i_{14}。

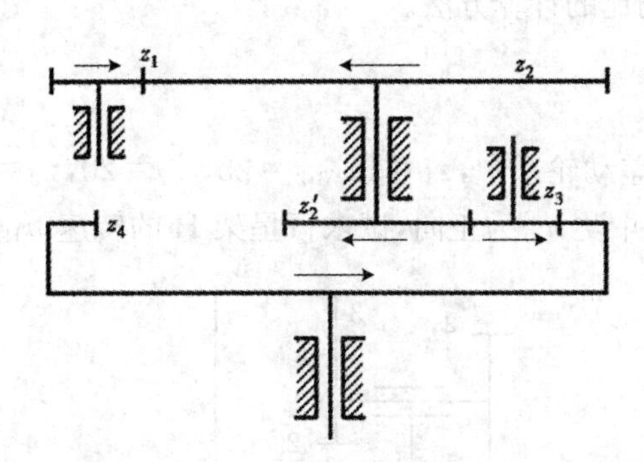

图11-14　车床溜板箱进给刻度盘轮系

4．在如图11-15所示的轮系中，已知各齿轮的齿数为$z_1=20$，$z_2=40$，$z_{2'}=15$，$z_3=60$，$z_{3'}=18$，$z_4=18$，$z_7=20$，齿轮7的模数$m=3$ mm，蜗杆头数为1(左旋)，蜗轮齿数$z_6=40$。齿轮1为主动轮，转向如图中所示，转速$n_1=100$ r/min。试求齿条8的速度和移动方向。

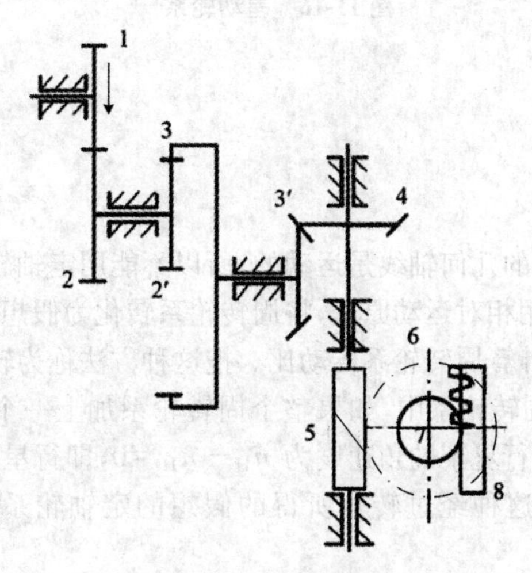

图11-15　定轴轮系

任务3　计算周转轮系的传动比

在周转轮系中，由于有齿轮不固定的行星轮，所以周转轮系传动比的计算与定轴轮系不同。

任务目标

- 理解并掌握转化机构法；
- 掌握周转轮系传动比的计算方法。

任务描述

在如图 11-16 所示的差动轮系中，$z_1=15$，$z_2=25$，$z'_2=20$，$z_3=60$，设 $n_1=200$ r/min，$n_3=50$ r/min，两者反向，并设 n_1 为正向，试求行星架 H 的转速 n_H 的大小和方向。

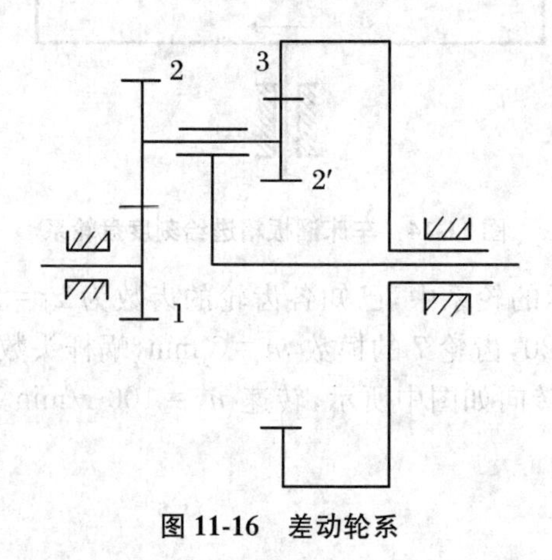

图 11-16 差动轮系

知识与技能

一、转化机构法

在周转轮系中，行星轮的几何轴线是运动的，所以不能用定轴轮系传动比的计算公式来计算其传动比。但可以利用相对运动原理，将周转轮系转化为假想的定轴轮系，从而采用定轴轮系传动比的计算公式计算周转轮系传动比。把这种方法称为转化机构法。

在如图 11-17 所示的周转轮系中，如果整个周转轮系加上一个公共转速 n_H，使它绕行星架的固定轴线回转，这时行星架的角速度为 $n_H-n_H=0$，即行星架"静止不动"了，周转轮系便转化成了定轴轮系。这种经过转化所得的假想的定轴轮系称为原周转轮系的转化机构。

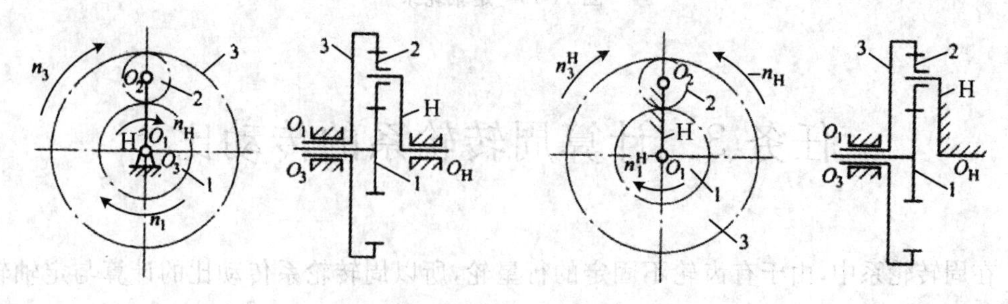

图 11-17 周转轮系及其转化机构

转化机构中各构件的转速变化列于表 11-1。

表 11-1 转化机构中各构件的转速变化

构 件	原有的转速	在转化机构中的转速
齿轮 1	n_1	$n_1^H = n_1 - n_H$
齿轮 2	n_2	$n_2^H = n_2 - n_H$
齿轮 3	n_3	$n_3^H = n_3 - n_H$
系杆 H	n_H	$n_H^H = n_H - n_H = 0$
机架	$n_4 = 0$	$n_4^H = -n_H$

转化轮系中各构件的转速都带有上标“H”,表示这些转速是各构件对系杆 H 的相对转速。

二、转化机构传动比的计算

既然周转轮系的转化轮系是一个定轴轮系,其传动比就可按定轴轮系传动比的公式进行计算,即

$$i_{13}^H = \frac{n_1^H}{n_3^H} = \frac{n_1 - n_H}{n_3 - n_H} = (-1)^1\left(\frac{z_2}{z_1}\right)\left(\frac{z_3}{z_2}\right) = -\frac{z_3}{z_1} \tag{11-2}$$

由上式可知,对于差动轮系,在 n_1、n_3、n_H 中,如果给定两个转速,即可求出第三个转速;对于行星轮系,齿轮 1 或齿轮 3 固定,即 n_1 或 n_3 等于零,则给定一个转速,即可求得另一个转速。

将此式推广即可得周转轮系转化机构传动比计算的一般公式:

$$i_{1N}^H = \frac{n_1^H}{n_N^H} = \frac{n_1 - n_H}{n_N - n_H} = (-1)^m \frac{\text{齿轮 1 与 } N \text{ 间所有从动轮齿数的乘积}}{\text{齿轮 1 与 } N \text{ 间所有主动轮齿数的乘积}} \tag{11-3}$$

三、使用转化机构法时应注意的问题

(1) n_1、n_N 及 n_H 必须是回转轴线相互平行或重合的相应齿轮的转速。因为在公式推导过程中,附加转速($-n_H$)与各构件原来的转速是进行代数相加的,所以 n_1、n_N 及 n_H 必须是平行向量。

(2) 将 n_1、n_N 及 n_H 的已知数据代入公式时,必须将表示其转动方向的正负号一起代入。设其中之一转向为正,其他构件的转向与其相同者为正,相反者为负。

注意式(11-3)只适用于齿轮 1、N 和系杆 H 的回转轴线相互平行的情况。而且将 n_1、n_N、n_H 代入上式计算时,必须带正号或负号。对于差动轮系,如两构件转向相反时,一构件以正值代入,另一构件以负值代入,第三构件的转向用所求得的正负号来判断。

(3) 转化机构的传动比 i_{1N}^H 应按照相应的定轴轮系传动比的计算方法求出。而 i_{1N} 是周转轮系中齿轮 1 与齿轮 N 的绝对转速之比,其大小和正负号必须由计算结果确定。

(4) 对于不含空间齿轮的轮系,可用$(-1)^m$ 来决定传动比的正负号;如果轮系中含有空间齿轮,则必须采用画箭头法,为了与轮系中各构件的实际转向相区别,转化机构中各构件转向一般应使用虚箭头。

任务实施

求如图 11-16 所示的差动轮系中行星架 H 的转速 n_H 的大小和方向。

解 此轮系的转化机构的传动比为

$$\frac{n_1 - n_H}{n_3 - n_H} = (-1)^1 \frac{z_2 z_1}{z_3 z_{2'}}$$

即

$$\frac{200 - n_H}{-50 - n_H} = \frac{-25 \times 60}{15 \times 20}$$

解得 $n_H \approx -8.33$ r/min。其中负号表明行星架 H 与轮 1 的转向相反。

注意:式中等号右边的负号,是由于在转化机构中外啮合的次数为 1,使得轮 1 和轮 3 转向相反。

任务评价

序号	能力点	掌握情况	序号	能力点	掌握情况
1	分析能力		3	举一反三的能力	
2	计算能力				

思考与练习

1. 转化机构法的原理是什么?

2. 使用转化机构法时应注意哪些问题?

3. 在如图 11-18 所示的输送带行星轮系中,已知各齿轮的齿数分别为 $z_1 = 12, z_2 = 33, z_{2'} = 30, z_3 = 78, z_4 = 75$,电动机的转速 $n_1 = 1450$ r/min,试求输出轴转速 n_4 的大小与方向。

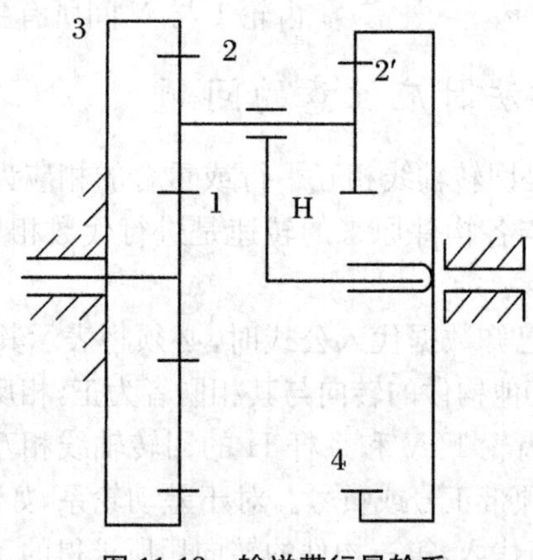

图 11-18 输送带行星轮系

4. 在如图 11-19 所示的行星轮系中,已知 $z_1 = 22, z_3 = 88, z_{3'} = z_5$,试求传动比 i_{15}。

任务 4 计算混合轮系的传动比

混合轮系是比较复杂的轮系,它的传动比必须综合应用定轴轮系和周转轮系的计算方法才能求出。

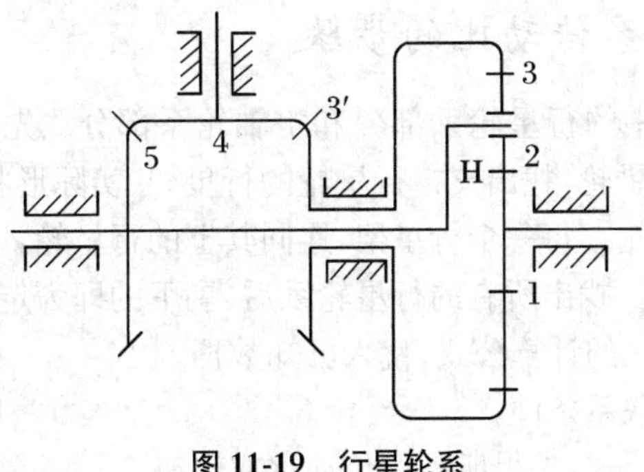

图 11-19 行星轮系

任务目标

- 掌握混合轮系的概念；
- 掌握混合轮系传动比的计算方法。

任务描述

在如图 11-20 所示的电动卷扬机减速器中，各轮齿数分别为 $z_1=24$，$z_2=52$，$z_{2'}=21$，$z_3=78$，$z_{3'}=18$，$z_4=30$，$z_5=78$，试求 i_{1H}。

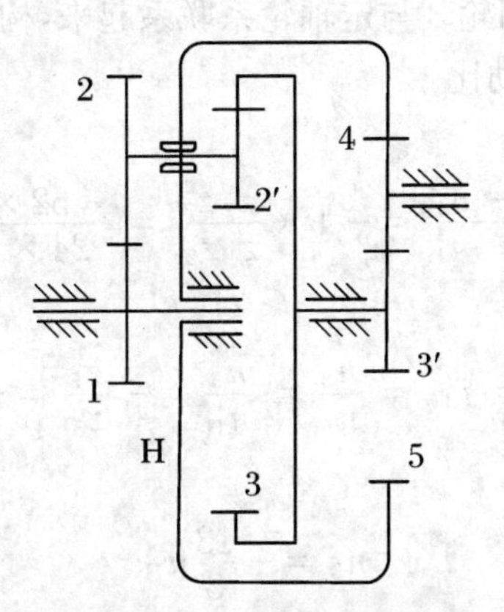

图 11-20 电动卷扬机减速器

知识与技能

一、混合轮系的概念

如果轮系中既包含定轴轮系，又包含行星轮系，或者包含几个行星轮系，则称为混合轮系。

混合轮系是复杂的轮系，不可能转化为一个定轴轮系，所以混合轮系的传动比不能用一个公式来求解。正确的方法是将混合轮系所包含的各部分定轴轮系和各部分行星轮系一一加以区别，并分别应用定轴轮系和行星轮系传动比的计算方法求出它们的传动比，然后加以联立求解，从而求出混合轮系的传动比。

二、计算混合轮系传动比的步骤

(1) 划分出混合轮系中的行星轮系部分和定轴轮系部分。先把行星轮系划分出来，即找出绕回转中心运动的行星轮，找出支撑行星轮的行星架(实际形状不一定呈简单的杆状)，找出与行星轮啮合的太阳轮。每一个行星架，连同其上的行星轮，以及与行星轮相啮合的太阳轮就组成一个行星轮系。找出所有的行星轮系后，剩下的即为定轴轮系。

(2) 列出各轮系传动比的计算公式，代入已知数据。

(3) 找出各轮系间的联系条件。

(4) 联立求解各计算公式，求得所需的传动比或转速。

任务实施

求如图 11-17 所示的电动卷扬机减速器中的 i_{1H}。

解 (1) 分析轮系。

由图可知，在该轮系中，双联齿轮 2 — 2′的几何轴线是绕着齿轮 1 和 3 的轴线转动的，所以是行星轮。支持行星轮运动的构件(卷筒 H)就是行星架。与行星轮相啮合的定轴齿轮 1 和 3 是两个太阳轮。由于这两个太阳轮都能转动，因此齿轮 1、2 — 2′、3 和行星架 H 组成了一个差动轮系。齿轮 3′、4 和 5 组成了一个定轴轮系。

行星轮系的行星架 H、太阳轮 3 与定轴轮系联系起来，构成一个混合轮系。

(2) 分别计算各轮系的传动比。

① 行星轮系：

$$\frac{n_1 - n_H}{n_3 - n_H} = -1 \times \frac{z_2 z_3}{z_1 z_{2'}} = \frac{-52 \times 78}{24 \times 21} \tag{1}$$

② 定轴轮系：

$$i_{35} = i_{3'5} = \frac{n_3}{n_5} = \frac{n_3}{n_H} = -\frac{z_5}{z_{3'}} = -\frac{78}{18} \tag{2}$$

所以

$$n_3 = -\frac{13}{3} n_H \tag{3}$$

(3) 联立求解。

将(3)式代入(1)式，得

$$\frac{n_1 - n_H}{-\frac{13}{3} n_H - n_H} = -\frac{169}{21}$$

解得

$$i_{1H} = \frac{n_1}{n_H} = 43.92$$

即齿轮 1 转 1 圈，行星架 H 转 43.92 圈，且转动方向相同。

任务评价

序号	能力点	掌握情况	序号	能力点	掌握情况
1	分析能力		3	举一反三的能力	
2	计算能力				

思考与练习

1. 什么是混合轮系？

2. 计算混合轮系传动比的步骤是什么？

3. 在如图11-21所示的混合轮系中，已知各齿轮的齿数分别为 $z_1=24$，$z_2=33$，$z_{2'}=21$，$z_3=78$，$z_{3'}=18$，$z_4=30$，$z_5=78$，求 i_{15}。

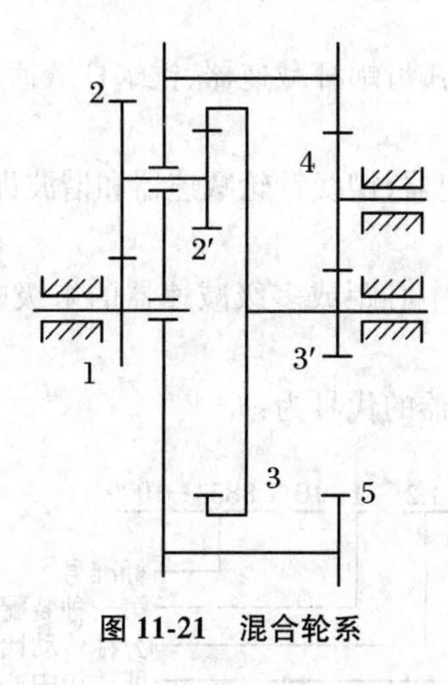

图11-21 混合轮系

任务5 认识各类减速器

在机械传动中，为了降低转速并相应地增大转矩，常在原动机部分与工作机部分之间安装具有固定传动比的独立部件，它通常是由封闭在箱体内的齿轮传动（或蜗杆传动）组成的，这种独立传动的部件称为减速器，或称减速机、减速箱。在个别机械中，也有用于增加转速的装置，称为增速器。减速器由于传递运动准确、结构紧凑、使用维护简单并有标准系列产品可供选用，所以在工业生产中应用广泛。

任务目标

- 掌握减速器的主要类型；
- 了解减速器的代号组成；
- 熟悉常用减速器的特点和应用；
- 熟悉减速器的基本结构与润滑方式。

任务描述

观察、操作、拆装二级圆柱齿轮减速器和单级蜗杆减速器，掌握减速器的工作原理和基本结构。

知识与技能

一、减速器的主要类型

1. 减速器的类型

减速器的类型很多，按传动零件的不同可分为齿轮减速器、蜗杆减速器和行星减速器等。

(1) 齿轮减速器

主要有圆柱齿轮减速器、锥齿轮减速器和圆锥—圆柱齿轮减速器等。

(2) 蜗杆减速器

主要有圆柱蜗杆减速器、圆弧齿蜗杆减速器、锥蜗杆减速器和蜗杆—齿轮减速器等。

(3) 行星减速器

主要有渐开线行星齿轮减速器、摆线针轮减速器和谐波齿轮减速器等。

2. 减速器的代号

减速器的代号由型号、一级中心距或多级减速器的末级中心距、传动比、装配型式及标准号等级组成。

例如，渐开线圆柱齿轮减速器的代号为：

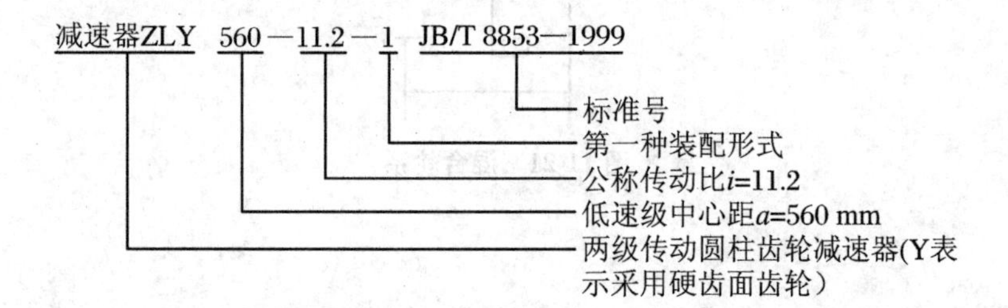

又如，普通圆弧圆柱蜗杆减速器的代号为：

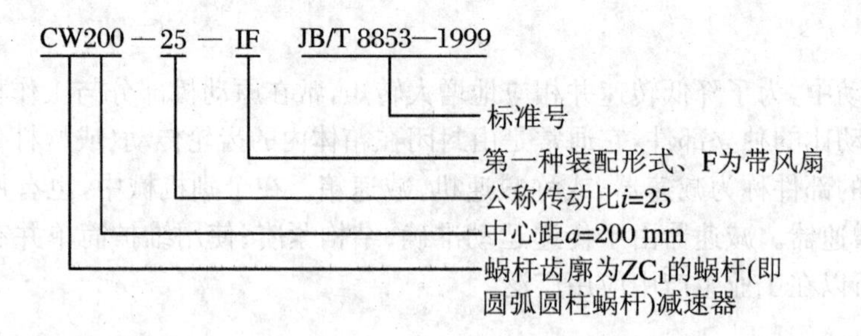

二、常用减速器的特点和应用

1. 齿轮减速器

齿轮减速器按传动级数的不同可分为单级、两级和多级减速器；按轴在空间的位置不同可分为立式减速器和卧式减速器；按运动简图的特点可分为展开式、同轴式和分流式减速器等，如图 11-22 所示。

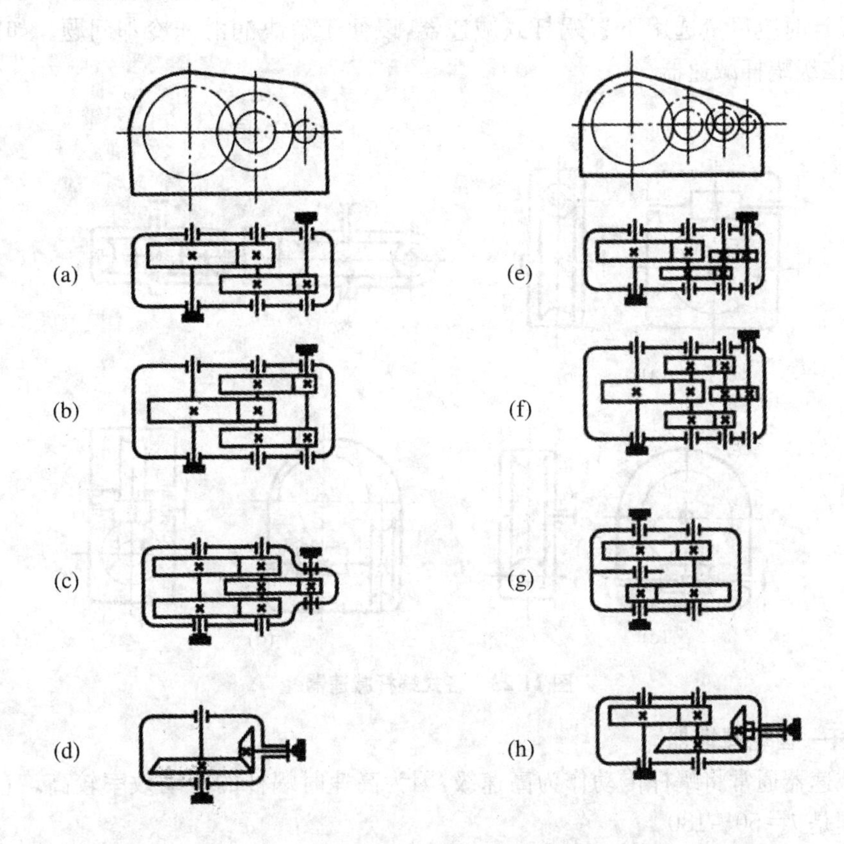

图 11-22　各式齿轮减速器

单级圆柱齿轮减速器的最大传动比一般为 $i_{max}=8\sim10$。如果超过此数值，就会造成单级圆柱齿轮减速器的外廓尺寸过大。所以当 $i>10$ 时，应该采用二级圆柱齿轮减速器。二级圆柱齿轮减速器应用于 $i=8\sim80$ 及高、低速级的中心距总和 $a=250\sim400$ mm 的情况下。

如图 11-22(a)所示为展开式二级圆柱齿轮减速器，它结构简单，可根据需要选择输入轴端和输出轴端的位置。

如图 11-22(b)、(c)所示为分流式二级圆柱齿轮减速器，其中图 11-22(b)为高速级分流，图 11-22(c)为低速级分流。分流式减速器的外伸轴可向任意一边伸出，便于传动装置的总体配置。分流级的齿轮均做成斜齿，一边左旋，另一边右旋，以抵消轴向力。

如图 11-22(g)所示为同轴式二级圆柱齿轮减速器，它的径向尺寸紧凑，轴向尺寸较大，常用于要求输入轴端和输出轴端在同一轴线上的情况。

如图 11-22(e)、(f)所示为三级圆柱齿轮减速器，常用于传动比较大的场合。

如图 11-22(d)、(h)所示分别为单级锥齿轮减速器和二级圆锥—圆柱齿轮减速器，用于需要输入轴与输出轴成 90°配置的传动中。由于大尺寸的锥齿轮较难精确制造，所以圆锥—圆柱齿轮减速器的高速级总是采用锥齿轮传动以减小其尺寸，提高制造精度。

齿轮减速器的特点是传动效率较高、传递运动准确可靠、维护使用简单方便、寿命长，所以在机械中应用非常广泛。

2. 蜗杆减速器

蜗杆减速器如图 11-23 所示。根据蜗杆和蜗轮的位置不同，可分为上置蜗杆(图 11-23

(a))、下置蜗杆(图 11-23(c))和侧置蜗杆(图 11-23(b))三种形式,其传动比范围是 $i=10\sim70$。设计时应尽量选用下置蜗杆式减速器,以便于解决润滑和冷却问题。如图 11-23(d)所示为二级蜗杆减速器。

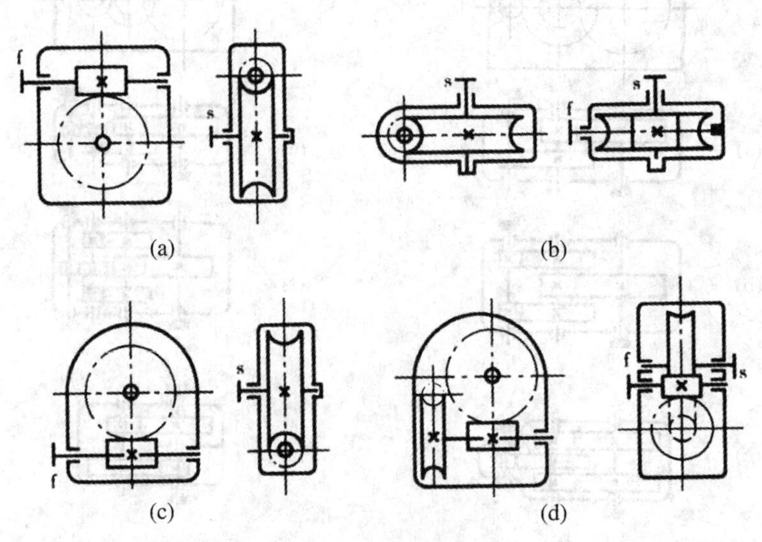

图 11-23 各式蜗杆减速器

3. 蜗杆—齿轮减速器

这类减速器通常将蜗杆传动作为高速级,因为高速时蜗杆的传动效率较高。它适用的传动比范围是 $i=50\sim130$。

三、减速器传动比的分配

由于单级齿轮减速器的传动比最大不超过 10,当总传动比超过此值时,应采用二级或多级结构减速器,此时就必须考虑各级传动比的合理分配问题。如果传动比分配不合理,将影响到减速器外形尺寸的大小、承载能力能否充分发挥等方面。根据使用要求的不同,可以按照下列原则分配传动比:

(1) 使各级传动的承载能力接近于相等。

(2) 使减速器的外形尺寸和质量最小。

(3) 使传动具有最小的转动惯量。

(4) 使各级传动中大齿轮的浸油深度大致相等。

四、减速器的结构与润滑

1. 减速器的结构

如图 11-24 所示为单级直齿圆柱齿轮减速器,它主要由齿轮(或齿轮轴)、轴、轴承和箱体等组成。

减速器的箱体大多采用灰铸铁(HT200、HT150)铸造而成;对单件小批量生产亦可采用 Q215 或 Q235 钢板焊接而成;小型且生产批量较大时,可采用钢板冲压而成。为便于安装,箱体常制成剖分式,剖分面常与轴线所在的平面重合。为提高箱体的刚度,常在箱体轴承座附近设置加强筋。

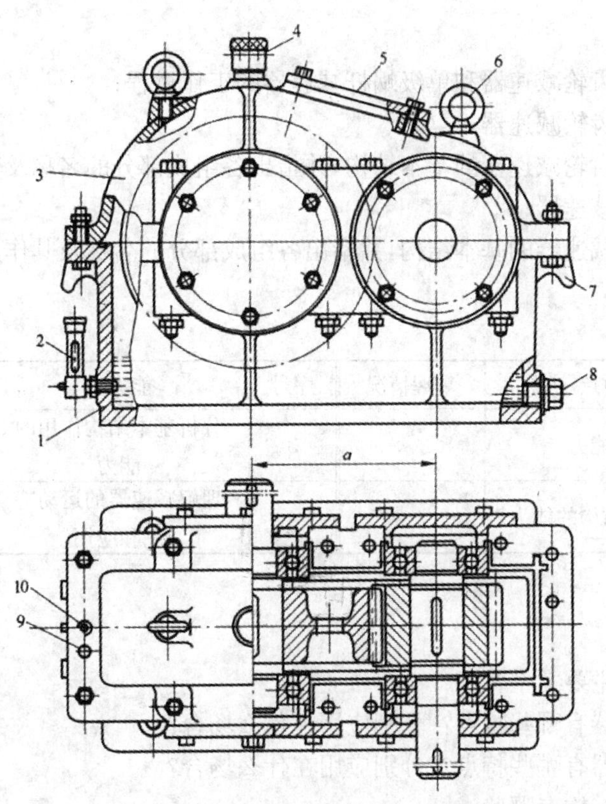

1—下箱体； 2—油面指示器； 3—上箱体； 4—透气孔； 5—检查孔盖；
6—吊环螺钉； 7—吊钩； 8—油塞； 9—定位销钉； 10—起盖螺钉孔(带螺纹)

图 11-24 单级直齿圆柱齿轮减速器

剖分式减速器的箱盖与箱座采用螺栓联接，螺栓沿剖分面均匀分布。轴承旁螺栓要尽可能靠近轴承，同时还应考虑装拆时使用扳手所需的活动空间。为了装配时保证箱盖与箱座准确定位，常采用两个位置不对称、相距尽可能远的圆锥销定位，以提高定位精度和方便安装。为了分开箱盖与箱座，在箱盖凸缘上设置1至2个起盖螺钉。

轴承孔的表面粗糙度在 $R_a3.2$ 以下，轴线相互位置偏差应在允许的范围内。

减速器的附件有：视孔盖和视孔(用以观察传动的啮合情况、润滑情况和向箱体注入润滑油)；通气器(用以排出箱体内的热空气)；放油孔和放油螺塞(设在底座的底部，用以更换润滑油)；起吊环(分别用于提起上箱体或整个箱体)；测油尺(用以检查箱体内油面高度)。

减速器各附件的具体结构尺寸可由手册或图册中查得。

2. 减速器的润滑

减速器润滑的目的是减少摩擦损失和发热，防蚀、防锈，提高效率，以保证减速器正常工作。

减速器的齿轮一般采用油池润滑。滚动轴承的润滑方式与齿轮的圆周速度有关，当浸入油池中的齿轮圆周速度在2～3 m/s以上时，采用飞溅润滑，可通过飞溅到箱盖上的润滑油，汇集到下接合面上的油沟中流入轴承座，润滑轴承后流回油池；当圆周速度低于2～3 m/s时，可采用润滑脂润滑轴承，此时应在轴上安装挡油环，以免油池中的油进入轴承稀释润滑脂。

任务实施

- 熟悉二级圆柱齿轮减速器和单级蜗杆减速器的工作过程；
- 拆装二级圆柱齿轮减速器；
- 观察二级圆柱齿轮减速器的基本结构，并指出各组成部分的名称及其作用；
- 拆装单级蜗杆减速器；
- 观察单级蜗杆减速器的基本结构，并指出各组成部分的名称及其作用。

任务评价

序号	能力点	掌握情况	序号	能力点	掌握情况
1	拆装能力		3	分析基本结构作用的能力	
2	辨别基本结构的能力		4	理解减速器的运动特点和应用	

思考与练习

1. 减速器有哪些主要类型？
2. 各种齿轮减速器有哪些特点？分别应用在什么场合？
3. 各种蜗杆减速器有哪些特点？分别应用在什么场合？
4. 减速器的基本结构有哪些？
5. 减速器一般采用什么润滑方式？

项目 12　圆轴与轴毂联接

轴是机器中的重要零件之一，对整个机器能否正常工作有重要影响。在了解轴的功用、分类及常用材料的基础上，重点掌握轴上零件的定位与固定方法、轴的设计方法与步骤以及轴的强度计算。

任务 1　认识轴的类型及材料

任务目标

- 了解轴的功用；
- 了解轴的各种分类方法；
- 理解心轴、转轴、传动轴的区别；
- 了解轴的常用材料及选择原则。

任务描述

观察自行车前轮轴、内燃机中的曲轴，了解其形状特点；再观察二级圆柱齿轮减速器模型，了解减速器三根轴的特征；最后结合二级减速器装配图，了解明细表中轴的材料，掌握轴的分类及材料选择方法。

知识与技能

轴的功用是支撑其他回转零件(如带轮、齿轮、蜗轮、联轴器等)，并传递运动和动力。一切做回转运动的零件都必须安装在轴上才能进行动力和运动的传递。

一、轴的分类

1. 按轴的承载情况分类

(1) 传动轴

只承受扭矩而不承受弯矩的轴，称为传动轴。如汽车变速箱与后桥之间的传动轴，如图 12-1 所示。

(2) 心轴

只(或主要)承受弯矩而不承受扭矩的轴，称为心轴。心轴按其是否转动又分为固定心轴和转动心轴。固定心轴如自行车前轮轴(见图 12-2)，转动心轴如火车轮轴(见图 12-3)、支撑滑轮的转动心轴(见图 12-4)。

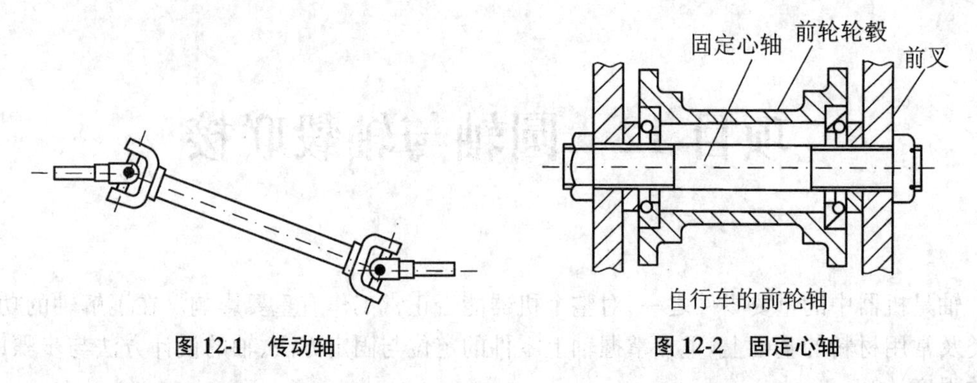

图 12-1 传动轴　　图 12-2 固定心轴

固定心轴的弯曲应力为静应力或者脉动循环变应力，扭转剪应力为零；转动心轴的弯曲应力为对称循环变应力，扭转剪应力为零。

(3) 转轴

同时承受弯矩和扭矩的轴称为转轴。如减速器中的齿轮轴，如图 12-5 所示。机器中的大多数轴均属于转轴。当转轴单向转动时，其弯曲应力为对称循环变应力，扭转剪应力为脉动循环变应力；当转轴双向转动时，弯曲应力和扭转剪应力均为对称循环变应力。

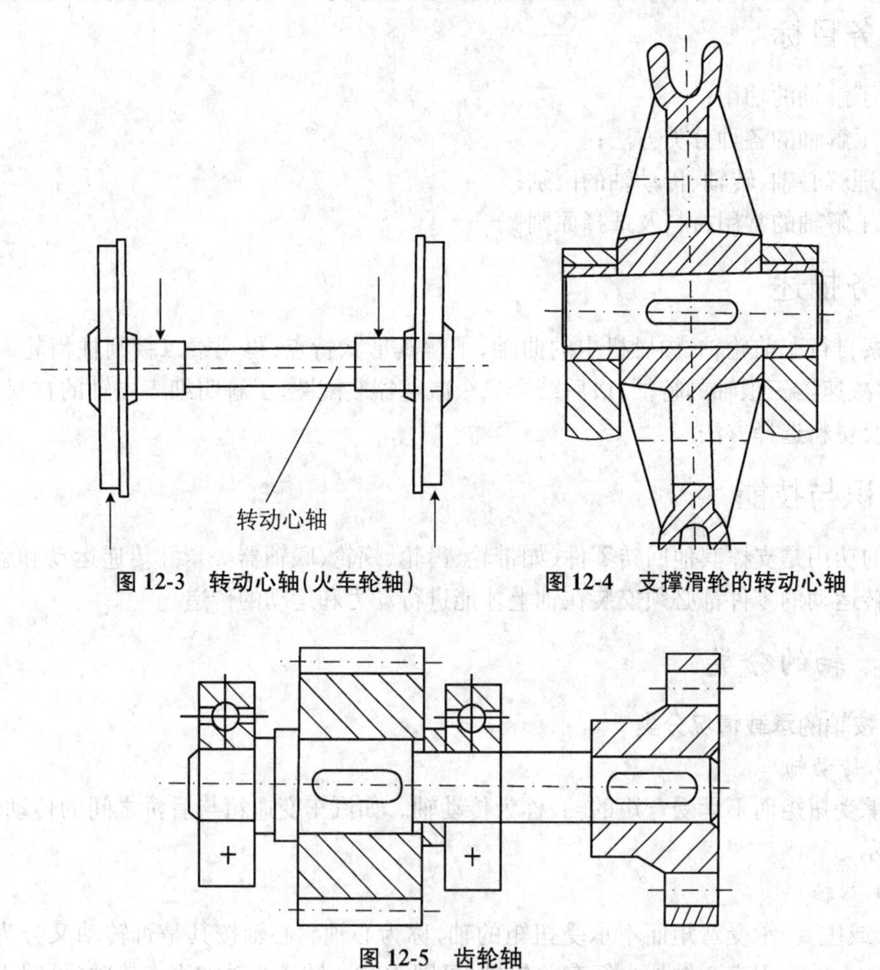

图 12-3 转动心轴(火车轮轴)　　图 12-4 支撑滑轮的转动心轴

图 12-5 齿轮轴

2. 按轴线形状分类

按轴线形状分，轴可分为直轴、挠性轴和曲轴，其中直轴应用最广。

(1) 直轴

直轴按结构和外形可以分为光轴(见图12-6(a))和阶梯轴(见图12-6(b))两类。光轴各截面直径相同，制造简单，但轴上零件不易定位，多用于传动。阶梯轴的各截面直径不同，轴上零件容易定位，便于装拆，在机械中应用广泛。

(2) 曲轴

轴的轴线不是直线的轴，称为曲轴，如图12-7所示，常用于往复式机械，如曲柄压力机及活塞式内燃机中的轴。曲轴可以实现直线运动与旋转运动的转换。

(3) 挠性轴

挠性轴可按使用要求变化轴线形状，可以传递转矩，同时将扭转或旋转运动灵活地传递到所需的位置，如图12-8所示。常用于建筑机械中的捣振器、汽车中的里程表等。

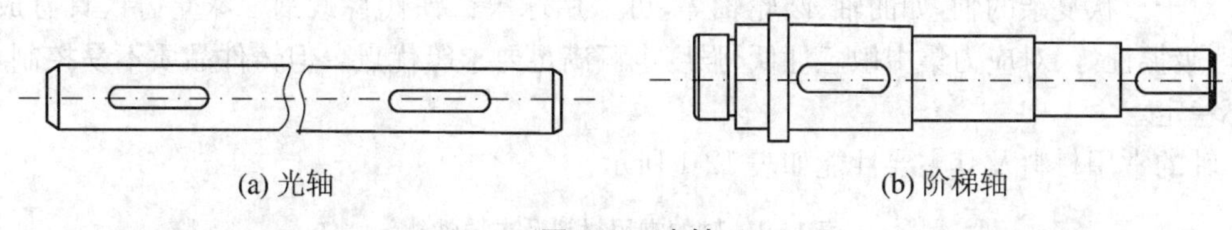

(a) 光轴　(b) 阶梯轴

图12-6　直轴

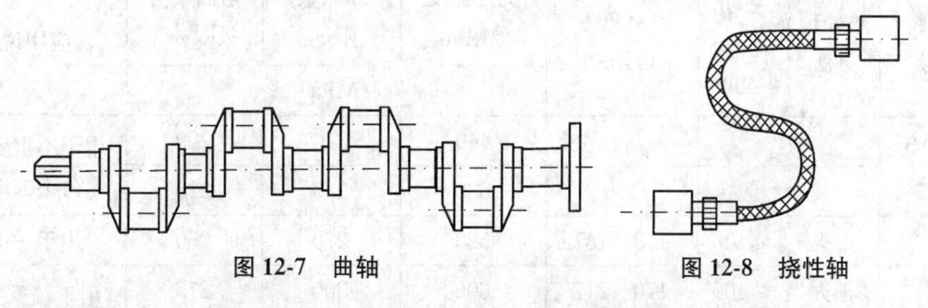

图12-7　曲轴　**图12-8　挠性轴**

此外按轴的截面是否充满材料分，轴可分实心轴和空心轴。空心轴往往是大直径轴。空心轴可以减轻重量，或满足某种功能，如内孔可以输送液体和工件等。

本项目中主要研究轴线为直线、截面为实心、外形为阶梯形的转轴。

二、轴的材料

1. 轴的材料要求

转轴工作时的应力多为重复性的变应力，阶梯轴的外形直径有变化，还需加工键槽、螺纹等，所以，转轴的失效形式多为疲劳破坏，且对应力集中比较敏感。因此，轴的材料要求有足够的抗疲劳强度、较小的应力集中的敏感性，同时应有足够的刚度、抗磨损性、抗腐蚀性和良好的加工工艺性。

2. 轴的常用材料

轴的材料主要采用碳素钢和合金钢。轴最常用的材料是优质碳素钢，对重要的转轴使用合金钢。

碳素钢比合金钢价廉，对应力集中的敏感性低，经热处理后，可提高抗疲劳强度和耐磨性，所以应用广泛。常用的碳素钢有35、40、45等优质碳素钢，其中45钢应用最普遍。为保证轴的耐磨性和抗疲劳强度等机械性能，还应进行正火或者调质处理。

合金钢具有更高的力学性能和更好的淬火性能，但对应力集中比较敏感，且价格较贵。设计时，力争在结构上避免和降低应力集中，提高表面质量。耐磨性要求较高的轴可以采用20Cr、20CrMnTi等低碳合金钢，采用渗碳淬火处理。对于承受载荷大、要求强度高、结构紧凑、质量轻及要求耐磨性高的重要轴，常采用40Cr、35SiMn、40MnB等合金结构钢制造，并进行相应的热处理。目前我国已试制成功了代替昂贵镍铬合金的新合金钢种，如38CrMnMo、35SiMn、42SiMn、40MnB等，它们将得到越来越广泛的使用。

由于常温下合金钢与碳素钢的弹性模量相差很小，因此，用合金钢代替碳素钢并不能提高轴的刚度。

对于不重要或受力较小的轴，可采用普通碳素结构钢。

轴的毛坯一般采用轧制的圆钢或锻件。锻件的内部组织较均匀，强度较高，所以重要的轴以及大尺寸的阶梯轴应采用锻制毛坯。

对于形状复杂的轴，如曲轴、凸轮轴等，可采用球墨铸铁代替锻钢。球墨铸铁具有成本低廉、吸振性好、对应力集中敏感性低、强度也可满足要求等优点。但铸件品质不易控制，性能不稳定。

轴的常用材料及其主要性能如表12-1所示。

表12-1 轴的常用材料及主要性能

材料牌号	热处理方法	毛坯直径 d(mm)	硬度(HBS)	抗拉强度极限 σ_b	屈服极限 σ_s	弯曲疲劳极限 σ_{-1}	应用说明
				(MPa)			
Q235A				440	240	200	用于不重要或载荷不大的轴
Q275			190	520	280	220	
35	正火	≤100	143～187	520	270	250	用于一般轴
45	正火	≤100	170～217	600	300	275	用于较重要的轴，用途最广
45	调质	≤200	217～255	650	360	300	
40Cr	调质	≤100	241～286	750	550	350	用于载荷较大而无很大冲击的轴
35SiMn	调质	≤100	229～286	800	520	400	性能接近于40Cr，用于中、小型轴
40MnB	调质	≤200	241～286	750	500	335	性能接近于40Cr，用于较重要的轴
35CrMo	调质	≤100	207～269	750	550	390	用于重载荷的轴
20Cr	渗碳淬火回火	≤60	表面硬度56～62 HRC	650	400	280	用于要求强度、韧性及耐磨性均较高的轴

任务实施

- 记录所观察的自行车前轮轴、减速器中的轴、内燃机中的轴的类型；
- 了解上述机构中轴的材料。

任务评价

序号	能力点	掌握情况	序号	能力点	掌握情况
1	认识轴的类型		3	了解对轴的材料要求	
2	认识各类轴的应用		4	认识轴的常用材料	

思考与练习

1. 根据承受载荷的不同，轴有哪些类型？减速器中的轴和自行车前轮轴分别是什么类型的轴？

2. 轴的材料选择应考虑哪些因素？常用材料有哪些？

任务2　设　计　轴

为保证轴能正常工作，要求轴有足够的强度和刚度；具有良好的结构和工艺性，满足轴上零件的轴向定位和周向定位要求；还应根据轴上零件合理确定轴的径向和轴向尺寸。

轴的设计包含的内容有：

(1) 轴的结构设计。

轴的结构设计就是根据轴的受载荷情况和工作条件，来确定轴的形状、结构和全部尺寸。主要包括：

① 确定轴上零件的轴向定位和周向定位方法；

② 确定轴的径向和轴向尺寸；

③ 轴的结构和工艺性设计。

(2) 轴的工作能力设计，即从强度、刚度和振动稳定性等方面保证轴具有足够的工作能力和可靠性。

子任务1　设计轴的结构

轴的设计区别于其他零件设计的显著特点是：必须先进行结构设计，然后才能进行工作能力的校核计算。本任务是完成轴的设计的第一个内容即轴的结构设计。

任务目标

- 了解轴的结构设计要求；
- 了解阶梯轴各部位名称；

- 熟悉并掌握轴上零件的轴向和周向定位方法；
- 掌握确定阶梯轴尺寸的基本方法；
- 了解轴的结构工艺性要求。

任务描述

以二级圆柱齿轮的三根轴为例，分析轴上分别有哪些零件？零件是如何在轴上获得轴向和周向定位的？通过观察和分析，掌握各种定位方法的特点和应用。

知识与技能

一、阶梯轴各部位的名称

如图 12-9 所示为阶梯轴的结构，轴上与轴承配合的部分称为轴颈，与传动零件（带轮、齿轮、联轴器、链轮等）配合的部分称为轴头，相邻两个阶梯的分界面称为轴肩，轴上直径是双向变化形成的。凸环台称为轴环，联接轴颈与轴头的非配合部分称为轴身（如安装轴承透盖的轴段）。

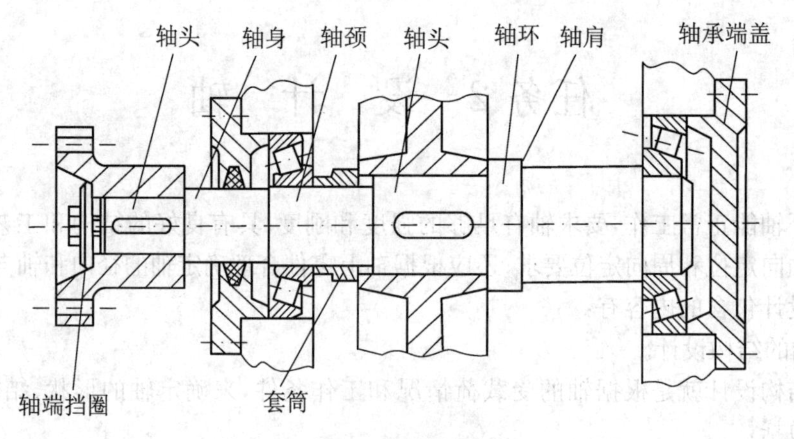

图 12-9 阶梯轴的结构

二、轴的结构设计要求

(1) 影响轴结构的主要因素有：

① 轴在机器中的安装位置和要求；

② 轴上零件的布置和安装形式；

③ 轴所受载荷的性质、大小、方向及分布情况；

④ 轴的加工工艺和装配工艺等。

在进行轴的结构设计时，对上述影响因素应当综合考虑。例如，分析轴的结构外形，从节省材料的角度考虑，采用等强度轴较好；但它却不便加工，而且等强度轴的外形也不利于轴上零件的定位和固定。从便于加工的角度考虑，采用光轴较好；但它却不利于轴上零件的定位和固定。外形为阶梯轴的结构在强度上近似于等强度轴，又具有良好的加工和装配工艺，故机器中多用。

(2) 轴的结构设计的基本要求是：

① 定位与固定要求:轴和轴上零件应有准确的工作位置并可靠固定;

② 工艺要求:轴应具有良好的结构工艺性,便于轴的加工和轴上零件的装拆与调整;

③ 强度要求:轴的结构应有利于提高轴的强度,避免或减轻应力集中;

④ 尺寸要求:轴各部分的直径和长度尺寸要合理。

三、轴上零件的轴向定位与固定

定位是指设计和安装时保证轴和轴上零件找到准确位置的过程;而固定指工作时如何保持零件间相对位置不变。

零件在轴上轴向定位与固定的目的是防止轴上零件做轴向移动,以保证其有准确的工作位置,并能承受轴向力。

常用的轴向定位与固定方法有:轴肩和轴环、圆螺母与定位套筒、轴端挡圈与圆锥面、弹性挡圈和紧定螺钉。

1. 轴肩和轴环

如图12-10所示为轴肩和轴环结构。用轴肩和轴环定位结构简单,定位可靠,承受轴向力大,是最常用的轴向定位与固定方法;但由于截面直径变化,会引起引力集中。

为保证轴肩定位可靠,轴肩(或轴环)的圆角半径 R 应小于配合零件的圆角半径 R_1(或倒角 C_1),如图12-10所示。其中 R、R_1 和 C_1 的尺寸可以查阅有关手册取标准值。定位轴肩的高度,一般取 $h=(0.07\sim0.1)d$,或者 $h=(2\sim3)C_1$;轴环宽度 $b=(0.1\sim0.15)d$,或 $b\approx1.4h$,d 为与零件配合的轴段直径。也可以查取经验值来确定,见表12-2。

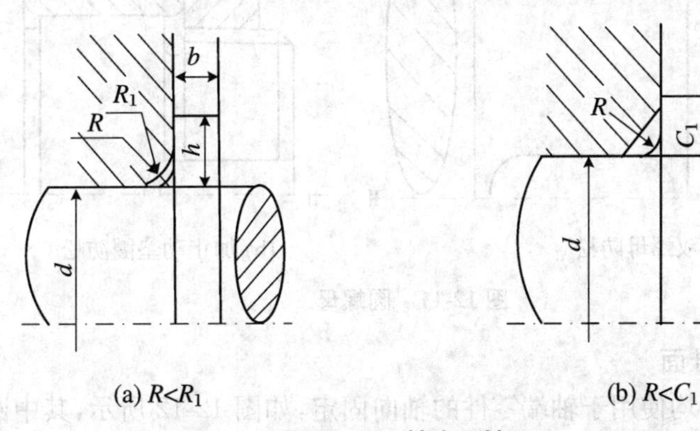

图12-10　轴肩和轴环

轴环与轴肩尺寸 b、h 及零件孔端圆角半径 R 和倒角 C 的取值如表12-2所列。

表12-2　轴环与轴肩尺寸 b、h 及零件孔端圆角半径 R 和倒角 C

单位:mm

轴径 d	>10～18	>18～30	>30～50	>50～60	>80～100
r	0.8	1.0	1.6	2.0	2.5
R 或 C	1.6	2.0	3.0	4.0	5.0
h	2	2.5	3.5	4.5	5.5
b	$b=(0.1\sim0.15)d$ 或 $b\approx1.4h$				

注意:与滚动轴承相配合处的 h 和 R 应根据滚动轴承的类型与尺寸查滚动轴承手册确定。轴肩高度小于内圈的厚度。

有些轴肩不是为了起到定位或固定的作用,而是由轴的加工工艺或轴上零件装配工艺要求而生成必要的轴肩,称为工艺轴肩。工艺轴肩的高度无严格规定。工艺轴肩固定方便可靠,不需要附加零件,但该方法会使轴径增大,阶梯处形成应力集中,且阶梯过多不利于加工。

2. 定位套筒

当两零件轴向距离不大时,可采用套筒做相对固定,如图 12-9 中就采用了套筒定位。其特点是能承受较大的轴向力,减少应力集中,且定位可靠、结构简单、装拆方便,还可以减少阶梯轴的数量并避免因切制螺纹而削弱轴的强度。但由于套筒与轴的配合较松,不宜用于高速场合。

3. 圆螺母

圆螺母常用于零件轴向距离较大,且允许加工螺纹的轴段。其优点是固定可靠,装拆方便,可承受较大轴向力,能实现轴上零件的间隙调整。其缺点是由于轴上切制螺纹,对轴的抗疲劳强度有较大的削弱。为了不过分削弱轴的强度,一般用细牙螺纹并加防松装置,如图 12-11 所示。防松的方法是采用双螺母(见图 12-11 (a))或加止动垫圈(见图 12-11 (b))。

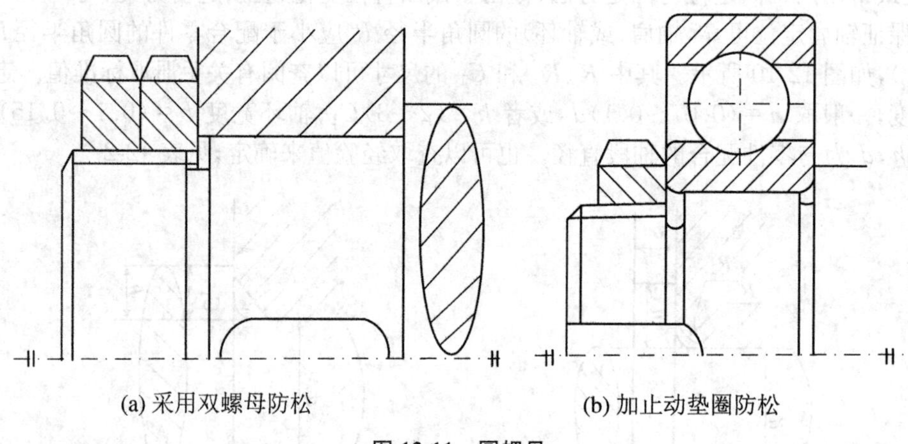

(a) 采用双螺母防松　　(b) 加止动垫圈防松

图 12-11　圆螺母

4. 轴端挡圈与圆锥面

轴端挡圈与圆锥面均使用于轴端零件的轴向固定,如图 12-12 所示,其中圆锥面轴向固定特别适用于轴上零件与轴的同轴度要求较高的场合。

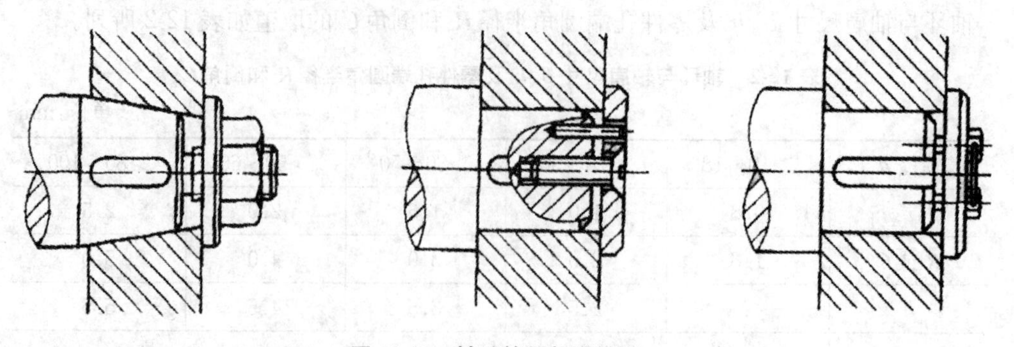

图 12-12　轴端挡圈与圆锥面

轴端挡圈可承受剧烈震动和冲击载荷,工作可靠,能承受较大的轴向力,应用广泛。圆锥面能消除轴与轮毂间的径向间隙，装拆方便，可兼作周向固定，能承受冲击载荷。

5. 弹性挡圈和紧定螺钉

弹性挡圈和紧定螺钉均适用于承载不大，或只是为了防止零件偶然轴向移动的场合。弹性挡圈常与轴肩联合使用，对轴上零件实现双向固定。弹性挡圈固定结构紧凑、简单、装拆方便；但受力较小，且轴上切槽会引起应力集中，如图12-13(a)所示。紧定螺钉用于轴向力较小或不承受轴向力的场合，如图12-13(b)所示。

说明：弹性挡圈常用于轴承的定位；紧定螺钉多用于光轴上零件的轴向固定，还可兼作周向固定。

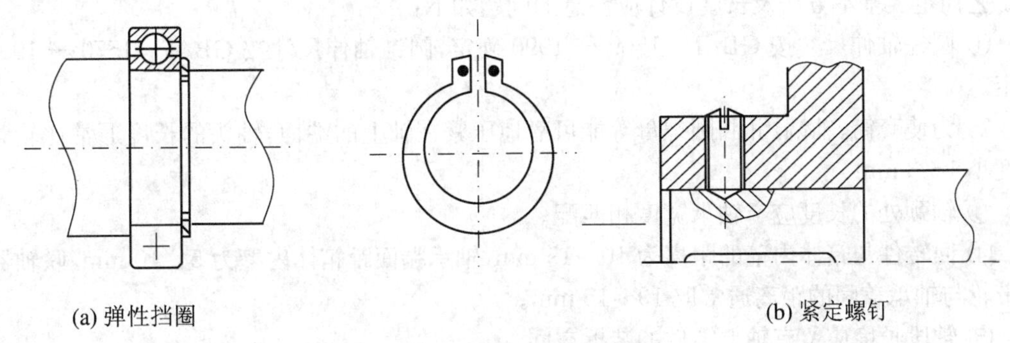

(a) 弹性挡圈　　(b) 紧定螺钉

图12-13　弹性挡圈和紧定螺钉

四、轴上零件的周向固定

轴上零件的周向固定是为了传递转矩或避免与轴发生相对转动。常用的周向定位零件有平键联接或花键联接、销联接、过盈配合等。采用何种周向固定方式要根据载荷的性质和大小、轮毂与轴的对中性要求和重要性等因素决定。

安装滚动轴承的轴颈与轴承间采用过盈配合实现周向固定(如n6、m6、k6等)，减速器中的齿轮与轴常同时采用过盈配合联接和普通平键联接，实现周向固定。联轴器(链轮、蜗轮)与轴之间的周向固定，多采用平键联接。带轮与轴之间的周向固定，可采用平键联接或楔键联接。如果传动件与轴之间采用两个平键还不能满足传动要求时，应采用花键联接。

过盈配合结构简单、对中性好、对轴的强度削弱小并兼有轴向固定作用；但对配合面的加工精度要求高，装拆也不方便，承载能力取决于过盈量的大小。多用于转矩较小、不便开键槽或要求零件与轴对中性较高的场合。即不宜用于重载和经常装拆的场合。

平键联接用于传递转矩较大，对中性要求一般的场合，使用最为广泛。

花键联接用于传递转矩大，对中性要求高或零件在轴上移动时要求导向性良好的场合。

此外，当载荷不大时，可采用圆锥销和紧定螺钉联接，能同时起到周向固定和轴向固定的作用。

五、确定各轴段的直径和长度

1. 确定各轴段的直径

基本方法及直径设计应注意的问题：

① 由最小轴径估算公式得到轴的最小直径；

② 后一轴段直径等于前一轴段直径加上 2 倍轴肩高度；

③ 与滚动轴承配合的轴颈，轴径要符合轴承的内径标准系列；

④ 轴上的螺纹部分，必须符合螺纹的标准系列；

⑤ 轴上的花键部分的尺寸，必须符合花键的标准系列；

⑥ 安装联轴器的轴头直径，应符合联轴器的内径标准系列；

⑦ 与回转零件相配合的轴头直径和轴身直径，应符合标准直径系列(可查阅有关手册)。

2. 确定各轴段长度

轴的各段长度主要取决于轴上零件的宽度和它们之间的相互配置，以及整体结构及装拆工艺而定。基本方法及长度设计应注意的问题如下：

① 圆柱轴伸尺寸按 GB/T 1569 — 1990 确定，圆锥轴伸尺寸按 GB/T 1570 — 1990 确定。

② 为使套筒、轴端挡圈、圆螺母等能可靠地压紧在轴上的端面，轴头的长度通常比轮毂宽度小 1～3 mm。

③ 轴颈处的长度应与轴承宽度相匹配。

④ 回转件与箱体内壁的距离为 10～15 mm，轴承端面距箱体内壁为 5～10 mm，联轴器或带轮与轴承盖间的距离通常取 10～15 mm。

⑤ 轴段长度应留有轴上零件的装拆空间。

六、轴的结构工艺性

轴的结构工艺性包括加工工艺性和装拆工艺性两个方面。从加工的角度看，其工艺性有以下几点：

① 在满足装配要求的前提下，轴的阶梯数应尽可能少，以减少加工过程中的刀具调整量，提高加工效率，且减小应力集中。

② 当轴上有多处开有键槽时，应使各键槽位于轴的同一方位的母线上，如图 12-14 所示。

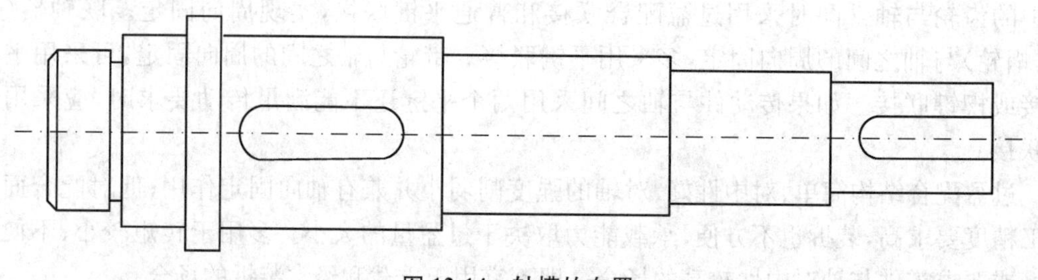

图 12-14 轴槽的布置

③ 轴上需磨削的轴段应设计出砂轮越程槽，如图 12-15 所示；轴上需车制螺纹的轴段应设计有螺纹退刀槽，如图 12-16 所示。

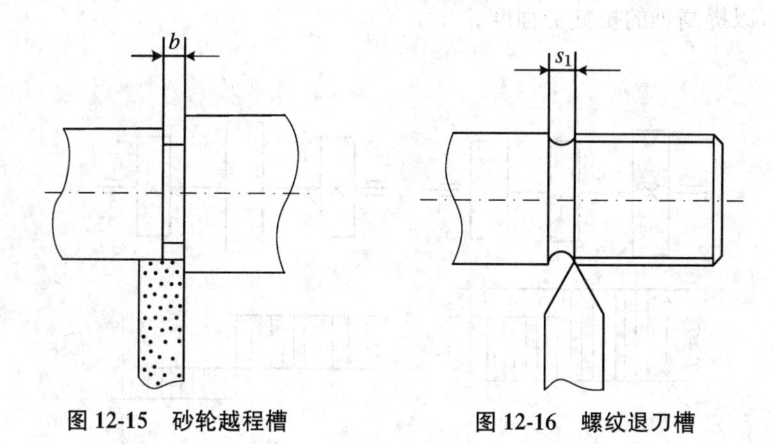

图 12-15　砂轮越程槽　　图 12-16　螺纹退刀槽

从装配的角度看，其工艺性有以下几点：

① 为便于装配，轴的两端应设置倒角，如图 12-17 所示；重要轴头也可设置倒角。直径相近处的倒角、圆角、退刀槽和越程槽尺寸应尽量相同。

② 对于阶梯轴常设计成两端小、中间大的形状，以便于零件从两端装拆。

③ 给滚动轴承定位的轴肩（或套筒）高度应低于轴承内圈的厚度，以便于轴承的拆卸，如图 12-18 所示。

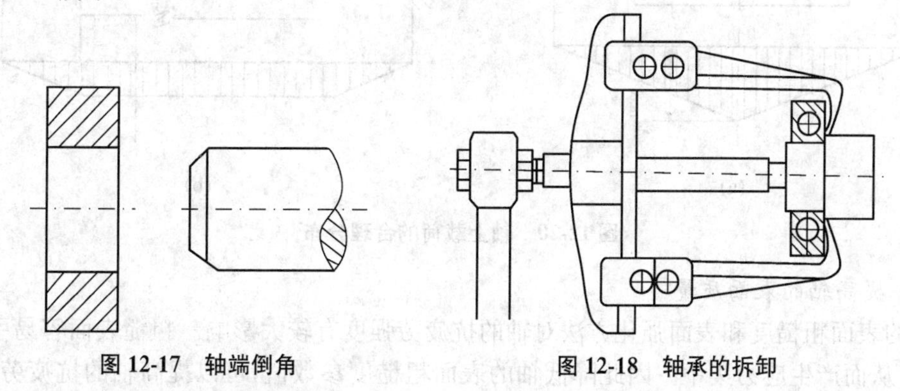

图 12-17　轴端倒角　　图 12-18　轴承的拆卸

七、提高轴的疲劳强度

轴的强度对其强度和刚度的影响很大，因此在轴的基本形状确定以后，还要按照工艺要求，对轴的结构细节进行合理设计，从而提高轴的抗疲劳强度。主要措施如下：

(1) 合理布置轴上零件，以减小轴上载荷

如图 12-19(a)所示的轴，轴上作用的最大转矩为 $T_1 + T_2$，如把输入轮布置在两输出轮之间，如图 12-19(b)所示，则轴所受的最大转矩将由($T_1 + T_2$)降低到 T_1。

(2) 合理改进轴上零件的结构，以减小轴上载荷

如图 12-20(a)所示，卷筒的轮毂很长，如把轮毂分成两段，如图 12-20(b)所示，则减小了轴的弯矩，从而提高了轴的强度和刚度。

(3) 减小应力集中

轴一般是在变应力下工作，其失效多是因为材料疲劳而破坏，如铁路机车车辆的断轴事故多属于疲劳断裂。应力集中对构件抗疲劳强度影响极大，所以在轴的结构设计上应注意

减小应力集中，以提高轴的抗疲劳强度。

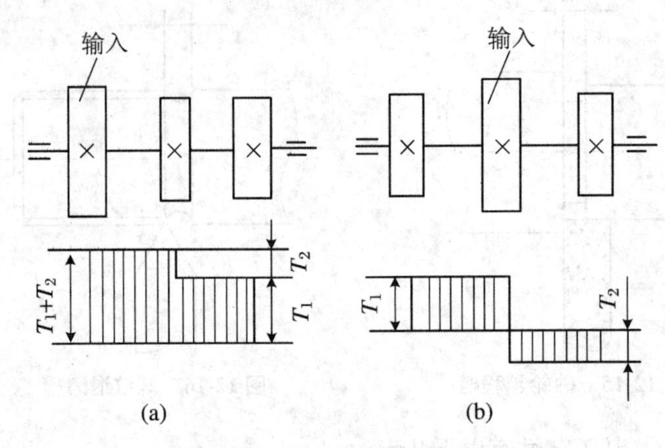

图 12-19　轴上零件的合理布置

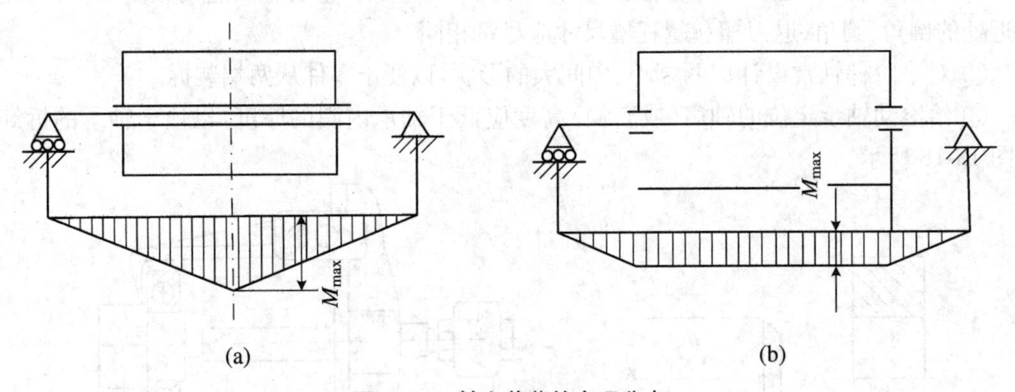

图 12-20　轴上载荷的合理分布

(4) 提高轴的表面质量

轴的表面粗糙度和表面强化方法对轴的抗疲劳强度有较大影响。粗糙表面容易引起疲劳裂纹，从而产生应力集中。因此降低轴的表面粗糙度参数值，可以提高轴的抗疲劳强度。对轴的表面进行轧压、喷丸、渗碳淬火、氮化、高频淬火等表面强化方法，可以显著提高轴的抗疲劳强度。

任务实施

- 分组指定拆卸减速器中的轴：减速器类型有二级直齿圆柱齿轮、二级斜齿圆柱齿轮、一级蜗杆蜗轮减速器三种类型。
- 观察每个减速器中的轴及其轴上零件：

① 记录零件类型、用途，轴上零件定位与固定方法；

② 分析轴的各部分结构、形状、尺寸与轴的强度、刚度、加工、装配的关系。

- 测量轴系主要装配尺寸（如支承跨距）、各轴段直径和长度。
- 绘制轴的结构草图。
- 轴系部件恢复原状，整理工具。

任务评价

序号	能力点	掌握情况	序号	能力点	掌握情况
1	安全操作		4	轴系草图绘制	
2	拆卸顺序		5	安装质量	
3	轴系结构分析		6	清洁、整理工作	

思考与练习

1. 轴为什么要做成阶梯形状？哪些部位被称为轴颈、轴身、轴肩？
2. 轴上零件的轴向定位方法有哪些？各有何特点？
3. 轴上零件的周向定位方法有哪些？
4. 轴的结构工艺性要注意哪些方面？

子任务 2　校核轴的强度

任务目标

- 了解轴的失效形式和设计准则；
- 掌握轴的最小直径估算公式及应用；
- 掌握弯扭复合强度校核的方法与步骤。

任务描述

如图 12-21 所示为一圆轴，装有两皮带轮 A 和 B。已知轴的直径 $d = 75$ mm，两轮有相同的直径 $D = 1$ m 和相同的重量 $F = 5$ kN。A 轮上皮带的拉力是水平方向，B 轮上皮带的拉力是铅直方向(拉力大小如图)。设许用应力$[\sigma] = 80$ MPa，试按第三强度理论校核轴的弯扭组合强度。

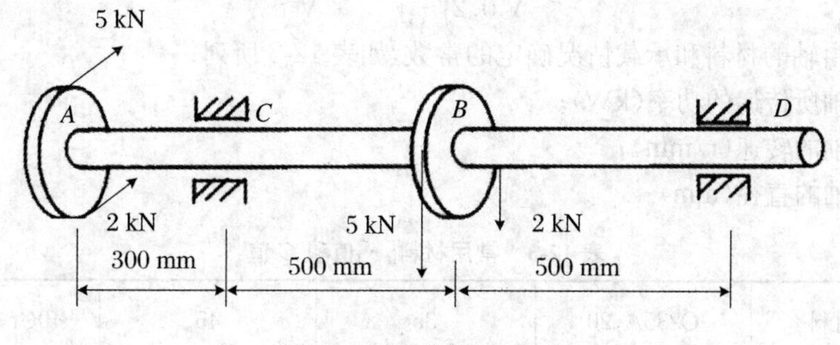

图 12-21　弯扭组合变形

知识与技能

一、轴的失效形式和设计准则

对于一般转轴，在扭矩作用下承受脉动循环（轴单向运转）或对称循环（轴双向运转）的扭转切应力，在弯矩作用下承受对称循环的弯曲应力，因此转轴所受的应力是交变应力。

转轴在扭转切应力作用下，将可能产生疲劳扭断或过量的扭转变形；在弯曲应力作用下，轴将可能产生疲劳弯曲折断或过量的弯曲变形。也有少量的轴因静强度不足而承受塑性变形，或产生脆性断裂，超过允许范围的磨损、振动等。

由此可知，轴的工作能力取决于强度和刚度。在多数情况下，轴的工作能力取决于轴的强度，为了防止轴的疲劳扭断和弯断，必须对轴进行强度计算。对某些刚度要求较高的轴，还应进行刚度计算；对某些高速运转的轴，为防止共振发生，还应进行振动稳定性计算。

二、轴的最小直径的估算

对于圆截面的实心轴，其扭转强度为

$$\tau = \frac{T}{W_T} = \frac{9.55\times 10^6 P}{0.2d^3 n} \leqslant [\tau] \tag{12-1}$$

式中，T——轴所传递的转矩（N·mm）；

W_T——轴的抗扭截面系数（mm^3），实心轴 $W_T \approx 0.2d^3$；

P——轴所传递的功率（kW）；

n——轴的转速（r/min）；

τ、$[\tau]$——分别为轴的剪应力、许用剪应力（MPa）；

d——轴的估算直径（mm）。

对于转轴，开始设计时，还要考虑弯矩对轴强度的影响，但因弯矩尚无法计算，故将$[\tau]$适当降低，将上式改写为设计公式，用于估算轴的基本直径，即

$$d \geqslant \sqrt[3]{\frac{T}{0.2[\tau]}} = C\sqrt[3]{\frac{P}{n}} \tag{12-2}$$

式中，C——由轴的材料和承载情况确定的常数，如表12-3所列；

P——轴所传递的功率（kW）；

n——轴的转速（r/min）；

d——轴的直径（mm）。

表12-3　常用材料$[\tau]$值和C值

轴的材料	Q235A，20	35	45	40Cr，35SiMn
$[\tau]$（MPa）	12～20	20～30	30～40	40～52
C	135～160	118～135	107～118	98～107

可将由式(12-2)求出的直径值作为转轴的最小直径。如该轴段上有一个键槽，可将算得的最小直径增大3%～5%；如有两个键槽，可增大7%～10%。如果该轴段上安装着标准零件，则将轴径与标准件孔径取一致；如果该轴段上安装的不是标准件，则需圆整成标准直径，如表12-4所示。

表12-4　标准直径(摘自GB　2822—1981)

10	12	14	16	18	20	22	24	25	26	28
30	32	34	36	38	40	42	45	48	50	53
56	60	63	67	71	75	80	85	90	95	100

三、轴的强度校核

在估算出轴的直径并依次完成轴的结构设计后，轴的形状和尺寸已完全清楚；轴上零件的位置，轴上载荷的大小、作用线以及轴承支点位置均已确定。此时即可按弯扭组合强度对轴进行校核，若满足强度条件，轴的结构设计才算成功。如果不满足强度条件，轴的结构设计还需修改。一般按弯扭组合强度校核轴的强度。基本方法是：求出支座反力，绘出轴的受力图、弯矩图、扭矩图和当量弯矩图，最后按轴的弯曲—扭转组合强度核算轴的危险截面。

1．弯扭组合强度校核公式

对于一般的钢制轴，由第三强度理论得弯扭组合强度条件为

$$\sigma_e = \frac{M_e}{W} = \frac{\sqrt{M^2 + (\alpha T)^2}}{0.1d^3} \leqslant [\sigma_{-1b}] \tag{12-3}$$

式中，σ_e——危险截面的当量应力(MPa)。

$M_e = \sqrt{M^2 + (\alpha T)^2}$——危险截面的当量弯矩(N·mm)；

W——危险截面的抗弯截面系数(mm^3)，实心轴 $W \approx 0.1d^3$；

T——危险截面扭矩(N·mm)；

α——考虑弯曲应力与扭转剪应力循环特性的不同而引入的修正系数；

$[\sigma_{-1b}]$——许用弯曲应力(MPa)。

通常弯曲应力为对称循环变应力，而扭转剪应力随工作情况的变化而不同。对于单向连续转动的轴，可认为转矩为一定值，取 $\alpha = [\sigma_{-1b}]/[\sigma_{+1b}] \approx 0.3$；对于频繁起动的轴，可认为转矩为脉动循环，取 $\alpha = [\sigma_{-1b}]/[\sigma_{0b}] \approx 0.6$；对于双向转动的轴，扭转剪应力也为对称性，取 $\alpha = 1$。

其中$[\sigma_{-1b}]$、$[\sigma_{0b}]$、$[\sigma_{+1b}]$分别为对称循环、脉动循环及静应力状态下的许用弯曲应力，其值列于表12-5中。

表 12-5　轴的许用弯曲应力

单位:MPa

材料	σ_b	$[\sigma_{+1b}]$	$[\sigma_{0b}]$	$[\sigma_{-1b}]$
碳素钢	400	130	70	40
	500	170	75	45
	600	200	95	55
	700	230	110	65
合金钢	800	270	130	75
	900	300	140	80
	1000	330	150	90
铸钢	400	100	50	30
	500	120	70	40

2. 轴的强度校核步骤

进行强度校核计算时,通常把轴当做铰链支座上的简支梁,将作用于轴上零件的力作为集中力,其作用线取在零件轮毂宽度的中间;支座反力的作用线,一般可近似取在轴承宽度的中间。具体的计算步骤如下:

① 画出轴的空间力系图。将轴上作用力分解为水平面分力和垂直面分力,并求出水平面和垂直面上的支点反力。

② 分别作出水平面上的弯矩(M_H)图和垂直面上的弯矩(M_V)图。

③ 计算出合成弯矩 $M=\sqrt{M_H{}^2+M_V{}^2}$,绘出合成弯矩图。

④ 作出转矩(T)图。

⑤ 计算当量弯矩 $M_e=\sqrt{M^2+(\alpha T)^2}$,绘出当量弯矩图。

⑥ 校核危险截面的强度。

任务实施

按第三强度理论校核如图 12-21 所示的圆轴的弯扭组合强度。

(1) 按步骤校核弯扭组合强度:

① 画出轴的空间力系图。将轴上作用力分解为水平面分力和垂直面分力,并求出水平面和垂直面上的支点反力。

② 分别作出扭矩图和在铅直平面及水平平面内的弯矩图。

③ 将各截面上的弯矩合成后得合成弯矩图,找出轴的危险截面。

④ 校核危险截面的强度,判断是否符合要求。

(2) 完成任务实施报告。

任务评价

序号	能力点	掌握情况	序号	能力点	掌握情况
1	支座反力计算		4	当量弯矩图绘制	
2	弯矩图绘制		5	危险截面分析	
3	扭矩图绘制		6	弯扭组合强度校核	

思考与练习

1. 如何确定轴的最小直径？
2. 弯扭组合校核轴的强度的基本方法是什么？

子任务 3　设计减速器中的轴

任务目标

- 掌握轴的设计的基本方法与步骤；
- 能根据已知条件进行轴的结构设计和设计计算；
- 会绘制轴的零件图。

任务描述

前面分别学习了轴的设计包含的内容，本任务练习设计减速器上的轴。通过设计，全面掌握从材料选择、结构设计到强度校核等的完整设计过程；同时检查轴设计的合理性。

知识与技能

一、轴的设计方法与步骤

设计轴的一般步骤为：

(1) 根据轴的工作条件，选择材料、热处理方法，确定许用应力。

(2) 按扭转强度估算轴的最小直径。

(3) 进行轴的结构设计，绘制零件草图：

① 根据工作要求，确定轴上零件的定位和固定方式；

② 根据轴上零件及其安装顺序，确定各轴段的直径；

③ 根据相关零件的位置关系，确定各轴段的长度；

④ 根据有关设计手册，确定轴的结构细节，如圆角、倒角、退刀槽等的尺寸。

(4) 按弯扭组合强度校核。

(5) 修改轴的结构后再进行校核计算，这样反复交替地进行校核和修改，直到设计出较为合理的轴的结构。

(6) 绘制轴的零件工作图。

二、轴的设计举例

例 12-1 如图 12-22 所示为输送机传动装置，由电动机 1、带传动 2、齿轮减速器 3、联轴器 4 和滚筒 5 等组成，其中齿轮减速器 3 低速轴的转速 $n = 140$ r/min，传递功率 $P = 5$ kW。轴上齿轮的参数为 $z = 58$，$m_n = 3$ mm，$\beta = 11°17'13''$，左旋，齿宽 $b = 70$ mm。电动机 1 的转向如图中所示。试设计该低速轴。

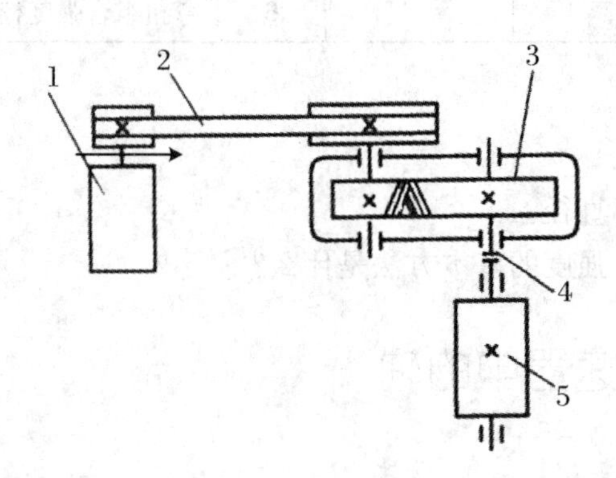

1—电动机；2—带传动；3—齿轮减速器；4—联轴器；5—滚筒

图 12-22 输送机的传动装置

解 (1) 高速轴轴系结构设计分析。

图 12-22 中减速器的高速轴结构，可以通过借鉴图 12-23 来分析说明。

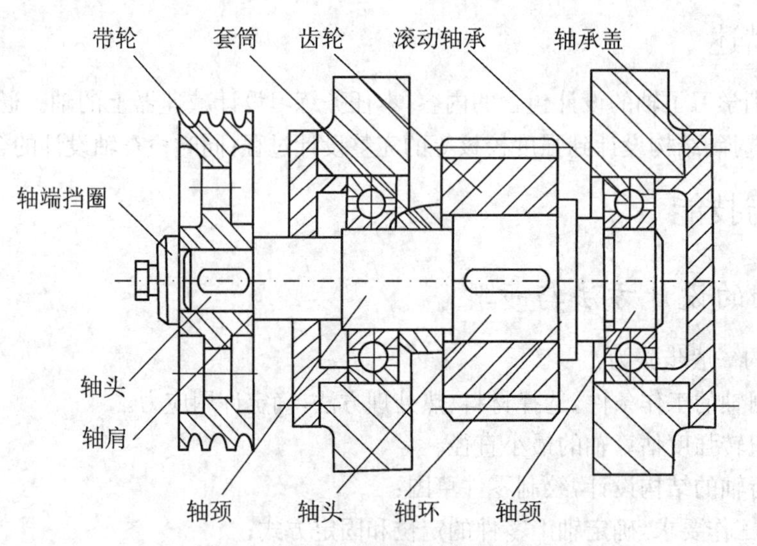

图 12-23 圆柱齿轮减速器的高速轴

在分析(借鉴)的过程中，可按这样的思路考虑：图上采用何种结构形式，有何特点；此处还可以用何种形式，有何特点；自己要设计的话，选用哪种结构，理由是什么。

① 齿轮安装于轴上，轴承相对齿轮对称布置，使齿轮、轴及轴承的受力合理，使轴承结构紧凑，所以单级齿轮减速器应将齿轮对称布置；图上小齿轮的结构为实心式，与轴之间轴向用套筒和轴肩定位，周向用键联接。这说明轴承采用的是油润滑(如果是脂润滑，则轴承应采用内密封)，应在轴承内侧采用封油环(或挡油环)；在一定条件下，小齿轮可能采用齿轮

轴的结构，与轴做成一个整体，而无需套筒、轴环和键等元件定位与固定；小齿轮端面与箱体内壁间的距离一般取 10～15 mm，避免转动的齿轮与固定的壳体相碰。

② 轴承组合轴向位置的固定采用双支点单向固定的方式，轴承内侧靠轴上定位元件单向固定内圈，轴承外侧靠轴承盖，单向固定外圈，左右两端联合作用来确定轴承组合的位置。轴承组合轴向位置的调整，可依靠轴承盖与箱体外壁间的垫片来实现。

③ 大带轮安装在最小直径处，位置与带轮结构及轴承盖结构有关，对于嵌入式轴承端盖，间距常取为 5～10 mm，而对凸缘式轴承盖，要保证轴承端盖上螺钉的装拆要求，有些情况下还与轴伸出端的密封装置有关，间距常取为 15～20 mm。

④ 轴的结构形状应结合装配方案而定，不同的装配方案需要不同的轴的结构形式。因而，必须拟订几种不同的装配方案，以便进行分析、对比与选择。一般而言，由于同一轴上两个轴颈处的直径相同，从而使轴上最小直径出现在轴伸出箱体的一端，齿轮也大多考虑从该端安装到工作位置。

图 12-24 就是图 12-23 轴上零件的装配方案示意图。齿轮从轴的左端安装，因此在齿轮的右端设置了轴环 5，右端轴承从右端安装，左端轴承、轴承盖、带轮等依次从左端装入，形成了该图示结构。

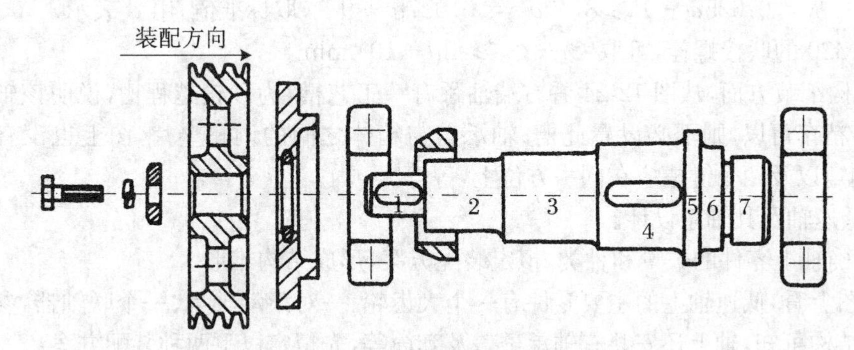

图 12-24　轴上零件装配方案

⑤ 轴各阶梯直径与长度应按以下的方法确定：

第一，阶梯 1 为基本直径，按 $d \geqslant C\sqrt[3]{\frac{P}{n}}$ 估算，因该段上安装有带轮，开有键槽，所以应增大轴径以考虑键槽对轴强度的削弱，一般按有一个键槽增大 3%～5% 处理，并考虑安装的带轮孔径确定，$d_1 = d_{孔}$。

第二，阶梯 2 用来安装轴承透盖，与阶梯 1 之间的轴肩要给皮带轮定位，称为定位轴肩。$d_2 = d_1 + 2h$，这里 h 为定位轴肩高度（h 的取值可查表 12-2），取值要保证零件的定位可靠；同时 d_2 应符合密封元件的孔径尺寸。

第三，阶梯 3 用来安装滚动轴承，与阶梯 2 之间的轴肩不起定位作用，称为自由轴肩。$d_3 = d_2 + (1\sim5)$ mm，直径变化是为了轴承装配方便，另一方面也可节省轴的加工费用，因为安装滚动轴承的轴段加工精度要求高，把它单独做成一个轴段，可以节省精加工的时间。自由轴肩的高度宜尽量小，但 d_3 必须与滚动轴承孔径一致，一般应为 5 的倍数。

第四，阶梯 4 用来安装齿轮，与阶梯 3 之间的轴肩也是自由轴肩。$d_4 = d_3 + (1\sim5)$ mm，这不仅便于齿轮的装拆，而且也可避免因装拆齿轮而刮伤轴颈表面。为了使齿轮定位，阶梯 4 的右端设计成轴环结构，轴环直径 $d_5 = d_4 + (2.5\sim5)$ mm，可尽量取大值。

第五，阶梯 6 用于从轴环 5 到轴颈 7 的过渡，因同一轴上一般都采用相同型号的滚动轴承，故右端装滚动轴承处的轴颈 7 的直径应与左轴承的直径一致，即 $d_3 = d_7$。因轴环直径较大而轴颈直径较小，右端滚动轴承的轴肩高度要低于轴承内圈厚度，所以用阶梯 6 来过渡。

⑥ 轴的各阶梯长度主要是根据各零件与轴配合部分的轴向尺寸以及轴系结构中各零件间的相对位置关系来确定的。

a. 轴头长度(安装带轮的阶梯 1 和安装齿轮的阶梯 4)，应小于轮毂宽度 2～3 mm，使定位可靠。

b. 轴承内端面距箱体内壁的距离，当轴承采用油润滑时需为 3～5 mm；当轴承为脂润滑时，取 5～10 mm，以便安装封油环或挡油环。

c. 齿轮应该对称地位于两个轴承的中间。

d. 带轮右端面距轴承端盖 15～20 mm。

e. 减速器分箱面宽度 L 与分箱面的联接螺栓的装拆空间有关，$L = \delta + C_1 + C_2 + (5\sim10)$，式中 δ 为箱体壁厚，C_1、C_2 为直径 d' 的联接螺栓所需的扳手空间尺寸(可查有关资料)。δ 与 d' 均可依齿轮传动中心距 a 按经验公式计算确定：

$$\delta = 0.025a + 1 \geqslant 8, \quad d' = 0.027a + 9 \quad (\text{取标准值，用 } d \text{ 表示})$$

对 M10～M20 的联接螺栓，可取 $C_1 + C_2 \geqslant (2d + 10)$ mm。

⑦ 结构细节方面，从图 12-24 看右端轴颈有一工艺槽，为砂轮越程槽，说明该轴段需磨削加工，若精车可以，则不必设置此槽；轴承盖与箱体之间的调整垫片，图上也没有专门画出；轴端倒角以及两个键槽应在同一方位上，等等。

(2) 低速轴及其轴系设计。

① 明确轴上零件的数量和种类，拟定装配方案，形成结构雏形。

从简图上看，低速轴上的主要零件有一个大齿轮、一对滚动轴承、一个联轴器，参考减速器的轴系结构可知，轴上还安装有轴承透盖及套筒等，先拟定以下两种装配方案：

方案一：齿轮从轴伸端装入，则结构雏形为图 12-25。

方案二：齿轮从另一端装入，则结构雏形为图 12-26。

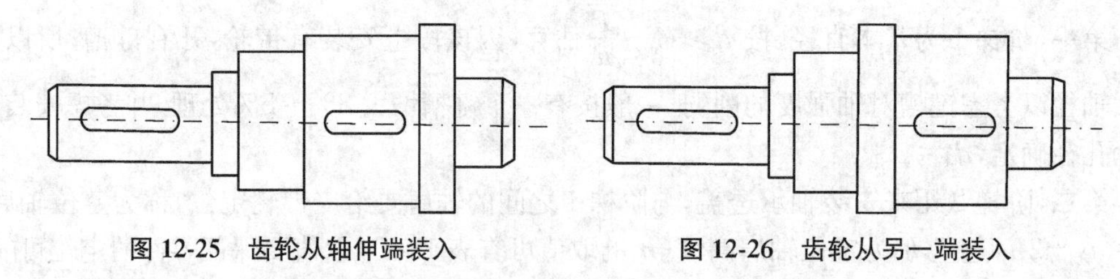

图 12-25　齿轮从轴伸端装入　　　　图 12-26　齿轮从另一端装入

在此可选方案一，对低速轴及轴系进行设计。

② 选择轴的材料、热处理方法，确定许用应力：因是普通用途，中小功率减速器，所以选用 45 钢，正火处理。查表 12-1 得 $\sigma_b = 600$ MPa，查表 12-5 得许用弯曲应力 $[\sigma_{-1b}] = 55$ MPa。

③ 按扭转强度估算轴的基本直径：由表 12-3 查得 $C = 107\sim118$，取 $C = 110$，根据式(12-2)，得

$$d \geqslant C\sqrt[3]{\frac{P}{n}} = 110 \times \sqrt[3]{\frac{5}{140}} = 36.2\,(\text{mm})$$

因阶梯1上安装联轴器需要开键槽，故增大5%，$d=38.01$ mm。

又因联轴器为标准件，并考虑补偿轴的可能位移，选用弹性柱销联轴器。其计算扭矩为

$$T_c = KT = 1.5\times9.549\times10^6\times5/140 = 511554\ (\mathrm{N\cdot mm})$$

查GB　5014—1985，选用LH3弹性柱销联轴器，其标准孔径 $d_{孔}=38$ mm，轮毂宽度 $B_1=60$ mm，所以取阶梯1的直径 $d_1=38$ mm。

④ 轴的结构设计：轴的结构设计主要内容有各轴段径向尺寸的确定，各轴段轴向长度的确定及其尺寸（如键槽、圆角、倒角、退刀槽等）的确定。

第一，径向尺寸确定。从轴段 $d_1=38$ mm开始，逐段选取相邻轴段的直径。

• 如图12-27所示，阶梯1与阶梯2间轴肩起定位固定作用，定位轴肩高度 h_{min} 可在 $(0.07\sim0.1)d$ 范围内经验选取，所以 $d_2=d_1+2h\geqslant38+2\times0.07\times38=43.3$ (mm)，该直径处将安装密封毡圈，标准直径应取 $d_2=45$ mm。

• d_3 与轴承内径相配合，为便于安装轴承，取阶梯3直径 $d_3=50$ mm，选轴承型号为7210C。

• d_4 与齿轮内径相配合，为了便于装配，按标准尺寸，取阶梯4直径 $d_4=53$ mm。

• 阶梯4与阶梯5间轴肩起定位固定作用，由 $h=(0.07\sim0.1)d=(0.07\sim0.1)\times53=3.71\sim5.3$ (mm)，取 $h=5$ mm，轴环5直径 $d_5=63$ mm。

• d_6 与轴承配合，取 $d_6=d_3=50$ mm。

第二，轴向尺寸的确定。与传动零件（如齿轮、带轮、联轴器等）相配合的轴段长度，一般略小于传动零件的轮毂宽度。

• 题中锻造齿轮轮毂宽度 $B_2=(1.2\sim1.5)d=(1.2\sim1.5)\times53=63.6\sim79.5$ (mm)，取 $B_2=b=70$ mm，取轴段 $L_4=68$ mm。

• 联轴器LH3的J型轴孔 $B_1=60$ mm，取轴段长 $L_1=58$ mm。

第三，其他轴段的长度与箱体等设计有关，可由齿轮开始向两侧逐步确定。

一般情况，齿轮端面与箱壁的距离 Δ_2 取10～15 mm；轴承端面与箱体内壁的距离 Δ_3 与轴承的润滑有关，油润滑时 $\Delta_3=3\sim5$ mm，脂润滑时 $\Delta_3=5\sim10$ mm，本题取 $\Delta_3=5$ mm；分箱面宽度与分箱面的联接螺栓的装拆空间有关，本题中 $a=200$ mm，所以 $\delta=0.025a+1\geqslant8$，取 $\delta=8$ mm，$d'=0.027a+9=14.4$ (mm)，取标准值 $d=16$ mm，即M16普通螺栓，查得 $C_1\geqslant22$，$C_2\geqslant20$，从而有 $L\geqslant8+22+20+(5-10)=55\sim60$ (mm)；考虑联轴器柱销装拆要求，轴承盖螺钉至联轴器距离 $\Delta_1=10\sim15$ mm，初步取 $L_2=55$ mm。

由图可见 $L_3=2+\Delta_2+\Delta_3+20=2+15+5+20=42$ (mm)，由经验公式 $B=(0.1\sim0.15)d$，轴环宽度 $L_5=8$ mm，两轴承中心间的跨距约为130 mm。

查轴承宽度 L_7 为20 mm，由图可见轴段6总长度为：$L_7+\Delta_3+\Delta_2-L_5=20+5+15-8=32$ (mm)。

⑤ 轴系结构初步设计：根据轴系结构分析，结合轴的结构设计，绘制轴系结构草图，如图12-27所示。

• 斜齿轮传动有轴向力，所以应选用角接触球轴承。

• 轴承盖采用凸缘式，可实现轴系位置两端单向固定及调整；轴系轴向位置的调整，可在轴承盖与箱体外壁间加调整垫片。

• 半联轴器右端用轴肩定位，左端用轴端挡圈固定，圆周方向用C型普通平键联接实现固定。

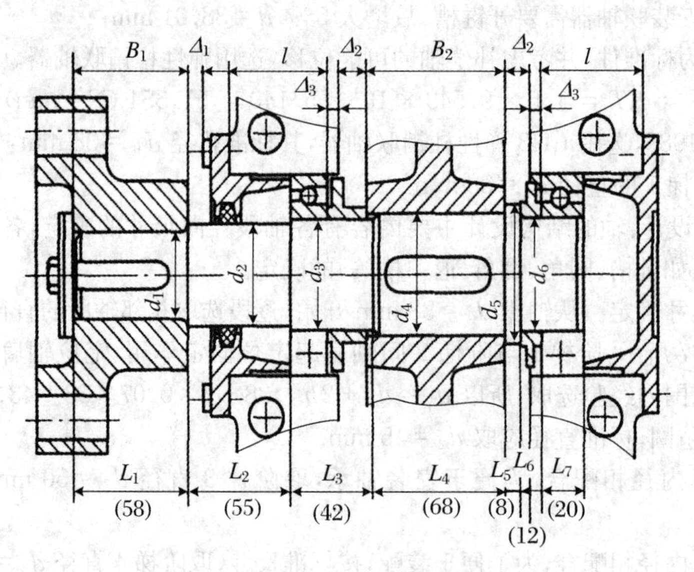

图 12-27　轴的结构设计

• 齿轮右端由轴环定位，左端由套筒固定，圆周方向用 A 型普通平键联接实现固定。

• 润滑方式：因齿轮圆周速度

$$v=\frac{\pi dn}{60\times1000}=\frac{\pi m_{\mathrm{n}}zn}{60\times1000\cos\beta}=\frac{\pi\times3\times58\times140}{60\times1000\cos11^{\circ}17'13''}=1.3\ (\mathrm{m/s})$$

所以轴承应采用脂润滑。为防止减速器中机油浸入轴承中，采用挡油板对轴承进行内密封。

• 画图时，结合尺寸的确定，首先画出齿轮轮毂位置，然后考虑齿轮端面到箱体内壁的距离 Δ_2 确定箱体内壁的位置，选择轴承并确定轴承位置，根据箱体结合面螺栓联接的布置设计轴的外伸部分。

⑥ 轴的强度校核。

• 计算齿轮受力。

分度圆直径

$$d=\frac{m_{\mathrm{n}}z}{\cos\beta}=\frac{3\times58}{\cos11^{\circ}17'13''}=177.43(\mathrm{mm})$$

转矩

$$T=9550\,\frac{P}{n}=9550\times10^{3}\times\frac{5}{140}=341071(\mathrm{N\cdot mm})$$

齿轮圆周力

$$F_{\mathrm{t}}=\frac{2T}{d}=\frac{2\times341071}{177.43}=3844(\mathrm{N})$$

齿轮径向力

$$F_{\mathrm{r}}=\frac{F_{\mathrm{t}}\tan\alpha}{\cos\beta}=\frac{3844\tan20^{\circ}}{\cos11^{\circ}17'13''}=1427(\mathrm{N})$$

齿轮轴向力

$$\begin{aligned}F_{\mathrm{a}}&=F_{\mathrm{t}}\tan\beta\\&=3844\tan11^{\circ}17'13''\\&=767\ (\mathrm{N})\end{aligned}$$

• 绘制轴的受力简图，如图 12-28(a)所示。

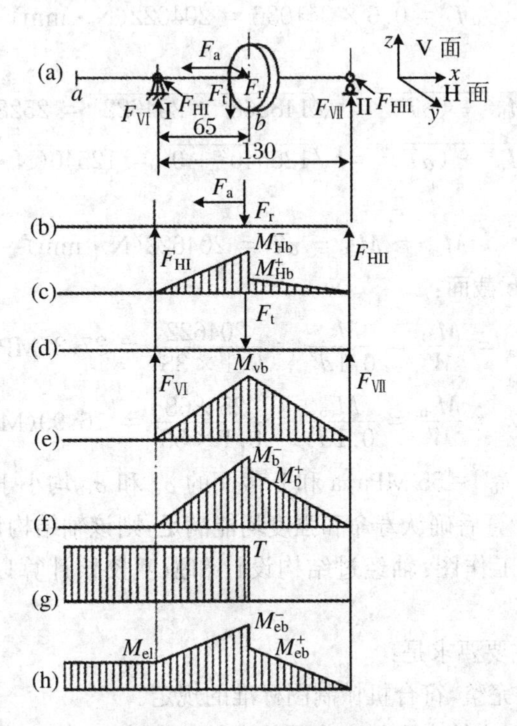

图 12-28　轴的强度校核

• 计算支承反力。

水平平面受力如图 12-28(b)所示。

$$F_{HI}=\frac{\frac{F_x d}{2}+65F_r}{130}=\frac{767\times\frac{177.43}{2}+65\times1427}{130}=1237(\text{N})$$

$$F_{HII}=F_r-F_{HI}=1427-1237=190(\text{N})$$

垂直平面受力如图 12-28(d)所示。

$$F_{VI}=F_{VII}=\frac{F_t}{2}=\frac{3844}{2}=1922(\text{N})$$

• 绘制弯矩图。水平平面弯矩图如图 12-28(c)所示。

b 截面：

水平平面弯矩为

$$M_{Hb}^-=65F_{HI}=65\times1237=80405(\text{N}\cdot\text{mm})$$

$$M_{Hb}^+=M_{Hb}^--\frac{F_x d}{2}=80405-\frac{767\times177.43}{2}=12361(\text{N}\cdot\text{mm})$$

垂直平面弯矩(图 12-28(e))为

$$M_{Vb}=65F_{VI}=65\times1922=124930(\text{N}\cdot\text{mm})$$

合成弯矩(图 12-28(f))为

$$M_b^-=\sqrt{M_{Hb}^{-2}+M_{Vb}{}^2}=\sqrt{80405^2+124930^2}=148568(\text{N})$$

$$M_b^+=\sqrt{M_{Hb}^2+M_{Vb}{}^2}=\sqrt{12361^2+124930^2}=125540(\text{N})$$

• 绘制转矩图，如图 12-28(g)所示。转矩 $T=341036\ \text{N}\cdot\text{mm}$。

• 绘制当量弯矩图，如图 12-28(h)所示。单向运转，转矩为脉动循环 $\alpha=0.6$，则

$$\alpha T = 0.6 \times 341036 = 204622(\mathrm{N \cdot mm})$$

b 截面：

$$M_{eb}^{-} = \sqrt{M_b^{-2} + (\alpha T)^2} = \sqrt{148568^2 + 204622^2} = 252868(\mathrm{N \cdot mm})$$

$$M_{eb}^{+} = \sqrt{M_b^{+2} + (\alpha T)^2} = \sqrt{125540^2 + 0^2} = 12540(\mathrm{N \cdot mm})$$

a 截面和 I 截面：

$$M_{ea} = M_{eI} = \alpha T = 204622(\mathrm{N \cdot mm})$$

• 分别校核 a 和 b 截面：

$$\sigma_{ea} = \frac{M_{ea}}{W} = \frac{M_{ea}}{0.1d^3} = \frac{204622}{0.1 \times 38^3} = 37.3(\mathrm{MPa})$$

$$\sigma_{eb} = \frac{M_{eb}}{W} = \frac{M_{eb}}{0.1d^3} = \frac{252868}{0.1 \times 53^3} = 16.99(\mathrm{MPa})$$

由表 12-5 查得$[\sigma_{-1b}] = 55$ MPa，a 和 b 截面的 σ_{ea}和 σ_{eb}均小于$[\sigma_{-1b}]$，强度足够，如所选轴承和键联接等经计算后确认寿命和强度均能满足，则该轴结构设计无须修改。

⑦ 绘制轴的零件工作图：轴经过结构设计和强度校核计算以后，就可以绘制轴的工作图。

绘制轴工作图的主要要求是：

a. 图面清晰，表达完整，符合机械制图标准的规定。

b. 如果是齿轮轴还应符合齿轮工作图的有关规定。

c. 轴向尺寸的标法应便于加工和测量。设计基准(标注尺寸的基准)应与测量基准相一致，避免加工时进行不必要的换算；不允许形成封闭尺寸链，一般选择最次要轴段(对长度公差没有要求的轴段)为尺寸链的缺口。

d. 表面粗糙度和公差配合的标注要恰当。轴与轴承、齿轮等配合处的表面粗糙度一般为 $R_a1.6$、$R_a0.8$；轴肩端面的粗糙度为 $R_a3.2$、$R_a1.6$；键槽两侧面为 $R_a3.2$；轴的其余部分为 $R_a12.5$、$R_a6.3$。轴上零件和轴的配合优先采用基孔制，齿轮、蜗轮等与轴头常采用过盈配合$\frac{\mathrm{H7}}{\mathrm{r6}}$；在重载和冲击载荷条件下，可采用较紧的过盈配合$\frac{\mathrm{H7}}{\mathrm{r6}}$等，悬臂轴端与联轴器、齿轮等的配合常采用过渡配合$\frac{\mathrm{H7}}{\mathrm{r6}}$，以便于装拆。滚动轴承内圈与轴颈常采用过渡配合 m6、k6 或 js6 等。

为了保证轴上零件具有精确位置，图上还需标注必要的形位公差。装滚动轴承的两轴颈是整个轴系零件的运动基准，所以在轴颈处应标注圆度和圆柱度的几何形状公差。在装齿轮的轴头处应标注对公共轴心线的同轴度要求；为了检验和测量的方便，一般用径向跳动来代替同轴度。对于键槽，常标注其对轴线的对称要求。形位公差的确定可查阅机械设计手册。

e. 对于重要的轴，为了保证加工精度和在检修时获得与制造时相同的基准，必须在轴端制出中心孔，并予以保留，在图中应画出中心孔的形状和尺寸(或标注中心孔的代号)。

当成品不允许保留中心孔时，应在技术要求中加以说明；如对中心孔无特殊要求，则在图中可以不标注。

f. 热处理方式、热处理后的硬度要求及图上未表达清楚的其他要求，均可列入“技术要求”中。

任务实施

• 任务：有一级圆柱齿轮减速器，主动轮齿数 $z_1=18$，从动轮齿数 $z_2=82$，模数 $m=5$ mm，齿宽 $b=80$，传递功率 $P=15.8$ kW，主动轮转速 $n_1=980$ r/min。拟采用特轻系列(100)深沟球轴承(60000)，试设计从动轴的结构和尺寸。

• 实施步骤：

(1) 明确设计内容，理解设计要求。

(2) 复习有关轴的结构设计与强度校核的内容与方法。

(3) 进行设计计算，设计轴的结构：

① 分析轴上主要零件类型，确定装配方案；

② 确定轴上零件的定位与固定方式；

③ 确定轴的径向和轴向尺寸；

④ 根据轴承型号，查表确定其主要尺寸；

⑤ 根据齿轮圆周速度确定轴承润滑方式；

⑥ 选择轴承端盖形式，并考虑透盖处密封方式；

⑦ 轴的结构和工艺性设计；

⑧ 绘制轴的结构示意图。

(4) 校核轴的强度。

(5) 检查轴的设计是否合理，并对不合理的结构进行修改。

(6) 绘制轴的零件工作图。

(7) 完成任务实施报告。

任务评价

序号	能力点	掌握情况	序号	能力点	掌握情况
1	分析装配方案的合理性		4	确定阶梯轴各轴段长度	
2	确定零件轴向定位与固定方法		5	确定轴上零件周向定位与固定方法	
3	确定阶梯轴各轴段直径		6	设计并检查零件的结构工艺性	

思考与练习

1. 轴的设计基本方法与步骤是什么？

2. 确定阶梯轴各轴段直径和长度应考虑哪些问题？

任务3　认识轴毂联接

轴上传动零件一般都是以其轮毂与轴联接在一起同步回转的。轴毂联接主要用于实现轴与轮毂之间的周向固定，以传递转矩，有些情况下能实现轴上零件的轴向固定或轴向移动。常用的轴毂联接有键联接、花键联接、销联接和过盈配合联接等。

子任务1 认识平键联接

任务目标

- 了解键联接的功用和分类；
- 掌握平键联接的类型和特点；
- 初步掌握平键联接的设计。

任务描述

观察减速器中轴与齿轮的联接方式，了解键联接类型、特点及应用。通过查表掌握键尺寸选择方法及公差与配合的选用，能正确绘制轴槽、轮毂槽零件图，并能结合实例校核键的强度。

知识与技能

一、键联接的类型

键联接是一类应用最广泛的轴毂联接形式，通过键联接可实现轴与轴毂之间的周向固定，同时可传递运动和转矩。有的还能实现轴上零件的轴向固定或轴向滑动的导向。

键联接按键的形状可分为平键联接、半圆键联接、楔键联接及切向键联接等类型。按装配方式的不同可分为松联接（平键联接和半圆键联接）和紧联接（楔键联接和切向键联接）。

二、平键联接的类型

平键横截面为矩形，两侧面是其工作面，工作中靠键槽侧面的挤压传递转矩。键的上表面与轮毂键槽底面间有间隙。平键联接因其结构简单、拆装方便、对中性较好而得到广泛的应用。平键联接不具有轴向承载能力，不能实现轴与轮毂间的轴向定位。

根据用途的不同，平键分为普通平键、导向平键和滑键。普通平键用于静联接，导向平键和滑键用于动联接。

1. 普通平键

如图12-29所示为普通平键联接的结构形式，按其端部形状的不同可分为圆头（A型）、平头（B型）和单圆头（C型）三种。A型圆头平键（见图12-29(a)）定位可靠，应用最广泛。所对应的轴上键槽用端铣刀加工，键在键槽中轴向固定良好，但键的端部圆头与轮毂键槽不接触，使键联接沿长度方向的承载能力不能充分发挥，而且键槽两端弯曲应力集中较严重。B型平头平键（见图12-29(b)）所对应的轴上键槽用盘铣刀加工，应力集中较小，但键的轴向定位不好，对于尺寸大的键可用紧定螺钉进行固定，以防松动。单圆头平键（见图12-29(c)）则常用于轴端与毂类零件的联接。

普通平键具有结构简单、装拆方便、对中良好等优点，但承载能力不大。

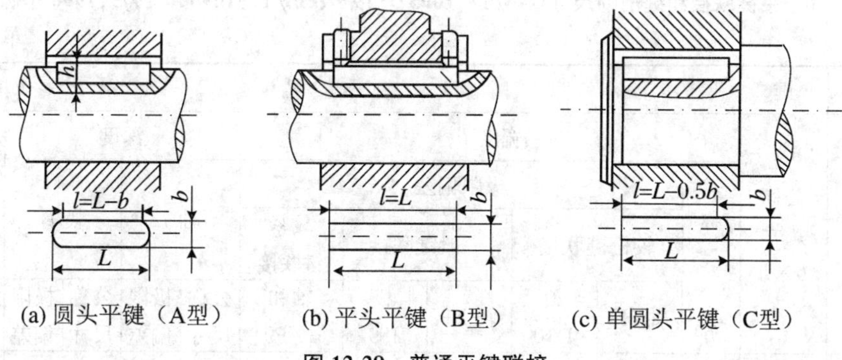

(a) 圆头平键（A型）　(b) 平头平键（B型）　(c) 单圆头平键（C型）

图 12-29　普通平键联接

2. 导向平键和滑键

当工作要求轮毂在轴上能作轴向滑移时，可采用导向平键或滑键联接，如图 12-30 所示。导向平键（见图 12-30(a)）较长，用螺钉固定在轴上的键槽中，为了便于拆卸，键的中部设有起键螺孔，轮毂可沿键作轴向移动，键长应大于轮毂长度与移动距离之和。当零件的滑移距离较大时，因所需导向平键过长，制造、安装困难，所以宜采用滑键（见图 12-30(b)）。滑键固定在轮毂上，轮毂带动滑键在轴上的键槽中作轴向滑移，这样，只需在轴上铣出较长的键槽，而键可做得较短。

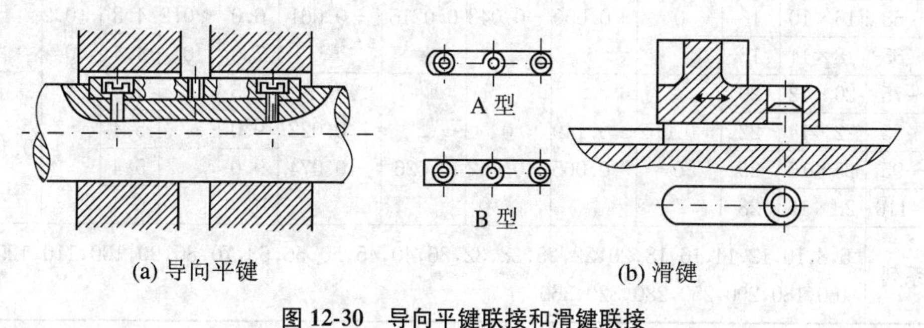

(a) 导向平键　(b) 滑键

图 12-30　导向平键联接和滑键联接

三、平键联接的设计

平键是标准件，平键联接设计的一般步骤是：先根据轴和轮毂联接的结构、使用条件和性能要求等选择键的类型；再根据轴的直径，从标准中选取键的尺寸；最后进行键联接的强度校核。

1. 平键联接的类型选择

选择键联接的类型时，应考虑以下因素：平键联接的结构；需要传递的转矩大小；载荷性质；转速高低；联接的对中性要求；是否要求轴向固定；轴上零件是否需要滑移及滑移的距离；键在轴上安装的位置等。

2. 平键联接的尺寸选择

平键的主要尺寸是剖面尺寸（一般以键宽 b×键高 h 表示）和长度 L。平键的剖面尺寸 $b \times h$ 根据轴径 d，从标准中选取（见表 12-6）；键长 L 应略小于轮毂长度，通常小 5～10 mm，并按表中提供的长度系列标准值圆整。导向平键的长度则按轮毂长度及其滑动的距离确定。

表 12-6　平键联接和键槽的尺寸(GB/T　1095—1979、GB/T　1096—1979,1990 年确认)

单位:mm

轴	键	键槽											
		宽度 b						深度				半径 r	
		公称尺寸 b	极限偏差					轴 t		毂 t_1			
公称直径 d	公称尺寸 $b\times h$		较松键联接		一般键联接		较紧键联接						
			轴 H9	毂 D10	轴 N9	毂 JS9	轴和毂 P9	公称尺寸	极限偏差	公称尺寸	极限偏差	最小	最大
自 6～8	2×2	2	+0.025 0	+0.060 +0.020	−0.004 −0.029	±0.0125	−0.006 −0.031	1.2	+0.1 0	1.0	+0.1 0	0.08	0.16
>8～10	3×3	3						1.8		1.4			
>10～12	4×4	4	+0.030 0	+0.078 +0.030	0 −0.030	±0.015	−0.012 −0.042	2.5		1.8			
>12～17	5×5	5						3.0		2.3			
>17～22	6×6	6						3.5		2.8		0.16	0.25
>22～30	8×7	8	+0.036 0	+0.098 +0.040	0 −0.036	±0.018	−0.015 −0.051	4.0	+0.2 0	3.3	+0.2 0		
>30～38	10×8	10						5.0		3.3		0.25	0.40
>38～44	12×8	12	+0.043 0	+0.120 +0.050	0 −0.043	±0.0215	−0.018 −0.061	5.0		3.3			
>44～50	14×9	14						5.5		3.8			
>50～58	16×10	16						6.0		4.3			
>58～65	18×11	18						7.0		4.4			
>65～75	20×12	20	+0.052 0	+0.149 +0.065	0 −0.052	±0.026	−0.022 −0.074	7.5		4.9		0.40	0.60
>75～85	22×14	22						9.0		5.4			
>85～95	25×16	25						9.0		5.4			
>95～110	28×16	28						10.0		6.4			
键长系列	6,8,10,12,14,16,18,20,22,25,28,32,36,40,45,50,56,63,70,80,90,100,110,125,140,160,180,200,250,280,320,360												

3．平键联接的强度校核

平键联接如忽略摩擦,其受力情况如图 12-31 所示。平键联接的失效形式有如下几种:对普通平键,其失效形式为键、轴、轮毂三者中强度较弱的工作表面被压溃。对导向平键和滑键,其失效形式为工作表面过度磨损。

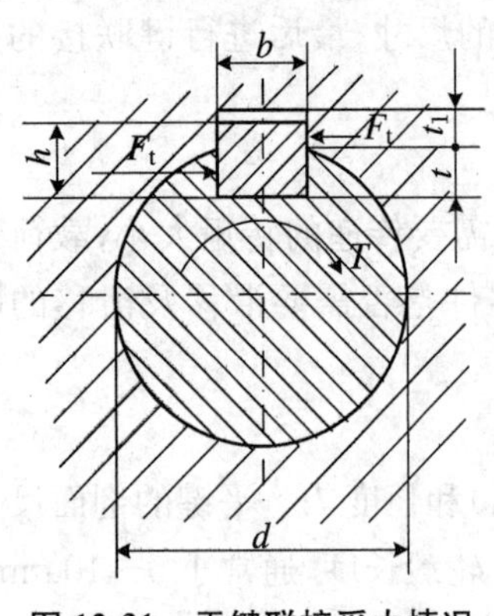

图 12-31　平键联接受力情况

键一般用抗拉强度极限≥600 MPa 的非合金钢制造(通常用 45 钢),轴一般也用强度较高的钢制造,所以一般情况下轮毂的强度相对较弱,常常遭受破坏。在一般情况下键不会被剪断,除非有严重过载的极个别情况。因此,对于键联接通常只须进行挤压强度或耐磨性计算。

假定载荷在键的工作面上均匀分布,静联接校核挤压强度,动联接校核压力强度。图中如果取轮毂槽深 $t_1\approx h/2$,则

① 普通平键联接的强度校核公式为

$$\sigma_p=\frac{4T}{dhl}\leqslant[\sigma_p]\qquad(12\text{-}4)$$

② 导向平键和滑键联接的强度校核公式为

$$p = \frac{4T}{dhl} \leqslant [p] \tag{12-5}$$

式中，T——传递的转矩(N·mm)；

d——轴的直径(mm)；

h——键高(mm)；

l——键的工作长度，如图12-29所示(mm)；

$[\sigma_p]$——键、轴、轮毂三者中最弱材料的许用挤压应力(MPa)(见表12-7)；

$[p]$——键、轴、轮毂三者中最弱材料的许用压力(MPa)(见表12-7)。

如果校核结果联接强度不足，可采取下列措施：

① 适当增加键和轮毂的长度，但键长不应超过2.5d，以防挤压应力沿键长分布不均匀。

② 采用双键且按180°对称布置，验算时按1.5个键来计算，但是半圆键不能对称布置，以免对轴削弱太大，可沿轴同一母线并排布置。

③ 如轴结构允许，可加大轴径，并重新选择较大尺寸的键。

④ 如轴的强度允许，可采用非标准键，增加键的工作高度。

表12-7 键联接的许用挤压应力、许用压力

单位:MPa

应力种类	联接方式	零件材料	载荷性质		
			静载	轻微冲击	冲击
许用挤压应力$[\sigma_{jy}]$	静联接	钢	125～150	100～120	60～90
		铸铁	70～80	50～60	30～45
许用压力$[p]$	动联接	钢	50	40	30

注:如与键有相对滑动的被联接件表面经过淬火，则动联接的许用压力$[p]$可提高2～3倍。

4. 平键联接的公差配合

平键的配合尺寸是键宽和键槽宽b，具体配合分为三类:较松键联接、一般联接和较紧键联接(可查表12-6)。其中较松键联接主要用于导向平键，以满足轮毂在轴上的移动；一般联接用于键在轴上及轮毂中均固定，且承受载荷不大的场合；较紧键联接则用于键在轴上及轮毂中均需牢固定位，传递重载荷、冲击载荷或双向传递转矩的场合。

平键联接中的轴槽深度t和轮毂槽深度t_1属于非配合尺寸，由表12-6也可查出它们的极限偏差。如图12-32所示是轴直径为45 mm的普通平键联接(一般联接)的键槽尺寸和偏差。

任务实施

- 观察减速器(模型)，了解平键联接的类型和特点。
- 测量减速器(模型)低速轴装有键的轴段直径和轮毂宽，再测量该处键的键宽、键高和键长，总结确定平键尺寸的方法。
- 设计平键联接:已知一轴传递的功率为$P=15$ kW，$n=960$ r/min，$d=50$ mm；轴上装有钢质齿轮，齿轮轮毂宽$B=80$ mm；轴与轮毂间采用A型平键联接。

① 查表确定平键的尺寸；

② 查表确定平键联接的公差；

③ 画出轴槽和轮毂槽的剖面图；

④ 校核平键联接的强度

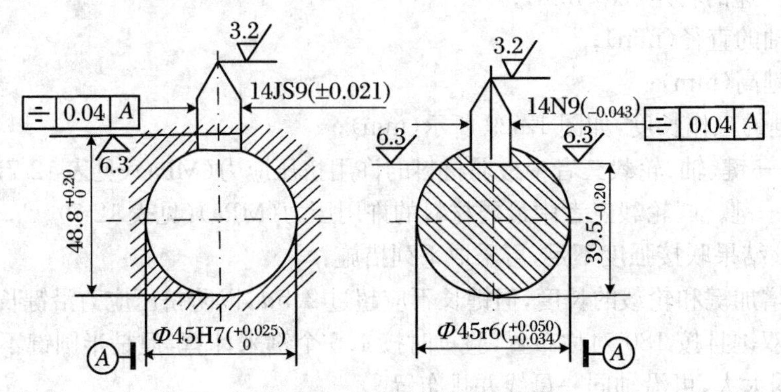

图 12-32 键槽尺寸及其偏差

任务评价

序号	能力点	掌握情况	序号	能力点	掌握情况
1	认识平键联接特点		4	确定平键公差	
2	正确测量平键尺寸		5	轴键槽、轮毂键槽剖面图绘制	
3	选择平键的尺寸		6	校核平键强度	

思考与练习

1. 平键联接有何特点？

2. 平键的主要尺寸有哪些？如何确定键的尺寸？

3. 平键联接的失效形式是什么？如何进行平键联接的强度计算？

子任务 2 认识其他键联接和销联接

任务目标

- 了解半圆键、楔键、切向键联接的特点和应用场合；
- 了解花键联接的特点、类型；
- 了解销联接的作用、类型及应用。

任务描述

通过参观机械零件陈列室，了解半圆键、楔键、切向键、花键联接的特点，掌握其应用情况，并能对其进行强度校核。

知识与技能

一、其他键联接

1. 半圆键联接

如图12-33所示，半圆键的上表面为一平面，下表面为半圆形，两侧面平行。半圆键联接用于轴和轮毂之间的静联接，工作情况与平键相同，也是以两侧面为工作面。轴上键槽用与键宽度和直径均相同的半圆键槽专用铣刀加工。键在轴槽中可绕其几何中心摆动，以适应轮毂键槽的斜度。这种键联接的优点是工艺性好，装配方便，缺点是轴上键槽较深，对轴的强度削弱较大，一般用于传递转矩不大的锥形轴或轴端的联接中。

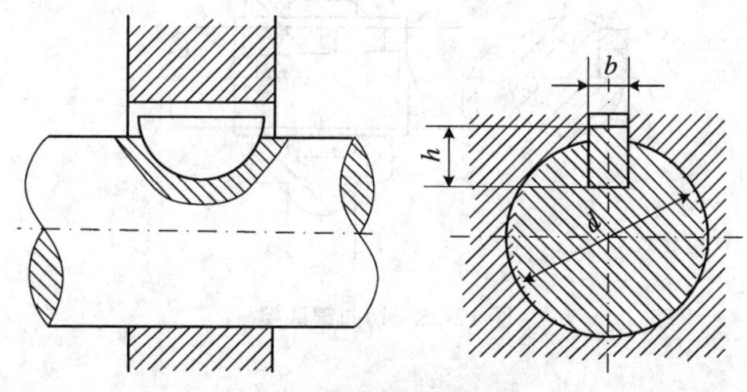

图12-33　半圆键联接

2. 楔键联接

楔键联接如图12-34所示。键的上下表面为工作面，键的上表面和与它相配合的轮毂键槽底部均有1∶100的斜度，键的两侧面与键槽留有间隙。键楔紧入键槽后靠工作面间的摩擦力传递转矩，同时可承受单方向的轴向载荷，对轮毂起到单向的轴向固定作用。楔键联接由于楔紧作用使轴与轮毂的间隙偏向一侧，破坏了轴与轮毂的对中性，而且在高速、变载荷作用下易松动，所以主要用于低速、轻载和对中性要求不高的场合。在农业机械、建筑机械中使用较多。

楔键分为普通楔键和钩头楔键两种。普通楔键有圆头、方头和单圆头三种形式。装配时，圆头楔键先放入键槽中，然后打紧轮毂。方头、单圆头和钩头楔键装配时则先将轮毂装到轴上适当的位置，然后再将键装入并打紧。这种装配方式用于轴端联接时很方便，如用于轴的中部，轴上键槽的长度应大于键长的两倍。为安全起见，楔键联接应加防护罩。

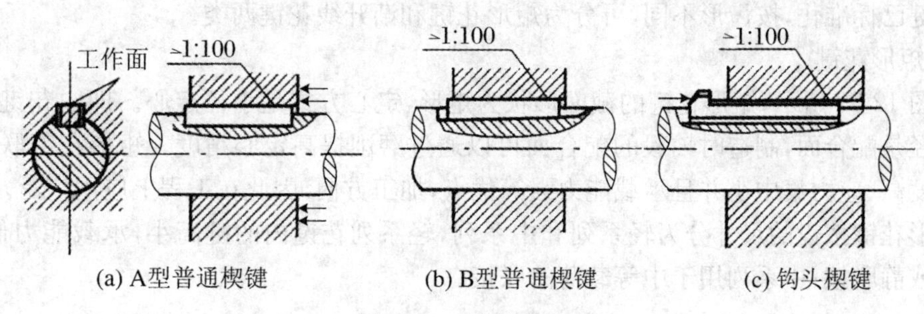

图12-34　楔键联接

3．切向键联接

切向键联接如图 12-35 所示。切向键由两个斜度为 1∶100 的楔键拼合而成，它的工作面是两键拼合后的上下两个平行的表面，靠工作面间挤压产生的摩擦力来传递转矩。装配时，两键分别从轮毂两端打入，拼合后沿轴的切线方向楔紧。单个切向键只能传递单向转矩，双向转矩的传递需两个切向键，两个键应互成 120°～135°排列。切向键的键槽对轴削弱较大，常用于对中性和运动精度要求不高、低速、重载、轴的直径大于 100 mm 的场合。例如用于大型带轮、大型飞轮、矿山用大型绞车的卷筒等与轴的联接。

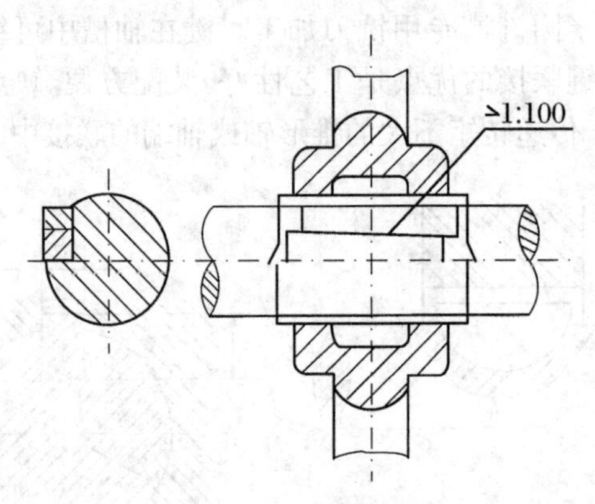

图 12-35　切向键联接

4．花键联接

花键联接由内花键和外花键组成。外花键是用成型铣刀或滚刀在轴上加工出多个键齿，内花键是在轮毂内孔用拉削或插削的方法加工出相应的键槽，如图 12-36 所示。花键可看作由多个平键组成，键齿侧面为工作面，靠轴上多个键的侧面与轮毂槽上相应表面间的挤压传递运动和转矩，可用于静联接，也可用于动联接。

(1) 花键联接的特点

与平键相比，花键的特点是：

① 参与工作的齿数多，接触面积大，可承受较大载荷；

② 键齿与轴为一体，且齿槽较浅，齿根应力集中小；

③ 键齿分布均匀，受力也比较均匀；

④ 轴上零件与轴的对中性好，导向性好；

⑤ 需专门刀具和设备进行加工，成本高。

(2) 花键联接的类型

花键已标准化，按齿形不同，可分为矩形花键和渐开线花键两类。

① 矩形花键

如图 12-37 所示，矩形花键的截面形状为矩形，定心方式是小径定心。即内花键与外花键的小径是配合面，制造时轴毂的配合面可以通过磨削提高定心精度。矩形花键联接具有定心精度高、应力集中小并且承载能力强等优点，加工方便，因此在工程上应用广泛。

矩形花键按齿的尺寸分为轻系列和中系列，轻系列花键内的键高小，承载能力低，常用于轻载或静联接；中系列用于中等载荷的联接。

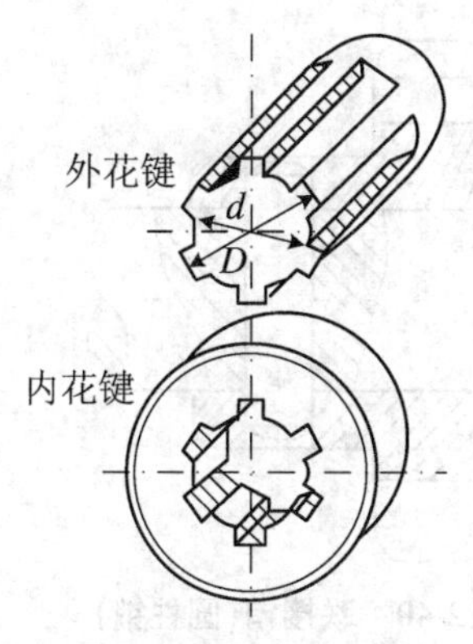

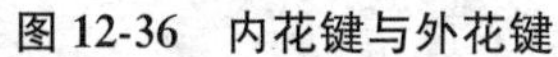
图 12-36　内花键与外花键

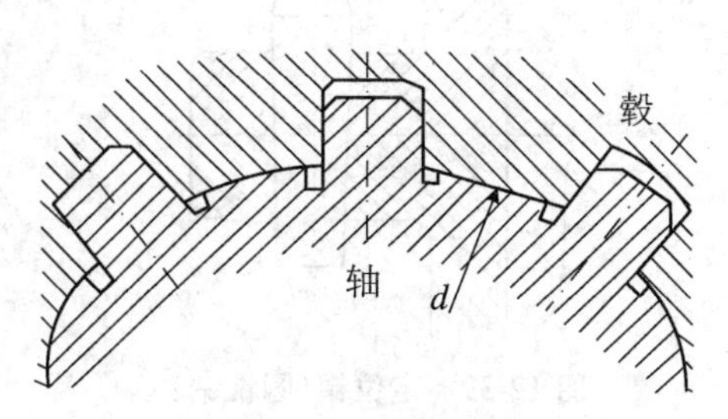

图 12-37　矩形花键联接

② 渐开线花键

如图 12-38 所示，渐开线花键的齿廓为渐开线，与矩形花键相比，渐开线花键的齿根较厚，根部强度高，应力集中小，具有较大承载能力；可用制造齿轮的方法及设备来加工，工艺性较好，制造精度也较高；常用定心方式为齿侧定心，当齿受载时，齿上的径向力能起自动定心的作用，有利于各齿均匀受载，适用于载荷大、尺寸也大的场合。但是，花键联接的花键孔拉刀的制造成本较高。

渐开线花键的压力角比一般渐开线齿轮的压力角大，常用压力角有 30°和 45°两种。后者齿数多，模数小，多用于轻载和直径小的静联接，特别适用于轴与薄壁零件的联接。

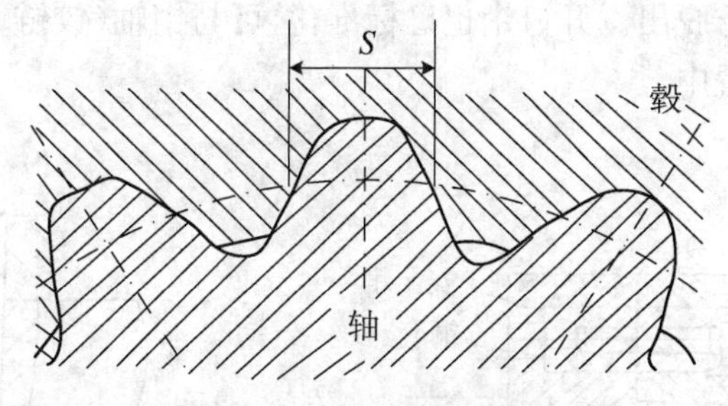

图 12-38　渐开线花键联接

(3) 花键联接的强度计算简介

花键的尺寸也是根据轴的直径按标准选取。花键联接的工作情况与平键联接相似，工作面是花键齿的侧面，键齿根部受到剪切及弯曲，但切应力和弯曲应力都很小，不必进行剪切强度及弯曲强度计算。花键联接可用于静联接也可用于动联接。对于静花键联接，工作时键齿侧面受到挤压，失效的形式为键齿齿面被压溃，所以一般按挤压强度进行校核计算。

二、销联接

销是机械工程中常用的零件，主要作用是定位、联接和作安全保护元件。用来固定零件之间相对位置的销称为定位销，如图 12-39 所示，它是组合加工和装配时的重要辅助零件；用于联接的销称为联接销(见图 12-40)，可以传递不大的载荷或转矩。销还可作为安全装置中的剪切元件，起过载保护作用，称为安全销，如图 12-41 所示。

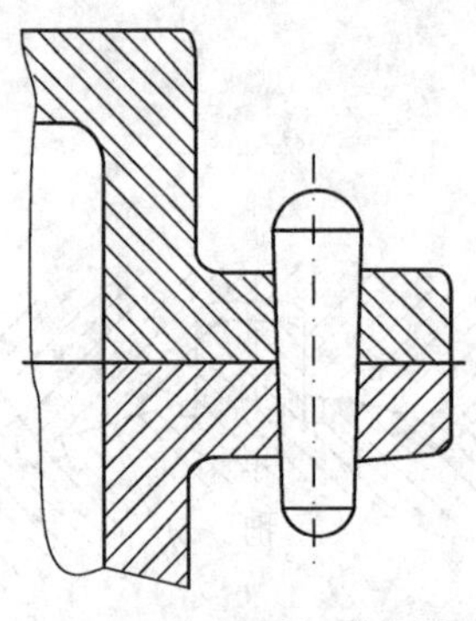
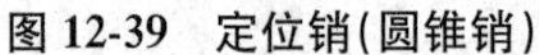

图 12-39　定位销(圆锥销)

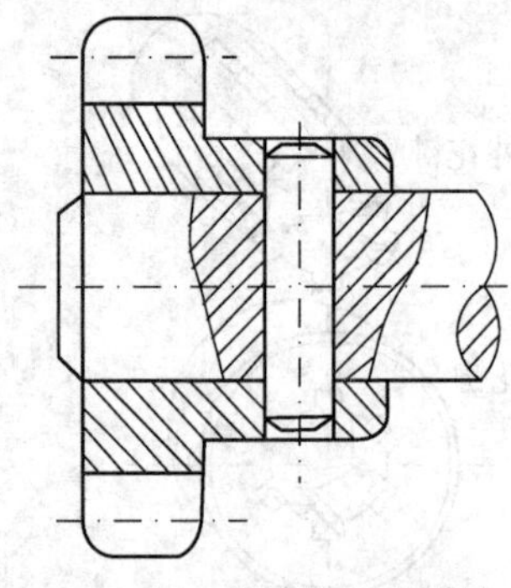

图 12-40　联接销(圆柱销)

定位销通常不受载荷或只受很小的载荷，不需作强度校核计算，其直径可按结构确定，数目一般不少于两个，销装入每一被联接件的长度，约为销直径的 1～2 倍；两个销之间的距离应尽可能远些，以提高定位精度。联接销的类型可根据工作要求选定，其尺寸可根据联接的结构特点按经验或规范确定，必要时再按剪切和挤压强度条件进行校核计算。安全销的直径应按销的剪切强度计算，当过载 20%～30%时即应被剪断。

销按形状可分为圆柱销、圆锥销和异形销。这些销都有国家标准，使用时根据工作要求来选用。圆柱销靠过盈配合固定在销孔中，经多次装拆会降低其定位精度和可靠性。圆锥销具有 1∶50 的锥度，小端直径为标准值，在受横向力时可自锁，安装方便，定位可靠，多次装拆不影响定位精度。异形销是指特殊形状的销，其中开口销较为常用，如图 12-42 所示；装配时，将尾部分开，以防脱出。开口销也已标准化，可与销轴(铰链联接中使用)配用，也常用于螺纹联接的防松装置中。

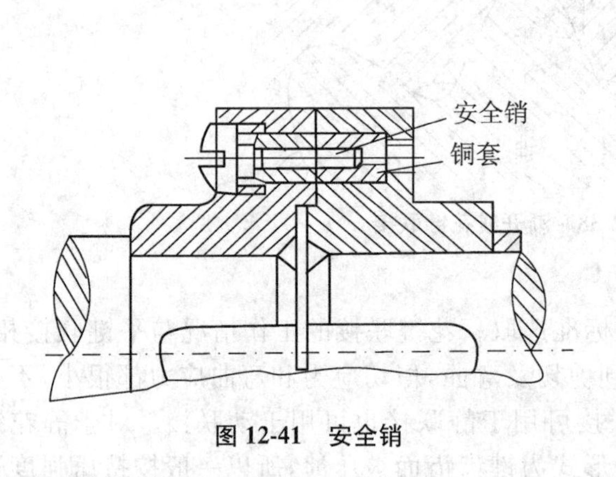

图 12-41　安全销

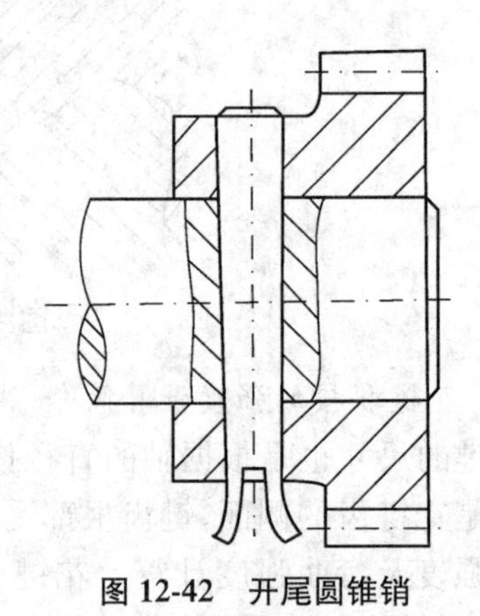

图 12-42　开尾圆锥销

任务实施

- 参观机械零件陈列室，观察半圆键、楔键和切向键，了解其工作面、特点和应用；
- 观察花键联接模型，了解花键联接的特点、定心方式、类型及其应用；
- 观察减速器上的定位销，了解其规格及作用。

任务评价

序号	能力点	掌握情况	序号	能力点	掌握情况
1	认识半圆键联接		3	理解花键联接定心方式	
2	理解楔键、切向键联接的特点及应用		4	认识各类销联接	

思考与练习

- 半圆键联接有何特点?
- 花键联接的特点是什么?
- 矩形花键和渐开线花键的定心方式分别是什么?各有何特点及应用?

项目13　轴　　承

轴承的功用是支承轴及轴上零件，使轴与轴上零件作回转运动，并保持轴的旋转精度，减少转动时轴与支承之间的摩擦和磨损。轴承直接影响着机器工作的可靠性、承载能力、寿命长短和传动效率，因此轴承是机器中的重要组成部件之一。

按照轴承工作时的摩擦性质不同，轴承可分为滑动摩擦轴承（简称滑动轴承）和滚动摩擦轴承（简称滚动轴承）两大类。

任务1　认识滑动轴承

任务目标

- 了解滑动轴承的特点、类型和应用场合；
- 掌握向心滑动轴承典型结构的构造与特点；
- 了解推力滑动轴承的结构特点；
- 掌握轴瓦结构设计时应注意的问题；
- 掌握滑动轴承常用材料的特点与性能。

任务描述

观察机器中的滑动轴承，了解其分类、结构组成、材料及特点，理解滑动轴承在机械中的应用。

知识与技能

一、滑动轴承的特点及类型

机械上，滑动轴承由于摩擦损耗较大，使用维护较复杂，因此其应用不如滚动轴承广泛。但与滚动轴承相比，滑动轴承具有结构简单、制造装拆方便、承载能力高、具有良好的耐冲击性和吸振性能、工作平稳、噪音低、径向尺寸小以及使用寿命长等优点。

滑动轴承主要用于以下几种场合：工作转速极高的轴承；要求轴承的支承位置特别精确的轴承；特重型轴承；径向尺寸受到限制的轴承；必须采用剖分结构的轴承；要求特殊条件下（如在水中或腐蚀性介质中）工作的轴承。

滑动轴承广泛应用在高速、精密机械（如汽轮发电机、内燃机和精密机床等），低速重载、冲击载荷较大的一般机械（如冲压机械、农业机械和起重机械等），航空发动机附件等方面的机械中。

滑动轴承按其所受载荷方向的不同可分为两类：承受径向载荷的向心滑动轴承和承受轴向载荷的推力滑动轴承。

按其工作时摩擦状态的不同，可分为液体摩擦滑动轴承和非液体摩擦滑动轴承两类。液体摩擦滑动轴承按其相对运动表面间油膜形成原理的不同，又可分为液体动压滑动轴承和液体静压滑动轴承，简称动压轴承和静压轴承。

根据轴组件及轴承装拆的需要，可将滑动轴承设计成整体式或者剖分式。

二、滑动轴承的典型结构

1. 向心滑动轴承

常用的向心滑动轴承有整体式、剖分式和自动调心式三类。

(1) 整体式向心滑动轴承

如图 13-1 所示是一种常见的整体式向心滑动轴承。它由轴承座和轴套组成，轴套压装在轴承座孔中。轴承座常用铸铁制造，用螺栓与机座联接，顶部设有装油杯的螺纹孔。轴套用减摩材料制成，轴套上开有油孔，并在其内表面开油沟以输送润滑油。这种轴承形式较多，都已标准化(JB/T 2560—1991)。它的优点是结构简单，制造成本低，刚度大；缺点是轴承只能从轴端部装入或取出，安装和检修不方便，而且轴套磨损后间隙无法调整，所以多用于低速轻载或间歇性工作的场合。

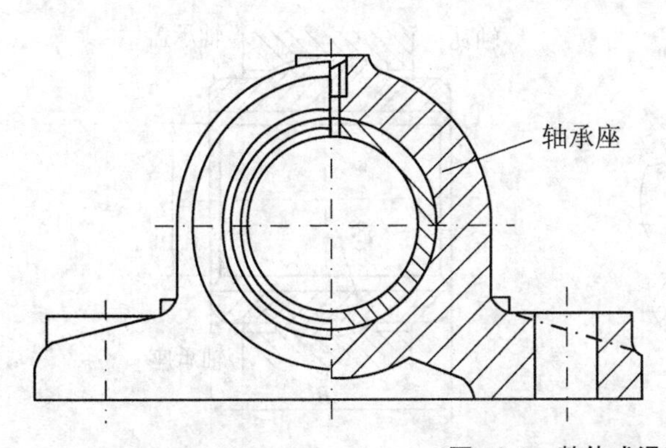

图 13-1 整体式滑动轴承

(2) 剖分式滑动轴承(也称对开式滑动轴承)

如图 13-2 所示，剖分式滑动轴承主要由轴承座 1、剖分式轴瓦 2、轴承盖 3、螺栓 4 及润滑装置 5 等组成。上下两部分用螺栓 4 联接。为了防止轴承盖和轴承座横向错动及便于装配时对中，轴承座和轴承盖的剖分面做成阶梯形的配合止口。另外，还在剖分面间放置调整垫片，以便安装或磨损时调整轴承间隙。这种轴承的优点是装拆方便，又能调整间隙，因而得到了广泛的应用，如内燃机的曲轴轴承就采用这种形式；缺点是这种轴承所能承受的径向载荷方向与轴承剖分面垂线的夹角一般不能超过 35°，否则应采用如图 13-3 所示的斜剖分式滑动轴承。剖分式滑动轴承也已标准化(JB/T 2561—1991，JB/T 2562—1991)。

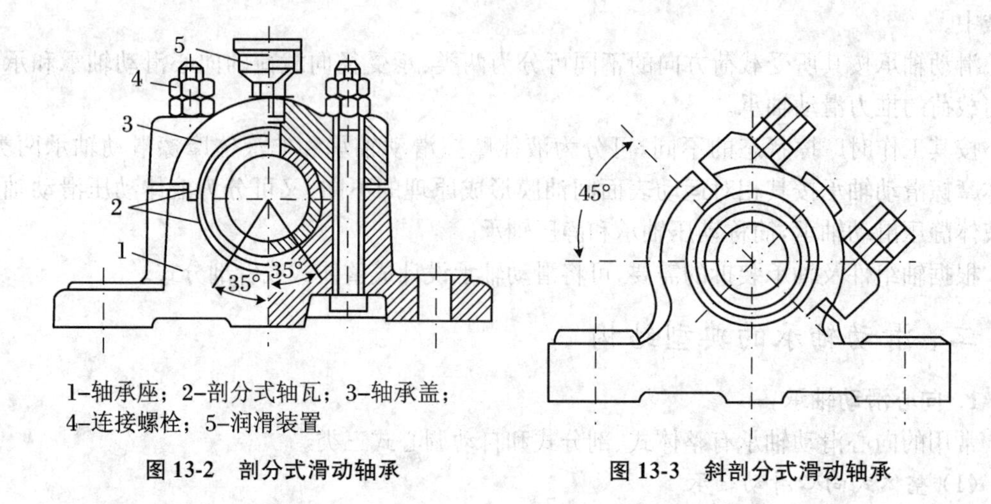

1–轴承座；2–剖分式轴瓦；3–轴承盖；4–连接螺栓；5–润滑装置

图 13-2 剖分式滑动轴承

图 13-3 斜剖分式滑动轴承

(3) 自动调心式滑动轴承

当轴颈很宽(宽径比 $B/d>1.5$)时，由于轴的变形或装配等原因，会造成轴与轴瓦端部的局部接触，如图 13-4(a)所示，引起轴瓦两端严重磨损，这时就应采用自动调心式滑动轴承，如图 13-4(b)所示。这种轴承的特点是：轴瓦的外表面做成凸形球面，与轴承盖及轴承座上的凹形球面相配合，球面中心通过轴颈的轴线。所以当轴偏斜时，轴瓦就可以绕凸形球面随轴线自动调整到合适位置，从而避免边缘过度磨损。

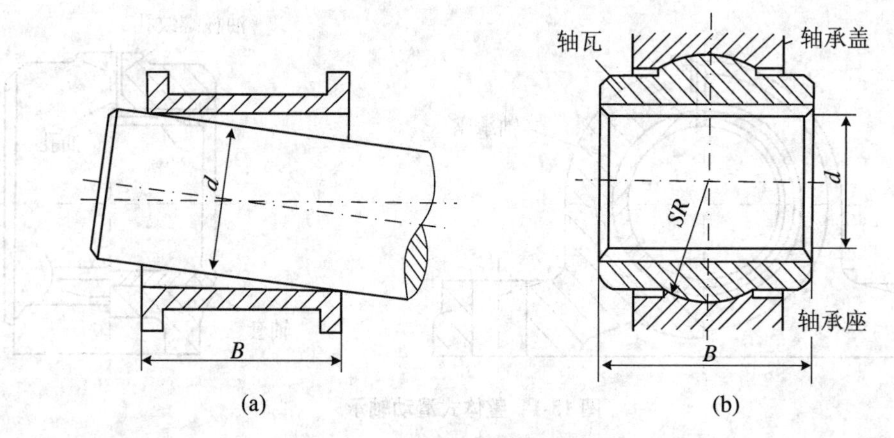

图 13-4 调心式滑动轴承

2. 推力滑动轴承

推力滑动轴承用于承受轴向载荷，其典型结构如图 13-5 所示，由轴承座 1、衬套 2、径向轴瓦 3、止推轴瓦 4 组成。止推轴瓦底部做成球面，并用销钉 5 来防止它随轴转动。润滑油从底部油管注入，从上部油管导出。

常见的推力轴颈结构如图 13-6 所示，有实心、空心、环形和多环形等几种。由于实心端面轴颈工作时轴心与边缘磨损不均匀，越靠近边缘处相对滑动速度越大，磨损越严重，以致轴心部分压强极高，润滑油容易被挤出，所以极少采用。一般推力滑动轴承多采用空心端面轴颈和环状轴颈。当载荷较大时，可采用多环轴颈，这种结构还能承受双向轴向载荷。

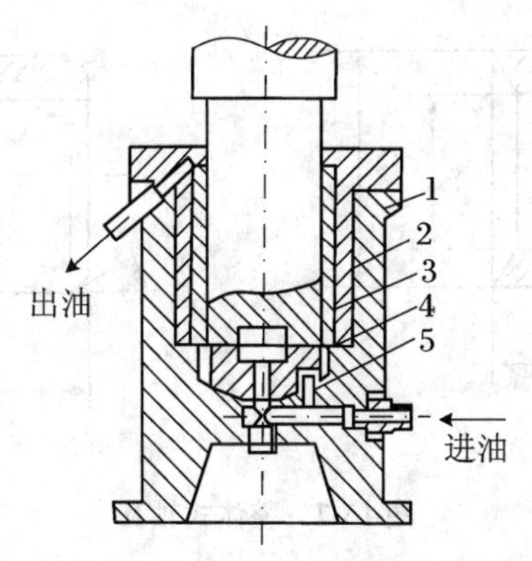

1–轴承座；2–衬套；3–径向轴瓦；4–止推轴瓦；5–销钉

图 13-5 推力滑动轴承

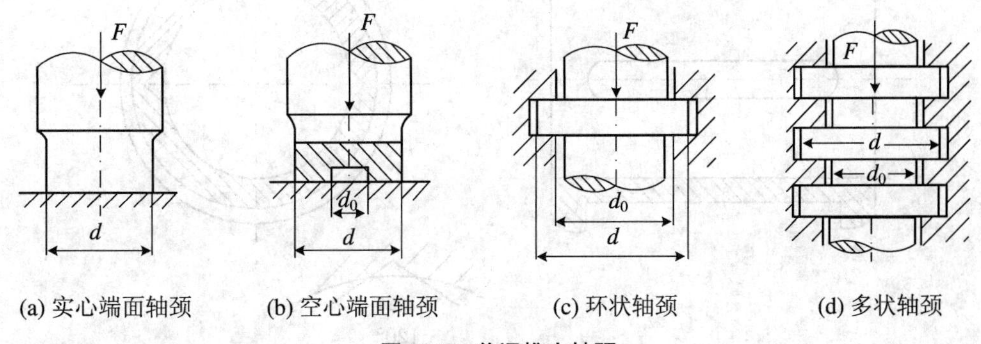

(a) 实心端面轴颈 (b) 空心端面轴颈 (c) 环状轴颈 (d) 多状轴颈

图 13-6 普通推力轴颈

三、轴瓦的结构

轴瓦是滑动轴承中直接与轴颈接触的零件，是轴承的重要组成部分。其结构是否合理，对滑动轴承的性能有很大影响。常用的轴瓦结构有整体式和剖分式两类。

整体式轴瓦又称轴套，用于整体式滑动轴承中。其结构如图 13-7 所示，分为光滑轴套和带纵向油沟轴套两种。

剖分式轴瓦用于剖分式滑动轴承中。其结构如图 13-8 所示，由上、下两半轴瓦组成，它的两端凸缘可以防止轴瓦的轴向窜动，并承受一定的轴向力。

为了提高轴瓦的承载能力，节省贵重金属，常在轴瓦内表面浇注一层(0.5～6 mm)或两层很薄的减摩材料，称为轴承衬。为使轴承衬与轴瓦结合牢固，可在轴瓦内壁制出沟槽或螺纹槽，如图 13-9 所示。

为使润滑油能均匀地流到轴承的整个工作表面，轴瓦上要开出油孔和油沟。油孔和油沟应开在非承载区，油沟的长度一般为轴瓦长度的 80%，注意不能开通。常见的油沟形式如图 13-10 所示。

四、滑动轴承的材料

根据滑动轴承的工作情况，工程上对轴承材料提出一定要求。选择滑动轴承各部分材料时，必须针对轴承材料的主要要求、轴承工作条件和具体情况进行选择。

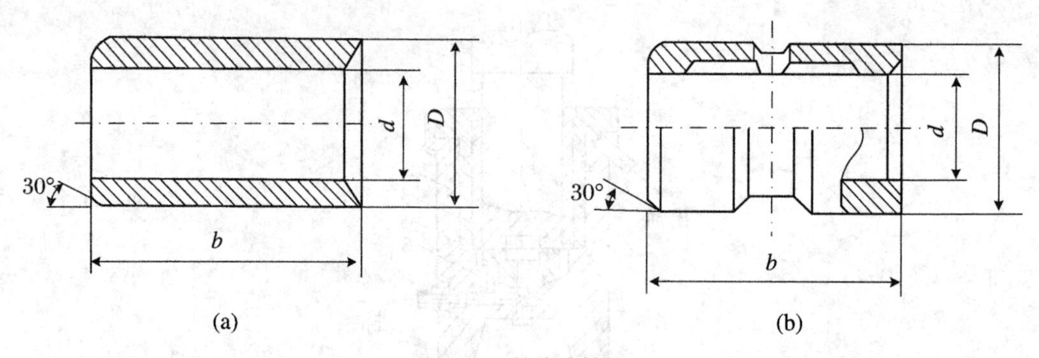

图 13-7 整体式轴瓦

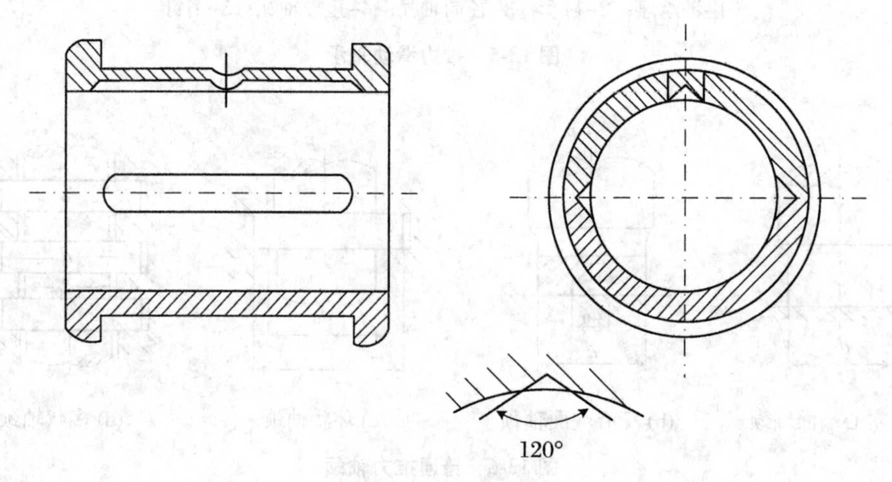

图 13-8 剖分式轴瓦

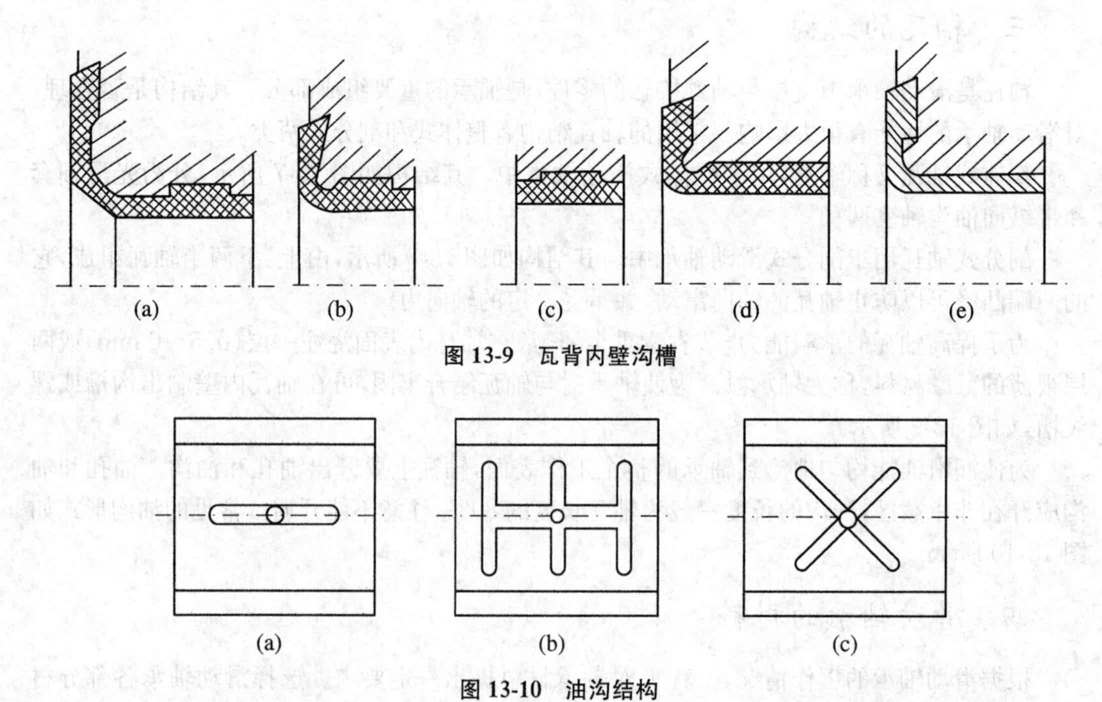

图 13-9 瓦背内壁沟槽

图 13-10 油沟结构

1. 轴承盖和轴承座的材料

滑动轴承的壳体(轴承盖和轴承座)主要承受径向力和轴向力,且固定不动,因此要求具有一定的强度和刚度,其材料一般选用铸铁和铸钢。

2. 轴瓦的材料

滑动轴承的轴瓦是直接与轴颈相配合的重要零件,轴瓦的工作面既是承载面又是摩擦面,非液体润滑滑动轴承的材料直接关系到轴承的寿命、效率和承载能力。根据轴承的工作情况,要使滑动轴承具有足够的承载能力,轴承材料应满足以下要求:良好的减摩性、抗胶合性和高的耐磨性;良好的摩擦顺应性、嵌入性和磨合性;足够的机械强度和良好的可塑性;良好的导热性、耐腐蚀性;良好的工艺性、经济性等。

常用的轴承材料有金属材料、粉末冶金材料和非金属材料三大类。

(1) 金属材料

主要有轴承合金、铜合金和铸铁等。

① 轴承合金(又称巴氏合金):轴承合金是由锡、铅、锑、铜等组成的合金,它的减摩性、抗胶合性、耐磨性、顺应性、嵌入性都很好;但价格昂贵,强度较低,所以常用作轴承衬材料,不能单独用作轴瓦。

② 铜合金:铜合金是传统的轴瓦材料,可分为青铜和黄铜两类。青铜是铜与锡、锌、铅和铝的合金。常用的锡青铜减摩性和耐磨性都很好,适用于重载及中速场合。铅青铜抗胶合能力较强,适用于高速、重载轴承。铝青铜的强度及硬度较高,但抗胶合能力较差,适用于低速重载轴承。黄铜是铜与锌的合金,其减摩性不及青铜,但铸造性能及加工性能较好,常用于低速中载轴承。

③ 铸铁:铸铁有普通灰铸铁和球墨铸铁等,它的各种性能均低于轴承合金和铜合金,但其价格便宜,因此常用于低速、不受冲击的轻载轴承或不重要的轴承。

(2) 粉末冶金材料

粉末冶金材料是由不同金属粉末加石墨等固体润滑剂经压制烧结而成的多孔型轴瓦材料。其孔隙约占总体积的15%~35%,使用前先在热油中浸数小时,使孔隙中充满润滑油,因此也称含油轴承。工作时润滑油自动渗出,起润滑作用;不工作时,因毛细管作用润滑油又被吸回孔隙中。含油轴承加一次油便可工作较长时间,如能定期加油,则效果更好。但这种材料由于强度和韧性较低,因此只适用于轻载、低速及润滑不方便的场合,如食品机械、纺织机械中。

(3) 非金属材料

非金属材料主要为塑料、橡胶、硬木等,其中塑料用得最多。

任务实施

- 观察整体式径向滑动轴承,了解其组成、特点及应用场合;
- 拆卸对开式径向滑动轴承,了解其组成、特点及应用场合;
- 观察止推滑动轴承,了解其组成及类型,掌握空心式和多环式的特点;
- 观察轴瓦,了解其结构组成及所用材料,掌握对轴瓦材料的要求。

任务评价

序号	能力点	掌握情况	序号	能力点	掌握情况
1	分析整体式径向滑动轴承组成及特点		3	认识轴瓦材料	
2	分析对开式径向滑动轴承组成及特点		4	安装与拆卸顺序	

思考与练习

1．滑动轴承主要类型有哪些？各有何特点？
2．对轴瓦材料有哪些要求？常用材料有哪些？

任务2　认识滚动轴承

滚动轴承是机器上一种重要的通用部件，它依靠主要元件间的滚动摩擦接触来支承转动零件，与滑动轴承有不同的摩擦性质。滚动轴承具有摩擦阻力小、起动灵敏、效率高、运转精度较高、轴向尺寸小、润滑简便、易于互换、维护方便等优点。因此在机械中，滚动轴承比滑动轴承应用普遍。滚动轴承已经标准化，由专门的轴承工厂大批量生产。在机械设计中只需根据具体的工作条件合理地选用滚动轴承的类型与尺寸（型号），然后正确地进行滚动轴承的组合结构设计。

子任务1　选择滚动轴承的代号及类型

任务目标

- 了解滚动轴承的构造、基本类型、特点及应用；
- 掌握滚动轴承的代号表示方法；
- 掌握滚动轴承的选择原则和方法，能够正确选择轴承类型。

任务描述

观察各类齿轮轴承部件，分析其结构组成、类型及代号；能根据载荷情况及其他条件选择滚动轴承的类型。

知识与技能

一、滚动轴承的结构

滚动轴承主要由内圈1、外圈2、滚动体3和保持架4组成，如图13-11所示。内圈装在轴颈上，并与轴周向固定（过渡配合）；外圈装在轴承座孔内，并与机座周向固定（过渡配合）。通常内圈随轴回转，外圈固定，但也有外圈回转而内圈不动，或内、外圈同时回转的场合。内、外圈上一般都开有凹槽，称为滚道。当内、外圈相对转动时，滚动体沿着滚道滚动，使相对运动表面之间为滚动摩擦。保持架将滚动体隔开并均匀分布在滚道上，以减少滚动体之间的摩擦和磨损。

滚动体是形成滚动摩擦不可缺少的零件，滚动体有多种形式，以适应不同类型滚动轴承的结构要求。常见的滚动体形状有球、圆柱滚子、圆锥滚子、鼓形滚子和滚针等，如图13-12所示。

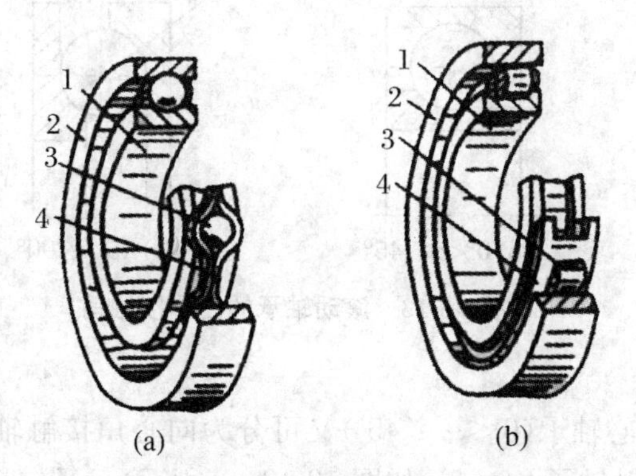

1–内圈；2–外圈；3–滚动体；4–保持架

图13-11 滚动轴承的基本结构

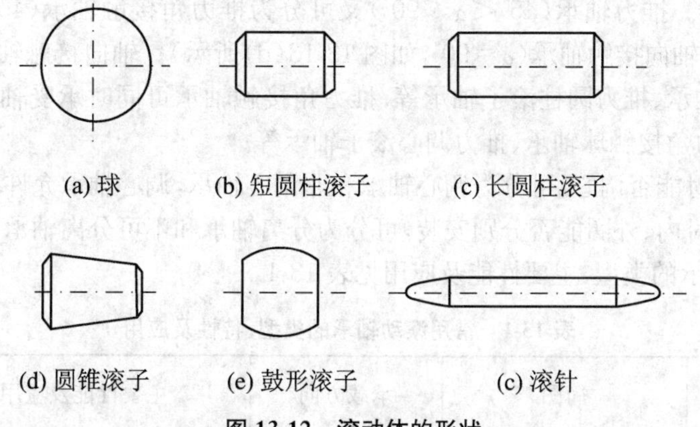

图13-12 滚动体的形状

滚动轴承的内、外圈和滚动体应具有较高的强度和硬度、良好的耐磨性和冲击韧性。一般采用铬轴承钢（如GCr15、GCr15SiMn等）经淬火制成，硬度可达60～65 HRC。保持架有冲压式和实体式两种，一般用低碳钢板冲压而成，也可采用有色金属或塑料等材料制造。

二、滚动轴承的主要类型及特点

滚动轴承按其结构特点的不同有多种分类方法，主要有以下两种：

(1) 按滚动体形状的不同，可分为球轴承和滚子轴承两大类。球轴承的滚动体为球，它与内、外圈滚道之间为点接触；滚子轴承的滚动体为圆柱形、圆锥形等滚子，它与滚道表面为线接触。因此在相同外廓尺寸条件下，球轴承摩擦小，高速性能好，允许的极限转速高；但滚子轴承比球轴承的承载能力要高，抗冲击性能也要好。

(2) 按所能承受的载荷方向或公称接触角的不同，可分为向心轴承和推力轴承两大类。公称接触角是指滚动体与套圈接触处的法线方向与轴承径向平面(垂直于轴承轴心线的平面)之间的夹角，以 α 表示(见图 13-13)。α 反映了轴承承受轴向载荷的能力，α 愈大，则轴承承受轴向载荷的能力也愈大。

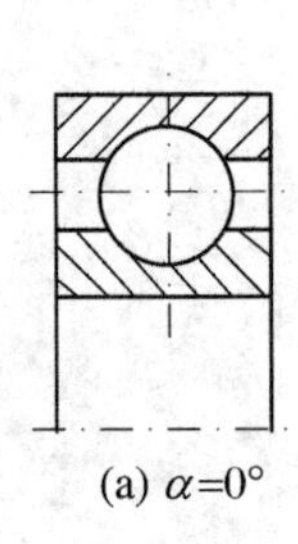
(a) $\alpha=0°$

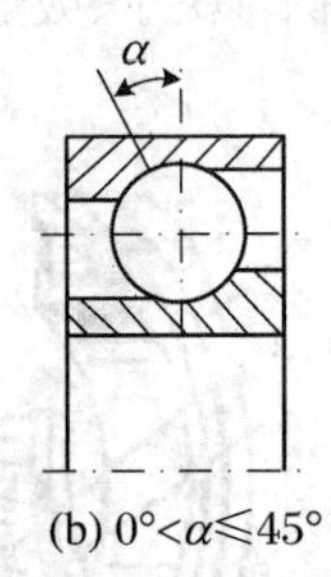

(b) $0°<\alpha\leqslant45°$

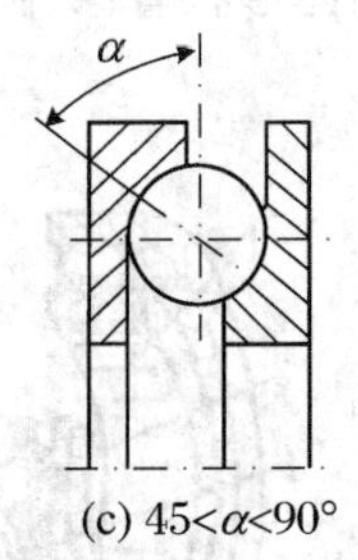

(c) $45<\alpha<90°$

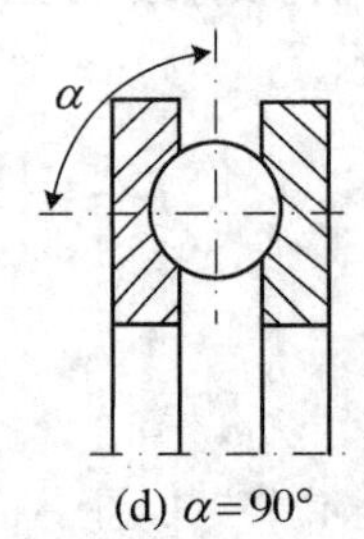

(d) $\alpha=90°$

图 13-13　滚动轴承的公称接触角

① 向心轴承。向心轴承($0°\leqslant\alpha\leqslant45°$)又可分为向心角接触轴承($0°<\alpha\leqslant45°$，如图 13-13(b)所示)和径向接触轴承($\alpha=0°$，如图 13-13(a)所示)。径向接触轴承主要承受径向载荷，如深沟球轴承、圆柱滚子轴承和滚针轴承等；向心角接触轴承可同时承受径向和轴向载荷，如角接触球轴承、圆锥滚子轴承、调心轴承等。

② 推力轴承。推力轴承($45°<\alpha\leqslant90°$)又可分为推力角接触轴承($45°<\alpha<90°$，如图 13-13(c)所示)和轴向接触轴承($\alpha=90°$，如图 13-13(d)所示)。轴向接触轴承只能承受轴向载荷，如推力球轴承、推力圆柱滚子轴承等；推力角接触轴承可同时承受轴向载荷和不大的径向载荷，如推力角接触球轴承、推力调心滚子轴承等。

(3) 按工作时能否调心，可分为调心轴承和非调心轴承，调心轴承允许的偏角大。

(4) 按安装时内、外圈能否分别安装，可分为分离轴承和不可分离轴承。

常用滚动轴承的类型、主要性能及应用见表 13-1。

表 13-1　常用滚动轴承的类型、特性及应用

轴承类型	类型代号	简图	承载方向	主要性能及应用	标准号
双列角接触球轴承	0		F_t F_a　F_a	具有相当于一对角接触球轴承背靠背安装的特性	GB/T 296—1994

续表

轴承类型	类型代号	简图	承载方向	主要性能及应用	标准号
调心球轴承	1		F_t F_a F_a	主要承受径向载荷，也可以承受不大的轴向载荷；能自动调心，允许角偏差＜2°～3°；适用于多支点传动轴、刚性较小的轴以及难以对中的轴	GB/T 281—1994
调心滚子轴承	2		F_t F_a F_a	与调心球轴承特性基本相同，允许角偏差＜1°～2.5°，承载能力比前者大；常用于其他种类轴承不能胜任的重载情况，如轧钢机、大功率减速器、吊车车轮等	GB/T 288—1994
推力调心滚子轴承	2		F_t F_a	主要承受轴向载荷；承载能力比推力球轴承大得多，并能承受一定的径向载荷；能自动调心，允许角偏差＜2°～3°；极限转速较推力球轴承高；适用于重型机床、大型立式电动机轴的支承等	GB/T 5859—1994
圆锥滚子轴承	3		F_t F_a	可同时承受径向载荷和单向轴向载荷，承载能力高；内、外圈可以分离，轴向和径向间隙容易调整；常用于斜齿轮轴、锥齿轮轴和蜗杆减速器轴以及机床主轴的支承等；允许角偏差2′，一般成对使用	GB/T 297—1994
双列深沟球轴承	4		F_t F_a F_a	除了具有深沟球轴承的特性，还具有承受双向载荷更大、刚性更大的特性，可用于比深沟球轴承要求更高的场合	GB/T 296—1994

续表

轴承类型	类型代号	简图	承载方向	主要性能及应用	标准号
推力球轴承	5		F_a	只能承受轴向载荷,51000用于承受单向轴向载荷,52000用于承受双向轴向载荷;不宜在高速下工作;常用于起重机吊钩、蜗杆轴和立式车床主轴的支承等	GB/T 301—1995
双向推力球轴承	5		F_a F_a		
深沟球轴承	6		F_t F_a F_a	主要承受径向载荷,也能承受一定的轴向载荷;极限转速较高,当量摩擦因数最小,高转速时可用来承受不大的纯轴向载荷;允许角偏差<2′~10′;承受冲击能力差;适用于刚性较大的轴,常用于机床齿轮箱、小功率电机等	GB/T 276—1994
角接触球轴承	7		F_t F_a	可承受径向和单向轴向载荷;接触角α越大,承受轴向载荷的能力也越大,通常应成对使用;高速时用它代替推力球轴承较好;适用于刚性较大、跨距较小的轴,如斜齿轮减速器和蜗杆减速器中轴的支承等;允许角偏差<2′~10′	GB/T 292—1994
推力圆柱滚子轴承	8		F_a	只能承受单向轴向载荷,承载能力比推力球轴承大得多,不允许有角偏差,常用于承受轴向载荷大而又不需调心的场合	GB/T 4663—1994

续表

轴承类型	类型代号	简图	承载方向	主要性能及应用	标准号
圆柱滚子轴承（外圈无挡边）	N		F_t	内、外圈可以分离，内、外圈允许少量轴向移动，允许角偏差很小，一般小于2′～4′；能承受较大的冲击载荷；承载能力比深沟球轴承大；适用于刚性较大、对中良好的轴；常用于大功率电动机、人字齿轮减速器	GB/T 283—1994

三、滚动轴承的代号

滚动轴承的类型很多，各类轴承又有不同的结构、尺寸和公差等级等。为便于组织生产、设计和选用，国家标准GB/T 272—1993规定了滚动轴承代号的表示方法。滚动轴承代号由前置代号、基本代号和后置代号构成，其代表内容和排列顺序，见表13-2。

表13-2 滚动轴承代号的构成

<table>
<tr><td rowspan="2">前置代号</td><td colspan="5">基本代号</td><td colspan="8" rowspan="2">后置代号</td></tr>
<tr><td>五</td><td>四</td><td>三</td><td>二</td><td>一</td></tr>
<tr><td rowspan="2">成套轴承分部件</td><td rowspan="2">轴承类型</td><td colspan="2">尺寸系列代号</td><td colspan="2" rowspan="2">轴承内径</td><td rowspan="2">内部结构</td><td rowspan="2">密封与防尘及套圈变形</td><td rowspan="2">保持架及材料</td><td rowspan="2">轴承材料</td><td rowspan="2">公差等级</td><td rowspan="2">游隙</td><td rowspan="2">配置</td><td rowspan="2">其他</td></tr>
<tr><td>宽度或高度系列</td><td>直径系列</td></tr>
</table>

1. 基本代号

基本代号表示轴承的基本类型、尺寸系列和内径，是轴承代号的基础。除滚针轴承外，基本代号由轴承类型代号、尺寸系列代号及内径代号三部分构成。

（1）类型代号

由基本代号右起第五位阿拉伯数字（以下简称数字）或大写拉丁字母（简称字母）表示，个别情况下可以省略，见表13-3。

表13-3 滚动轴承的类型代号

轴承类型	代号	轴承类型	代号
双列角接触球轴承	0	深沟球轴承	6
调心球轴承	1	角接触球轴承	7

续表

轴承类型	代号	轴承类型	代号
调心滚子轴承	2	推力圆柱滚子轴承	8
圆锥滚子轴承	3	圆柱滚子轴承	N
双列深沟球轴承	4	外球面球轴承	U
推力球轴承	5	四点接触球轴承	QJ

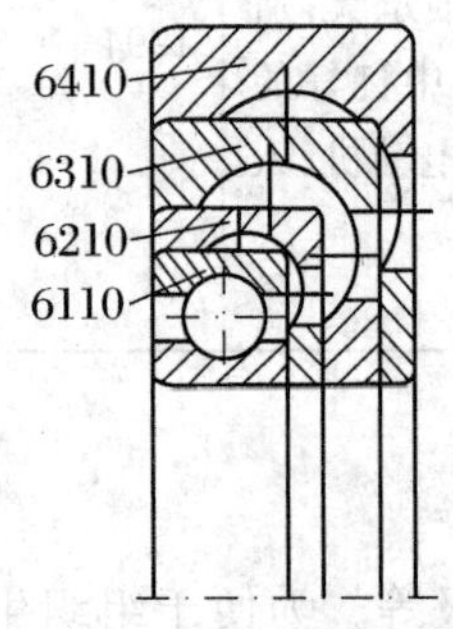

图 13-14 轴承的直径系列

(2) 尺寸系列代号

由基本代号右起第三、四位数字表示，其中右起第三位数字为直径系列代号，右起第四位数字为宽(高)度系列代号。

直径系列表示同一类型、相同内径的轴承在外径和宽度上的变化系列，如图 13-14 所示。

宽(高)度系列是指向心轴承或推力轴承的结构、内径和外径都相同，而宽(高)度为一系列不同尺寸。当宽度系列为 0 系列时，一般可省略，不标注，但调心轴承和圆锥滚子轴承代号中不可省略。

直径系列和宽(高)度系列统称为尺寸系列，其表示方式见表 13-4。

表 13-4 滚动轴承尺寸系列代号

直径系列代号	向心轴承							推力轴承			
	宽度代号							高度系列代号			
	窄 0	正常 1	宽 2	特宽 3	特宽 4	特宽 5	特宽 6	特低 7	低 9	正常 1	正常 2
	尺寸系列代号										
超特轻 7	—	17	—	37	—	—	—	—	—	—	—
超轻 8	08	18	28	38	48	58	68	—	—	—	—
超轻 9	09	19	29	39	49	59	69	—	—	—	—
特轻 0	00	10	20	30	40	50	60	70	90	10	—
特轻 1	01	11	21	31	41	51	61	71	91	11	—
轻 2	02	12	22	32	42	52	62	72	92	12	22
中 3	03	13	23	33	—	—	63	73	93	13	23
重 4	04	—	24	—	—	—	—	74	94	14	24
特重 5	—	—	—	—	—	—	—	—	95	—	—

注：宽度系列代号为“0”时，不标出。

(3) 内径代号

由基本代号右起第一、二位数字表示。内径 $d=10\sim480$ mm 的轴承内径表示方法见表 13-5(其他尺寸的轴承内径需查阅有关手册和标准)。

表 13-5 常用轴承内径代号

内径代号	00	01	02	03	04～99
轴承内径(mm)	10	12	15	17	数字×5

2. 前置代号

前置代号在基本代号的左面,用字母表示,用以说明成套轴承分部件的特点,一般轴承的前置代号可以省略。

3. 后置代号

后置代号是轴承在结构、形状、尺寸、公差、技术要求等有改变时在基本代号的右面添加的补充代号,用字母或字母加数字表示。常见的轴承内部结构代号见表 13-6,公差等级代号见表 13-7。

表 13-6 内部结构代号

代 号	含 义	示 例
C	角接触球轴承,公称接触角 $\alpha=15^\circ$	7210C
	调心滚子轴承,C 型	23122C
AC	角接触球轴承,公称接触角 $\alpha=25^\circ$	7210AC
B	角接触球轴承,公称接触角 $\alpha=40^\circ$	7210B
	圆锥滚子轴承,接触角加大	32310B
E	加强型(内部结构改进,增大承载能力)	NU207E

表 13-7 轴承公差等级代号

代 号	示 例	含 义
/P0	61208	公差符合标准规定的 0 级(省略不标)
/P6	61208/P6	公差符合标准规定的 6 级
/P6x	30210/P6x	公差符合标准规定的 6x 级
/P5	6203/P5	公差符合标准规定的 5 级
/P4	6203/P4	公差符合标准规定的 4 级
/P2	6203/P2	公差符合标准规定的 2 级

例 13-1 试说明轴承代号 6205、32315E、51410/P6 的含义。

解 (1) 6205:6——轴承类型代号,表示为深沟球轴承;2——尺寸系列代号,表示直径系列为 2,宽度系列为 0(省略);05——内径代号,表示轴承内径为 25 mm;公差等级为 0 级(代号 P0 省略)。

(2) 32315E:3——轴承类型代号,表示为圆锥滚子轴承;23——尺寸系列代号,表示直径系列为 3,宽度系列为 2;15——内径代号,表示轴承内径为 75 mm;E——加强型;公差等级为 0 级(代号 P0 省略)。

(3) 51410/P6:5——轴承类型代号,表示为推力球轴承;14——尺寸系列代号,表示直径系列为 4,高度系列为 1;10——内径代号,表示轴承内径为 50 mm;/P6——公差等级代号,表示轴承公差等级为6级。

四、滚动轴承类型选择

滚动轴承的类型有很多,因此选用滚动轴承首先是选择其类型。而选择类型必须依据各类轴承的特性,并综合考虑轴承所受载荷的特点、工作转速与工作环境、调心性能要求、刚度要求、空间位置和经济性等要求。表13-1列出了常用滚动轴承的主要性能和特点,可以根据此表并参考下列原则来正确选择滚动轴承。

1. 载荷条件

轴承所受载荷的大小、方向和性质是选择轴承类型的主要依据。

(1) 载荷大小及性质

载荷较大、有冲击时应优先选用线接触的滚子轴承;反之,载荷较小及较平稳时应优先选用点接触的球轴承。

(2) 载荷方向

① 当轴承受纯径向载荷时,应选用向心轴承,如选择深沟球轴承(60000型)、圆柱滚子轴承(N0000、NU0000型)、滚针轴承等。

② 当轴承受纯轴向载荷时,应选用推力轴承。例如受单向轴向载荷,可选择推力球轴承(如51000型);受双向轴向载荷,可选择推力球轴承(52000型);轴向载荷较大时,选用推力圆柱滚子轴承(80000型)。

③ 同时承受径向和轴向载荷时,应根据轴向载荷大小选用不同公称接触角的角接触轴承。当径向载荷较大,轴向载荷较小时,选深沟球轴承(60000型)、接触角不大的角接触球轴承(70000C型)、圆锥滚子轴承(30000型);当径向载荷和轴向载荷均较大时,选接触角较大的角接触球轴承(70000AC型)等;当轴向载荷比径向载荷大很多时,常用推力球轴承和深沟球轴承的组合结构。

注意:推力球轴承不能承受径向载荷,圆柱滚子轴承不能承受轴向载荷。

2. 转速条件

在一般转速下,转速的高低对类型选择没有多大影响,只有当转速较高时,才会有比较显著的影响。选择轴承类型时应注意其允许的极限转速 n_{min},一般应保证轴承在低于极限转速条件下工作。

① 球轴承比滚子轴承的极限转速高,所以在高速情况下应选择球轴承。

② 当轴承内径相同时,外径越小则滚动体越小,产生的离心力越小,对外径滚道的作用也越小,所以外径越大极限转速越低。

③ 实体保持架比冲压保持架允许有较高的转速。

④ 推力轴承的极限转速低,当工作转速较高而轴向载荷较小时,可以采用角接触球轴承或深沟球轴承。

3. 调心性能

对于因支点跨距大而使轴刚性较差,或因轴承座孔的同轴度低等原因而使轴挠曲时,为了适应轴的变形,应选用允许内外圈轴线有较大相对偏斜的调心轴承(如10000、20000型)。在使用调心轴承的轴上,一般不宜再使用其他类型的轴承,以免受其影响而失去了调心作用。

4. 安装、调整性能

当轴承座没有剖分面而必须沿轴向装拆轴承时，应优先选用内、外圈可分离的轴承（如N0000、30000型）。当轴承安装在长轴上时，为了便于装拆，可选用带内锥孔的轴承。当轴承的径向尺寸受安装条件限制时，应选用轻系列、特轻系列轴承或滚针轴承；当轴向尺寸受限制时，宜选用窄系列轴承。

5. 经济性

一般情况下，球轴承比滚子轴承便宜，同型号轴承精度越高，价格越昂贵。在满足使用要求的前提下，尽量选用价格低廉的轴承。

五、滚动轴承尺寸（型号）的选择

滚动轴承尺寸的选择包括轴承内、外径及宽度的选择。对于一般机械的轴承，可根据安装轴承处的轴颈直径选择轴承的内径，轴承外廓系列则根据空间位置参考同类型机械选取。对于重要机械的轴承，须根据轴承的载荷、工作转速以及失效形式，用计算方法选择轴承型号（详见轴承手册）。

六、滚动轴承公差等级的选择

轴承的选择还应考虑到经济性。对于同型号的轴承，其公差等级越高价格也越高，同公差等级的轴承中深沟球轴承的价格最低。所以在满足使用要求的前提下，应优先选用价格低廉、公差等级低的球轴承。对于一般的机械传动装置，选用P0级公差的轴承就可以满足要求。

任务实施

- 观察圆柱齿轮轴承部件、斜齿轮轴承部件、人字齿轮轴承部件、蜗杆轴承部件及圆锥齿轮轴承部件。

(1) 认识滚动轴承的结构组成；

(2) 认识上述齿轮轴承部件中轴承的类型；

(3) 测量齿轮轴轴颈尺寸，分析对应轴承的内径。

- 解释滚动轴承6208、6306、7207C及30207的含义。

- 吊车滑轮轴及吊钩处滚动轴承，起重量$Q=5\times10^4$ N。根据已知条件，选择滚动轴承的类型：

(1) 滑轮轴承承受较大的径向载荷，转速低；

(2) 吊钩轴承承受较大的单向轴向载荷，摆动。

任务评价

序号	能力点	掌握情况	序号	能力点	掌握情况
1	识别滚动轴承的结构		3	解释滚动轴承的代号	
2	认识滚动轴承的类型		4	选择滚动轴承的类型	

思考与练习

1. 滚动轴承由哪几个基本部分组成?
2. 简述滚动轴承 6206、30209、7207AC/P5 代号的含义,并说明各自适用的场合。
3. 选择滚动轴承应考虑哪些因素?

子任务 2 计算滚动轴承的寿命和静强度

任务目标

- 理解滚动轴承的主要失效形式和设计准则;
- 理解基本额定寿命、基本额定动载荷和当量动载荷的概念;
- 能够对滚动轴承进行寿命计算;
- 掌握滚动轴承静强度计算方法。

任务描述

根据二级减速器中各轴的已知条件,计算轴上滚动轴承的寿命,判断合格性。

知识与技能

一、滚动轴承的受力分析

以深沟球轴承为例,如图 13-15 所示,当轴承受纯径向载荷时,径向载荷通过轴颈作用于内圈,而内圈又将载荷作用于下半圈的滚动体,其中处于 F_R 作用线上的滚动体承载最大。

轴承工作时,内圈、外圈相对转动,滚动体既有自转又随着转动圈绕轴承轴线公转,这样轴承元件(内圈、外圈滚道和滚动体)所受的载荷呈周期性变化,可近似看作脉动循环应力。

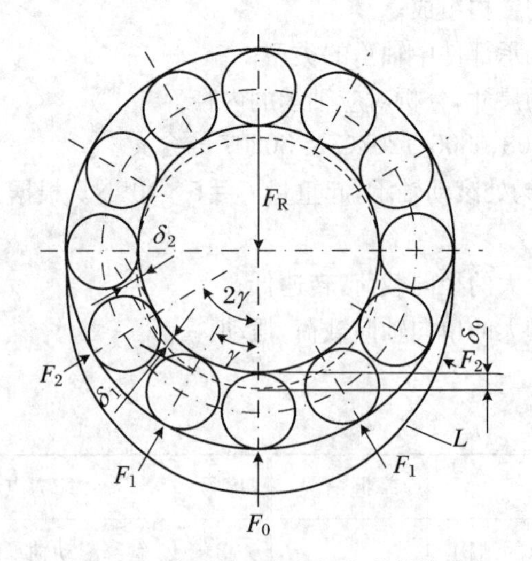

图 13-15 滚动轴承内部径向载荷的分布

二、滚动轴承主要失效形式

滚动轴承的失效形式有以下几种：

1. 疲劳点蚀

安装、润滑、维护良好的滚动轴承工作时，滚动体和内、外圈都承受周期性的交变应力的作用，经过一定时间的运转后，工作表面上的材料将会逐渐出现局部脱落，从而导致失效，这就是疲劳点蚀。轴承出现疲劳点蚀后，运转时产生过大的振动和噪音，使机器丧失正常的工作精度。疲劳点蚀是滚动轴承的主要失效形式。为了避免疲劳点蚀，通常应按照滚动轴承的寿命计算确定轴承的型号。

2. 塑性变形

当轴承工作转速很低（$n<10$ r/min），或只作摆动时，由于过大的静载荷和冲击载荷，致使接触应力超过材料的屈服点，工作表面产生塑性变形，导致轴承工作中摩擦力矩、震动、噪音增大，运转精度降低，直至失效，应按照静强度计算确定轴承的型号。此类失效多发生在转速很低（$n<10$ r/min）的轴承或摆动轴承上。

3. 磨损

由于长期的摩擦，轴承的内圈、外圈、滚动体都会产生磨损。而密封不良、润滑不洁，又会加剧磨损。轴承磨损以后，由于轴承内的间隙量增大，导致旋转精度降低而报废。此外，由于配合不当、拆装不合理等非正常原因，轴承内、外圈可能会发生破裂，应在使用和装拆轴承时充分注意这一点。

三、计算准则

在选择滚动轴承的类型后要确定其型号和尺寸，为此需要针对轴承的主要失效形式进行计算。其计算准则为：

(1) 对于一般转速的轴承（10 r/min $<n<n_{\lim}$），如果轴承的制造、保管、安装、使用等条件均为良好，轴承的主要失效形式为疲劳点蚀，因此应以抗疲劳强度计算为依据进行轴承的寿命计算。

(2) 对于高速轴承，除疲劳点蚀外，其工作表面的过热而导致的轴承失效也是重要的失效形式，因此除需进行寿命计算外，还应校验其极限转速。

(3) 对于低速轴承（$n<10$ r/min）或只作摆动的滚动轴承，可近似地认为轴承各元件是在静应力作用下工作的，其失效形式为塑性变形，应进行以不发生塑性变形为准则的静强度计算。

四、滚动轴承寿命计算

滚动轴承寿命计算是为了保证轴承在一定载荷条件和工作期限内不发生疲劳点蚀失效。

1. 基本额定寿命和基本额定动载荷

(1) 寿命

轴承中任一元件首次出现疲劳点蚀前轴承所经历的总转数（以 10^6 转为单位），或轴承在恒定转速下的总工作小时数称为轴承的寿命。

（2）可靠度

在同一工作条件下运转的一组近于相同的轴承能达到或超过某一规定寿命的百分率，称为轴承寿命的可靠度。

（3）基本额定寿命

一批同型号的轴承即使在同样的工作条件下运转，由于制造精度、材料均质程度等因素的影响，各轴承的寿命也不尽相同。轴承的寿命是在一定可靠度下的寿命，国标中规定以基本额定寿命作为计算依据。

基本额定寿命是指一批同型号的轴承在相同条件下运转时，90%的轴承未发生疲劳点蚀前运转的总转数，或在恒定转速下运转的总工作小时数，分别用 L_{10} 和 L_{10h} 表示。按基本额定寿命的计算选用轴承时，可能有 10%以内的轴承提前失效，也即可能有 90%以上的轴承超过预期寿命。而对单个轴承而言，能达到或超过此预期寿命的可靠度为 90%。

（4）基本额定动载荷

轴承抵抗点蚀破坏的承载能力可由基本额定动载荷表示。基本额定寿命为 10^6 转时轴承能承受的最大载荷称为基本额定动载荷，用符号 C 表示。换而言之，即轴承在基本额定动载荷的作用下，运转 10^6 转而不发生点蚀失效的轴承寿命可靠度为 90%。基本额定动载荷对于向心轴承而言是指径向载荷，称为径向基本额定动载荷 C_r；对于推力轴承而言是指轴向载荷，称为轴向基本额定动载荷 C_a。基本额定动载荷是衡量轴承承载能力的主要指标。如果轴承的基本额定动载荷大，则其抗疲劳点蚀的能力强。各种类型、各种型号轴承的基本额定动载荷值可在轴承标准中查得。

2. 当量动载荷

当轴承受到径向载荷 F_r 和轴向载荷 F_a 的复合作用时，为了计算轴承寿命时能与基本额定动载荷做等价比较，需将实际工作载荷转化为等效的当量动载荷 P。P 的含义是轴承在当量动载荷 P 作用下的寿命与在实际工作载荷条件下的寿命相等。当量动载荷的计算公式为

$$P = f_p(XF_r + YF_a) \tag{13-1}$$

式中，f_p——载荷系数，是考虑机器工作时振动、冲击对轴承寿命影响的系数，见表 13-8；

F_r——径向载荷；

F_a——轴向载荷；

X、Y——分别为径向载荷系数和轴向载荷系数，如表 13-9 所示。

表 13-8 载荷系数 f_p

载荷性质	举例	f_p
平稳运转或轻微冲击	电机、风机、水泵、汽轮机	1.0～1.2
中等冲击	起重机、车辆、机床	1.2～1.8
剧烈冲击	破碎机、轧钢机、振动筛	1.8～3.0

表 13-9　滚动轴承当量动载荷 X、Y 系数

轴承类型		F_a/C_{0r}	e	单列轴承				双列轴承(或成对安装单列轴承)			
				$F_a/F_r\leqslant e$		$F_a/F_r>e$		$F_a/F_r\leqslant e$		$F_a/F_r>e$	
				X	Y	X	Y	X	Y	X	Y
		0.0	0.19				2.30				2.30
		0.0	0.2				1.99				1.99
		0.0	0.26				1.71				1.71
		0.0	0.28				1.551				1.55
深沟球轴承	60000	0.1	0.30	1	0	0.56	1.45	1	0	0.56	1.45
		0.1	0.34				1.31				1.31
		0.2	0.38				1.15				1.15
		0.4	0.42				1.04				1.04
		0.5	0.44				1.00				1.00
		0.015	0.38				1.47		1.65		2.39
		0.029	0.40				1.40		1.57		2.28
		0.058	0.43				1.30		1.46		2.11
		0.087	0.46				1.23		1.38		2.00
角接触轴承	70000C	0.12	0.47	1	0	0.44	1.19	1	1.34	0.72	1.93
		0.17	0.50				1.12		1.26		1.82
		0.29	0.55				1.02		1.14		1.66
		0.44	0.56				1.00		1.12		1.63
		0.58	0.56				1.00		1.12		1.63
	70000AC		0.68	1	0	0.41	0.87	1	0.92	0.67	1.41
调心球轴承	10000	—	1.5tanα	1	0	0.4	0.4cotα	1	0.42cotα	0.65	0.65cotα
圆锥滚子轴承	30000	—	1.5tanα	1	0	0.4	0.4cotα	1	0.45cotα	0.67	0.67cotα
调心滚子轴承	20000	—	1.5tanα					1	0.45cotα	0.67	0.67cotα

注：(1) C_{0r}为径向基本额定静载荷，由产品目录查出；

(2) e 为判别轴向载荷F_a对当量动载荷 P 影响程度的参数；

(3) 对于表中未列入的值，可用线性插值法求出相应的 e、X、Y 值。

对于只承受纯径向载荷的向心轴承，其当量动载荷为

$$P = f_p F_r \tag{13-2}$$

对于只承受纯轴向载荷的推力轴承，其当量动载荷为

$$P = f_p F_a \tag{13-3}$$

例 13-1　已知某轴上有一个 6208 轴承，工作中承受轴向载荷 $F_a = 1500$ N，径向载荷 $F_r = 3000$ N，轻微冲击，试求其当量动载荷 P。

解　轴承工作中受轻微冲击，查表 13-8 得 $f_p = 1.2$；查轴承手册得 $C_{0r} = 18.0$ kN，则 $F_a/C_{0r} = 1500/18000 = 0.083$，根据表 13-9 得 $e = 0.28$。

由于 $F_a/F_r = 0.5 > e = 0.28$，所以取 $X = 0.56$，$Y = 1.55$，当量动载荷

$$\begin{aligned} P &= f_p(XF_r + YF_a) \\ &= 1.2 \times (0.56 \times 3000 + 1.55 \times 1500) = 4806\,(\text{N}) \end{aligned}$$

3. 滚动轴承的寿命计算公式

大量试验证明滚动轴承所承受的载荷 P 与寿命 L 的关系如图 13-16 所示。其方程为

$$P^{\varepsilon} L_{10} = 常数$$

式中，P——当量动载荷(N)；

L_{10}——基本额定寿命(10^6 r)；

ε——寿命指数，对于球轴承 $\varepsilon = 3$，对于滚子轴承 $\varepsilon = 10/3$。

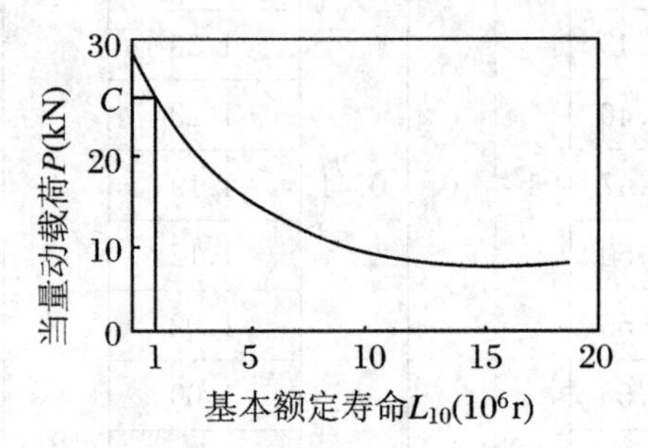

图 13-16　滚动轴承的 P-L 曲线

由上式及基本额定动载荷的定义可得

$$P^{\varepsilon} L_{10} = C^{\varepsilon} \cdot 1$$

因此滚动轴承的寿命计算基本公式为

$$L_{10} = \left(\frac{C}{P}\right)^{\varepsilon} \tag{13-4}$$

如果用给定转速下的工作小时数 L_{10h} 来表示，则为

$$L_{10h} = \frac{10^6}{60n}\left(\frac{C}{P}\right)^{\varepsilon}$$

当轴承的工作温度高于 100 ℃时，其基本额定动载荷 C 的值将降低，需引入温度系数 f_T 进行修正，得

$$L_{10h} = \frac{10^6}{60n}\left(\frac{f_T C}{P}\right)^{\varepsilon} \geqslant [L_h] \tag{13-5}$$

如果以基本额定动载荷 C 表示，可得

$$C \geqslant \frac{P}{f_T}\left(\frac{60n[L_h]}{10^6}\right)^{\frac{1}{\varepsilon}} \tag{13-6}$$

式中，n——轴承的工作转速(r/min)；

f_T——温度系数，见表 13-10；

$[L_h]$——轴承的预期寿命，可根据机器的具体要求或参考表 13-11 确定。

表 13-10 温度系数 f_T

轴承工作温度(℃)	100	125	150	175	200	225	250	300
f_T	1	0.95	0.90	0.85	0.80	0.75	0.70	0.60

表 13-11 轴承预期寿命$[L_h]$的参考值

使用条件	预期使用寿命(h)
不经常使用的仪器和设备	300～3000
短期或间断使用的机械	3000～8000
间断使用，使用中不允许中断	8000～12000
每天 8 小时工作，经常不是满负荷	10000～25000
每天 8 小时工作，满负荷使用	20000～30000
24 小时连续工作，允许中断	40000～50000
24 小时连续工作，不允许中断	100000 以上

4. 角接触球轴承和圆锥滚子轴承的轴向载荷计算

为了使角接触球轴承(或圆锥滚子轴承)能正常工作，通常采用两个轴承成对使用、对称安装的方式，如图 13-17 所示。这两类轴承的结构特点是在滚动体与滚道接触处存在接触角 α，当其承受径向载荷 F_r时，要产生一个内部轴向力 F_s。在计算其所承受的轴向载荷时，要同时考虑外部轴向载荷和内部轴向力两个部分，并通过力的平衡关系求得轴承的总轴向载荷。

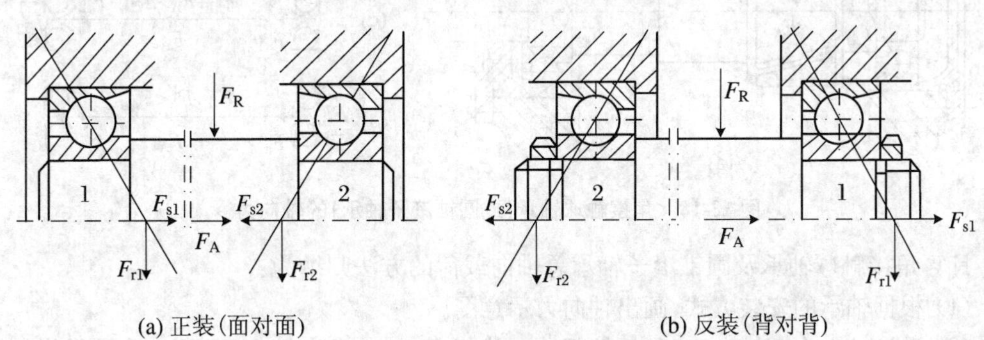

(a) 正装(面对面)　　(b) 反装(背对背)

图 13-17 角接触球轴承(或圆锥滚子轴承)载荷的分布

角接触球轴承和圆锥滚子轴承在受到径向力 F_r的作用时，所产生的内部轴向力 F_s的方向由外圈的宽边指向窄边，其值可按表 13-12 中所列的近似公式来计算。

表 13-12 角接触球轴承和圆锥滚子轴承的内部轴向力 F_s

轴承类型	角接触球轴承			圆锥滚子轴承
	7000C($\alpha=15°$)	7000AC($\alpha=25°$)	7000B($\alpha=40°$)	
F_s	eF_r	$0.68F_r$	$1.14F_r$	$F_r/2Y$

注：(1) Y 为圆锥滚子轴承的轴向载荷系数，其值取表 13-9 中 $F_a/F_r>e$ 的 Y 值；

(2) 如果接触角 α 与 Y 的关系为 $Y=0.4\cot\alpha$，可查有关手册确定 α 的值。

如图 13-18(a)所示的轴承Ⅰ及轴承Ⅱ为面对面安装，F_A和 F_R分别为作用在轴上的轴向载荷和径向载荷，F_{r1}、F_{r2}分别为轴承Ⅰ、轴承Ⅱ所受径向反力，F_{s1}、F_{s2}为由此产生的内部轴向力。轴上各轴向力的简化示意图如图 13-18(b)所示。

如果 $F_A+F_{s1}>F_{s2}$，如图 13-18(c)所示，则轴有向右移动的趋势，使右端轴承Ⅱ被“压紧”，左端轴承Ⅰ被“放松”，根据力的平衡关系，轴承Ⅱ的外圈上必有一个向左的附加轴向平衡力 F'_{s2}，即 $F'_{s2}+F_{s2}=F_A+F_{s1}$，由此可得 $F'_{s2}=F_A+F_{s1}-F_{s2}$。轴承Ⅰ只受自身内部轴向力 F_{s1}的作用，而轴承Ⅱ则受到内部轴向力 F_{s2}和附加轴向平衡力 F'_{s2}的共同作用，因此，压紧端轴承Ⅱ的总轴向载荷

$$F_{a2}=F'_{s2}+F_{s2}=F_A+F_{s1}$$

放松端轴承Ⅰ的总轴向载荷

$$F_{a1}=F_{s1}$$

如果 $F_A+F_{s1}<F_{s2}$，如图 13-18(d)所示，则轴有向左移动的趋势，使左端轴承Ⅰ被“压紧”，右端轴承Ⅱ被“放松”。同理，轴承Ⅰ的外圈也必有一个向右的附加轴向平衡力 F'_{s1}，即 $F_{s2}=F_A+F'_{s1}+F_{s1}$，由此可得 $F'_{s1}=F_{s2}-F_A-F_{s1}$，则有压紧端轴承Ⅰ的总轴向载荷

$$F_{a1}=F_{s1}+F'_{s1}=F_{s2}-F_A$$

放松端轴承Ⅱ的总轴向载荷

$$F_{a2}=F_{s2}$$

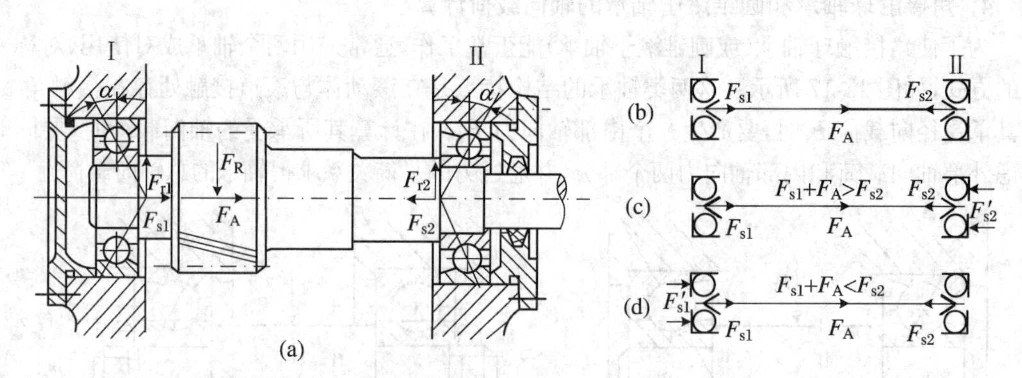

图 13-18 角接触球轴承(或圆锥滚子轴承)的轴向力

计算角接触球轴承及圆锥滚子轴承总轴向载荷的方法归纳为：

(1) 根据轴承的安装方式，画出轴向力示意图。

(2) 通过轴上全部轴向力(包括外部轴向载荷 F_A和内部轴向力 F_{s1}、F_{s2})合力的指向，判断轴的移动趋势，确定“压紧”与“放松”端轴承；

(3)“压紧”端轴承的总轴向载荷等于除其自身内部轴向力外，其他各轴向力的代数和。

(4)“放松”端轴承的总轴向载荷等于其自身内部轴向力。

例 13-2 一工程机械的传动装置中，根据工作条件决定采用一对向心角接触球轴承，如图 13-19 所示，并初选轴承型号为 7211AC。已知轴承所承受的 $F_{r1}=3300$ N，$F_{r2}=1000$ N，轴向载荷 $F_A=900$ N，轴的转速 $n=1750$ r/min，轴承在常温下工作，运转中受中等冲击，轴承预期寿命 10000 h。试问所选轴承型号是否恰当?

解 (1) 计算轴承的轴向力 F_{a1}、F_{a2}。

由表 13-12 查得 7211A 轴承内部轴向力的计算公式为 $F_s=0.68F_r$。则

$$F_{s1}=0.68F_{r1}=0.68\times3300=2244\ (\text{N})\quad(\text{方向如图 13-19 所示})$$

$$F_{s2} = 0.68F_{r2} = 0.68 \times 1000 = 680\ (\mathrm{N})$$ （方向如图 13-19 所示）

因为

$$F_{s2} + F_A = 680 + 900 = 1580(\mathrm{N}) < F_{s1}$$

所以轴承 2 为压紧端，所以有

$$F_{a1} = F_{s1} = 2244\ (\mathrm{N})$$
$$F_{a2} = F_{s1} - F_A = 1344\ (\mathrm{N})$$

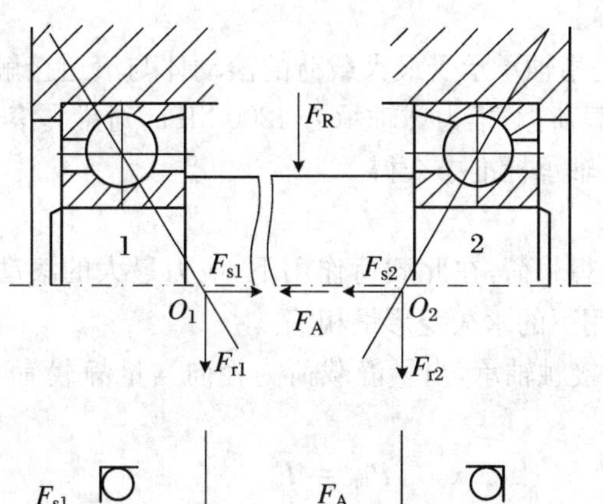

图 13-19 向心角接触球轴承

(2) 计算轴承的当量动载荷 P_1、P_2。

由表 13-9 查得 7211AC 轴承的 $e = 0.68$，而

$$\frac{F_{a1}}{F_{r1}} = \frac{2244}{3300} = 0.68 = e$$

$$\frac{F_{a2}}{F_{r2}} = \frac{1344}{1000} = 1.344 > e$$

查表 13-9 可得 $X_1 = 1$，$Y_1 = 0$；$X_2 = 0.41$，$Y_2 = 0.87$。根据表 13-8，取 $f_p = 1.4$。则轴承的当量动载荷为

$$P_1 = f_p(X_1 F_{r1} + Y_1 F_{a1}) = 1.4 \times (1 \times 3300 + 0 \times 2244) = 4620\ (\mathrm{N})$$

$$P_2 = f_p(X_2 F_{r2} + Y_2 F_{a2}) = 1.4 \times (0.41 \times 1000 + 0.87 \times 1344) = 2211\ (\mathrm{N})$$

3. 计算轴承寿命 L_{10h}

因两个轴承的型号相同，所以其中当量动载荷大的轴承寿命短，因此只需计算轴承 1 的寿命。

查有关手册得 7211AC 轴承的 $C_r = 50500$ N。取 $\varepsilon = 3$，$f_T = 1$，则由式(13-5)可得

$$L_{10h} = \frac{10^6}{60n}\left(\frac{f_T C}{P}\right)^{\varepsilon} = \frac{10^6}{60 \times 1750} \times \left(\frac{1 \times 50500}{4620}\right)^3 = 12437\ (\mathrm{h})$$

由此可见轴承的寿命大于轴承的预期寿命，所以所选轴承型号合适。

五、滚动轴承的静强度计算

在实际工作时，对于那些在工作载荷作用下基本不旋转，或者缓慢摆动以及转速极低的轴承，主要失效形式是滚动体接触表面上接触应力过大而产生的塑性变形，应按轴承的静强

度来选择轴承的尺寸。

1．基本额定静载荷

基本额定静载荷对于向心轴承为径向额定静载荷 C_{0r}；对于推力轴承为轴向额定静载荷 C_{0a}。

径向额定静载荷 C_{0r}是指轴承承受最大载荷的滚动体与滚道接触中心处引起与下列计算接触应力相当的径向静载荷：对调心轴承为 4600 MPa，对滚子轴承为 4000 MPa，对其他型号的球轴承为 4200 MPa。

轴向额定静载荷 C_{0a}是指轴承承受最大载荷的滚动体与滚道接触中心处引起与下列计算接触应力相当的径向静载荷：对推力球轴承为 4200 MPa，对推力滚子轴承为 4000 MPa。

各类轴承的 C_0值可由轴承标准中查得。

2．当量静载荷 P_0

当量静载荷 P_0为一假想载荷，在此载荷作用下，应力最大的滚动体和滚道接触处总的永久变形量与实际载荷作用下的永久变形量相等。

① 对于向心轴承和角接触轴承，当量静载荷为径向当量静载荷 P_{0r}时，$\alpha=0^\circ$的向心滚子轴承为

$$P_{0r}=F_r \tag{13-7}$$

② 对于向心球轴承和 $\alpha\neq0^\circ$的向心滚子轴承为

$$\begin{cases}P_{0r}=X_0F_r+Y_0F_a\\P_{0r}=F_r\end{cases} \tag{13-8}$$

取上式中两计算值的较大值。式中 X_0、Y_0分别为静径向载荷系数和静轴向载荷系数，其值可以由表 13-13 查得。

表 13-13　滚动轴承的 X_0和 Y_0值

轴承类型		单列		双列	
		X_0	Y_0	X_0	Y_0
深沟球轴承		0.6	0.5	0.6	0.5
角接触球轴承	$\alpha=15^\circ$	0.5	0.46		0.92
	$\alpha=20^\circ$		0.42		0.84
	$\alpha=25^\circ$		0.38		0.76
	$\alpha=30^\circ$		0.33		0.66
	$\alpha=35^\circ$		0.29		0.58
	$\alpha=40^\circ$		0.26		0.52
	$\alpha=45^\circ$		0.22		0.44
调心球轴承 $\alpha\neq0^\circ$		0.5	$0.22\cot\alpha$	1	$0.44\cot\alpha$
调心滚子轴承 $\alpha\neq0^\circ$		0.5	$0.22\cot\alpha$	1	$0.44\cot\alpha$
圆锥滚子轴承		0.5	$0.22\cot\alpha$	1	$0.44\cot\alpha$

③ 对于推力轴承，当量静载荷为轴向当量静载荷 P_{0a}时，$\alpha=90^\circ$的推力轴承为

$$P_{0a}=F_a \tag{13-9}$$

④ 对于 $\alpha \neq 90^\circ$ 的推力轴承为

$$P_{0a} = 2.3F_r\tan\alpha + F_a \tag{13-10}$$

3. 静强度计算

限制轴承产生过大塑性变形的静强度计算公式为

$$\frac{C_0}{P_0} \geqslant S_0 \tag{13-11}$$

式中，S_0——静强度安全系数，如表 13-14 所示；

C_0——基本额定静载荷(N)；

P_0——当量静载荷(N)。

表 13-14 滚动轴承的静强度安全系数 S_0

使用要求、载荷性质	S_0
对旋转精度或运转平稳性要求较高，或承受较大的冲击载荷	1.2～2.5
一般情况	0.8～1.2
对旋转精度或运转平稳性要求较低，或基本消除了冲击和振动	0.5～0.8

例 13-3 试对 7205AC 角接触球轴承进行静强度计算。已知轴承所受轴向载荷 F_a = 1300 N，径向载荷 F_r = 1800 N，载荷系数 f_p = 1.2，工作转速 n = 460 r/min，每天工作 8 小时。

解 (1) 计算当量静载荷。

查机械设计手册得 7205AC 轴承的 C_{0r} = 9880 N，由表 13-13 查得 X_0 = 0.5，Y_0 = 0.38，由式(13-8)可得

$$P_{0r} = X_0F_r + Y_0F_a = 0.5 \times 1800 + 0.38 \times 1300 = 1394\ (\text{N})$$

$$P_{0r} = F_r = 1800\ (\text{N})$$

取两者中的较大值为计算值，P_0 = 1800 N。

(2) 静强度校核。

由表 13-14，对旋转精度和平稳性要求高的轴承取 S_0 = 1.5～2.5，由式(13-11)可得

$$\frac{C_0}{P_0} = \frac{9880}{1800} = 5.5 > S_0$$

所以轴承的静强度足够。

任务实施

就减速器的某根轴，查取轴承的规格，结合工作情况进行轴承寿命计算，并判断轴承是否合格。

任务评价

序号	能力点	掌握情况	序号	能力点	掌握情况
1	分析滚动轴承受力		4	计算角接触轴承轴向载荷	

续表

序号	能力点	掌握情况	序号	能力点	掌握情况
2	分析失效形式和确定设计准则		5	计算滚动轴承寿命	
3	计算当量动载荷		6	计算滚动轴承静强度	

思考与练习

1. 说明滚动轴承的主要失效形式及产生原因。

2. 说明滚动轴承的额定寿命、额定动载荷、当量动载荷及额定静载荷的意义。

3. 为什么要进行滚动轴承的静强度计算？如何计算？

4. 有一62307滚动轴承，在下列条件下工作：径向载荷 $F_r = 4000$ N，$F_a = 1000$ N，转速 $n = 400$ r/min，工作中有轻微冲击，常温，要求预期使用寿命$[L_h] = 10000$ h，试校核该轴承的工作能力。

子任务3　滚动轴承的组合设计

任务目标

- 掌握滚动轴承的组合设计，能合理进行轴承部件的组合结构设计；
- 掌握轴系的支承结构型式、轴承的轴向固定方法；
- 掌握轴系轴向位置的调整、轴承游隙的调整、轴承的预紧、轴承的装拆等。

任务描述

拆装二级减速器(模型)，分析内圈与外圈固定方法、轴系固定方法、预紧力调整方法、轴承润滑方法及轴承拆装方法。

知识与技能

为保证滚动轴承正常工作，除了合理地选择轴承类型和尺寸外，还应正确、合理地进行轴承的组合设计，综合考虑轴承的轴向位置固定、轴承与其他零件的配合、轴承的调整与装拆以及润滑和密封等一系列问题。

一、滚动轴承的轴向固定

滚动轴承的轴向固定是指轴承内圈与轴、外圈与轴承座孔之间的轴向固定。其主要目的是保证轴和轴上零件的轴向位置，防止轴承在承受载荷时，相对于轴或轴承座孔产生轴向移动，并承受轴向力。轴向固定方法的选择取决于轴承所受载荷的大小、方向与性质，以及轴承的类型和轴承在轴上的位置等。

1. 轴承内圈的轴向固定

轴承内圈的一端常用轴肩定位固定，另一端则采用合适的定位固定方式，常用方法有：

① 弹性挡圈和轴肩固定，如图13-20(a)所示。这种方法结构简单，装拆方便，轴向尺寸

小，可承受不大的双向轴向载荷，一般用于游动支承处。

② 轴端挡圈和轴肩固定，如图 13-20(b)所示。这种方法适用于直径较大，轴端不宜切削螺纹的场合，可在较高转速下承受较大的轴向载荷。

③ 圆螺母和止动垫圈与轴肩固定，如图 13-20(c)所示。这种方法结构简单，装拆方便，适用于轴向载荷大、转速高的场合。

④ 开口圆锥紧定套、圆螺母和止动垫圈固定，如图 13-20(d)所示。这种方法装拆方便，可调整轴承的轴向位置和径向游隙。用于不便加工轴肩的光轴上，轴向载荷不大，转速不高的场合。

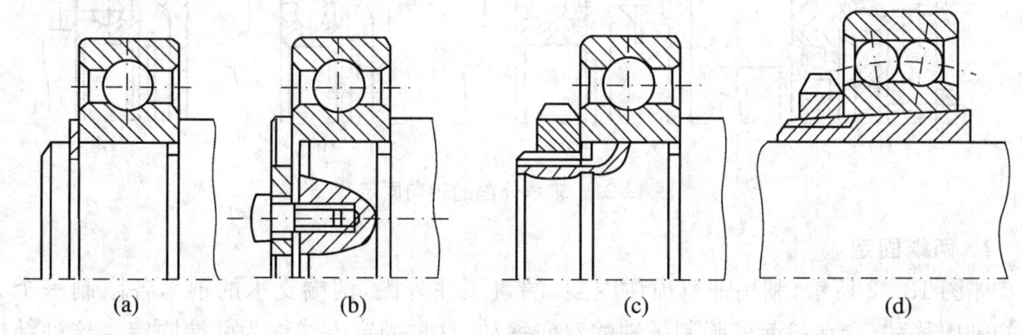

图 13-20 轴承内圈的轴向固定

2. 轴承外圈的轴向固定

轴承外圈轴向固定的常用方法有：

① 轴承座挡肩固定，如图 13-21(a)所示。这种方法结构简单，紧固可靠；缺点是轴承座加工较为复杂。

② 轴承端盖固定，如图 13-21(b)、(c)所示。这种方法结构简单，紧固可靠，调整方便，主要用于两端固定支承结构或承受单向轴向载荷的场合。

③ 止动环嵌入轴承外圈的止动槽内固定，如图 13-21(d)所示。这种方法适用于机座不便制作且外圈带有止动槽的深沟球轴承。

④ 孔用弹性挡圈和机座挡肩固定，如图 13-21(e)所示。这种方法结构简单，装拆方便，占用空间小，多用于向心轴承。

⑤ 调节杯固定，如图 13-21(f)所示。这种方法便于调节游隙，适用于角接触轴承的轴向固定和调节。

⑥ 螺纹环固定，如图 13-21(g) 所示。这种方法用于轴承转速高、轴向载荷大而又不宜采用轴承盖固定的场合。

⑦ 轴承端盖和机座挡肩固定，如图 13-21(h)所示。这种方法适用于高速并承受很大的轴向载荷的场合。

⑧ 套筒挡肩固定，如图 13-21(i)所示。这种方法结构简单，机座可加工成通孔，但增加了一个加工精度要求较高的套筒零件。

二、轴系的轴向固定

为了保证轴在工作时保持正确位置，防止轴向窜动，轴系必须有可靠的轴向固定。常用的轴系轴向固定方式有以下三种：

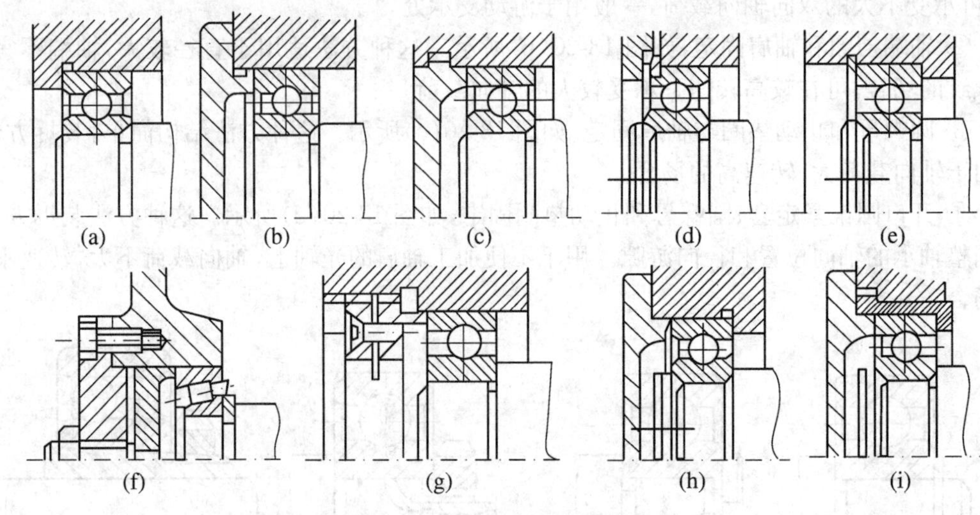

图 13-21 轴承外圈的轴向固定

1. 两端固定

如图 13-22 所示，利用轴肩顶住内圈，端盖压住外圈，两端支承的轴承各限制一个方向的轴向移动，合在一起就限制了轴的双向移动，这种固定方式称为两端固定。这种结构形式简单，适用于工作温度变化不大的短轴（跨距≤350 mm）。为了防止轴承因轴的受热伸长而被卡死，在轴承盖与外圈端面之间应预留一定的热补偿间隙。对于向心轴承，预留间隙为0.2～0.3 mm；对于角接触球轴承或圆锥滚子轴承，轴的伸长量只能由轴承的游隙来补偿，即在安装时应使轴承内部留有轴向间隙，但间隙不宜过大，否则会影响轴承的正常工作。

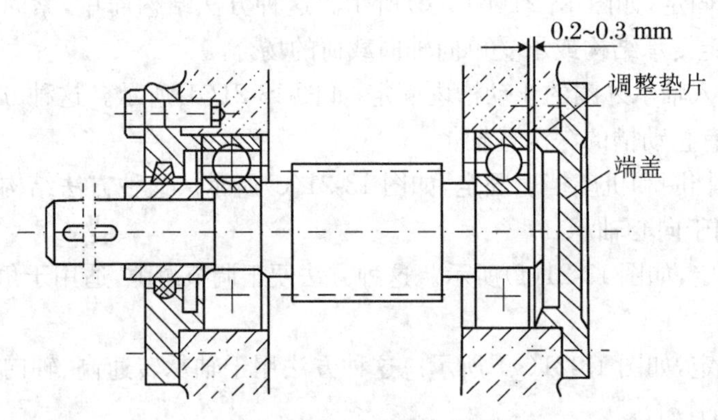

图 13-22 两端固定支承

2. 一端固定，一端游动

如图 13-23 所示，左端为固定支承，轴承的内、外圈两侧均固定，从而限制了轴的双向移动；右端为游动支承，轴承的内圈作双向固定，外圈两侧都不固定，外圈端面与轴承盖端面之间留有间隙 C（约为 3～8 mm），当轴伸长或缩短时轴承可随之作轴向自由游动。这种固定方式结构比较复杂，不能承受轴向载荷，但工作稳定性好，适用于工作温度变化较大的长轴（跨距＞350 mm）。

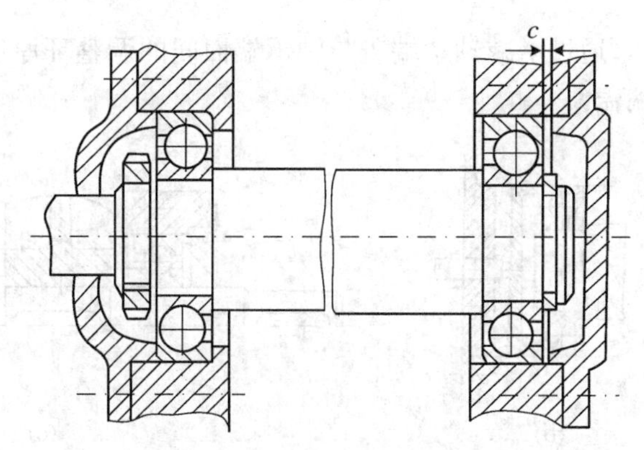

图 13-23　固游式支承

3. 两端游动

在如图 13-24 所示的人字齿轮传动中，小齿轮轴两端均为游动支承，而大齿轮轴的支承结构采用了两端固定结构。当大齿轮轴的轴向位置固定后，由于人字齿轮的啮合作用，小齿轮轴上的人字齿轮就自动调位，使两轮轮齿均匀接触。如果小齿轮轴的轴向位置也固定，将会发生干涉以至卡死现象。

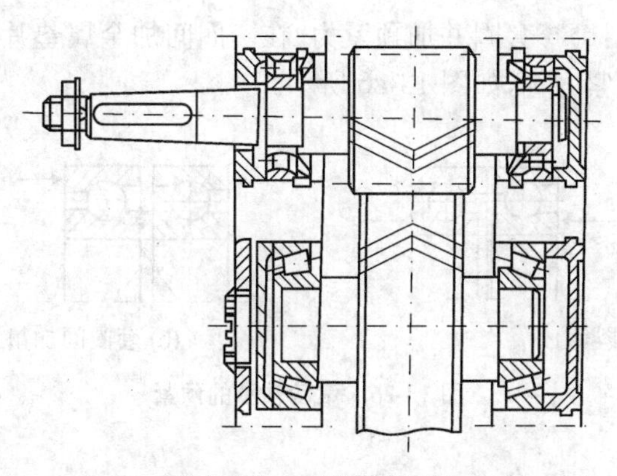

图 13-24　两端游动支承

三、滚动轴承组合的调整

滚动轴承组合调整的目的是使滚动轴承获得合理的游隙，使轴上零件处于准确的工作位置。

1. 轴承轴向间隙的调整

轴承轴向间隙的大小对轴承寿命、摩擦力矩、旋转精度、温升和噪声都有很大影响，因此，安装时应将轴向间隙调整好。调整的方式主要有以下几种：

(1) 调整垫片

如图 13-25(a)所示，通过增减轴承端盖与机座之间的垫片厚度进行调整。调整垫片是由一组钢片组成。

(2) 调节螺钉

如图 13-25(b)所示，利用轴承端盖上的螺钉 1 调节可调压盖 3 的轴向位置进行调整，调整后用螺母 2 锁紧防松。

(3) 调整环

如图 13-25(c)所示，通过增减轴承端盖与轴承端面间的调整环厚度进行调整。这种方式适用于嵌入式轴承端盖。

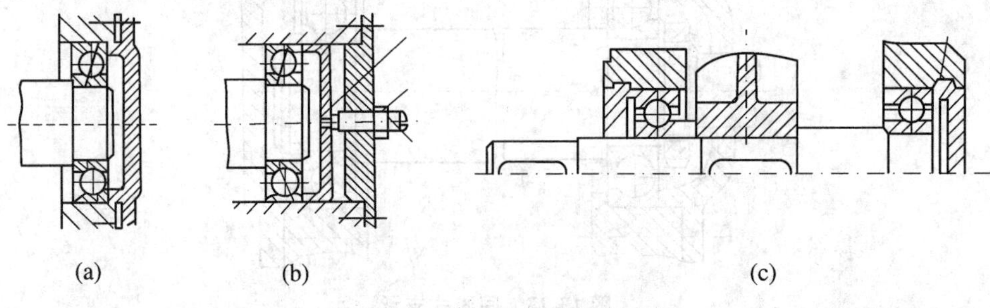

图 13-25 轴承轴向间隙的调整

四、滚动轴承的预紧

滚动轴承的预紧是指安装时给轴承一定的轴向压力(预紧力)，以消除轴承中的轴向游隙，并使滚动体和内、外圈接触处产生弹性预变形。预紧的作用是增加轴承刚度，减小轴承工作时的振动，提高轴承的旋转精度。

常用的预紧方法有：磨窄套圈并加预紧力、在套圈间加金属垫片并加预紧力、在两轴承间加入不等厚的套筒预紧力等，如图 13-26 所示。

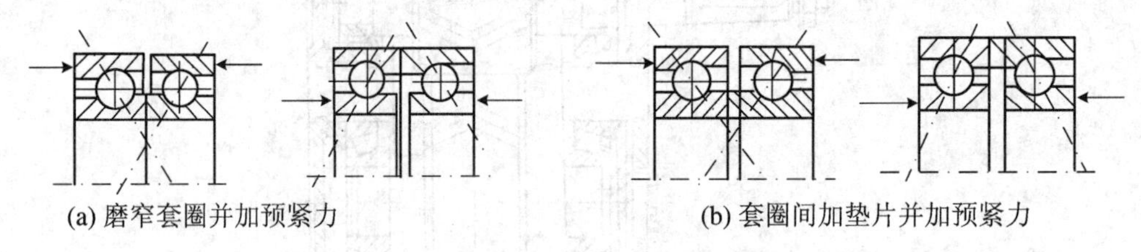

(a) 磨窄套圈并加预紧力　　(b) 套圈间加垫片并加预紧力

图 13-26 滚动轴承的预紧

五、滚动轴承的配合

滚动轴承的配合是指轴承内圈与轴颈、轴承外圈与轴承座孔的配合。滚动轴承是标准件，内圈与轴颈的配合采用基孔制，外圈与轴承座孔的配合采用基轴制。由于轴承配合内、外径的上偏差均为零，因而相同的配合种类，内圈与轴颈的配合较紧，外圈与轴承座孔的配合较松。

滚动轴承的配合种类和公差应根据轴承类型、转速、工作条件及载荷大小、方向和性质来确定。可参考以下几个原则选择：

① 当外载荷方向不变时，转动套圈比固定套圈的配合紧一些。工作时，通常内圈随轴一起转动，外圈不转动，所以内圈与轴颈间常采取过盈配合，常用的轴颈公差带为 j6、k6、m6、n6、r6，外圈与轴承座孔配合应松一些，常用的轴承座孔公差为 G7、H7、J7、K7、M7。

② 高速、重载、冲击振动比较严重时应选用较紧的配合。旋转精度要求高的轴承配合也要紧一些。

③ 作游动支承的轴承外圈与轴承座孔间应采用间隙配合，但又不能过松而发生相对

转动。

④ 轴承与空心轴的配合应选用较紧的配合。

六、滚动轴承的装拆

在进行滚动轴承的组合设计时，必须考虑轴承的装拆问题，而且要保证不因装拆而损坏轴承或其他零部件。装拆时，作用力应直接加在轴承内外圈的端面上，不能通过滚动体或保持架传递。

1. 滚动轴承的安装

由于内圈与轴的配合较紧，对于中小型轴承，在安装时可用压力机配专用压套在内圈上施加压力，将轴承压套到轴颈上，如图 13-27 所示；也可在内圈端面加垫后，用手锤轻轻打入，但不允许直接敲击外圈，以防损坏轴承。对于尺寸较大的轴承，可采用热油加热（油温 80～100 ℃）的方法安装轴承。

2. 滚动轴承的拆卸

轴承的拆卸应采用专门的拆卸工具，如图 13-28 所示。为了便于拆卸轴承，轴上定位轴肩的高度应小于轴承内圈的高度，或在轴肩上开设拆卸槽以便放入拆卸工具的钩头。同理，轴承座孔的结构也应留出足够的拆卸高度和必要的拆卸空间。

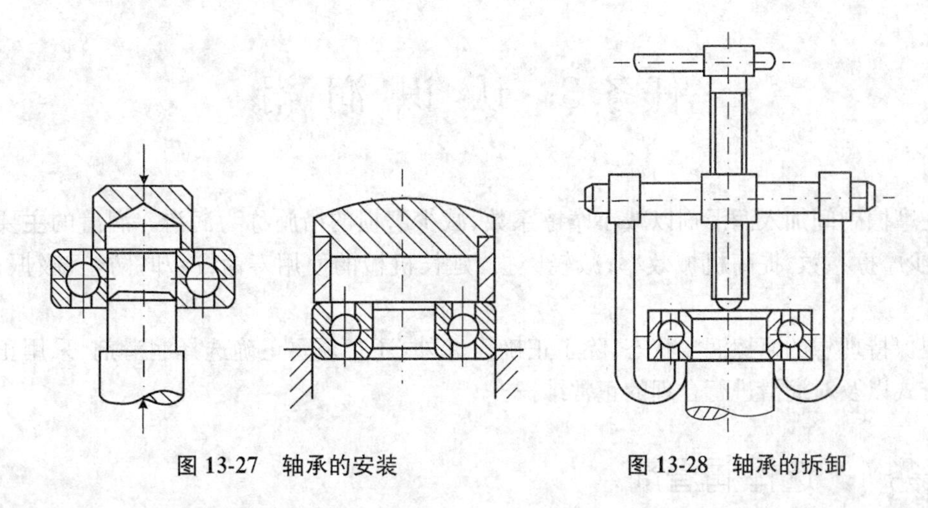

图 13-27　轴承的安装　　**图 13-28　轴承的拆卸**

任务实施

拆装二级减速器（模型），完成以下内容：

（1）分析内圈与外圈固定方法；

（2）测量轴的支承跨度，分析轴系固定方法；

（3）分析预紧力调整方法；

（4）分析内圈与轴颈、外圈与轴承座的配合类型，指出内圈和外圈公差带代号；

（5）拆装每根轴上的轴承，总结轴承拆装方法。

任务评价

序号	能力点	掌握情况	序号	能力点	掌握情况
1	分析内圈与外圈固定方法		4	选择轴承配合的公差带	
2	分析轴系固定方法		5	正确拆装滚动轴承	
3	认识滚动轴承的预紧		6	安装质量	

思考与练习

1. 在进行滚动轴承组合设计时应考虑哪些问题?
2. 滚动轴承的支承结构有几种类型?说明其特点及应用。
3. 滚动轴承的内圈与轴颈、外圈与机座孔的配合采用基孔制还是基轴制?
4. 滚动轴承与滑动轴承的性能有什么不同?各适宜于什么场合?
5. 列举工厂中滚动轴承与滑动轴承的实际应用。

任务3 认识润滑

在摩擦副间加入润滑剂以减小摩擦系数、减少磨损的措施称为润滑。润滑的主要作用有:减少摩擦系数,提高机械效率;减轻磨损,延长机械的使用寿命;冷却;防尘;吸振;防锈蚀等。

要保持理想的摩擦润滑状态,除了正确设计外,还必须要正确选择润滑剂、采用正确的润滑方式以及对润滑进行合理的正常维护。

子任务1 选择润滑剂

任务目标

- 了解润滑剂的种类、性能;
- 掌握润滑油和润滑脂的选择原则。

任务描述

调查2~3个润滑剂专卖店,了解所销售的润滑油、润滑脂的品牌、牌号和应用情况,掌握润滑剂的选择方法。

知识与技能

凡能起降低摩擦阻力作用的介质都可作为润滑剂。但为了取得更好的润滑效果,润滑剂还应具有良好的吸附性和渗透能力，一定的黏性，较好的化学安定性和机械安定性，较高的耐热耐寒及导热能力，可靠的防锈性和密封作用，以及良好的清洗作用等。常用的润滑剂分为液体润滑剂、半固体润滑剂、固体润滑剂和气体润滑剂等四大类。在一般机械设备中，多用前两类，且通常用润滑油或润滑脂来润滑。

一、润滑油及其选择

1. 润滑油的主要性能指标

(1) 黏度

黏度是润滑油抵抗剪切变形的能力。它反映润滑油流动时内部摩擦阻力的大小。黏度是润滑油最重要的性能指标，是选择润滑油的重要依据。

① 动力黏度

长、宽、高各为 1 m 的油立方体，上、下平面产生 1 m/s 的相对速度所需的切向力为 1 N 时，该油品的动力黏度为 1 Pa·s，动力黏度用 η 表示，主要用于流体动力计算。

② 运动黏度

运动黏度为液体动力黏度与其同温度下的密度之比值，用 ν 表示，即 $\nu=\frac{\eta}{\rho}$，其法定计量单位为 m^2/s，常用 mm^2/s。工业上通常采用运动黏度。

(2) 黏度指数

温度是影响油黏度的主要因素。温度升高，黏度会明显降低。黏度指数是衡量润滑油黏度温度变化大小的指标。黏度指数越大，油黏度受温度变化的影响越小，油品的黏温性能越好。

(3) 油性

油性是指润滑油湿润或吸附于干摩擦表面的性能。吸附能力越强，油性越好，有利于减少摩擦、磨损，防止产生胶合。

(4) 极压性能

是指润滑油中的活性分子与摩擦表面形成抗磨、耐高压化学反应膜的能力。重载机械设备，如大功率齿轮传动、蜗杆传动等，要采用极压性能好的润滑油。

(5) 闪点

润滑油在规定条件下加热，油蒸气和空气的混合气与火焰接触发生瞬间闪火时的最低温度称为闪点。这是一项使用安全指标。一般要求润滑油闪点高于工作温度 20～30 ℃，润滑油的闪点范围为 120～340 ℃。

(6) 凝点和倾点

润滑油在规定条件下冷却，失去流动性的最高温度称为凝点。它反映油品可用的最低温度。一般来说，润滑油的凝点应比工作环境的最低温度低 5～7 ℃。

国外常采用倾点来表示油品的凝固温度。倾点为油品在给定条件下丧失流动性的温度以上 3 ℃的温度。我国也已采用这一指标。

2. 常用润滑油

(1) 矿物油

矿物油都是石油制品。因为产量多、成本低、性能稳定，应用最广。工业上常用的矿物油见表 13-15。

(2) 动、植物油

如鲸鱼油、蓖麻油及棉籽油等。动、植物油的油性较好，但易氧化变质。一般作添加剂，或用于有特殊要求的场合。

(3) 合成润滑油

是中性液体介质，它是有机溶液、树脂工业聚合物处理过程中的衍生物。其性能类似矿物油且各具特点。如膦酸脂的油性及抗氧化性好；硅蜷抗氧化和抗乳化性特别好。但合成油成本高，只有在矿物油无法满足需要时才单独使用，也可以少量加入润滑剂中作为添加剂，如硅常作抗泡沫添加剂。

表 13-15 工业常用润滑油的性能及用途

类别	品种代号	牌号	运动黏度 (mm^2·s^{-1})	黏度指数不小于	闪点(℃)不低于	倾点(℃)不高于	主要性能和用途	说明
工业闭式齿轮油(GB 5903—1995)	L-CBK 抗氧化防锈工业齿轮油	46 68 100 150 220 320	41.4～50.6 61.2～74.8 90～110 135～165 198～242 288～352	90	180 200	−8	具有良好的抗氧化性、抗腐蚀性、抗乳化性等性能，适用于齿面应力在 500 MPa 以下的一般工业闭式齿轮传动的润滑	L-润滑剂类
	L-CKC 中载荷工业齿轮油	68 100 150 220 320 460 680	61.2～74.8 90～110 135～165 198～242 288～352 414～506 612～748	90	180 200	−8 −5	具有良好的极压抗磨和热氧化安定性，适用于矿山、冶金、机械、水泥等工业中载荷为 500～1100 MPa 闭式齿轮的润滑	
	L-CKD 重载荷工业齿轮油	100 150 220 320 460 680	90～110 135～165 198～242 288～352 414～506 612～748	90	180	−8 −5	具有良好的极压抗磨性、抗氧化性，适用于矿山、冶金、机械、化工等行业重载齿轮传动装置	
	L-CKE 轻载荷涡轮蜗杆油(SH 0094—1991)	220 320 460 68 1000	198～242 288～352 414～506 612～718 900～1100	90	200 200 220 220 220	−6	用于铜—钢配对的受轻载的圆柱蜗杆传动	L-CKE/P 为重载蜗轮蜗杆油

续表

类别	品种代号	牌号	运动黏度（$mm^2 \cdot s^{-1}$）	黏度指数不小于	闪点（℃）不低于	倾点（℃）不高于	主要性能和用途	说明
主轴油	L-FD主轴油（SH 0017—1990）	2 3 5 7 10 15 22	2.0～2.4 2.9～3.5 4.2～5.1 6.2～7.5 9.0～11.0 13.5～16.5 19.8～24.2	90	60 70 80 90 100 110 120	−15	主要适用于精密机床主轴轴承的润滑及其他以油浴、压力、油雾润滑的滑动轴承和滚动轴承的润滑。N10可作为普通轴承用油的缝纫机油	SH为石化部标准代号
全损耗系统用油	L-AN全损耗系统用油	5 7 10 15 22 32 46 68 100 150	4.14～5.06 6.12～7.48 9.00～11.00 13.5～16.5 19.8～24.2 29.8～35.2 41.4～50.6 61.2～74.8 90.0～110 135～165	80 110 130 150 150 160 160 180 180 180			不加或加少量添加剂，质量不高，适用于一次性润滑和某种要求较低、换油周期较短的油浴式润滑	全损耗系统用油包括L-AN全损耗系统用油（原机械油）和车轴油（铁路机车轴油）

3．润滑油的选用原则

润滑剂选择不当会造成润滑事故。润滑事故在设备事故中占很大比例，因此必须合理选择润滑剂。润滑油的选择原则如下：

(1) 工作载荷

在一定的工作载荷下，首先要保证润滑油足够的承载能力。在液体润滑条件下，润滑油黏度愈高，承载能力愈强；而边界润滑状态应选油性好或极压性好的润滑油。

(2) 工作速度

两摩擦表面间的相对滑动速度愈高，所选润滑油的黏度应愈低，以减少内摩擦阻力，降低温升。低速运动副则应采用黏度较高的润滑油。

(3) 工作温度

工作温度决定于环境温度和工作时的温度变化,低温环境应选黏度较小、凝点低的油;高温环境应选黏度大、闪点高的润滑油。特殊低温下,如采用抗凝添加剂也不能满足要求时,则应选用固体润滑剂。工作温度变化大要选黏温性能好、黏度指数较高的油。一般润滑油使用温度最好不超过 60 ℃,高温条件下润滑油氧化速度加快,应加入抗氧化、抗腐蚀添加剂。

(4) 工作性质

如机器在工作中有冲击、振动、运转不平稳并经常变载、起动、停车以及作往复或间歇运动,都不利于油膜的形成。应采用高黏度的润滑油,甚至可采用润滑脂或固体润滑剂。

(5) 供油方法

采用循环集中润滑、滴油润滑时,应采用低黏度的油。飞溅润滑时要加入抗氧化、抗泡沫添加剂以维持油的润滑性能。人工间歇加油要用黏度较大的油,以免流失。

(6) 润滑部位的结构特点

运动副间隙较小,摩擦面加工精度愈高,润滑油的黏度应愈低;摩擦面倾斜或暴露面较大者,应采用黏度较高的油。垂直润滑面、升降丝杠、开式齿轮、链条及钢丝绳等,润滑油易流失,应选用附着性好、黏度高的油或采用润滑脂或固体润滑剂。

此外,还应注意工作环境的具体条件,如有腐蚀性气体时,宜选择抗蚀性强的润滑油;在有流水或乳化液喷射、潮湿空气或灰尘屑末严重处,如无可靠的密封,一般不宜采用润滑油,以选用润滑脂较为适宜。

对润滑油的使用稳定性及对接触物质的影响也应予以注意,如润滑油可能引起密封件收缩、膨胀或裂化;润滑油与切削液、油漆等起作用而变质;极压添加剂中硫、磷等元素对金属零件的腐蚀作用等。

一台设备中用油种类应尽量少,首先应满足主要机构的需要。

二、润滑脂及其选择

1. 润滑脂的性能指标

(1) 针入度

针入度即脂的稠度。将重力为 1.5 N 的标准圆锥体放入 25 ℃的润滑脂试样中,经 5 s 后所沉入的深度称为该润滑脂的针入度,以(1/10) mm 为单位。润滑脂按针入度自大至小分为 0～9 号共 10 种。号数越大,针入度越小,润滑脂越稠,常用 0～4 号。

(2) 滴点

在规定的加热条件下,润滑脂从标准量杯的孔口滴下第一滴油时的温度称为滴点。滴点决定润滑脂的最高使用温度,一般应高于使用温度 20～30 ℃。

(3) 机械安定性

是指在机械工作条件下润滑脂抵抗稠度变化的能力。如果受剪切后稠度变化小,说明其机械安定性好。

此外,还有氧化安定性、抗压耐磨性等要求。

2. 润滑脂的种类

润滑脂品种繁多,性能各异,且不断更新。按基础油可分为矿物油润滑脂和合成油润滑脂。矿物油润滑脂通常按稠化剂分类和命名,分为皂基脂、烃基脂、无机脂和有机脂四大类组。目前,应用最多的是皂基脂(占润滑脂总量90%左右)。常用润滑脂的性能和用途见表13-16。

表 13-16　常用润滑脂的性能及用途

润滑脂		针入度（10^{-1} mm）		滴点≥(℃)	性能	主要用途
名称	牌号					
钙基	钙基润滑脂（GB 492—1989）	1 2 3 4	310～340 265～295 220～250 175～205	80 85 90 95	抗水性好,适用于潮湿环境,但耐热性差	目前尚广泛用于工农业、交通运输等机械设备的中途、中低载荷轴承的润滑,逐渐被锂基脂所取代
钠基	钠基润滑脂（GB 492—1989）	2 3	265～295 220～250	160 160	耐热性很好,黏附性强,但不耐水	适用于不与水接触的工农业机械的轴承润滑,使用温度不超过110 ℃
锂基	通用锂基（GB 7324—1994）	1 2 3	310～340 265～295 220～250	170 175 180	具有良好的润滑性能、机械安定性、耐热性和防锈性,抗水性好	为多用途、长寿命通用脂,适用于−20～120 ℃各种机械的轴承及其他摩擦部位的润滑
	极压锂基润滑脂(GB 7324—1994)	00 0 1 2	400～430 355～385 310～340 265～295	165 170 170 170	具有良好的机械安定性、抗水性、极压抗菌性、防锈性和泵送性	为多效、长寿命通用脂,适用于温度范围为−20～120 ℃的重载机械设备齿轮轴承等的润滑
滚动轴承润滑脂（SH 0386—1991）		2	250～290	120	具有良好的润滑性能、化学安定性、机械安定性	用于汽车、电动车、机车及其他机械滚动轴承的润滑
铝基	复合铝基润滑脂(SH 0378—1991)	0 1 2	355～385 310～340 265～295	235	耐热性、抗水性、流动性、泵送性、机械安定性等均好	称为“万能润滑脂”,适用于高温设备的润滑。0、1号脂泵送性好,适用于集中润滑,2号适用于轻中载荷设备轴承
合成润滑脂	7412号齿轮脂	00 00	400～430 445～475	200 200	具有良好的涂覆性、黏覆性和极压润滑性,使用温度为−40～150 ℃	为半流体脂,适用于各种减速箱齿轮的润滑,解决了齿轮箱漏油问题

3. 润滑脂的特点和选用原则

润滑脂和润滑油都是优良的润滑材料,但因两者性能不同,各有特点,使用时不能完全相互代替。与润滑油相比,润滑脂有如下特点:黏度随温度变化小,因此使用温度范围较润滑油宽广;黏附性能强,油膜强度高,且有耐高压和极压性,所以承载能力较大,在高温、极压、低速、冲击、振动、间歇运转、变换转向等苛刻条件下耐用;黏性大,不易流失,容易密封,密封装置和使用维护都较简单;使用寿命长,消耗量小;因其流动性和散热能力差,摩擦阻力大,起动力矩较大,所以不宜用于高速高温场合;不能带走摩擦表面的污物,脂中污物不易除去。润滑脂在一般转速、温度和载荷条件下应用较多,特别用于滚动轴承的润滑。

选择润滑脂时要综合考虑适当的稠度。选择润滑脂的原则为：

① 润滑脂的稠度应根据使用条件和润滑方法来确定。对于滚动轴承，当 dn＞75000 mm·r/min 时，一般使用 3 号脂为宜；当 dn＜75000 mm·r/min 时，用 1 号或 2 号脂；寒冬时，用 0 号脂；集中润滑时，可用 1 号脂。

② 机器在高温、高速、重载下工作时，应选择抗氧化性好、蒸发损失小、滴点高的润滑脂。

③ 转速高时，一般选用针入度较大的润滑脂。

④ 对于重载荷（单位面积压力大于 4.9×10^3 MPa），或有严重冲击震动时，选用针入度较小的润滑脂，以提高油膜的承载能力，如果载荷特别高，要加极压添加剂；对于中（2.9×10^3～4.9×10^3 MPa）、低（2.9×10^3 MPa 以下）载荷，一般选 2 号脂。例如，机床主轴箱主轴轴承多选用 2 号锂基脂。

⑤ 对潮湿和有水环境，选用抗水性好的润滑脂。

三、固体润滑剂

固体润滑是利用固体粉末或固体润滑膜来润滑摩擦表面，以达到降低摩擦、减少磨损的目的。常用的固体润滑剂有二硫化钼、二硫化钨、氟化石墨、氮化硼、高分子材料（如聚四氟乙烯、尼龙、聚酰胺等）、软金属（如银、铟、锡等）及金属的氧化物、氟化物。

固体润滑剂具有附着力强、化学稳定性和耐热性好、承载能力高等特点，可用于极高载荷、极低速度等某些特殊工况和环境。

任务实施

• 调查 2～3 个润滑剂专卖店，了解所销售的润滑油、润滑脂的品牌、牌号和应用情况，详细记录交流；

• 一种小功率减速器的轴颈直径 $d=60$ mm，转速 $n=1460$ r/min，工作温度不超过 100 ℃，采用滚动轴承，选择轴承润滑剂的种类和牌号。

任务评价

序号	能力点	掌握情况	序号	能力点	掌握情况
1	认识润滑油性能指标及牌号		3	认识润滑脂性能指标及牌号	
2	正确选用润滑油		4	正确选用润滑脂	

思考与练习

1. 润滑剂有哪几类？一般机械中多采用什么润滑剂来润滑？
2. 润滑油的主要性能指标有哪些？如何选择润滑油？
3. 润滑脂通常按什么分类和命名？试说明常用润滑脂的性能特点。
4. 润滑脂的性能指标有哪些？如何选择润滑脂？
5. 比较润滑油和润滑脂的特点。

子任务2　认识润滑方法和润滑装置

任务目标

- 了解常用润滑方式和润滑装置；
- 掌握常用机械的润滑方式和维护方法。

任务描述

观察二级减速器装置中轴承和齿轮的润滑装置，分析润滑装置及润滑方式的特点。

知识与技能

正确选择润滑剂后，还必须用适当的方式和装置将其输送到各摩擦部位，并对摩擦部位的润滑情况进行检查、监控、调节和报警，对润滑装置及时维护，以保证机器设备处于良好的润滑状态。

一、油润滑方法和装置

1. 手工定时润滑

利用各种油枪、油壶、油嘴、油杯，靠手工定时加油、加脂，这是一种间歇润滑方式，方法简单，但供油不均匀、不连续，只适用于低速、轻载和间歇工作的场合，如开式齿轮、链轮等处的润滑。目前各种油杯及油嘴已标准化，用时可参考相关手册。

2. 滴油润滑

滴油润滑用油杯供油，利用油的自重滴流至摩擦表面。油杯多用铝合金制成骨架，杯壁和检查孔用透明塑料或玻璃制造，以便观察杯中油位。常用滴油油杯有以下几种。

(1) 针阀式油杯

如图13-29(a)所示，供油时将手柄竖起，提起针阀4，油通过针阀与阀座间的缝隙、油孔自动流出。供油量用螺母控制针阀的开启高度来调节。停止供油时，可将手柄扳倒，针阀在弹簧的压力下堵住油孔。这种方法供油可靠，但滴油量直接受油杯中油位高低的影响。

(2) 均匀滴油油杯

如图13-29(b)所示，油杯有上、下两个油室9和6，下油室中有浮子阀。当下油室的油面降低时，浮子阀下降，将中间油孔打开，油从上油室补充倒入下油室，待油面达到一定高度后，浮子阀浮起，钢球堵住油孔，这样使下油室油面高度保持不变，均匀滴油，油量靠针阀调节。

(3) 油绳式油杯

如图13-29(c)所示，油绳的吸油端浸在油里，另一端悬垂在送油管中，利用毛细管虹吸作用吸油，滴落入轴承。油绳兼有过滤作用，每季度应清洗一次。油绳滴油自动连续，但供油量有限，不能调节。油绳滴油可用于低速轻载滑动轴承的润滑。

3. 油环润滑

油环润滑装置如图13-30所示，油环空套在轴上，下部浸入油中，依靠摩擦力被轴带动旋转，将油带至轴颈上，润滑轴承。这种润滑方式简单，适用于水平轴上轴承的润滑。

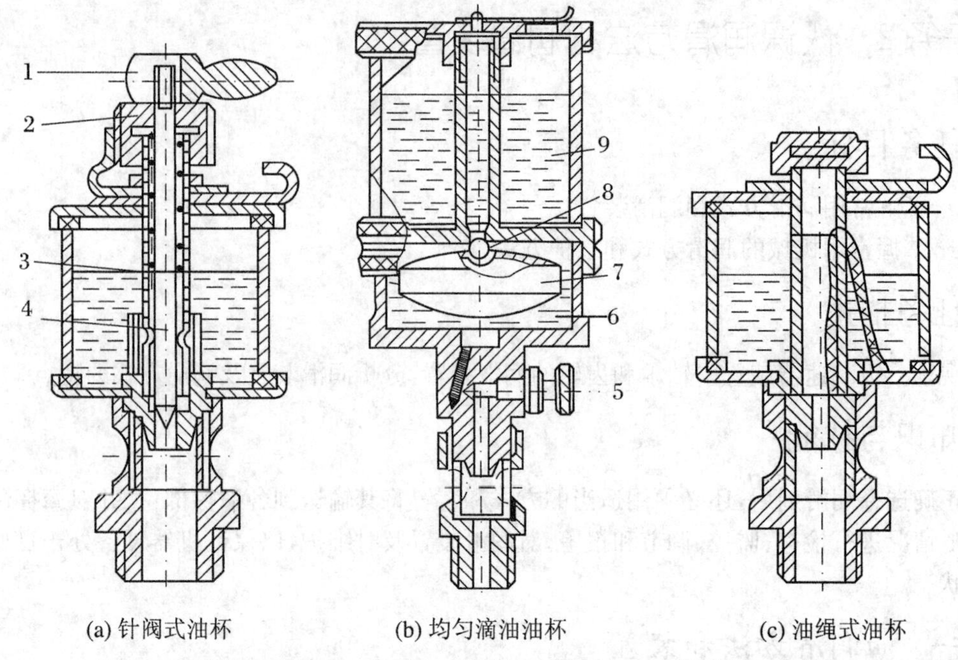

(a) 针阀式油杯　　(b) 均匀滴油油杯　　(c) 油绳式油杯

1–手柄；2–螺母；3–弹簧；4–针阀；5–针阀；6–下油室；7–浮子阀；8–钢球；9–上油

图 13-29　油杯

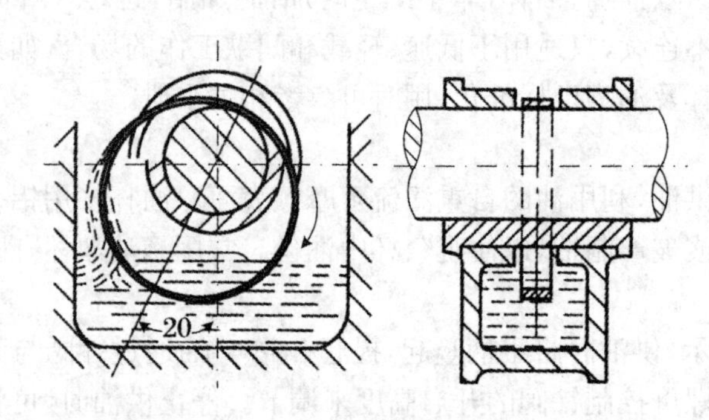

图 13-30　油环润滑

4．油浴和飞溅润滑

对于闭式传动，传动件(如齿轮、油环等)的一部分浸入油池中，旋转时将油带到摩擦部位进行润滑称为油浴润滑，将油溅起散布到其他零件上进行润滑为飞溅润滑。油浴和飞溅润滑简单可靠，连续均匀，但有搅油损失，易使油发热和氧化变质。常用于转速不高的齿轮传动、蜗杆传动中润滑齿轮、轴承等零件。

5．喷油润滑

高速大功率闭式传动的啮合部位常用喷油润滑。压力油通过喷嘴喷至摩擦表面，既润滑又冷却。圆周速度大于 10 m/s 的齿轮传动，应采用喷油润滑。

6．压力循环润滑

利用液压泵、阀和管路等装置将油箱中的油以一定的压力输送到多个摩擦部位润滑，油循环使用，即为压力强制循环润滑。对于润滑点多而集中、负荷较大、转速较高的重要机械设备，如内燃机、机床主轴箱等，常采用这种润滑方式。

7. 油雾润滑

油雾润滑采用专门的油雾润滑装置,如图13-31所示,以压缩空气为载体,将油雾化,油雾随压缩空气喷射到待润滑表面。油雾油膜薄而均匀,润滑效果好,且能起到很好的冷却、清洗作用。但排除的空气中含有油粒,污染环境。

油雾润滑主要用于高速轴承、高速齿轮传动、导轨等的润滑。

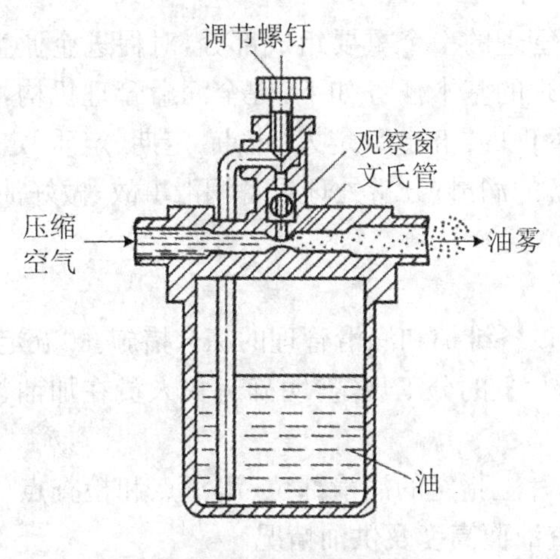

图13-31 油雾润滑装置

二、脂润滑方法简介

油雾润滑脂的加脂方式有人工加脂、脂杯加脂、脂枪加脂和集中润滑系统供脂等。对单机设备上的轴承、链条等部位,润滑点不多,大多采用人工加脂或涂抹润滑脂。对于润滑点多的大型设备、器械,如矿山机械、船舶机械,采用集中润滑系统。集中供脂装置一般由润滑脂储罐、给脂泵、给脂管和分配器等部分组成。现代化的润滑系统,还有监控和报警装置、润滑管理及维护。

三、滚动轴承的润滑简介

滚动轴承润滑的主要目的是为了降低摩擦阻力,减轻磨损,同时起到冷却、吸震、防锈和减小噪声的作用。

滚动轴承常用的润滑剂有润滑脂和润滑油两种。润滑剂和润滑方式的选择可根据速度因数 dn 值来确定(d 为轴承的平均直径,n 为轴承的转速),dn 值间接反映了轴颈的圆周速度。通常,当 $dn<2\times10^5\sim3\times10^5$ mm·r/min时,可采用脂润滑或黏度较高的油润滑;超过这一范围时宜采用油润滑。

1. 脂润滑

多数滚动轴承采用脂润滑。它的优点是油膜强度高,承载能力强,缓冲和吸振能力好,黏附力强,可以防水,不易流失,便于密封。缺点是润滑脂黏度大,高速时发热严重。滚动轴承的装脂量一般不超过轴承内部空隙的1/3~2/3,以免因润滑脂过多而引起轴承发热,影响轴承正常工作。

2. 油润滑

轴承在高速或高温条件下工作时,宜采用油润滑。它的优点是摩擦阻力小,润滑可靠,并能散热，但需要有较复杂的密封装置和供油设备。当采用浸油润滑或飞溅润滑时，注意油面高度不要超过轴承最下方滚动体的中心，否则搅油能量损失较大，容易引起轴承过热，影响轴承正常工作。高速时则采用滴油或油雾润滑。

四、润滑管理及维护

1. 润滑管理的基本任务

设备润滑管理是设备管理的一个重要组成部分，对促进企业生产发展和提高经济效益有着重要的意义。润滑管理的基本任务如下：健全润滑管理机构，完善管理制度；编制各种润滑技术资料；实施润滑管理的“五定”（定人、定点、定期、定质、定量）；实行定额管理，落实用油计划；检测和维护设备的润滑；分析处理设备润滑事故；做好油器的安全技术工作，推广应用润滑新技术。

2. 润滑管理的“五定”

润滑管理的“五定”是设备维护和润滑管理的综合措施。“五定”的主要内容为：

① 定人：按照润滑卡片上的分工规定，明确有关人员在加油、添油、清洗换油和油样化验等工作中各自的职责。

② 定点：对于润滑卡片上指定的润滑部位、润滑点和检查点（油标、窥视孔等），实施定点加油、添油、换油，并检查液面高度及供油情况。

③ 定期：按照润滑卡片上规定的间隔时间进行加油、添油和换油；按规定时间进行抽样化验，以确定是否要清洗换油或循环过滤。

④ 定质：各润滑部位所用的润滑剂的品种、牌号和质量必须符合润滑卡片上的要求；采用代用材料时要有科学依据；润滑装置、器具要清洁，以免污染油料。

⑤ 定量：按照润滑卡片上规定的油、脂用量对各润滑部位进行日常润滑。

每台设备的“五定”内容各不相同，应根据设备使用说明书，由润滑管理人员制定。

3. 润滑油的更换

设备润滑系统在运行一定时间后，润滑系统中不免积累有水分、尘埃、锈皮、磨屑、纤维及不溶于油的变质产物等沉淀物。变质、有沉淀物的润滑油应按照计划进行更换。确定换油后，设备清洗换油工艺一般分为三个阶段：

① 准备检查阶段：准备好清洗油、清洗工具、新油和回收废油的专用桶，清洗干净设备周围场地，不得有明火，要切断设备电源。

② 清洗换油阶段：在放油口上接上油盘，拧开放油塞，放尽废油。拆卸各级过滤器和各种润滑装置，卸下油窗、油标、油毡、油线，均认真清洗干净。然后把清洗油倒入油箱和换油部位，仔细清洗。要求把箱内油垢、油泥、沉淀杂物清洗干净，金属面、油漆面显露本色。同时检查润滑系统中各元件是否完好，及时修配。最后擦干油箱，装好各种润滑装置和零部件，按规定的油品牌号加至规定油量。注意：新加润滑油必须与原用润滑油同品种同牌号。

③ 检查调整阶段：加油后试车运转，认真检查润滑系统各部分中油路是否畅通，是否有漏油，油量是否符合要求，及时加以调整。

4. 添加油的一般原则

添加润滑油的一般原则如下：

① 储油部位每隔5～7天检查并加油一次，保证油量至规定的位置。

② 人工加油的主要部位，如油杯、油眼、手按油阀、手泵和轴销油孔等，每班加油2次。

③ 作连续相对运动部位，如机床水平导轨表面、传动丝杠和光杠等，每班加油2次。
④ 用润滑脂杯时，每星期加脂一次，每班拧进1～2转。
⑤ 精密设备必须严格按照润滑卡片和说明要求加油。
⑥ 过滤器、油毡、油绳、油毡垫等每星期拆洗一次。

任务实施

• 观察二级齿轮减速器三根轴上的零件，指出各轴上齿轮等传动零件及轴承的润滑方式，分析该润滑方式特点；

• 一中小功率闭式齿轮传动，小齿轮分度圆直径 $d_1=80$ mm，转速 $n_1=1470$ r/min，$\sigma_H<500$ MPa，工作温度低于120 ℃，确定该齿轮传动润滑方式、润滑剂种类；

• 到工厂调查2～3种机器的润滑情况，了解并记录润滑点部位、润滑方式和装置、润滑剂的种类和牌号。

任务评价

序号	能力点	掌握情况	序号	能力点	掌握情况
1	认识二级减速器齿轮润滑方式		4	选择小齿轮润滑剂种类	
2	认识二级减速器轴承润滑方式		5	分析油润滑的各种方法特点	
3	选择小齿轮润滑方式		6	认识润滑管理及维护的原则	

思考与练习

1. 试述针阀式油杯、油绳式油杯的工作原理、使用特点。
2. 试举出一些机器中采用飞溅润滑、压力喷油润滑、压力强制循环润滑的实例。

任务4　认识密封装置

在机械设备中为了防止灰尘、水分及有害介质侵入机体，阻止润滑剂或工作介质的泄漏，必须有密封装置。密封不仅能大量节约润滑剂，保证机器正常工作，提高机器寿命；同时对改善工厂环境卫生、保障人体健康也有很大作用，是降低成本、提高生产水平不可忽视的问题。

任务目标

• 了解常见的密封装置和密封方法；
• 掌握各种密封方法的特点及应用场合。

任务描述

观察二级减速器外伸轴与轴承端盖之间所用密封装置的类型，了解其特点；能根据使用要求为零件选择恰当的密封方式。

知识与技能

密封的种类很多，一般分为静密封和动密封，动密封又分为移动密封和转动密封。

一、静密封

静密封是密封表面与结合零件间没有相对运动的密封。它主要是保证两结合面间有一个连续的压力区，以防止泄漏，常用在凸缘、容器或箱盖等的结合处。减速器中的箱盖、轴承闷盖与减速器箱体之间的密封即为静密封。

最简单的静密封方式是靠结合面加工平整，在一定压力下贴紧密封，这种方式对加工要求很高，且密封效果也不甚理想。为了加强密封效果，可把红丹漆、水玻璃、沥青等涂在结合面上，然后联接加固，但这类涂料密封使装拆修理不方便。

在结合面间加垫片密封是比较常见的方法。垫片可用工业纸、皮革、塑料及软金属作材料，垫片形状以O形和矩形为多。O形密封圈在结合面间能形成严密的压力区，静密封效果较好，但在结合面上要开密封圆槽，比较麻烦。

目前生产中较多地使用密封胶代替垫片。液态的密封胶有一定的流动性，它的主要成分是合成树脂或合成橡胶，一般能耐1.2 MPa左右的压力及140～220 ℃之间的温度。若结合面间隙大于0.2 mm，密封胶容易流失，可考虑垫片与密封胶合用，此时垫片主要填充结合面间隙，而密封胶则充满结合面间的凹坑，形成不易泄漏的压力区。

二、动密封

动密封是指密封表面与结合零件间有相对运动的密封。根据其相对运动形式的不同，分为旋转密封和移动密封，如减速器中外伸轴与轴承端盖之间的密封就是旋转密封。这里仅讨论旋转密封。

旋转密封有接触式和非接触式两种。

1．接触式密封

(1) 毡圈密封

如图13-32(a)所示，密封元件为毡圈，截面为矩形。将毡圈嵌入轴承端盖的剖面为梯形的环形槽中，并压紧在轴上，利用其弹性变形后对轴表面的压力，封住轴与轴承盖间的间隙，起到密封作用。毡圈内径略小于轴的直径，尺寸已标准化。装配前，毡圈应先在黏度稍高的油中浸渍饱和。毡圈密封结构简单，易于更换，成本较低，但摩擦较大，易于吸潮而腐蚀轴颈，所以只适用于轴线速度$v<4\sim5$ m/s、工作温度低于100 ℃的低速、不太重要的轴。毡圈密封主要用于脂润滑的密封。

(2) 唇形密封圈密封

唇形密封圈又称油封，如图13-32(b)所示，一般由橡胶、金属密封骨架和弹簧圈三部分组成，依靠唇部自身的弹性和环形圆柱螺旋弹簧的压力，以一定的收缩力紧套在轴上实现密封。使用唇形密封圈密封应注意唇口的方向，唇口朝内主要用于防止漏油；唇口朝外主要是防止灰尘、杂质侵入。

唇形密封圈密封效果好，易拆装，既可用于油润滑又可用于脂润滑，轴的圆周速度要求小于7 m/s，工作温度范围为－40～100 ℃。

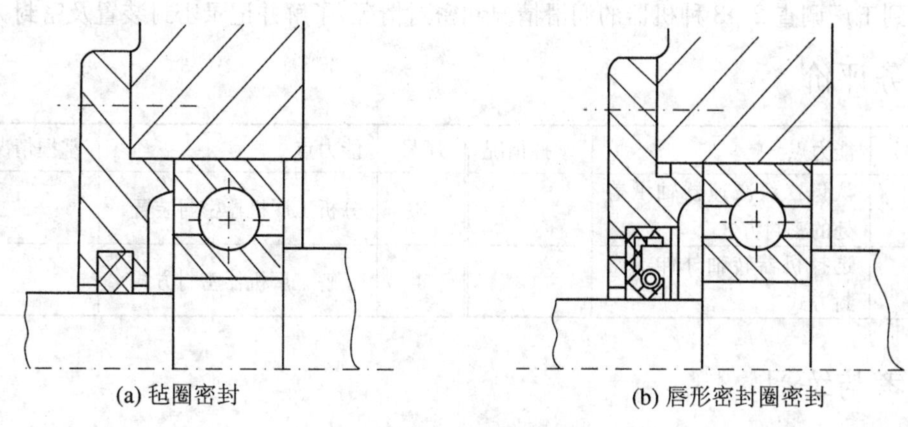

(a) 毡圈密封 (b) 唇形密封圈密封

图 13-32 接触式密封

2. 非接触式密封

非接触式密封方式的密封部位转动零件与固定零件之间不接触，留有间隙，因此对轴的转速没有太大的限制。

(1) 缝隙沟槽密封

图 13-33(a)为缝隙沟槽密封结构，在转动件与静止件之间留有很小的间隙(0.1～0.3 mm)，利用节流环间隙的节流效应起到防尘和密封作用。为了提高密封效果，常在轴承端盖内加工出螺旋槽，并在螺旋槽内充满润滑脂，密封效果会更好。该密封适用于干燥、清洁环境中脂润滑轴承的外密封。

(2) 曲路迷宫式密封

如图 13-33(b)所示，轴上的旋转密封零件与固定在箱体上的密封零件的接触处做成迷宫间隙，对被密封介质产生节流效应而起密封作用。如果在缝隙中充填润滑脂，则密封效果更好。

迷宫式密封结构简单，使用寿命长，但加工精度要求高，装配较难。这种密封对油润滑或脂润滑都十分可靠，且转速越高效果越好。多用于一般密封不能胜任、要求较高的场合。

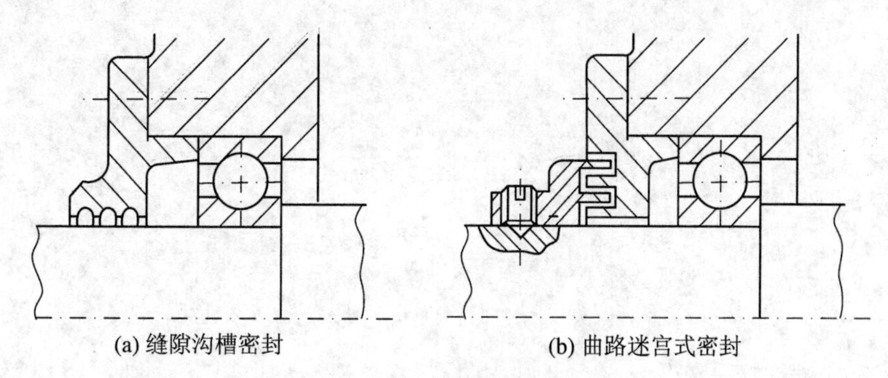

(a) 缝隙沟槽密封 (b) 曲路迷宫式密封

图 13-33 非接触式密封

任务实施

- 观察二级减速器的三根轴，分析轴承端盖处的密封方式；
- 机器转轴上滚动轴承采用润滑脂润滑，分析轴外伸端可以采用的密封方式；

• 到工厂调查2～3种机器的润滑情况和密封情况，了解并记录密封装置及密封方式。

任务评价

序号	能力点	掌握情况	序号	能力点	掌握情况
1	认识二级减速器轴承盖处的密封方式		3	分析工厂机器密封装置	
2	选择机器转轴外伸端密封方式		4	了解工厂机器密封方式	

思考与练习

1. 为什么润滑系统中要设有密封装置?
2. 密封的种类有几种？各密封方式的特点是什么？

参 考 文 献

[1] 孙敬华,余承辉.机械设计基础[M].合肥:安徽科学技术出版社,2007.
[2] 陈立德.机械设计基础[M].2版.北京:化学工业出版社,2004.
[3] 周玉丰.机械设计基础[M].北京:机械工业出版社,2008.
[4] 丁守宝,李皖.机械设计基础[M].合肥:合肥工业大学出版社,2005.
[5] 任成高.机械设计基础[M].北京:机械工业出版社,2008.
[6] 罗玉福,王少岩.机械设计基础[M].大连:大连理工大学出版社,2004.
[7] 柴鹏飞.机械设计基础[M].北京:机械工业出版社,2007.
[8] 于兴芝,朱敬超.机械设计基础[M].武汉:武汉理工大学出版社,2008.
[9] 时忠明,吴冉.机械设计基础[M].北京:北京大学出版社,2009.
[10] 杨可桢,程光蕴.机械设计基础[M].5版.北京:高等教育出版社,2006.
[11] 张久成,等.机械设计基础[M].北京:机械工业出版社,2006.
[12] 康保来,于兴芝.机械设计基础[M].郑州:河南科学技术出版社,2005.
[13] 朱凤芹,周治平.机械设计基础[M].北京:北京大学出版社,2008.